DIE GRUNDLAGEN DER PHYSIK

SYNTHETISCHE PRINZIPIEN
DER MATHEMATISCHEN NATURPHILOSOPHIE

VON

DR. HUGO DINGLER
A. O. PROFESSOR AN DER UNIVERSITÄT MÜNCHEN

ZWEITE, VÖLLIG NEUBEARBEITETE AUFLAGE

BERLIN UND LEIPZIG 1923
WALTER DE GRUYTER & CO.
VORMALS G. J. GÖSCHEN'SCHE VERLAGSHANDLUNG :: J. GUTTENTAG, VERLAGSBUCHHANDLUNG :: GEORG REIMER :: KARL J. TRÜBNER :: VEIT & COMP.

Druck von Metzger & Wittig in Leipzig.

DEN MANEN
VON ARISTOTELES UND NEWTON

Vorwort zur zweiten Auflage.

Motto: Und was in schwankender Erscheinung schwebt
Befestiget mit dauernden Gedanken.
Goethe, Faust. Prolog.

Die 2. Auflage der „Grundlagen der Physik" stellt, wenn auch Inhalt und Ziel des Buches genau die gleichen geblieben sind, doch bis auf wenige Partien ein völlig neues Werk dar. Der größere Teil des Inhalts bringt Untersuchungen, welche sich in der 1. Auflage noch nicht finden.[1] Das gleichgebliebene Ziel aber besteht in der Absicht, zu zeigen, daß es möglich ist, abseits und im logischen Sinne unabhängig von aller historisch gewordenen, durch kulturelle Zufälligkeiten bedingten Wissenschaft eine bleibende, sozusagen also „absolute" Wissenschaft aufzubauen; zu zeigen ferner, daß gerade dadurch ein gesichertes und genau bekanntes Verhältnis der Wissenschaft zur Realität erst eigentlich gewonnen und das schwierige Problem der „Anwendung" (sc. der Theorie auf die Realität) zur vollen Lösung gebracht wird.

Es ist ein erfreuliches Zeichen für das Interesse, das diese Probleme immer mehr zu finden scheinen, daß schon nach vier Jahren eine 2. Auflage notwendig wurde. Der Wunsch, das einzige wirkliche Festland, welches der intellektuellen Weltbehandlung gegeben ist, und welches in unseren exakten Wissenschaften besteht, immer sicherer in seiner Festigkeit zu erkennen und zu begründen und gegen die seit etwa hundert Jahren immer deutlicher auftauchenden Schwierigkeiten möglichst zu sichern, ist ein sehr verbreiteter und in seinem Vorhandensein durchaus verständlicher. Eben diese genannten Schwierig-

[1] Das Manuskript der 2. Auflage lag im wesentlichen seit Mitte 1922 fertig vor (1. Auflage erschienen 1919).

keiten waren es großenteils gewesen, welche die Kantsche Art, diesen Wunsch zu befriedigen, als nicht mehr zureichend erscheinen ließen. Doch da erstand aus der exakten Wissenschaft selbst heraus das Bedürfnis, die Kant-Humeschen Probleme unmittelbar an der Gesamtheit der spezialwissenschaftlichen Probleme der Physik zu studieren. Wohl der bedeutendste Forscher dieser Richtung wurde Ernst Mach. Nur dadurch, daß er die Totalität seiner reichen Persönlichkeit diesen Problemen widmete, konnte er die überaus tiefe Wirkung erreichen, unter deren Banne wir vielfach heute noch stehen. Nur wenn man das Ganze der physikalischen Wissenschaften der denkenden und kritischen Beschauung unterstellt und zugleich bei verschiedenen Einzelproblemen in liebevoller Detailarbeit wirklich bis zu den allerletzten Tiefen hinuntersteigt, vermag man den rechten Weg zu den „Müttern" zu finden. Der praktische, in den am weitest vorgetriebenen Schächten arbeitende Physiker wird wohl immer wieder wertvollste methodologische Beobachtungen zu machen vermögen, aber es besteht häufig die Gefahr, daß er zu schnell eine solche zu sehr verallgemeinert und so die allgemeine physikalische Methode zu eng nach einem speziellen Problem oder einer speziellen Theorie auffaßt. Ebenso wird der Einzelforscher in der Mathematik vielleicht geneigt sein, manches in diesen Fragen allzusehr nach den mathematischen Verhältnissen zuzuschneiden.

Einen weiteren überaus starken Anstoß erhielt die Behandlung unserer Probleme durch einen sehr genialen Mathematiker: Henri Poincaré. In dem letzten Jahrzehnt aber sind diese Fragen aus der philosophisch-methodologischen Theorie herausgetreten in die methodologische Praxis durch den kühnen, wenn auch problematischen Schritt Albert Einsteins: die durch die früheren Forscher errungene darstellerische Freiheit (Machs Prinzip der „Beschreibung") zum Zwecke der praktischen Lösung physikalischer Schwierigkeiten direkt in die Praxis zu übertragen.

Ein erfreulicher Erfolg der weitschichtigen Diskussionen, welche sich im Anschluß an die eben geschilderten Erscheinungen um das Problem der Grundlagen der Physik entwickelt haben, scheint mir der zu sein, daß vielfach eine sehr viel vertieftere Auffassung und Fragestellung Platz zu greifen beginnt.

Wenn ich mich in der Literatur nach Auffassungen umsehe, die den meinigen mehr oder weniger nahestehen, so kann ich nur sagen, daß diese sich in letzter Zeit zu mehren scheinen. Das Interesse an den Grundlagen der wissenschaftlichen Erkenntnis ist ja von philosophischer und spezialwissenschaftlicher Seite her ein sehr lebhaftes.

Man wird finden, daß ich im folgenden mit E. Husserl noch mehr Berührungsstellen gewonnen habe, als in meinen früheren Schriften. Auch Josef Geysers Auffassungen glaube ich vielfach dabei parallel zu gehen. Was die ontologischen Probleme anbelangt, so glaube ich da mit Hans Drieschs Forschungen (die jetzt in den beiden zweiten Auflagen seiner grundlegenden Werke „Ordnungslehre" und „Wirklichkeitslehre" in schönster Geschlossenheit vor uns liegen) starke Berührungspunkte zu haben, wenn wir auch im Biologischen wohl nicht ganz auf dem gleichen Punkte stehen. Auch Frischeisen-Köhlers etwas zu wenig beachtetes Werk „Wissenschaft und Wirklichkeit" zeigt wohl manche gemeinsame Position. Vaihingers Verdienste um die Ablösung der geistigen Verarbeitung vom Material, wie sie sich in seinem „Als Ob" dokumentiert, dürfen trotz mancher Schwierigkeiten nicht unterschätzt werden. Auch Th. Ziehens „Naturphilosophie" möchte ich hier nennen.

Im spezielleren haben mich die sehr beachtenswerten Arbeiten von R. Carnap („Der Raum", Ergänzungshefte der Kantstudien Nr. 56, Berlin 1922, sowie „Über die Aufgabe der Physik", Kantstudien XXVIII, S. 90—107) durch die Auseinandersetzung mit ihnen verschiedentlich gefördert.

Ein dankenswerter Aufsatz von Walter Scholz („Neuere Forschungen zum Ökonomieprinzip", Naturwissenschaftliche Wochenschrift XXI, 1922, S. 654—657) brachte neue Beispiele zur Frage der Einfachstheit bei. Auch bei einer Untersuchung zum R. Paulischen Relativitätssatze in der Biologie, in einer von mir mit diesem Forscher zusammen unternommenen Arbeit („Untersuchungen zu dem Weber-Fechnerschen Gesetze und dem Relativitätssatz", Archiv für die ges. Psychologie XLIV,

S. 325—370) hat sich meine auch hier vertretene Auffassung der Ökonomie praktisch bewährt.

Auch die verschiedene Interpretierbarkeit realer Experimente dürfte sich in der allgemeinen Anschauung der Physiker allmählich durchsetzen, wofür mir u. a. die interessanten Arbeiten von N. v. Raschevsky (Zeitschrift für Physik X, 1922 u. XIV, 1923) zu sprechen scheinen.[1] Auffassungen, welche in Hinsicht der eindeutigen Definition der realen physikalischen Begriffe den meinigen sich nähern (also meiner „Erkenntnistheorie") scheinen besonders auch im Ausland bei verschiedenen Forschern in letzter Zeit hervorzutreten. Ich möchte hierfür nur auf die scharfsinnigen Untersuchungen von Adolf Phalén „Über die Relativität der Raum- und Zeitbestimmungen" (Skrifter utgifna af K. Humanistiska Vetenskaps-Samfundet i Uppsala XXI, 4, besonders S. 110) hinweisen, sowie auf gewisse methodische Einwände, die in Frankreich Painlevé, Much u. a. gegen gewisse Grundlagen der Relativitätstheorie richten (leider war mir ein Einblick in die letzteren Arbeiten selbst nicht möglich). Sie weisen darauf hin, daß in der Bestimmung der Natur des Raumes usw., wie sie in der Relativitätstheorie geschieht, eine empirische Zirkeldefinition steckt, genau wie ich selbst es vor

[1] In gleicher Richtung gehen auch die beachtenswerten Untersuchungen von St. Mohorovičić (Zeitschrift für Physik XVIII, 1923, S. 34—63) und a. a. O. In anderer Richtung ist von methodisch hohem Interesse die Bemerkung E. Gehrckes (Zeitschrift f. techn. Physik 1923, S. 297f.) über die Ableitbarkeit der Soldnerschen Formel aus Dimensionsbetrachtungen. Wir werden dadurch wieder hingewiesen auf die bedeutungsvolle Arbeit von Ludwig Hopf „Über Modellregeln und Dimensionsbetrachtungen" (Die Naturwissenschaften VIII (1920), S. 81). Es ist ein sehr wichtiges apriorisches Formelelement, das sich hier schon in scheinbar rein experimentellen Gebieten ungesucht aufdrängt. — Wieviel sich schon aus rein anschaulichen molaren Überlegungen gewinnen läßt, dafür scheinen mir die gedankenreichen Arbeiten von Fr. Wächter (wenn auch vieles noch weiterer Untersuchungen und Kritik bedarf) ein Beispiel zu geben („Die Naturwissenschaften" 1921. Zeitschrift f. techn. Physik 1923. Zeitschrift f. anorg. u. allg. Chemie Bd. 121. 123 u. v. a.). Ich möchte hier ausdrücklich auf die Arbeiten des 70-jährigen Verfassers hinweisen, die eine Fülle interessanter und überraschender Ausblicke und Bemerkungen bieten [auch in Zusammenhalt mit den in Kap. 2, Teil III des vorliegenden Buches gegebenen Ausführungen (Teil II, Kap. 2 und 3 der 1. Aufl.)].

Jahren getan habe, und wie es die hier darzulegende Erkenntnistheorie systematisch vermeidet. Auch verschiedene Überlegungen von Oskar Kraus[1] (Kantstudien XXVI, 1922) sind sehr beachtenswert. Ebenfalls sehr ernsthafte Gedanken über die Natur der physikalischen Forschung macht sich Bernhard Bavink, der Verfasser der dankenswerten „Ergebnisse und Probleme der Naturwissenschaft“ (Leipzig, 2. Aufl., 1921).

Von meist gegnerischem Standpunkte aus liefert Hans Reichenbach interessante Beiträge zur Diskussion.

Die vorige Auflage enthielt manche Teile besonders polemischen Inhalts, die zwar inzwischen nicht an Richtigkeit eingebüßt haben, aber durch die neuere Entwicklung als weniger von Wichtigkeit erscheinen und von ihr in dieser Hinsicht wohl als bereits überholt gelten dürfen. Diese habe ich hier fortgelassen. Wo ausgesprochene Änderungen meiner Anschauungen und Verbesserungen meiner Resultate vorlagen, habe ich das angegeben, ebenso, wo wesentliche Korrekturen notwendig waren.

Auch zu einer etwas ruhigeren Auffassung der Bedeutung der Mathematik für das Wesen der physikalischen Forschung als sie zurzeit vielfach üblich zu sein scheint, möchte, wie ich hoffe, das folgende beitragen. Man vermindert nicht, sondern man erhöht die Bedeutung der Mathematik, die beim Physiker meist allein in der erst seit Vieta (etwa 1600) herausgearbeiteten Form der symbolischen Analysis im Gebrauch ist, wenn man sich der Grenzen ihres Wirkungsbereiches bewußt wird. Es kann niemals ein Beweis für die Richtigkeit eines physikalischen Gedankens sein, daß er sich mathematisch richtig oder sogar „elegant“ durchführen läßt. Denn sowohl richtige als falsche physikalische Gedankengänge lassen sich durch richtige mathematische Formelsysteme darstellen. Mathematik, soweit sie sich der symbolischen Analysis bedient, ist (außer in ihren allerersten Grundlagen) der Physik gegenüber immer nur Form, niemals selbst Inhalt. Aus Mißverständnis hierüber werden z. B. immer noch manche sehr geniale mathematische Untersuchungen über Differentialinvarianten von Differentialformen zweiten

[1] einer der scharfsinnigsten philosophischen Beurteiler der Relativitätstheorie.

Grades als Untersuchungen oder mathematische Analysen des „Raumproblems" gewertet. Es ist das (mit einer kleinen pädagogischen Übertreibung) ähnlich, wie wenn man eine Logarithmentafel als eine Untersuchung über das Wesen der Zahl bezeichnen wollte. Im übrigen wird man im folgenden auch die vollständigen Grundlagen einer „Philosophie der Mathematik" vorfinden, zu welcher Wissenschaft in letzter Zeit manche interessante Studien (u. a. von K. Boehm, D. Hilbert, B. Russell, E. Study) an die Öffentlichkeit getreten sind und von M. Geiger bevorstehen.

Durch die vorstehende Bemerkung wird die Mathematik als ein Forschungsinstrument, das physikalische Gedanken in ihren logischen Konsequenzen schnell und sicher zu überblicken erlaubt, nur unterstrichen. Auch eine mathematisch-empirische Forschung an anderweitig aufgestellten Gleichungen, wie sie z. B. die Plancksche Quantentheorie mit solchem Erfolge betreibt, liegt durchaus im Bereiche des Möglichen und Erlaubten. Nur wo die mathematisch-physikalische Forschung vergißt, daß die Gleichungen von denen sie ausgeht, selbst erst aus physikalischen Gedanken gewonnen sind, und sie versucht, auf Grund mathematischer Weiterführung diese Gedanken, auf denen sie ruht, zu ändern, dort muß sie notwendig zu Unstimmigkeiten führen. Eine sehr maßvolle und nüchterne Auffassung über diese Punkte finde ich in dem Werke von A. S. Eddington „The mathematical Theory of Relativity" (Cambridge 1923).

Auch die Erfolge der neueren Atomtheorie, wie sie durch N. Bohr, Rutherford u. a. begründet und durch A. Sommerfeld u. a. weiter ausgebaut wurde, möchten durch das Folgende in gewissen Hinsichten eine methodologische Stützung erfahren.[1]

Doch ich will nicht ein Buch vor dem Buche schreiben.

München, August 1923.

Der Verfasser.

---

[1] Als Ergänzung des vorliegenden Werkes möchte ich auf das im gleichen Verlage erschienene Buch „Physik und Hypothese" 1921 verweisen, sowie etwa auf „Das Problem des absoluten Raumes", Leipzig, S. Hirzel, 1923 und meine sonstigen Schriften.

Inhalt.

Kapitel 4. Die Logik.

1. Abschnitt: Die Grundlage.

2. Abschnitt: Die Begriffe.

3. Abschnitt: Die Bestimmungslehre (synthetische Logik).

4. Abschnitt: Synthetische Mathematik.

5. Abschnitt: Über den Begriff der „Einfachstheit" in der Methodik der Physik und der exakten Wissenschaften.

Teil II.

Die Grundlagen der synthetischen Physik.

Kapitel 1. Die Darstellungsbasis: Raum und Zeit.

Teil IV.

Philosophische Grundlagen, weitere Konsequenzen und Schluß.

Kapitel 1. Philosophische Grundlagen.

Kapitel 2. Die Metaphysik.

Kapitel 3. Anwendungen der Exhaustionstheorie.

I. Teil.

Die ersten Fundamente.

1. Kapitel. Vorbereitendes.

§ 1. Vorbemerkung.

Seitdem zuerst das griechische Altertum mit einer systematischen Wissenschaft den Anfang gemacht hatte, die besonders in der Geometrie und gewissen Teilen der Statik auch zu großer Vollendung gelangte, entwickelte sie sich besonders seit der Renaissance in bedeutendem Maße weiter. Dabei fühlte man sich der erhaltenen Resultate, wenn sie nur in gewisser Form abgeleitet waren, völlig sicher. Mit dem Ausgange des 18. Jahrhunderts bereitete sich jedoch hierin ein Umschwung vor.

Eigentlich begann es zuerst in der Mathematik, wo man bemerkte, daß die anfänglichen Begründungen der Infinitesimal- und Reihenrechnung unzulänglich waren. Doch hat uns dies hier weniger zu beschäftigen, um so mehr, als bei Beginn des 19. Jahrhunderts sich eine Lösung dieser Schwierigkeiten durch die Cauchysche Reform zu bieten schien.[1] Zugleich aber traten die ersten Anzeichen dafür auf, daß es möglich sei, an der Natur unseres Raumes, wie sie bisher in den euklidischen Grundlagen der Geometrie als selbstverständlich gegolten hatte, zu zweifeln.

In die wissenschaftliche Öffentlichkeit trat dieser Zweifel jedoch erst um 1860, und begann von da ab in Wissenschaft und Philosophie eine stille, aber überaus schwerwiegende Wirkung zu tun. Auseinandersetzungen über die atomistische Natur der Realität, über die Geltung des Newtonschen Gesetzes und

[1] Inwiefern diese Lösung nicht eine vollständige genannt werden kann, dafür siehe meine Schrift „Das Prinzip der logischen Unabhängigkeit in der Mathematik, zugleich als Einführung in die Axiomatik". München 1915.

anderes ähnliche schlossen sich an. Als dann um die Jahrhundertwende die merkwürdigen Eigenschaften der radioaktiven Substanzen bekannt wurden, da war der Glaube an die alten absoluten Gesetze schon so weit gelockert, daß man am Gesetz der Erhaltung der Energie und des Stoffes zweifeln wollte. Auf dem Boden solchen Zweifels lag auch die Möglichkeit, als sich in der Elektrizitätslehre Schwierigkeiten der mechanischen Erklärung ergaben, die klassische Erklärungsart mittels der Mechanik ganz fallen zu lassen und eine ganz anders geartete Anschauung zu versuchen.

Diese Entwicklung hat zuletzt in der sog. Relativitätstheorie ihren Höhepunkt erreicht, welche selbst die allerersten Grundlagen des bisherigen physikalischen Gebäudes in Zweifel zog und durch neue zu ersetzen versuchte, um gewissen Schwierigkeiten Herr zu werden.

Diese Reihe wichtiger Neuerungen hat nun den großen Erfolg gehabt, im Bewußtsein des Physikers eine Ablösung von der dogmatischen Gebundenheit an die alten physikalischen Anschauungen zu erzeugen. Was den Vorvätern noch fraglos selbstverständlich gewesen war, wie die Galilei-Newtonsche Grundlegung der Physik und die Euklidische der Geometrie, ist uns zweifelhaft geworden.

Dann aber entsteht naturgemäß das Problem, wie eine endgültige Anschauung, die nicht mehr der Drohung vollkommener Umwälzung unterliegt, zu erreichen wäre, falls dies möglich sein sollte. Dazu aber müssen unsere physikalischen Theorien auf ihre allerletzten Fundamente hin geprüft werden, müssen die Quellen genau untersucht werden, aus denen eine physikalische Theorie ihre Sicherheit zu schöpfen vermag. Ist dies geschehen, dann kann man daran gehen, zu versuchen, Grundlinien einer in jeder Hinsicht gesicherten Physik aufzustellen, welche den Schwierigkeiten entgeht, die zurzeit in dieser Hinsicht die Physik bedrängen.

§ 2. Einzelaussagen und Allgemeinaussagen.

Den Ausgangspunkt unserer Überlegungen bildet eine Unterscheidung. Es ist klar, daß alle objektive Wissenschaft von der Wirklichkeit aus „Aussagen“ besteht. Solcher Aussagen gibt es nun zwei prinzipiell verschiedene Arten.

Die erste Art sind die „Allgemeinaussagen". Sie sind das, was man gewöhnlich in der Physik als „Gesetze" bezeichnet. Sie sagen aus, daß unter den und den Umständen „immer", d. h. wo und wann es auch sei, etwas Bestimmtes geschehe oder folge oder gelte.

Die andere Art von Aussagen sind die „Einzelaussagen". Sie sagen etwas darüber aus, was einmalig ist.

Die Einzelaussagen wollen wir noch einmal unterteilen:

a) Eine Einzelaussage kann auf einen bestimmten Ort und bestimmte Zeit bezogen sein, wobei es genügt, wenn diese Koordinaten in der gewohnten bürgerlichen Weise bestimmt gedacht sind (d. h. sie brauchen nicht sofort mit letzter wissenschaftlicher Genauigkeit gegeben zu sein). Wir haben dann eine „hic et nunc-Aussage" (oder „illic et tunc") vor uns; z. B. Carthago wurde von den Römern zerstört, oder: Es ist heute Vollmond. Ich habe Zahnschmerzen. Ich habe heute ein physikalisches Experiment über die Interferenz des Lichtes gemacht.

b) Ist eine Einzelaussage noch nicht explizit auf die Koordinaten von Raum und Zeit bezogen, liegt sie also sozusagen „logisch früher" als die Einführung dieser Koordinaten, dann heiße sie eine „phänomenologische Aussage im weiteren Sinne". Eine solche kann etwa sein: Ich habe Zahnschmerzen. Ich sehe Grün. Hierher gehören auch diejenigen Aussagen, auf welche der Machsche Phänomenalismus seine Physik in letzter Linie aufbauen möchte.

Diese Unterteilung ist keine ganz scharfe.

Es ist also stets möglich, falls eine Aussage in klaren Worten vorliegt, zu entscheiden, ob sie eine Allgemeinaussage oder eine Einzelaussage sei. Daß wir in der Lage sind Einzelaussagen zu machen, und wie das zugeht, das ist in der Physik beinahe selbstverständlich. Das Gebiet des für die Physik erkenntnistheoretisch Interessanten und Umstrittenen beginnt erst mit den Allgemeinaussagen. Ob solche mit Anspruch auf Geltung überhaupt möglich, wie sie möglich sind, das sind Grundfragen aller Philosophie der Physik.

§ 3. Was verstehen wir hier unter „Physik?"

An sich möchten wir unter „Physik" im alten und eigentlichen Sinne des Wortes die Lehre von der φύσις überhaupt verstehen, so daß alle Aussagen über die Realität und speziell die Außenwelt in diesem Sinne zur Physik gehören würden.

Diejenige Art von Physik aber, mit der wir uns hier als eigentlichem Ziele beschäftigen wollen ist das, was man gemeinhin als „erklärende“ Physik bezeichnet. Es handelt sich für uns nicht darum, eine möglichst große Menge von Einzelaussagen festzuhalten, sondern darum, wie wir diese Einzelaussagen einem System einordnen können. Mit anderen Worten, wir fragen hier nicht darnach, was zu einem bestimmten Zeitpunkte an einem bestimmten Orte geschah, sondern wir fragen darnach, was unter bestimmten Umständen immer geschehen wird. Wir fragen also nach physikalischen „Gesetzen“. In der Terminologie des vorigen Paragraphen heißt das:

Wir fragen hier nicht nach Einzelaussagen, sondern nach Allgemeinaussagen.

Die Gesamtheit der in der Physik enthaltenen Allgemeinaussagen (Gesetze) nennen wir „das System der Physik“.

§ 4. Das Wahrheits- oder Geltungsproblem.

Wenn wir uns nun mit den Grundlagen dieses „Systems der Physik“ beschäftigen, so heißt das, daß wir die Wege bestimmen wollen, auf denen wir zu den Allgemeinaussagen der Physik gelangen können. Denkt man die damit gestellte Aufgabe näher durch, dann erkennt man, daß der Kern derselben darin besteht, welche „Beweise“ wir für diese Allgemeinaussagen finden können. Das Wort „Beweis“ hat nun in der Logik die spezielle Bedeutung einer nach logischen Gesetzen erfolgenden Aneinanderreihung von Schlüssen. Da wir auf unserem Standpunkte noch nicht garantieren können, ob nicht auch „Beweise“ anderer Art für unsere Überlegungen in Betracht kommen können, so empfiehlt es sich, einen allgemeineren Ausdruck zu wählen. Wir wollen sagen: Es handelt sich darum, woher diese Allgemeinaussagen ihren Geltungsgrund nehmen oder auf Grund wessen wir ihnen das Prädikat etwa der „Wahrheit“ oder „Richtigkeit“ zubilligen können.

Bei diesem Gesichtspunkte müssen wir etwas verweilen. Wie stand es bisher in der Physik mit der Frage nach der „Geltung“ ihrer Sätze? Nun, man sagte etwa: Dieser Satz ist experimentell bewiesen, oder er ist mathematisch abgeleitet.

Aber, ob Allgemeinaussagen überhaupt durch Experimente, ob sie durch mathematische Ableitung voll bewiesen werden können, wann das eine, wann das andere stattfinden müsse, was etwa noch hinzugefügt werden müsse, um ihre Geltung in der Wirklichkeit zu beweisen, ob und unter welchem Gesichtspunkte der Begriff „Geltung eines physikalischen Satzes (Gesetzes) in der Wirklichkeit" überhaupt einen Sinn habe, dies alles war unbekannt, und wurde in der Physik nicht oder doch nur ganz nebenbei, und ohne Systematik auf Grund persönlicher Eindrücke und Meinungen des einzelnen Autors behandelt.

Die Philosophie hatte das Geltungsproblem allerdings seit jeher zu einem ihrer Hauptprobleme gemacht. Die sehr schönen und tiefgreifenden Untersuchungen und Resultate, welche sie hinsichtlich dieses Problems in seiner Allgemeinheit erhielt, wollen wir vorläufig gänzlich beiseite lassen. Hier haben wir uns vielmehr auf folgenden Standpunkt zu stellen: Wenn die Physik für ihre speziellen Zwecke das Geltungsproblem lösen soll, wenn diese Lösung, welche weittragende Folgen für die Physik haben kann, organisch mit der Physik verwachsen und endgültig sein soll, so muß diese Lösung ganz unabhängig von jeder bisherigen Philosophie und Erkenntnistheorie allein aus der Physik selbst erwachsen, allein mit den ihr eigenen Mitteln für ihren speziellen Fall bewältigt werden können.

Dies ist der Grund, warum wir im folgenden, soweit der systematische Teil reicht, uns niemals auf irgendeine philosophische oder erkenntnistheoretische Meinung als Autorität berufen werden, sondern unsere Beweisgründe allein den Dingen selbst entnehmen wollen. Nur so kann natürlich diejenige volle Objektivität garantiert werden, die der Physiker nötig hat. Dabei dürfen wir uns immerhin bewußt bleiben, daß wir fast dauernd auf einem Boden wandeln, den die Philosophie seit 2000 Jahren in gewaltiger Gedankenarbeit vorbereitet und urbar gemacht hat.

§ 5. Unzulängliche Begründung der bisherigen Allgemeinaussagen und Gesetze in der Physik.

Ich möchte hier nur kurz andeuten, inwiefern bisher die physikalischen Gesetze, soweit sie Allgemeinaussagen sein

daß wir uns zunächst auf einen Standpunkt stellen müssen, wo es Allgemeinaussagen überhaupt noch nicht gibt, bzw. solche als geltend noch nicht anerkannt sind. Wir werden also zunächst daher an allen vorhandenen Allgemeinaussagen (in dieser Hinsicht dem Beispiele Descartes folgend) einmal zweifeln, und nicht eher eine solche wiederum als geltend annehmen, ehe wir nicht eine nachweisbar gegen jeden Zweifel immune Begründung derselben gefunden haben.

Wir wollen diesen Standpunkt vorläufig den „Vorallgemeinstandpunkt" nennen.

Dieser bedarf, um ihn einzunehmen, natürlich keinerlei erkenntnistheoretischer Voraussetzungen. Er fällt zusammen mit dem Standpunkte des täglichen Lebens, das sich nur auf Einzelaussagen richtet, und in seiner praktischen Durchführung zunächst keinerlei Allgemeinaussagen, denen man absolute Geltung zuschreiben könnte, bedarf.

In der Tat steht ja der moderne Empirist (ebenso wie der antike), wenn er nur konsequent ist, sogar in der Wissenschaft dauernd auf diesem Standpunkte.

Vielleicht darf ich über den „Vorallgemeinstandpunkt" noch einige Worte hinzufügen. Er also bildet den Ausgangspunkt unserer Bemühungen, zu absolut begründeten und sicheren Allgemeinaussagen zu gelangen. Er ist der natürliche Standpunkt des naiven Menschen, der noch keine Möglichkeit sieht, etwas auszusagen, und zwar mit absoluter Sicherheit auszusagen über etwas, das über das Jetzt und Hier hinausgeht. In dieser Hinsicht fällt er, wie gesagt, völlig zusammen mit dem Standpunkt des täglichen Lebens; in der 1. Auflage bin ich daher noch von letzterem Standpunkte ausgegangen, den ich den „Tagesstandpunkt" nannte. Doch ist dieser nur sozusagen eine Ableitung von dem Vorallgemeinstandpunkt, der nunmehr den eigentlichen Kernpunkt der Frage erst richtig hervorhebt.

Auf diesem Vorallgemeinstandpunkt sind alle meine Erfahrungen „Einzelerfahrungen". Ich kann vermuten, daß es irgendwie möglich sein müsse, gewissen Aussagen eine allgemeine Realgeltung in irgendeinem Sinne zuzuschreiben, irgendwelche Beweise habe ich noch nicht dafür. Alle meine Erlebnisse sind spontan. Ich bin natürlich im Besitze aller meiner praktischen Fähigkeiten und Fertigkeiten.

Denn alle diese sind ja völlig unabhängig von irgendwelchen Allgemeinaussagen. Ich kann handeln, denken, sprechen, lesen, schreiben, Experimente anstellen, ich habe mich selbst mit allen meinen Äußerungen, habe meine Mitmenschen, und meine ganze Welt. Nur kann oder will ich noch keine Allgemeinaussagen machen.

Dadurch habe ich einen völlig festen Standpunkt in meiner Realität, brauche von nichts zu „abstrahieren", brauche nichts zu „konstruieren", denn alle diese Tätigkeiten würden schon irgendwelche allgemeine Voraussetzungen einschließen, also Allgemeinaussagen, die ich ja auf diesem Standpunkte noch nicht haben will. Ich kann auch alles, was ich bisher erfahren und gelernt habe, auf diesem Standpunkte behalten, ohne davon abstrahieren zu müssen, nur unter Vermeidung dessen, daß ich irgendeiner der darin enthaltenen Aussagen allgemeine Gültigkeit beilege, für welche ja auch, wie wir sahen, keinerlei Beweis vorhanden wäre.

Sogar das, was ich bisher über Erkenntnistheorie, ja über das Wahrheitsproblem selbst gelesen oder gedacht habe, ist hiervon nicht ausgenommen. Es werden eben alle diese Dinge hier als „Einzeltatsachen" genommen, und können so für unser jetziges Vorhaben von keinerlei Präjudiz oder Einwirkung sein.

Es folgt aus dieser Einzeltatsache, daß wir diesen Standpunkt nunmehr einnehmen wollen, zunächst einmal die eine wichtige Konsequenz, daß, falls wir wirklich zu irgendwelchen Allgemeinaussagen von unserem Vorallgemeinstandpunkte aus fortschreiten wollen, wir dazu keinerlei andere Mittel haben und verwenden dürfen, als sie uns eben auf diesem Standpunkte gegeben sind. Es folgt, daß die einzigen Mittel, die wir zur Aufstellung von Allgemeinaussagen haben, nur Einzeltatsachen und Einzelaussagen sind. Gelingt es nicht, aus diesem Material zu Allgemeinaussagen zu gelangen, so müssen wir auf Allgemeinaussagen überhaupt verzichten. Nochmals sei betont, daß alle Aussagen, die sich auf sog. Erfahrung berufen, ebenfalls „Allgemeinaussagen" sind, und daher hier wegfallen müssen. Die meist ohne tiefere Überlegung gebrauchte Ausdrucksweise, daß wir etwas „aus Erfahrung" „wissen", setzt gerade das Wesentlich schon voraus, daß es möglich sei, aus Erfahrung etwas zu wissen, d. h. für weiterhin allgemein auszusagen.

Irgendetwas müssen wir unserem geordneten Aufbau zugrunde legen, mit irgendetwas beginnen. Wenn dann auch alles weitere „relativ" ist, irgendetwas „Asolutes" muß gewählt sein, um dann das andere damit aufzubauen. Als dieses empfiehlt sich in erster Linie der „Wille". Er ist in seiner unmittelbaren und phänomenologischen Gegebenheit immer schon die Grundlage von jedem Schritt, den wir in zielstrebiger Hinsicht überhaupt machen können. Also auch von jedem Schritt, den wir zur Aufstellung einer Wissenschaft unternehmen. So würde es also, wenn wir ihn überhaupt einmal als solchen aus der Menge des Gegebenen herausheben, gar nichts helfen, ihn nicht voraussetzen zu wollen, er liegt allen unseren Schritten schon immer zugrunde.

So muß also dieser „mein Wille" als selbst weiter nicht ableitbar, allem weiteren Abgeleiteten zugrunde liegen. Damit kann man diese Art der Auffassung als einen kritischen Voluntarismus etwa bezeichnen, wobei man sich erinnert, daß der Wille hier nicht als metaphysisches Prinzip, sondern als ein auf diesem Standpunkt frei zu praktischen Zwecken gewählter „empirischer Gegenstand" figuriert.

Zusammenfassung.

Unser Ausgangspunkt für das Folgende ist der Standpunkt des Nur-Einzelnen, des Spontanen, der Vorallgemeinstandpunkt. Auf ihm werden keinerlei Allgemeinaussagen („Gesetze") als „bewiesen", in ihrer Geltung als gesichert betrachtet. Mein Wille erlaubt mir, diesen Standpunkt einzunehmen.

Eine Prüfung der bisherigen Arten, Allgemeinaussagen zu begründen, zeigt, daß diese alle auf unbewiesenen und angreifbaren Voraussetzungen beruhen, und einer wirklich auf den Grund gehenden Kritik nicht standzuhalten vermögen. Darum müssen wir versuchen, unsere Grundlagen jeder Angriffsmöglichkeit zu entziehen.

2. Kapitel. **Das Geltungsproblem.**

§ 1. **Die geschichtliche Situation.**

Wir wollen nun eintreten in eine Behandlung des Geltungsproblems. Es ist dieses Geltungsproblem der Kern aller erkenntnistheoretischen Forschung, seitdem es eine solche Wissenschaft gibt. In voller Klarheit stellt sich zuerst wohl David Hume die Frage nach dem Geltungsgrund der wissenschaftlichen Aussagen, die Frage, woher wir die Überzeugung von der Sicherheit, der Geltung unserer Naturgesetze beziehen. Wir wollen hier diesen Begriff der Geltung ganz allgemein gebrauchen für die Sicherung einer gewissen Adäquatheit einer Aussage zu gewissen zu erwartenden oder vorhandenen Erlebnissen. Die nähere Art dieser Adäquatheit kann dabei noch recht verschieden bestimmt sein.

Einen spezielleren Unterfall dieses Problems der Geltung bietet das Problem der Wahrheit. Als „Wahrheit" wollen wir definieren eine Geltung, die durch eine objektive Gegebenheit gebildet wird. Wir werden sehr bald festzustellen haben, daß eine Wahrheit bei Allgemeinaussagen überhaupt nicht einzutreten vermag, wohl aber eine Geltung. Daraus sehen wir, daß die beiden Begriffe auseinanderfallen.

Das Geltungsproblem ist von überaus großer Bedeutung für die Wissenschaft und in seinen Konsequenzen für das ganze Leben. Von ihm hängt die Frage der Sicherheit unserer Erkenntnisse ab, die Frage, ob wir in der Lage sind, irgendwo in der Wissenschaft zu dauernden Formulierungen zu gelangen oder nicht. Immer wieder wurde zuzeiten eine Möglichkeit geleugnet, zu dauernden Formulierungen zu gelangen. Aber seit dem ersten Auftreten wirklicher Wissenschaft bei den alten Griechen bestand in den weit überwiegenderen Zeiträumen eine feste Überzeugung davon. Auch die meisten der Auseinandersetzungen, welche die Geschichte der Wissenschaft erfüllen, laufen letzten Endes auf dieses Problem hinaus. Gerade auch von unserer Zeit kann man dies sagen.

Betrachten wir einerseits die exakten Wissenschaften, so ist allgemein bekannt, wie die allgemeine Frage nach der Geltung der Naturgesetze seit der Entdeckung des Radiums besonders akut wurde, und seither nicht mehr zur Ruhe kam, sondern in steigendem Maße das Kernproblem vieler strittiger Fragen aus den Grundlagen der Physik bildet. Ganz neuerdings ist es das Verdienst der Relativitätstheorie, der äußere Anlaß zu einer vertieften Betrachtung der Grundlagen der Physik gewesen zu sein, und diese wieder muß notwendig ihren Kernpunkt in dem Problem der Geltung haben. Aber auch die Mathematik ist nicht verschont geblieben. Auch in ihr hat die philosophische Situation unseres Zeitalters, die außerordentlich entwickelte Kraft der Kritik, ohne schon einen sicheren Boden gefunden zu haben, ihre Konsequenzen gezeitigt. Die Fragen nach den Grundlagen der Geometrie und Arithmetik hängen eng mit dem Geltungsproblem zusammen. Gerade in der Geometrie hat sich diese Sachlage besonders scharf zugespitzt: hier herrscht der fundamentale Streit um die Geltung der euklidischen Geometrie. Die Relativitätstheorie und andere haben behauptet, unser Raum habe eine nichteuklidische Geometrie. So steht auch hier die Geltung zur Diskussion. Aber auch in der Arithmetik und Mengenlehre. Gibt es die Cantorschen transfiniten Zahlen oder nicht? so lautet eine noch nicht allgemein als gelöst betrachtete Frage der Mathematik.

Analoge Schwierigkeiten finden wir in der Wissenschaft der Geschichte. Inwiefern haben geschichtsphilosophische Spekulationen, wie sie durch Spengler jetzt soviel Bedeutung gewonnen haben, überhaupt Geltung, inwiefern können sie solche haben? Ist man doch gelegentlich soweit gegangen, die Möglichkeit geschichtlicher Wahrheit überhaupt zu leugnen. Alles dies sind, so paradox sie auch scheinen mögen, durchaus wissenschaftliche Möglichkeiten, solange die Frage nach der Geltung noch offen ist.

Aber auch das Letzte, was noch feststand, die Logik selbst, ist stellenweise in Frage gestellt worden. Hat doch neuerdings ein tüchtiger Mathematiker das Prinzip vom ausgeschlossenen Dritten angezweifelt, und eine Klärung in einem Teile der Mathematik davon erhofft, wenn er auf dieses Prinzip verzichtete. Und ein anderer namhafter Mathematiker hat sich ihm angeschlossen.

Hier aber dämmert dem in der Geschichte der Philosophie Bewanderten eine Erinnerung. Ähnliches war doch schon da. In der Tat, als die sog. Eristiker, besonders der megarischen Schule, ihren Relativismus ausbauten, da gab es auch keine logischen Regeln mehr, vor denen sie Halt gemacht hätten.

Und dies gerade war der Anlaß, daß Aristoteles, wie er selbst es erkennen läßt[1], die Grundgesetze der Logik aufstellte. Damit rettete er für lange Zeit, von kleinen Schwankungen abgesehen, bis zu unseren Tagen eine feste Insel, die erlaubte, von ihr aus sichere Ausflüge in das Meer der Tatsachen zu wagen. Ihm waren diese Grundgesetze der Logik ein gesicherter Besitz und ihre Geltung wurde seither kaum mehr angezweifelt. Nun aber geschieht auch das. Damit muß natürlich der letzte fest erscheinende Boden wanken.

§ 2. Sätze.

Wenn ich jetzt gezwungen bin, den Leser gewissermaßen in eine Art von logischem Labyrinth zu führen, so möge er sich dadurch nicht abschrecken lassen. Den Ariadnefaden, der uns wieder aus demselben führen wird, wollen wir fest in der Hand halten. Immer aber erinnere man sich unseres Zieles, nach dem wir streben, des Sitzes der Geltung. Wenn wir einmal Umwege zu machen scheinen, werden diese sich später als nötig erweisen.

Wenn wir uns nun auf den Weg machen, den Sitz der Geltung zu suchen, so heißt das so viel, als daß wir einmal uns auf den Standpunkt stellen wollen, *daß wir irgendeine Geltung von Sätzen noch nicht haben*, denn sonst brauchten wir sie ja nicht zu suchen. Nun hat aber jeder irgendwie einen Glauben an irgendwelche wissenschaftlichen Geltungen, aber wenn er genau zusieht, dann ist es doch lediglich eine Überzeugung, für welche ein exakter Beweis nicht angegeben werden kann. Wir werden nun zwar sicherlich, wenn wir unser Geltungsproblem gelöst haben werden, viele der jetzt als geltend gedachten wissenschaftlichen Sätze auch als wirklich geltend erkennen. Aber es ist klar, daß, ehe wir sie in diese Kategorie aufnehmen können, es eines genauen Nachweises und Untersuchung ihrer Geltungsnatur bedarf.

So wird uns also nichts übrig bleiben, als alles, was bisher uns als sicher in der Wissenschaft erschien, einmal als nicht gesichert zu betrachten. Nur dann können wir hoffen, die Fallstricke unbewußter Voraussetzungen zu vermeiden, wenn wir in voller geistiger Unvoreingenommenheit unserem Probleme

---

[1] Siehe die grundlegenden Darlegungen darüber bei *Heinrich Maier*, „Die Syllogistik des Aristoteles“, Tübingen 1896 u. 1900.

gegenübertreten. Das war auch die Überlegung, welche Cartesius dazu brachte, zunächst einmal an allem zu zweifeln. Aber — dies ist eine besondere Eigenart unseres Problems — es ist gar nicht so leicht, an allem zu zweifeln, ohne alle Voraussetzung vorzugehen.

Wir wollen diesen so geschilderten Standpunkt, wo wir auf jede Geltung verzichten, um dadurch später Gewißheit zu gewinnen, als den „geltungslosen Standpunkt" bezeichnen.

Zunächst wollen wir vereinbaren, alles, was den Anspruch darauf erheben könnte, geltend zu sein, als sprachlich ausgedrückt anzunehmen. Wir wollen zunächst also unsere Untersuchung auf sprachlich formulierte richtige oder vermeintliche Geltungen beschränken. Haben wir für diese Fälle unsere Untersuchung durchgeführt, dann wird es leicht fallen, uns von dieser Beschränkung zu befreien. Nun wollen wir jeden sprachlichen Ausdruck, der eine Geltung enthalten kann, als einen „Satz" bezeichnen, und es ist eine Tautologie, eine Selbstgleichsetzung, wenn wir jetzt aussprechen:

Jede sprachlich gefaßte Wahrheit ist in einem Satze oder in Sätzen ausgesprochen.

Dabei kann die sprachliche Fassung in gesprochener, gedachter oder irgendwie geschriebener Form geschehen.

Nun nehmen wir einmal an, wir hätten irgendeinen Satz ausgesprochen, der eine Geltung ausdrücken soll, oder eine Gruppe von Sätzen mit dem gleichen Zweck. Wir wollen die Frage, woher wir diese Geltung erkennen könnten, hier noch offen lassen. Wir gehen dann weiter, und ziehen nun aus diesen Sätzen unsere Schlüsse. Wenn dann die ersten Sätze geltend waren, und die Schlüsse richtig gezogen sind, so müssen auch die Schlüsse richtig sein. So ist die allgemeine Anschauung. (Wir bezeichnen gelegentlich die ersten Sätze als „gegeben", die Schlüsse als „abgeleitete Sätze".)

Wir können aus diesem Beispiel folgendes entnehmen: Es besteht das merkwürdige Verhältnis, daß man, offenbar nach bestimmten „richtigen" Regeln aus gegebenen Sätzen andere Sätze durch bloßes Denken finden könne, die ebenfalls als geltend erscheinen, wenn dies bei den ersten der Fall war.

In diesem Fall wird also nicht in jedem einzelnen Falle behauptet, daß die gezogenen Schlüsse geltend seien, sondern wenn nur die Regel richtig angewendet war, dann muß dies von selbst der Fall sein. Daraus sehen wir, daß, sooft wir überhaupt Schlüsse ziehen, und diese dann für geltend halten, wir uns dabei eines Verfahrens bedienen, dessen Geltung wir dabei voraussetzen. Diese muß aber auf unserem kritischen Standpunkte selbst wieder der Prüfung unterliegen.

Jede Schlußweise also bedarf schon einer Prüfung auf ihre Berechtigung hinsichtlich ihrer Geltung. Jede Denkregel bedarf desgleichen. Überhaupt jeder Satz bedarf dessen.

Wie sollen wir aus diesem Meere des Zweifels herauskommen? Wir müssen nachsehen, ob es nicht unbezweifelbare Sätze gibt. Auf diese würde unsere Absicht, an allem zu zweifeln, wirkungslos sein.

Hier ist nun sofort eine große Menge von Sätzen anzuführen, nämlich alle, die ein „Haben" meines Bewußtseins ausdrücken. Wenn ich sage: Ich sehe (jetzt) einen grünen Gegenstand, und ich sehe das wirklich, dann ist dies ein solcher Satz. Dieser Satz ist dann geltend. Einer der schärfsten heutigen Denker auf unserem Gebiete, H. Driesch, würde einen solchen Satz einen „hic et nunc-Satz" (Hier und Jetzt-Satz) nennen, ohne dabei auf Raum und Zeit anzuspielen. Es ist ein Satz, der ein hic et nunc seiendes sic oder tale (ein „Sosein") wiedergibt. Wir können auch den kürzeren Terminus „Sosatz" gebrauchen.

Nun besteht ein Sosein unmittelbar nur für den Habenden adäquat. Um dieses Sosein sprachlich richtig zu fassen, bedarf es noch des richtigen Gebrauchs der Sprache, d. h. einer solchen Verwendung der Worte durch den Habenden, daß sich ihre allgemeine Bedeutung mit dem von ihm gehabten Sosein deckt. Ist dies erfüllt, dann ist der Sosatz geltend.

Dies ist nun aber, kann nichts anderes sein, als eine Definition. Denn da ja auf dem geltungslosen Standpunkt der Begriff „geltend" noch keinen Inhalt haben kann, so könnte ein solcher Satz nur eine Definition sein.

Würden wir andererseits dem Begriff „geltend" eine Definition schon von vornherein zu geben versucht haben, dann wäre natürlich zu zeigen, daß ein Sosatz notwendig dieser Definition gehorcht.

Wir bemerkten schon, daß die Anwendung des Begriffes „geltend" auf die Sosätze doch eigentlich nur eine Definitionsangelegenheit sein könne. Niemand kann uns zwingen, irgendeinen Satz für wahr, für zwingend zu halten. Auch gegen die Wahrheit der Sosätze kann ich mich sträuben. Ich kann sagen: Daß ich hic et nunc Grünes habe, ist vielleicht nicht wirklich geltend, sondern nur eine Täuschung. Es hat Erkenntnistheoretiker gegeben, die solches aussprachen. Man kann versucht sein, die Möglichkeit der Täuschung noch mit in die Realität aufzunehmen und den Schnitt zwischen unmittelbar Gegebenem und logischer Verarbeitung an anderer Stelle zu machen. Wer will uns das verbieten? Logische Schlüsse dürfen wir hier noch nicht verwenden. Wie sollte also ein Beweis aussehen, daß wir unrecht haben? Es zeigt sich, daß hier ein Gebiet „freier Wahl von uns" vorliegt. Es ist freie Wahl von mir, wenn ich sage, ich erkenne das von mir gehabte Grüne als unmittelbar überzeugend an. Habe ich dies getan, dann habe ich einen gewissen festen Boden gewonnen.

§ 3. Das Allgemeine.

Man muß mit den „Sosätzen" vorsichtig sein. In der Sprache nämlich gehen sie mit Unterschieden, auf die man aufmerken muß, um sie gewahr zu werden, in eine andere Gattung von Sätzen über, die keine Sosätze sind.

Wenn ich sage: Ich sehe weiß, dann ist das ein Sosatz. Wenn ich sage: Dieser Gegenstand ist weiß, so ist dies bei richtiger Auffassung (wenn er nämlich das gleiche sagen soll, wie der vorige Satz) ein Sosatz. Wenn ich sage: Diese Kreide ist weiß, so heißt dieser Satz: Ich habe Weiß an einem Gegenstand, den ich Kreide nenne. Es ist dies ein Sosatz in Verbindung mit einer Nominaldefinition. Letztere gelten allgemein als außerhalb der Frage nach der Wahrheit stehend, denn es gilt allgemein unmittelbar als „geltend", wenn ich sage: Ich will jenen Gegenstand A nennen. Wir wollen diese Auffassung einstweilen annehmen, aber uns klar bleiben, daß sie noch der Rechtfertigung bedarf, die wir nachholen werden.

Wenn ich aber nunmehr sage: Die Kreide ist weiß, so ist das im Deutschen doppeldeutig, je nachdem „die" soviel ist, wie „diese" oder nicht. Schließen wir der Eindeutigkeit halber diesen Sprachgebrauch aus, dann stehen wir dem Bisherigen gegenüber vor etwas prinzipiell Neuem. Der Satz sagt dann nämlich: Jede Kreide ist weiß. Dies ist kein Sosatz, denn ich habe hic et nunc nicht jede Kreide. Es ist das, was wir einen „allgemeinen Satz“ nennen wollen. Er sagt mit dem Anspruch auf Wahrheit etwas aus über Gegenstände, die ich niemals alle unmittelbar „haben“ werde und haben kann. Auf dem geltungslosen Standpunkt erhebt sich natürlich die Frage nach der Geltung eines allgemeinen Satzes. Und wir können sagen:

Ein allgemeiner Satz bedarf der Prüfung seiner Berechtigung hinsichtlich seiner Geltung.

Aber wie uns die Diskussion der abgeleiteten Sätze auf die Sosätze führte, denen wir Geltung zubilligen zu müssen meinten, so führt uns die Diskussion der allgemeinen Sätze ebenfalls auf eine Gruppe von Sätzen, bei denen dies der Fall sein wird.

Natürlich wäre es dann für alle Fälle gesichert, daß „die Kreide weiß ist“, wenn ich dies vorher in der Weise festgesetzt hätte, daß ich sage: Ein Gegenstand, der die und die Eigenschaften hat, darunter die der Weiße, nenne ich Kreide. Dann würde mit Hilfe einer logischen Regel aus diesem Satze folgen, daß jede Kreide weiß ist. Von solchen Sätzen würde I. Kant sagen, daß sie analytische Urteile aussprechen. Wir wollen sie als „Definitionsfolgen“ bezeichnen. Definitionsfolgen setzen also folgendes voraus: 1. daß alles das geltend ist, was ich als solches „festsetze“; 2. daß die angewandte logische Regel geltend ist. Werden diese beiden Voraussetzungen, die meist als selbstverständlich angesehen werden, gemacht, dann ist jede Definitionsfolge geltend.

§ 4. Der geltungslose Standpunkt.

Wir erkennen aus dem in den vorigen Abschnitten Gesagten, daß sowohl jeder abgeleitete Satz als auch jeder allgemeine Satz auf der Geltung irgendwelcher anderer Sätze fußen, und daher, wenn wir uns auf den geltungslosen Standpunkt stellen, von uns bezweifelt werden müssen. Die reinen Sosätze und die Definitionen und Definitionsfolgen schienen uns ja als geltend bezeichnet werden zu können.

Im ganzen aber befinden wir uns auf dem geltungslosen Standpunkte in einem unabsehbaren Meere der Unsicherheit. Nirgends bietet sich von selbst ein Rettungsanker. In der Tat, wenn jeder Satz angezweifelt ist, wie soll da plötzlich ein nichtangezweifelter entstehen?

Es könnte höchstens sein, daß es darunter Sätze gäbe, die nicht anzweifelbar sind, die aus irgendeinem Grunde nicht angezweifelt werden können. Die Tatsache, daß wir alle Sätze angezweifelt haben, zeigt schon, daß es keinen Satz gibt, der nicht an sich angezweifelt werden kann. Das „Anzweifeln" ist eine Tätigkeit von mir, die ich ganz unabhängig, was es für ein Satz sei, einfach formal an jeden beliebigen Satz hinbringe. Das Argument des Kreters, das man logisch auf unseren Satz, „daß es keinen Satz gibt, der nicht angezweifelt werden könne" anwenden könnte (nämlich: auf Grund des Satzes muß ich auch ihn selbst anzweifeln, worauf es nicht sicher ist, ob es nicht doch unbezweifelbare Sätze gibt) hat hier deshalb keine Kraft, weil wir vor der Logik uns befinden, und der darin enthaltene Schluß nicht angewandt werden kann. Wenn wir also zubilligen, daß, wenn ich einen Satz anzweifeln will, ich ihn auch wirklich anzweifle, d. h. daß es dann Geltung hat, daß ich ihn anzweifle, ist jeder andre Satz anzweifelbar. Es könnte dann nur noch sein, daß mein Zweifel vergebens ist, insofern als der Satz irgendwoher so gestützt ist, daß ich ihn als geltend erkennen muß. Dazu aber bedürfte es irgendeines Kriteriums der Geltung für diesen Satz, das aber natürlich selbst von uns angezweifelt ist. Ich sehe: Wenn ich mich überhaupt einmal auf den Standpunkt stelle, daß ich bei jedem Satze fragen muß: Warum ist er geltend?, dann gibt es überhaupt keinen festen Halt mehr. Alle die Sätze, die wir bisher bedingungsweise zugegeben haben, um über sie sprechen zu können, hängen selbst, wie das „bedingungsweise" zeigt, von irgendwelchen Annahmen, Regeln usw. in ihrer Geltung ab. Damit aber fallen auch sie unter den Zweifel, wie das schließlich auch bei den Sosätzen, den Definitionsfolgen usw. der Fall ist.

Aber die Situation ist noch viel schlimmer. Ich darf nicht einmal mehr sagen, daß ich alle Sätze anzweifle, kann aber nun daraus nicht mehr schließen, daß ich etwa einige Sätze nicht anzweifle. Es ist mir überhaupt nicht mehr möglich, irgendeinen Satz mit Anspruch auf Geltung auszusprechen. Es ist sehr wertvoll, sich diese Situation recht klar zu machen.

Daraus, daß ich aber jeden vorgelegten Satz auf meiner jetzigen Situation anzweifle, geht hervor, daß kein Zwang für mich vorhanden ist, irgendeinen Satz nicht anzuzweifeln.

Nun sagt man: Aber du gibst doch zu, daß du irgend etwas „hast“? Ich gebe zu, daß ein Erleben vorhanden ist, nur ist jede Fassung desselben in Worte anzweifelbar und angreifbar. Das Erleben für sich, umformuliert, ist mir natürlich völlig sicher, nur, sowie ich einen Versuch mache, es auszusprechen, es zu formulieren, gerate ich unter das unentrinnbare Joch meines Zweifels. Natürlich kann ich irgend etwas lallen, und meinen (intendieren), das bedeute mein Erleben. Und dieses Lallen wäre dann unmittelbar geltend, vorausgesetzt, daß, wenn ich will, daß das Lallen dieses bedeutet, es auch geltend ist, daß es das bedeutet.

Überblicken wir nun unsere Ausführungen, dann sehen wir, daß die Stellen, wo es uns noch am nächsten lag, eine gegebene Sicherheit anzunehmen, diejenigen waren, wo es davon abhing, ob ich etwas will. Da ja alles, wie wir soeben sahen, an der Formulierung hängt, und für diese auf dem wahrheitslosen Standpunkt keinerlei Zwang vorliegt, so ist es auch vergebens, nach einem solchen Zwang zur Formulierung zu suchen. Das Erleben selbst, wohlgemerkt: das unformulierte Erleben, bleibt dabei in seinem Sein und in seiner sozusagen immanenten Geltung ganz unberührt. Aber, wie wir sahen: Es ist uns auf dem geltungslosen Standpunkt nicht möglich, **irgendeinen** Satz mit Anspruch auf Geltung auszusprechen. Der „Beweis“ (für die Geltung nämlich) dieses Satzes liegt in unserem Willen zum Zweifel, wobei aber schon wieder vorausgesetzt ist, daß, wenn ich will einen Zweifel zu haben, daß es dann auch geltend ist, daß ich einen habe. Ohne diese Vorausnahme (an sich unberechtigt) einer „Geltung“, wäre es überhaupt nicht möglich, irgendeinen Satz mit Anspruch auf Geltung auszusprechen, und eben gerade auch den soeben angeschriebenen selbst nicht. Der Erfolg ist dann eben nicht irgendwie formulierbar, sondern besteht in der Tatsache der Verhinderung jeden Aussprechens irgendeines geltenden Satzes. Aber, um eben davon zu erzählen, bedarf ich der Worte, und für das Verständnis ist vielleicht der gewählte Weg der beste.

Wir können erzählend und mit ausdrücklicher Hinzufügung, daß es nur Erzählung und nicht Formulierung sein soll, sagen, der geltungslose

Standpunkt verhindert die Formulierung irgendeines Satzes.

Nun könnte einer kommen und sagen, ja aber, ich habe einen Satz, von dem ist mir unmittelbar gewiß, daß er geltend ist. Wir fragen dagegen und sagen: Woher weißt du, daß deine unmittelbare Gewißheit die Geltung des Satzes verbürgt? Die Annahme, daß das der Fall sei, setzest du gänzlich unbewiesen bei deiner Behauptung voraus. Der Begriff „Geltung" eines Satzes führt stets die Meinung mit sich, daß jedes vernünftige Wesen (um mit Kant zu reden) den gleichen Satz als gültig ansehen kann. Wie aber kann die „unmittelbare Gewißheit", die ich empfinde, mir das gleiche für jeden anderen garantieren?

§ 5. Der Ausweg.

Wie nun kann ein Ausweg kommen aus diesem Chaos des Zweifels? Wenn wir uns unseres Resultates erinnern, daß der geltungslose Standpunkt die Formulierung irgend eines Satzes verhindert, dann ist klar, daß eine gegebene Lösung der Schwierigkeit überhaupt nicht vorhanden ist und nicht vorhanden sein kann. Wohlgemerkt eine „gegebene" Lösung, eine unabhängig von mir vorhandene, einzig richtige Lösung. Eine solche also gibt es nicht. Denn sie bestünde selbst in einem Satze, der wieder unserem Zweifel unterliegt.

Wir können unsere Überlegung auch in andere Form bringen. Ihr Kern besteht nämlich darin, daß ich, um die Geltung irgendeines Satzes zu erkennen oder zu beweisen, immer schon wieder eines Satzes bedarf, der mir diesen Beweis liefert und der selbst geltend ist, dessen Geltung aber selbst wieder in gleicher Weise gewährleistet werden muß. Hieraus zeigt sich, wenn überhaupt irgendwann die Geltung eines Satzes endgültig sicher sein soll (denn solange es dazu eines selbst noch nicht gesicherten Kriteriums bedarf, ist diese Sicherheit noch nicht vorhanden — wir nennen eine solche sichere Geltung eine „letzte Geltung"), daß dazu eine letzte Geltung immer schon nötig ist. Diese aber können wir, wie wir sahen, auf dem geltungslosen Standpunkt nie als gegeben vorfinden.

Da uns also, wie wir sehen, irgendeine Geltung formulierter Sätze nicht gegeben ist, und nicht gegeben sein kann, weil wir an allem zweifeln können, so bleibt uns nichts übrig, als uns eine solche selbst zu schaffen. Dies geschieht, indem wir irgend etwas als geltend **festsetzen.** Hier aber ist stets das erste, daß ich etwas will. Denn ich kann mich anstellen, wie ich will, wenn ich vom geltungslosen Standpunkte aus auf irgendeinem Wege zu etwas Geltendem gelangen möchte, so kann dies nur auf Grund eines Willensentschlusses geschehen, da ja, wie wir sahen, ein von meinem Willen unabhängiger Zwang zu einer Geltung nicht vorliegt, und nur ein anders gerichteter Wille den Willen zum Zweifel aufheben kann.

Da ich bei allem als geltend Hingestellten, nach der Berechtigung dieses Vorbringens fragen kann, so kann dieser Zustand nur dadurch durchbrochen werden, daß ich an irgendeiner Stelle auf die Ausübung dieser Möglichkeit des Fragens verzichte. Dann aber ist dieser Verzicht nicht etwa wiederum ein mir von außen aufgedrängter Zwang, sondern ein völlig freiwilliger.

Und um nun diesen freiwilligen Verzicht selbst zu fundieren, wählen wir als die Stelle, wo wir diesen Verzicht ausüben, gerade die Stelle „meines Willens". Und wir können aussprechen: Wir wollen, wenn ich ausspreche, daß ich etwas will, wenn ich etwas „festsetze", diese Tatsache (Festsetzung) als unmittelbar geltend betrachten.

Dann ist es vor allem möglich, diesen Satz selbst als geltend zu betrachten. Zuerst war er eine praktische Regel, durch die Anwendung derselben auf ihn selbst, wird er ein erster allgemein geltender Satz.

Ist nun nicht der Begriff „Wille", den wir hier so unmittelbar, phänomenologisch benutzen, bereits eine „Wahrheit"? Woher haben wir den? Dieses, was wir mit Wille bezeichnen, ist ein Erlebnis, und kein Satz. Deshalb fällt sein bloßes Dasein nicht unter die Kategorie von geltend und nicht geltend, da nämlich hier dieses „Dasein" als solches nicht ausgesprochen, sondern nur phänomenologisch erlebt wird. In diesem Sinne ist unser ganzes Erleben und tägliches Handeln von unserem Problem völlig unbeeinflußt und „logisch früher" als alle Spekulationen über Geltung, es hat, wie wir sagten, nur eine „immanente Geltung". Unser ganzer handelnder Wille und unser ganzes Leben und Sein ist davon völlig unabhängig. Und die Tatsache, daß wir handeln können, die unausgesprochen unmittelbar gegeben, und deshalb diesseits von wahr und falsch ist, ermöglicht uns dann auch, die Basis für das System unserer gedanklichen und sprachlichen Darstellung unserer Erlebnisse zu legen, indem wir durch einen Willensakt die Verbindung zwischen einem symbolischen Akte (einem „Satze") und einem Erleben (zunächst also unserem „Wollen") herstellen und festsetzen, daß der Satz der adäquate Ausdruck meines Wollens sein, und somit „geltend" sein soll. Damit ist vorläufig als „geltend" definiert ein Satz, der der adäquate Ausdruck meines Wollens ist.

Wir haben uns nun noch von der Einschränkung zu befreien, die darin lag, daß wir nur sprachlich gefaßte Sätze bisher auf ihre Möglichkeit der Geltung untersuchten.

Nun ist es natürlich nicht nötig, daß ein geistiger Vorgang, der, sprachlich gefaßt, einen Satz ergibt, auch in Form eines solchen ausgesprochen sei. Das geistige Erlebnis dabei ist das gleiche. Und die Unterscheidung der verschiedenen geistigen Erlebnisse ist, da sie ja hier in Worten durchgeführt werden soll (was darin liegt, daß ich zwecks Mitteilung an andere dieses Buch schreibe), doch wieder notwendig an die in Worte gefaßten geistigen Erlebnisse geknüpft. So sehen wir, daß für unsere Zwecke, nämlich der Herstellung einer schriftlichen Mitteilung darüber an andere, die beiden Fälle der sprachlich gefaßten Sätze und der nicht sprachlich gefaßten gleichwertigen Erlebnisse völlig zusammenfallen.

Es wäre nun noch die Frage, ob es unaussprechbare Geltungen gibt. Hier ist zunächst zu sagen, daß sie uns jedenfalls hier nicht interessieren können. Denn es sind solche, die einer Mitteilung unfähig sind. Darum werden sie in diesem Buche nicht in Betracht kommen, können auch niemals zum Aufbau eines Systems der Wissenschaft, das ja an andere mitgeteilt werden soll, etwas beitragen. Jedes unaussprechbare unmittelbare Erlebnis hat immanente Geltung.

Wir können also jetzt unter Anwendung unserer ersten Festsetzung, daß, wenn ich etwas will, daß es dann geltend sein solle, daß ich dieses will, sofort einige Gruppen von geltenden Sätzen aufstellen.

Um zu konkreten Anwendungen fortzuschreiten, müssen wir neben der Festsetzung, daß es gelten soll, daß ich will, noch von mindestens einem „Produkt" meines Willens festlegen, daß es gelten soll.

Dies geschehe dadurch, daß wir sagen: Ein Satz, der einen Willensentschluß über eine technische Denkmaßnahme von mir enthält, soll gelten.

Damit ist die Geltung von denktechnischen Festsetzungen jeder Art von mir, darunter zunächst auch der Definitionen usw. gewonnen.

Nun mag mancher Leser an den „Festsetzungen" sich stoßen. Er mag ein Empfinden haben, wie es E. Mach einmal ausgedrückt hat: „Die Konventionen sind keineswegs willkürlich, sondern mit furchtbarer Gewalt aufgedrängt."[1] Dieses auf den ersten Blick vielleicht widerspruchsvolle Verhältnis erhält seine Klärung auf folgende Weise: Vom rein logischen Standpunkte aus bedeutet die Tatsache, daß wir die allerersten Prinzipien unseres systematischen Aufbaues der reinen Synthese als „Festsetzungen" bezeichnen, einfach das, daß sie innerhalb dieses Aufbaues selbst keinerlei logische Ableitung erfahren können, eben weil sie allen solchen schon zugrunde liegen. Innerhalb des Logischen erscheinen sie also nicht als notwendig, als Zwang, sondern als die einzigen Sätze, die der Wahl unterliegen können, d. h. als Festsetzungen. Vom Logischen her ist die Bezeichnung also voll gerechtfertigt. Was nun die Bemerkung angeht, daß diese Prinzipien uns so sehr von innen her aufgezwungen seien, daß wir gar nicht oder kaum anders könnten, als ihnen zu folgen, so ist dazu folgendes zu sagen. Dieser letztere Satz ist ein Sosatz. Er sagt etwas über ein Realverhältnis aus. Nun würde dieser Umstand, wenn diesem Sosatz allgemeine Geltung zukäme, an sich für unsere Bezeichnung nicht so viel ausmachen. Denn innerhalb des logischen Systems der reinen Synthese könnte dieses Verhältnis gar nicht zur Wirkung kommen. Dieser Sosatz würde nämlich eine kausale Erklärung der Herkunft unserer Prinzipien verlangen. Eine solche ist aber am ersten Anfang der reinen Synthese deshalb unmöglich und direkt sinnlos, weil ja die Kausalbeziehungen selbst erst innerhalb dieser aufgebaut werden sollen. Ohne das System, außerhalb des Systems, sind exakte Formulierungen über Kausalbeziehungen, wie wir noch näher sehen werden, gar nicht möglich. Selbst wenn wir also uns zu unseren Prinzipien sehr stark gezwungen fühlen oder fühlen würden, würden

---

[1] Jahrbuch der Radioaktivität u. Elektronik. XIX. (1923). S. 209.

wir dennoch beim Beginn des Aufbaues der reinen Synthese uns irgendwie bewußt zu diesen Prinzipien bekennen müssen und dies ist vom logischen Gesichtspunkte aus von der gleichen Wirkung wie eine freiwillige Festsetzung.

Andererseits ist aber folgendes zu sagen. Tatsächlich hat ja E. Mach gefunden, daß die Mechanik in ihrer Entwicklung gerade nach jenen Prinzipien aufgebaut wurde, allerdings zunächst unbewußt, die wir der reinen Synthese zugrunde legen mußten. Offenbar führt also die natürliche Entwicklung in großen Zeiträumen schon von selbst zu unseren Prinzipien. Daß dies aber andererseits wiederum kein absoluter Zwang ist, zeigt die Entwicklung der Lehre von der Geometrie und neuerdings der Logik. Die Auffassung der euklidischen Geometrie hatte durch lange Zeiten als unmittelbar aufgedrungen gegolten. Unsere Zeit behauptet nicht mehr derart absolut dazu gedrungen zu sein. In der Logik steht es ähnlich, wie wir schon andeuteten. Abgesehen also davon, daß, wie wir eben zeigten, für das Logische an der reinen Synthese das mehr oder weniger starke Aufgedrungensein völlig belanglos ist, ist auch die Tatsache zwar z. Zt. unmittelbar noch vielfach nicht zu bestreiten, ob sie aber absolut und dauernd gilt, ist eine reine Tatsachenfrage, deren Bejahung keineswegs sicher, sondern direkt als unwahrscheinlich zu bezeichnen ist. Es ist deshalb kein Grund vorhanden, sich durch eine Anstoßnahme an unseren „Festsetzungen" den Zugang zur reinen Synthese erschweren zu lassen.

§ 6. Kritisches.

Wenn wir im vorstehenden als letzten Geltungsgrund einen Willensentschluß aufwiesen, bzw. als nächstliegend darlegen konnten, so ist hier vor allem gegen ein bestimmtes Argument, das öfter dagegen angeführt wird, Stellung zu nehmen. Man sagt, das Zurückführen des Geltens auf ein Sollen[1] habe nicht den Charakter einer prinzipiellen, theoretischen, systematischen Grundlegung. Dieser Einwand setzt an sich schon etwas voraus, nämlich, daß es das gibt, was hier eine theoretische Grundlegung genannt wird. Es entspricht diese Voraussetzung etwa einer Kantschen Anschauung. Aber, gegen das theoretische

[1] Siehe z. B. die treffliche Studie von A. Liebert, Das Problem der Geltung. Berlin 1914. S. 5, 6.

Wahrheitskriterium, das diese Ansicht wünscht, erhebt sich immer wieder die Frage, wie es denn selbst seine Geltung rechtfertigen könne, und damit fällt es unter alle jene Schwierigkeiten, die wir im vorstehenden schon berührten.

Den Anschein, den das „Wollen“ oder „Sollen“ erweckt, ein pragmatisches Kriterium zu sein, verschwindet sofort, wenn man sich überlegt, daß ja vor jeder Logik ein Handeln vorhergehen müsse — wie wir das schon mehrfach ja antrafen — und daß der Versuch einer Begründung der Logik, ja irgendeiner „Geltung“ ohne dieses Handeln (praktisch) vorauszusetzen, stets auf die hier immer wieder behandelten Schwierigkeiten stößt, die eben mit dem Geltungskriterium zusammenhängen. Daraus zeigt sich, daß diejenigen Lösungen des Geltungsproblems, die in dem eben genannten Sinne nicht pragmatisch sind, irgendwie fehlerhaft sein müssen.

Auf einige dem Folgenden etwas vorgreifende Überlegungen werden wir geführt, wenn wir ein Wahrheitskriterium heranziehen, wie es z.B. M. Schlick in seiner „Allgemeinen Erkenntnistheorie“ (Berlin 1918, S. 56) ausspricht: „Ein Urteil, das einen Tatbestand eindeutig bezeichnet, heißt wahr“. Ich sehe hier davon ab, daß L. Nelson gezeigt hat, daß (falls man überhaupt Logik gelten lassen will) jedes derartige Wahrheitskriterium den Keim der Unmöglichkeit in sich trägt, was sich sofort offenbart, wenn man es auf sich selbst anwendet. Man gelangt dann zu der Alternative, daß entweder Schlick Definitionen unter Tatbestände rechnet, oder der von ihm ausgesprochene Satz selbst nicht „wahr“ ist.

Eine Hauptschwierigkeit beim Wahrheitsbegriff ist immer die, daß hier sehr verschiedene Dinge vorliegen und unter einen Begriff zusammenzufassen versucht werden. Die Bezeichnung von Sätzen, Urteilen, welche eine adäquate Wiedergabe von Einzelerlebnissen sind, als „wahr“ ist im Sprachgefühl so zwingend, daß man immer wieder versucht, alle Geltung unter diese Fassung zu bringen, zum mindesten, alle Geltung mit dieser Art von Geltung unter einen Begriff zu bringen. Das führt nun zu mancherlei Konsequenzen. Insbesondere steht ja in der theoretischen Philosophie und Erkenntnistheorie immer die Geltung der allgemeinen Urteile im Vordergrunde des Interesses. Um von diesen aber ein Geltungskriterium aussagen zu können, müßte man endgültig erkannt haben, woher diese ihre Geltung beziehen; das hatte man aber nicht. Und so mußte denn jedes Wahrheitskriterium, das sich auf allgemeine Sätze bezog, stillschweigend eine Hypothese über die Natur der allgemeinen Urteile enthalten, und dadurch selbst an der Unbewiesenheit und Unsicherheit dieser Hypothese partizipieren. Dies ist beim obengenannten Schlickschen Beispiel sofort zu sehen, das die unbestimmte und nicht bewiesene Hypothese enthält (wenn es anders sinnvoll verstanden werden soll), daß alle Geltung auf äußere „Tatbestände" sich bezieht.

Bei uns stellen sich die Verhältnisse dann so dar, daß letzten Endes nur diejenigen Allgemeinaussagen als dauernd geltend zu bezeichnen sind, welche dem System der „reinen Synthese" wenn ich diesen Begriff hier schon vorausnehmen darf, angehören. Dessen Grundlagen aber gehen, wie wir sehen werden, auf Festsetzungen zurück, und so hat denn die Geltung von Allgemeinaussagen mit der Geltung von Einzelaussagen nur die allerletzte Basis der willensmäßigen Bestimmtheit gemein, aber nicht insofern, als beide zugleich irgendeine Wiedergabe von „Tatbeständen" wären, die unabhängig von uns vorlägen. Dies ist in der einen bei den Einzelaussagen der Fall, nicht aber bei den Allgemeinaussagen.

Solche Entscheidung ist natürlich nur möglich, wie eben gezeigt, auf Grund eines wirklichen Einblicks in das Wesen der Allgemeinaussage. Diese also müssen wir zu erlangen suchen. Und in diesem Sinne ist, vom philosophischen Gesichtspunkte aus gesehen, der Kern der folgenden Untersuchungen die Natur und Möglichkeit der Allgemeinaussagen. Und in der Behandlung dieses wohl grundlegendsten Problems der theoretischen Philosophie verfolgen wir zugleich das alte Hume-Kantsche Kernproblem der Geltung.

---

3. Kapitel: **Das Zweckprinzip.**

§ 1. **Das Zweckprinzip.**

Unser ganzes Vorgehen bei Aufstellung der Wissenschaft von der Realität wird geleitet durch das umfassendste Prinzip in Richtung unserer Überlegungen: ich will es das „Zweckprinzip" nennen. Sein Inhalt ist der, daß wir wünschen, die gesamte Realität möglichst direkt und mit möglichst wenig Anstrengung zu beherrschen (oder, wenn man lieber will: zu verstehen), und zwar geistig, indem wir aus vorhandenen Wahrnehmungen auf andere (zukünftige oder vergangene), schließen können, manuell, indem wir die Realität in der uns erwünschten Weise zu beeinflussen, zu ändern vermögen.

Aus diesem allgemeinen Prinzip kann man nun eine ganze Reihe einzelner „Unterprinzipien" nach Belieben abspalten:

1. Hat man eingesehen, daß der genannte Zweck am besten durch die Möglichkeit von dauernd geltenden Allgemeinaussagen erreicht wird, so enthält dies das „Prinzip der Festsetzung und das der Wissenschaft", die in den nächsten Paragraphen behandelt werden.

2. Betont man, daß der genannte Zweck stets mit möglichst wenig Anstrengung erreicht werden soll, ist darin das Machsche Ökonomieprinzip, das ja auch schon Vorgänger bei verschiedenen Forschern hat (z. T. schon implizite bei Aristoteles) enthalten. Beide werden sofort noch eine gesonderte Behandlung finden.

Hier ein kurzes Wort über unsere Prinzipien im allgemeinen. Da wir durch eine detaillierte Vorstellung von der Art von systematischer Wissenschaft, die sich bei unserem Vorgehen ergeben soll, genau wissen, was wir wollen, so ist die nähere sprachliche Fassung dieser Vorstellung in Gestalt von „Prinzipien" von mehr sekundärer Bedeutung. Somit ist im Zweckprinzip eigentlich schon alles ausgesagt. Im weiteren Verlaufe der Aufstellung gewinnen dann einzelne Seiten des Vorgehens speziellere Bedeutung, die man dann in Form von besonderen Prinzipien darstellen mag. Prinzipien in unserem Sinne sagen einen Willensentschluß unsererseits aus, dem wir weiterhin zu folgen beabsichtigen. Dieser Entschluß ist vom logischen Gesichtspunkte aus „freiwillig", weil ihm logisch nichts vorhergehen soll. Dabei kann es praktisch sehr wohl so sein, daß wir momentan „gar nicht anders könnten", als dieses Prinzip anwenden. Dies ist aber ganz unabhängig davon, daß wir beim Beginn unseres Systems das Prinzip gesondert herausheben und willensmäßig bejahen. Dies ist an sich ein ganz formaler Vorgang, der nur leicht mißverstanden wird, wenn man irgend etwas metaphysisches dahinter sucht. Dies ist aber eine völlige Verkennung. Will ich ein geschlossenes, eindeutiges, widerspruchsfreies logisches System der Wissenschaft von der Realität, also eine reine Synthese, dann muß ich von gewissen Ur-Sätzen, Prinzipien ausgehen, die selbst in dem System vor ihrer Verwendung keine Ableitung mehr zu finden vermögen. Das ist eine (leider oft vergessene) Selbstverständlichkeit, die schon Aristoteles bekannt war. Sobald ich wirklich synthetisch vorgehe, kann ich am Anfang der Synthese diese Prinzipien nur willensmäßig bejahen, annehmen, setzen, festsetzen — alle diese Worte sagen nichts metaphysisches, sondern nur den rein praktischen Umstand aus, den ich soeben darlegte. Ob dann nebenbei ich mir theoretisch leicht deuten kann, daß ich statt dessen andere Prinzipien wähle (wie etwa bei der euklidischen Geometrie) oder nur schwer (wie etwa bei der Dreidimensionalität des Raumes), dies ist ein rein akzidenteller Umstand vom Gesichtspunkt der Synthese aus, ein Sosatz, der keinerlei prinzipielle oder metaphysische Bedeutung für die Synthese zu erlangen vermag, sondern der an weit entfernter Stelle des Systems (etwa in der physiologischen Psychologie) einmal seine kausale Unterbauung finden wird. Dies sind hier rein praktische Überlegungen aus der Technik des Wissenschaftsaufbaues, die keinerlei Raum für metaphysische Gedanken an dieser Stelle bieten.

§ 2. Das Prinzip der Festsetzungen.

Nähere Überlegung des Zweckprinzips zeigt nun folgendes: Offenbar wäre es ein Ideal, wenn es uns gelänge, unser Wissen von der Realität in vollbegründete[1] Regeln zu formulieren, deren absolute und dauernde Geltung irgendwie garantiert wäre (sog. ewige Gesetze). Dieses Ideal entspricht offenbar der Forderung der Ökonomie, denn es erspart uns, die Gesetze immer neu zu formulieren. Bei Verfolgung der im Zweckprinzip niedergelegten Ziele werden wir also in erster Linie eine „Wissenschaft" dieser Art aufzustellen suchen. Erst wenn sich diese Art als unmöglich erweisen sollte, müßten wir zu anderen greifen. Aber eine Unmöglichkeit ist bisher nie zwingend nachgewiesen worden.

Wenn wir aber „ewige Gesetze" haben wollen, so sind das

[1] d. h. solche, welche in keiner Weise mehr einen Anlaß zu einem Zweifel in ihre Geltung bieten können.

nichts anderes als Allgemeinaussagen, und damit erhalten wir den Anschluß an die Überlegungen des vorigen Kapitels.

Wir sahen im vorigen Kapitel, daß die Möglichkeit von Allgemeinaussagen daran hängt, ob es uns gelingt, solche von dem Vorallgemeinstandpunkte aus zu erreichen.

In der Tat gibt es nun ein Verfahren, um dies zu erreichen, und das vorliegende Buch ist der Aufgabe gewidmet, diesen Weg zur Durchführung zu bringen. Das Verfahren beruht auf dem Gedanken, daß, wenn mir von außen her kein Weg zur Verfügung steht, gesicherte Allgemeinaussagen zu erhalten (wir sahen ja, daß alle diese Wege der Kritik nicht standhalten), mir noch der Weg übrig bleiben würde, selbst die Geltung gewisser Allgemeinaussagen zu erzwingen, falls sich dies als möglich erweisen sollte. Zunächst erscheint dieser Gedanke natürlich als eine Absurdität.. Doch möge man erst zusehen, was wir weiter dazu zu sagen haben, ehe man ihn vollkommen ablehnt.

Mit anderen Worten: der Weg, den wir einschlagen wollen, um Allgemeinaussagen zu erhalten, ist der, daß wir mit unserem Willen gewisse Aussagen zu Allgemeinaussagen erheben. Wie wir die Realgeltung dieser Aussagen dann in der vollen Allgemeinheit erreichen, die das Kennzeichen der geltenden Allgemeinaussage ist, dies wird eben zu zeigen sein.

Den sprachlichen Ausdruck eines Willensentschlusses von mir nenne ich eine „Festsetzung von mir".

So können wir aussprechen, daß wir versuchen wollen, auf dem Wege von Festsetzungen von mir, Allgemeinaussagen zu erhalten.

Wir können uns noch überlegen, daß diese Art des Vorgehens, vollbegründete Allgemeinaussagen zu erhalten, die einzig mögliche ist. Offenbar besteht die Einteilung, daß der Grund für etwas in meinem Willen, und daß er nicht in meinem Willen liegen kann. Nehmen wir das principium exclusi tertii, über das später zu sprechen sein wird, hinzu, so ist klar, daß es ein Drittes nicht gibt. Wenn ich nun vom Vorallgemeinstandpunkte ausgehe, dann kann ein Grund für vollbegründete Allgemeinaussagen niemals außerhalb meines Willens liegen, denn anderenfalls könnte man stets weiterfragen (nach dem Grund des Grundes usw.), die Allgemeinaussage wäre nicht vollbegründet. Die obige bleibt daher die einzige Möglichkeit.

Wie diese Möglichkeit sich realisieren läßt, dies zu zeigen, muß die Aufgabe des Folgenden sein. Im übrigen hat ja unsere vorhergehende Untersuchung über den Wahrheitsbegriff schon gezeigt, daß der einzige Weg, allgemeine Wahrheiten zu erhalten, der Weg der freiwilligen Festsetzung ist, wobei natürlich noch das Anwendungsproblem zu behandeln bleibt, das in der Exhaustionslehre seine Lösung finden wird. Die Objektivität dieses Vorgehens kommt dann darin zur Geltung, daß jeder, der die gleichen Festsetzungen macht, auch zu den gleichen Resultaten kommen muß. Damit nun in die Fülle der Möglichkeiten eine Eindeutigkeit kommt, bestimmen wir, daß wir stets zu den praktischsten und einfachsten Festsetzungen greifen wollen, die von selbst sich natürlich auch jedem anderen zur Wahl aufdrängen werden. Insofern ist also volle Allgemeingültigkeit unserer Festsetzungen erreicht und garantiert, als jeder, der die gleichen Festsetzungen macht, zu den gleichen Sätzen gelangt.

§ 3. Das Prinzip der Wissenschaft.

Das Zweckprinzip in Verbindung mit dem Prinzip der Festsetzungen hat uns gelehrt: Wir wollen allgemeingültige Allgemeinaussagen (Gesetze) haben.

Wir wollen aber mehr. Angenommen, es gebe eine Methode, geltende Allgemeinaussagen zu erhalten, die sich dann gegebenenfalls gegenseitig derart im Wege stehen können, daß man die eine nur auf Kosten der anderen aufrechterhalten kann (wie dies tatsächlich, wie wir sehen werden, der Fall ist) dann genügt es offenbar nicht, überhaupt alle möglichen Allgemeinaussagen zu wollen, um dauernd festhaltbare Allgemeinaussagen zu haben, sondern wir müssen dies letztere noch ausdrücklich verlangen. Wir sagen also: Wir wollen nur dauernd festhaltbare Allgemeinaussagen erlangen.

Ein System dauernd festhaltbarer Allgemeinaussagen nennen wir ein „Wissenschaftssystem“.

Und wir bezeichnen unseren Willen, ein Wissenschaftssystem zu erhalten, als „das Prinzip der Wissenschaft“.

Der Vorallgemeinstandpunkt gibt uns eine große Freiheit. Da wir auf ihm frei von jeder Allgemeinaussage sind, so sind wir in der Lage, gänzlich ungehemmt von irgendwelchen sonstigen

Rücksichten allein das zu tun, was wir zum Zwecke der Erlangung von solchen für richtig halten. Dieser Standpunkt ist frei von Allgemeinaussagen, daher auch frei von jeder allgemeinen Voraussetzung, er kann daher auch als Standpunkt der Freiheit von allgemeinen Voraussetzungen bezeichnet werden (dies ungefähr war die Einstellung, welche ich in meiner Erstlingsschrift „Grundlinien einer Kritik und exakten Theorie der Wissenschaften usw.“, München 1907, einnahm). Wir lassen uns durch Erwägungen, ob es außerhalb unseres Systems schon solche Allgemeinaussagen scheinbar gibt, wie sie aussehen, wie sie begründet werden, in keiner Weise beeinflussen, sondern benehmen uns, wie wir es auf Grund der Voraussetzungslosigkeit unseres Ausgangsstandpunktes ja dürfen, sozusagen wie am Schöpfungsmorgen.

Dies ist ein wichtiger Punkt, der dem solcher prinzipiellen Überlegungen Ungewohnten leicht Schwierigkeiten des Verständnisses bereitet. Natürlich besteht die Wissenschaft der Physik (ich meine jetzt nicht irgendeine momentane Darstellungsform derselben, sondern die Gesamtheit realen physikalischen Wissens) als solche und ist ein gewaltiger Bau, ein gewaltiges Denkmal menschlicher Bemühungen. Aber, so gewiß und sicher uns die gewaltigen tatsächlichen Erkenntnisse dieses Baues erscheinen, so zeigen sich bei dem Versuche, zu einem theoretischen Verständnis für die Möglichkeit dieses Baues zu gelangen, gewisse Schwierigkeiten und offene Fragen. Ebenso, wenn wir die theoretischen Vorstellungen, die diesen Bau umkleiden, näher betrachten, dann zeigen sich ungelöste Probleme und Widersprüche in den Prinzipien. Dies alles führt zu dem Wunsche, eine Begründung des theoretischen Verständnisses der Physik zu erlangen, die frei von solchen Fehlern und Schwierigkeiten ist. Will man dies aber erreichen, dann muß man zunächst einmal so tun, als ob es sozusagen noch gar keine Physik gäbe. Nur auf diesem Wege kann man hoffen, unbewußte Voreingenommenheiten, die in dem ungeprüften Herübernehmen von Elementen der vorhandenen Physik enthalten sein könnten, zu vermeiden. Wenn es dann gelingt, die Physik von neuem von den ersten Anfängen an aufzubauen, dann haben wir den Vorteil, genau zu wissen, welche Voraussetzungen wir dabei benützten, wir sind in der Lage, die ersten Geltungsgründe der dabei aufgestellten Sätze zu kennen, während sie uns bei der „natürlich gewachsenen" Physik natürlich meist unbekannt sind. Dies ist der Grund, warum es sich empfiehlt, bei unseren Untersuchungen von jeder bestehenden Physik vorerst abzusehen. Natürlich wird es mit ein Hauptkriterium für die „Vernünftigkeit" dieser neuen Begründung sein müssen, daß sie gerade zu den „Tatsachen" der sachlichen Physik wieder führt, welche den weiteren physikalischen Erkenntnissen zugrunde liegen (ohne daß deshalb irgendwelche spezielle Darstellungsarten und Theorien sich auch wieder ergeben müßten).

§ 4. **Zusammenfassung.**

Wir stellen uns also auf einen sozusagen rein praktischen Standpunkt. Wir wollen versuchen, von dem Vorallgemeinstandpunkt ausgehend, auf dem wir uns keinerlei Illusionen über die von außen kommende Begründbarkeit von Allgemeinaussagen hingeben, solche also vorläufig überhaupt nicht als existierend anerkennen, dennoch zu einem Etwas zu gelangen, das womöglich die gleichen Eigenschaften hat, wie sie für gewöhnlich der ideal-vollendeten Wissenschaft zugeschrieben werden.

Der einzige Weg, der sich von dieser Basis aus uns öffnet in Richtung einer Erlangung von Allgemeinaussagen, ist der Weg durch Festsetzungen im obigen Sinne, wobei das Anwendungsproblem durch die Exhaustion zur Lösung kommt.

Diesen Weg nun, durch Festsetzungen zu Allgemeinaussagen zu gelangen, wollen wir als den „Weg der Synthese" bezeichnen. Das darin enthaltene Prinzip, das mit unseren früheren Prinzipien dem Sinne nach ja zusammenfällt, können wir auch als „Prinzip der Synthese" benennen.

In Wirklichkeit sind unsere mehrfachen Prinzipien, die wir angeführt haben, sehr einheitlicher Provenienz. Sie gehen, wenn man einmal die Erkenntnis erfaßt hat, daß es unsere Sache ist, die Begriffsbildungen der Wissenschaft aufzustellen, aus dem einzigen „Prinzipe der Eindeutigkeit" hervor.

§ 5. **Geschichtliches zum Anwendungsproblem.**

Im Gebiet des Denkens, des Logischen kann ich einfach, indem ich mir vornehme, gewisse Regeln einzuhalten, den Vollzug und damit die Geltung dieser Regeln jederzeit garantieren.

Habe ich also diejenigen Verfahrensweisen des Denkens gefunden, welche meinen Zwecken am besten dienen, dann brauche ich sie bloß dauernd anzuwenden, um ihre dauernde Geltung für mich zu gewährleisten.

Anders steht es, wenn ich eine Geltung von Regeln an von mir unabhängigen Dingen behaupten will. Hier scheint zunächst die bloße Absicht, gewisse Regeln einzuhalten, nichts ausrichten zu können, insbesondere vorerst wird es einer besonderen Untersuchung bedürfen, wie es kommen kann, daß die Realität dann diesen Regeln folgen soll.

Sollen unsere zu erhaltenden Allgemeinaussagen sich auf von uns unabhängige Dinge beziehen, und von diesen etwas dauernd Gültiges aussagen, dann tritt das „Zusammenhangsproblem“ auf, nämlich zwischen Theorie und Realität, oder auch das „Anwendungsproblem“ (sc. der Theorie auf die Realität).

Dieses Problem ist das Zentralproblem der ganzen „Geltungslehre“, und damit das jeder Begründung einer wirklich bis ins Letzte fundierten Wissenschaft von der Realität, einer Physik. Diesem Problem wird daher unsere Hauptbemühung zu widmen sein, nur durch seine Lösung können wir überhaupt das uns gestellte Ziel erreichen. In diesem Problem treffen sich alle Schwierigkeiten, auf die wir heute in den wissenschaftstheoretischen Fundamenten der Physik stoßen. Ebenso kulminieren in ihm die meisten ungelösten Probleme der Philosophie der Wissenschaften überhaupt, und viele der wichtigsten der theoretischen Philosophie. Mit die grundlegendsten Streitfragen der heutigen Weltanschauungsdiskussionen, soweit sie sich auf Theorie beziehen, haben in ihm ihren Kern.

Die Erkenntnis des Anwendungsproblems als eines Problems ist eigentlich erst neuesten Datums. Vergegenwärtigt man sich die geschichtlichen Vorgänge, so ist das nicht zu verwundern. Zunächst ist klar, daß, um dieses Problem überhaupt als solches zu erkennen, sich das Logische sozusagen völlig von dem von uns unabhängigen Realen getrennt haben muß. Nur, wenn man soweit gelangt ist, tritt überhaupt die Frage auf, wie nun diese beiden wieder sich zu einer in der Realität gültigen Allgemeinaussage (= Gesetz) zusammenfinden können.

Daraus geht schon hervor, daß wohl I. Kant der erste

gewesen sein könnte, der sich ein Problem dieser Art gestellt haben möchte. Aber dies ist doch im eigentlichen und expliziten Sinne nicht der Fall. Denn Kant war Idealist und die Dinge an sich waren für ihn absolut unzugänglich; bei ihm schreibt der Verstand der Natur die Gesetze vor, aber eben durch die Art, wie er dieselbe betrachtet. Wo er in der Realität Gesetze sieht, da sieht er nur sich selbst, und es besteht daher keinerlei Veranlassung, ja keine Möglichkeit zu fragen, wieso die Realität diesen Gesetzen folgt. Dies „Folgen" ist bei Kant selbstverständlich, weil das „Folgen" bei ihm gar keine objektive Tatsache ist, ja, weil die Realität gar keine ist. Erst in seinem Opus postumum (siehe das verdienstvolle Werk von Adickes, hrgg. von den Kantstudien, darüber) ahnt er das Problem, aber auch hier wohl lediglich auf Grund einer Lücke in seinem System, worauf auch Adickes hinweist.

Solange Kant nämlich sich hauptsächlich an die Geometrie und die elementare Mechanik als Beispiele für seine Theorie hielt, stimmte alles. Anders aber wurde es, als er nun versuchte, auf Grund seiner Theorie die Fundamente einer erkenntnistheoretisch völlig begründeten Naturlehre wirklich aufzustellen, wie er das in seinem Opus postumum teilweise beabsichtigte. Hier fand er, daß er sich über die Natur der anziehenden und abstoßenden Kräfte der Moleküle nicht klar zu werden vermochte, auch nicht über die Art, woher dieses Gesetz komme, und wie seine Geltung dann in der Realität sichergestellt werden könne. Offenbar schienen ihm hier seine beim Raumproblem aufgestellten Prinzipien nicht ausreichend. Dies scheint mir der Weg zu sein, auf dem Kant zuletzt dazu gelangte, nach einer Wissenschaft zu fragen, welche die Aufgabe habe[1]: „Den Übergang vom Rationalen zum Empirischen unter Grundsätze zu bringen."

Der Empirismus des 19. Jahrhunderts hat natürlich erst recht keine Veranlassung, hier ein Problem zu erblicken. Wer in dem Glauben befangen ist, daß alle Gesetze durch Induktion aus der Erfahrung gewonnen werden, für den gibt es ein Anwendungsproblem natürlich nicht. Von der einen oder anderen Seite her drängten sich ja da und dort Fragen heran, die zu gewissen einschlägigen Betrachtungen hätten führen können.

---

[1] Siehe hierzu „Physik und Hypothese." S. 109.

Sie wurden jedoch niemals aufgenommen. So stellte z. B. F. Klein die Frage, ob man die Naturvorgänge besser atomistisch oder durch Kontinuitätsbetrachtungen darstelle, und von ihm wurde auch die Frage nach der mathematischen Darstellung von Kurven besonders anschaulich behandelt. Eine etwas in dieser Richtung gehende mathematische Preisaufgabe fand aber überhaupt keine Bearbeitung. Die Frage des Anwendungsproblems ist auf rein mathematischem Wege nicht entscheidbar, sondern nur in der Methodologie.

§ 6. Realisierung durch Auslese.

Es sei gleich hier das Verfahren gekennzeichnet, nach dem unsere Festsetzungen in der Realität zur Geltung gebracht werden. Wenn wir durch Festsetzung irgendeine Allgemeinaussage erhalten haben, und diese soll in der Realität Geltung erlangen, dann benutzen wir diese Allgemeinaussage als **Kennzeichen** gewisser Realdinge und suchen solche Realdinge, welche dieser Allgemeinaussage gehorchen.

Dies Vorgehen bezeichnen wir als das Prinzip der Realisierung durch Auslese.

Dies Vorgehen gestaltet sich in ganz verschiedener Weise, je nachdem die Festsetzung durch eine endliche Zahl von Erkennungsakten an dem Realdinge verifiziert werden kann, oder nicht; mit anderen Worten, ob die Aussage sich auf diskrete Begriffsbildungen bezieht, oder ob sie durch Voraussetzung einer „Messung“ ein Continuum zur Basis nimmt.

§ 7. Die Exhaustion und das System.

Die Einstellung, welche das Prinzip der Realisierung durch Auslese liefert, gibt nun je nach den Umständen zu verschiedenen Formulierungen Anlaß, die wir hier vorläufig kurz skizzieren wollen und die ihre breitere Formulierung und Auswirkung im Verlaufe unserer Untersuchung noch erhalten werden.

Die logischen Formen (Gesetze), deren Realisierung eben durch Auswahl geschehen soll, werden, so lautet ja unsere These, in unserem System der reinen Synthese durch „Festsetzung“ hergestellt. In der Freiheit, die in der Möglichkeit verschiedener

Festsetzungen liegt, haben wir natürlich wiederum ein Prinzip der Auswahl vor uns, diesmal rein logischer Art. Ist aber nun einmal eine solche logische Wahl getroffen, dann wird die Realisierung erreicht durch Auswahl geeigneter Gegenstände oder Dinge. Nun erhebt sich aber folgende wichtige Frage: Nach dem Zweckprinzip sollen doch alle unsere Gesetze absolut und dauernd gelten. Wie nun werden wir vorgehen, wenn irgendwelche Gegenstände vorliegen, auf welche das Gesetz angewendet werden soll, die aber selbst nicht Realisierungen des Gesetzes sind? In diesem Falle wollen wir trotzdem das Gesetz aufrecht erhalten, indem wir alles, was die Gegenstände an Abweichungen von dem Gesetze zeigen, anderen Umständen oder Ursachen (sog. störenden Umständen) zuschreiben. Es ist dies das Prinzip der Exhaustion.

Dieses Prinzip hat nun vielfach bei oberflächlichen Beurteilern großes Unverständnis gefunden. Und dennoch werden wir sehen, daß es, das ich 1907 zuerst ausgesprochen habe (ich besaß es explizit bereits seit 1904), den einzigen Weg enthält, auf dem wir zu dauernd und absolut gültigen Gesetzen gelangen können.

Ich darf den Hauptgrund des Mißverständnisses hier sofort andeuten. Auf den ersten Blick (und über den kommen viele Kritiker nicht hinaus) erscheint die Sache äußerst absurd. Dann kann man ja, so überlegt man sich, jeden beliebigen Satz auf diese Weise zu einer dauernden und absoluten Geltung verhelfen, also auch z. B. zwei sich widersprechenden Sätzen. Und das ist doch offenbar ein Unsinn. Natürlich ist das ein Unsinn. Darum darf aber auch das Prinzip der Exhaustion wie ich das immer betonte, niemals für sich allein betrachtet werden, sondern nur zusammen mit einer zweiten Bemerkung, nämlich der, daß das Verfahren der Exhaustion nur Sinn hat in einem alles umfassenden synthetischen System. Dort kann von ganz unten beginnend das Verfahren so angewandt werden, daß alle festgelegten Teile des Systems als unumstößlich festgehalten werden, und nur das noch nicht davon Umfaßte in gewisser Hinsicht der Exhaustion unterliegt. Es ist klar, daß hierdurch der eben angedeutete Einwand wegfällt. Wir wollen diese Bemerkung, um sie dem Bewußtsein des Lesers besser einzuprägen mit einem eigenen Namen, als „das Prinzip des Systems" bezeichnen. Es ist klar, daß es noch weiterer Festlegungen bedarf, um das genauere Verfahren hierbei auszuarbeiten. Hier sollte nur die allgemeinste Richtung angegeben werden, in der dies zu geschehen hat. Wir können aber das Gesagte etwa so nochmals festhalten: Exhaustion hat nur Sinn in einem vollständigen, die gesamte exakte Naturwissenschaft umfassenden System. Niemals dagegen hat sie einen endgültigen Sinn in der Form der „freien oder vagierenden Exhaustion“, doch kann sie so gelegentlich zu vorläufigen Zwecken dienen (siehe später).

Der Vorgang der „systematischen Exhaustion“ hat eine sehr große formale Analogie mit der Entwickelung einer gegebenen Funktion nach einfacheren, wie ich das in verschiedenen meiner Schriften[1] mehrfach dargelegt habe. Betrachtet man den Vorgang, wie der harmonische Analysator eine Ebbe- und Flutkurve in eine Reihe einfacher, immer feiner werdender Wellenzüge zerlegt[2] und wie auf diese Weise nach der Reihe die verschiedenen Umstände, welche auf die Gestalt der Flutkurve von Einfluß sind, in ihrer Wirkung in dieselbe in einfachster Form hineingetragen werden, wie ferner auf diese Weise zu neu gefundenen Wellenzügen die zugehörigen Ursachen gesucht werden, dann erhält man ein überaus klares und eindringliches Bild des Verfahrens aller erklärenden Wissenschaft überhaupt.

Der Gesichtspunkt des Systems ist ein grundlegender für unsere Betrachtungen. Man kann unsere Ausführungen und ihre Ziele nicht verstehen, wenn man sich nicht dauernd vor Augen hält, daß unsere Absicht darauf geht, die gesamte Wissenschaft von der Realität als ein Ganzes zu betrachten. Die neueste Entwickelung in der Physik geht ja durchaus in dieser Richtung, das elektrodynamische Weltbild, die verschiedenen Relativitätstheorien sind Versuche solcher generellen Systeme, wenn diese auch die nähere wissenschaftstheoretische Fundierung meist völlig außer acht lassen.

§ 8. Induktion und Gegebenheitszufall.

Gleich hier sei auch auf die Behandlung des Realen kurz eingegangen. Die Grundlage, auf welcher die Behandlung der

[1] Siehe z. B. „Grundlagen der angewandten Geometrie.“ Leipzig 1911.

[2] Das klassische Buch Darwins „Ebbe und Flut.“ Leipzig 1902, das eines der besten Anschauungsbücher für wissenschaftstheoretische Überlegungen darstellt, behandelt dieses Verfahren in anregendster Form.

Realität seit den englischen Empiristen lange beruhte, war der Begriff und das Prinzip der Induktion. Dieses Prinzip sagt seinem Inhalte nach etwa aus, daß die Realität eine derartige Beschaffenheit habe, daß, wenn man ein oder mehrere Male aus gewissen Bedingungen einen Effekt (etwa noch in bestimmtem zahlenmäßigem Maße) habe folgen sehen, man damit einen allgemeinen Satz erhalten und auch bewiesen habe, nämlich den, daß nun immer aus diesen Bedingungen dieser Effekt folge. Damit hatte man die Möglichkeit erhalten, die ja für einen praktischen Betrieb der Physik nötig war, einen Übergang zu gewinnen von einer oder mehreren Einzeltatsachen zu einer Allgemeinaussage. Damit schien diese größte Kluft, welche in den Grundlagen der Physik zu überbrücken war, überwunden. Sehen wir aber diese Überwindung genau an, so wird uns klar, daß sie lediglich in einer gänzlich unbewiesenen Annahme über ein gewisses unerklärliches (d. h. im Machschen Sinne also „metaphysisches“) Verhalten der Realität besteht, und für dieses lediglich ein Wort schafft, eben das Wort „Induktion“. Irgend etwas bewiesen oder erkannt ist damit nicht. Es ist ein typischer Fall der Erklärung einer Naturbeschaffenheit durch eine qualitas occulta. Wahrscheinlich der letzte solche Fall. Alle übrigen hat die Physik schon ausgemerzt. Die qualitates occultae waren vor und während der Zeit des Wiederauflebens der exakten Wissenschaften im Abendlande ein häufiger angewandtes Mittel, das drängende Erklärungsbedürfnis des Geistes im Falle von noch unerklärlichen natürlichen Vorgängen vorläufig zu beruhigen. Weil man z. B. nicht wußte, warum die Luft in jeden luftleeren Raum einzudringen sucht, so nahm man eben eine qualitas occulta der Natur an, welche gerade dieses bewirkt, den sog. horror vacui. Damit war dann der Vorgang „erklärt“.

Ein ganz analoger Fall liegt bei der Induktion vor. Auch hier haben wir ein unerklärtes natürliches Verhalten der Realität, nämlich die Tatsache, daß sehr vielfach ein einmaliges Gelingen eines Experimentes ein dauerndes Gelingen desselben (mit relativ wenigen Ausnahmen) im Gefolge hat, worauf unsere willensmäßige Beherrschung der „Natur“ vielfach gegründet ist. Für dieses unerklärte Verhalten der Natur nehmen wir zum Zwecke der Erklärung eine qualitas occulta derselben an, die gerade das Gewünschte leistet. Diese ist es, die soeben im „Prinzip der Induktion“ formuliert wurde.

Nun wird für die Induktion meist ein „Beweis“ angeführt, der darin bestehe, daß sie sich bisher noch immer bewährt habe. Da hiermit das Prinzip der Induktion als Allgemeinaussage bewiesen werden soll, so haben wir hier wieder den Fall, daß eine Allgemeinaussage auf Grund empirischer Erfahrungen gewonnen wird, was eben als Induktion bezeichnet wird. Es wird also hier das Prinzip der Induktion durch sich selbst bewiesen.

Nun soll die praktische Funktion des Experiments, wie sie in den experimentellen Wissenschaften stets geübt wird und ihr Effekt zur experimentellen Beherrschung der Realität und zur Gewinnung empirischer Naturgesetze, die eine bemerkenswerte praktische Sicherheit haben, in keiner Weise bestritten werden. Nur zeigen die vorstehenden Überlegungen, daß diese praktischen Tatsachen jeder wirklichen Begründung oder Verstehbarkeit entbehren, so lange sie nur durch die „Induktion“ erklärt werden.

Wir werden daher in diesem Buche eine ganz andere Auffassung als die richtige zu erweisen versuchen, die hier vorerst in kurzen Strichen skizziert werden soll.

Ein Experiment kann an sich niemals einen allgemeinen Satz beweisen, es ist vielmehr stets ein räumliches und zeitliches Einzelereignis oder -erlebnis, dessen begriffliche Formulierung also nur eine räumliche und zeitliche Einzelaussage sein kann. Diese Bedeutung des Experimentes ist ihm wohl ohne weiteres zuzugeben. Mit ihr allein aber kann man alles erklären, was mittels des mystischen Begriffs der Induktion gedeckt zu werden pflegt, wenn man noch den Begriff des „Gegebenheits-Zufalles“ hinzunimmt.

Die Realität nämlich, die wir in unserer näheren und ferneren Umgebung vorfinden, liefert in ihrem Sosein begrifflich ausgedrückt lauter Einzelaussagen. Ihr Sosein läßt sich niemals aus reinen Allgemeinaussagen ableiten, weil man sonst Heterogenes aus Heterogenem durch kategoriale oder logische Umformung gewinnen könnte, was der Logik widerspricht. Sätze über ein hic et nunc-Erlebnis lassen sich nur ableiten aus ebensolchen Sätzen, natürlich gegebenenfalls unter Mitwirkung von Allgemeinsätzen. Wie nun unsere Umgebung beschaffen ist, das ist an sich Zufall. Somit ist natürlich das Resultat einer Kombination von Umständen meiner Umgebung ebenfalls Zufall in diesem

Sinne, soweit ich nicht eben durch die Auswahl dieser Umstände selbst meinen Willen hineintrage.

Wenn ich nun einige Umstände zusammenstelle, um ein Experiment zu machen, so erhalte ich dabei etwa ein bestimmtes Resultat. Stelle ich dieselben groben Umstände in derselben Weise zusammen, dann brauche ich im allgemeinen keineswegs dasselbe Resultat zu erhalten. Wollte ich einen immanenten Zwang der Natur in dieser Richtung annehmen oder voraussetzen, so wäre das eine für immer völlig unerklärliche Eigenschaft der Natur, die damit vorausgesetzt würde, also eine im Machschen Sinne metaphysische Annahme. Die Notwendigkeit einer solchen Annahme fällt aber weg, wenn wir zugeben, daß ein solcher absoluter Zwang der Natur eben nicht vorliegt. In der Tat zeigt unbefangene Beobachtung der Realität immer wieder, daß vom rein phänomenologischen Standpunkte aus keineswegs aus denselben Umständen immer das gleiche kommt. Dennoch aber ist es in gewissen Bereichen tatsächlich weitgehend der Fall. Wenn ich ein Zündholz anzünden will, geht das auf die gleiche Weise in den allermeisten Fällen. Diese wirklich vorhandene Gleichförmigkeit nun ist einfach „Gegebenheitszufall", dieser Begriff hat mit dem Problem des Zufalls in der Wahrscheinlichkeitsrechnung nichts Unmittelbares zu tun; d. h. unsere zufälligen Umgebungsverhältnisse sind zufällig derart konstant, daß in ihnen tatsächlich eine weitgehende Gleichförmigkeit dieser Art statthat. Durch Gegebenheitszufall also sind wir in der Lage, die vielen empirischen Gesetze, die wir kennen, weitgehend dauernd in unserer Umgebung bestätigt zu finden.

Dies also ist die reale Seite des mit dem Ausdrucke der Induktion bezeichneten Verhältnisses. Den Satz, daß aus gleichen Umständen gleiches folge, setzen wir dann in der reinen Synthese einfach fest[1], und halten ihn dort, wo er phänomenologisch nicht gilt, durch Exhaustion fest, um eine gleichmäßig dauernde geltende Grundlage bei der Erklärung der Realität zu haben.

Wie aber kommt es nun — um auch die theoretische Seite zu streifen —, daß wir auf dem Wege der Induktion ganz unzweifelhaft in der Geschichte der Physik zu Gesetzen gekommen

---

[1] In den späteren Ausführungen über Kausalität wird noch näher erläutert werden, wie dies gemeint ist.

sind, welche allen Anspruch erheben zu dürfen scheinen als wirklich dauernde theoretische betrachtet zu werden, d. h. als solche, welche wir in der reinen Synthese wiederfinden?

Unter den durch Gegebenheitszufall uns als Umgebung mit einer starken Konstanz gegebenen Verhältnissen fanden sich auch einige Dinge und Umstände, die in weitgehendem Maße gewissen Begriffen der reinen Synthese entsprachen. Da nun die reine Synthese auf dem Prinzip der Einfachheit errichtet ist, und andererseits der menschliche Geist von selbst am liebsten zum Einfachen greift, so liegt es nahe, daß wir in der vorsynthetischen empirischen Forschung schon vielfach Resultate vorfinden, die sich mit denen der reinen Synthese decken. Dadurch wird natürlich leicht der Anschein erweckt, daß es gelungen sei, auf empirischen Wege, durch Induktion allgemeine Sätze, welche der reinen Synthese angehören, dauernd zu beweisen.

All dies wird weiterhin noch mehr an Gestalt gewinnen.

---

4. Kapitel: **Die Logik.**

1. Abschnitt: **Die Grundlage.**

§ 1. **Die Form.**

Nachdem wir uns im bisherigen im Anschlusse an die Entwickelungen und Erscheinungen der bestehenden exakten Wissenschaften und deren Geschichte eine allgemeine Übersicht und Formulierung unserer Ziele verschafft haben, gehen wir nunmehr dazu über, für unser zu errichtendes Gebäude die ersten Fundamente zu legen.

Unser Vorgehen dabei ist natürlich bestimmt durch unser Ziel, ein System von dauernd und absolut in der Realität geltenden Allgemeinaussagen zu erhalten. Zunächst ist da ganz naiv zu konstatieren, daß wir ein „Gebäude errichten", also etwas tun wollen. Wir müssen dazu also irgendwie Handlungen ausführen, handeln. Das setzt natürlich voraus, daß wir dazu in der Lage sind.

Dies nun ist uns einfach gegeben. Wir wollen es zunächst ganz naiv in der Sprache des täglichen Lebens sagen. Es ist mir gegeben, nach meinem Willen meine Gedanken zu handhaben, zu denken, mit dem mir gegebenen gedanklichen Material zu verfahren und zu schalten und walten.

Darüber ist nun manches zu sagen.

Welche Stellung hat diese Tatsache zu unserem beabsichtigten System von Allgemeinaussagen? Zunächst ist festzustellen, daß diese Tatsache an sich gar keine Allgemeinaussage involviert, denn ich brauche sie gar nicht auszusprechen, ich brauche sie nur zu benutzen, ich brauche mich für meinen Aufbau dieser Fähigkeiten nur praktisch zu bedienen. Wenn ich dies hier zur Sprache bringe, so geschieht dies nur, um möglichen Besorgnissen, daß damit etwas „vorausgesetzt" sei, zuvorzukommen. Natürlich muß ein Handeln immer die Fähigkeit zum Handeln voraussetzen. Dieses „Voraussetzen" ist aber ein völlig verschiedenes vom „logischen Voraussetzen". Bei letzterem wird aus der logischen Voraussetzung etwas mittels der logischen Gesetze geschlossen. Bei einer „praktischen Voraussetzung", wie wir zum Unterschiede sagen wollen, wird nichts geschlossen, sondern diese ist nur die in Worte gefaßte Tatsache des Handelns selbst.

Darum bedarf es auch keinerlei „Beweises", daß aus dieser Voraussetzung irgend etwas folgt, sondern die Formulierung dieser „Voraussetzung" ist lediglich eine Folge des rein zufälligen und willkürlichen Umstandes, daß wir eben davon sprechen wollen und müssen, und das Handeln, das für den Erfolg sich selbst genug wäre, sprachmäßig konstatieren wollen.

Diese Fähigkeiten also setzen wir in dem eben genannten Sinne voraus, eben alle jene Fähigkeiten, die wir brauchen, um sozusagen „das Technische", was nötig ist, um eine Wissenschaft, wie wir sie wollen, praktisch wirklich zu treiben und aufzustellen, ausüben zu können.

Hierzu gehören natürlich auch die Fähigkeiten der Anwendung und des Verständnisses der täglichen Sprache und deren Ausdrücke, speziell auch der Bezeichnung dieser Fähigkeiten selbst.

Nun sind einige erkenntnistheoretische Einwände, Besorgnisse und Konsequenzen zu besprechen, die hierher gehören. Diese „praktischen Voraussetzungen" liegen nämlich notwendigerweise jeder Erkenntnistheorie, ja jeder einzelnen erkenntnistheoretischen Überlegung zugrunde. Solche nämlich können ja überhaupt nur aufgestellt und ausgeführt werden, indem ich mich dieser Fähigkeiten einfach bediene. Dies ist aber niemals von logischer Konsequenz, denn sogar schon jeder logische Schluß selbst setzt ja diese praktischen Voraussetzungen schon voraus.

Alle Systematik ist auf Logik gegründet. Alle bewiesenen Theorien setzen eben durch ihr „Beweisen", das nur durch logische Schlüsse geschehen kann, schon logische Schlüsse voraus. Da aber, wie wir sahen, die praktischen Voraussetzungen keine logische Basis von Schlüssen sein sollen, so sind sie im logischen Sinne für irgendein System logischer Schlüsse, damit also für irgendeinen Beweis, eine Theorie, gänzlich einflußlos, haben keinerlei logischen Einfluß, Bedeutung.

Wir stehen hier an den allerersten Fundamenten der Erkenntnistheorie. Schon in meinen „Grundlagen der Naturphilosophie" (Leipzig 1913) habe ich dies soweit herausgearbeitet, daß ich sagen konnte, daß diese naiv ausgeübten Fähigkeiten die Basis jeder Logik sein müssen. Nun schließt sich hieran folgende Konsequenz:

Da nämlich jede „Erklärung" (etwa eines Vorgangs durch andere usw.), logischer Gesetze, zum mindesten allgemeiner Gesetze (Aussagen) bedarf — um nämlich „bewiesen", gültig zu sein, muß sie sich stets auf solche berufen —, können nicht solche Dinge oder Aussagen, welche selbst solcher „Beweise" bedürfen, die ersten Grundlagen aller Wissenschaft, also auch der Logik bilden. Damit ist es z. B. ausgeschlossen, daß die erklärende Psychologie, oder die erklärende Biologie oder sonst eine erklärende Wissenschaft benutzt werden kann, um etwa die Geltung der ersten Grundsätze der Logik zu sichern, da diese Wissenschaften ja selbst schon diese Grundsätze zu ihrer eigenen Rechtfertigung benutzen. Das gleiche gilt von dem Versuch, diese Grundsätze etwa durch historische Darlegungen in ihrer Geltung zu begründen.

Man kann nun nicht einwenden, daß die vorstehende Argumentation selbst schon etwa einen Zirkel enthalte, in dem sie zu ihrem Beweise sich eines logischen Satzes bediene. Der in dieser Argumentation aufgewiesene Zirkel ist nämlich nicht etwa ein logischer, sondern wiederum ein „praktischer", in dem die dabei in Frage kommenden Voraussetzungen keine logischen, sondern praktische sind im obigen Sinne.

Damit aber sind für uns die Möglichkeiten, die Logik und überhaupt die ersten Fundamente der Wissenschaft in ihrer Geltung psychologisch oder biologisch oder historisch zu begründen, abgeschnitten und fallen völlig fort. Man hat diejenigen erkenntnistheoretischen Richtungen, welche eine solche Begründung dennoch versuchten, als „Psychologismus, Biologismus und analog etwa als Historismus" bezeichnet. Unser Standpunkt in dieser Hinsicht ist also ein antipsychologistischer, antibiologistischer, antihistorizistischer. Es ist das bleibende Verdienst Edmund Husserls, besonders den antipsychologistischen Standpunkt durchschlagend vertreten zu haben. Die oben durchgeführte Überlegung schließt die anderen Standpunkte aus.

Ich darf das Gefundene zusammenfassen:

Die Tätigkeiten des Denkens und Handelns liegen dem ersten Beginn jeder Wissenschaft als praktische Voraussetzungen zugrunde.

Die Standpunkte des Psychologismus, Biologismus, Historizismus erweisen sich für die Begründung der Logik als unhaltbar.[1]

Wenn man noch fragt, wie sich unser erhaltenes Resultat nun dazu verhält, ob, wie und wo die als praktische Voraussetzungen jeder Logik zugrunde liegenden Fähigkeiten selbst dann eine „wissenschaftliche Erklärung" erhalten können, so ist hier folgendes zu sagen.

Mittels dieser Fähigkeiten werde eine aus Allgemeinaussagen bestehende, erklärende Wissenschaft aufgebaut. Diese wird schließlich auch Allgemeinaussagen über die Lebewesen, darunter über den Menschen enthalten. Bezüglich des Menschen wird sie auch Allgemeinaussagen über seine Konstitution und Fähigkeiten enthalten. Diese erst werden dann die „Erklärung" dieser Fähigkeiten liefern, die als praktische Voraussetzungen diesem ganzen wissenschaftlichen Gebäude schon vom ersten Anfange an zugrunde liegen. Niemals aber kann also eine er-

[1] Vertreter des biologistischen Standpunktes in extremster Form ist namentlich J. Petzold. Äußerlich herrschte diese Stellungnahme auch bei E. Mach vor. Doch war dies bei ihm ganz sekundär, da sein Schwerpunkt niemals auf der philosophisch-systematischen Seite, sondern stets auf der methodologischen Seite lag, und seine wissenschaftstheoretischen Resultate daher von dieser Einstellung in der Hauptsache unabhängig waren. Bei Petzold als Philosophen bildet dagegen der Biologismus das eigentliche Zentrum seiner Lehre.

klärende Wissenschaft selbst das erste Fundament dieses ganzen Gebäudes sein.[1]

§ 2. Die Formbildung.

Zu den im vorigen Paragraph behandelten Fähigkeiten, die als „praktische Voraussetzungen" allem Denken zugrunde liegen, gehört nun auch der ganze Komplex derjenigen, die man gewöhnlich unter dem Namen der Begriffsbildung zusammenfaßt. Da nun aber darunter sowohl der Begriff eines einzelnen, individuellen Gegenstandes, als auch der einer Gesamtheit von Gegenständen fällt, so werden wir, Heterogenes auseinanderhaltend, zunächst den ersten Fall der Begriffsbildung für sich behandeln.

Ich konstatiere: Wir haben die Fähigkeit irgendeinem Stück der Welt unsere Aufmerksamkeit besonders zuzuwenden. Dabei braucht dieses „Stück" keineswegs irgendwie „räumlich" abgegrenzt zu sein, wenn es nur von dem Übrigen meiner momentanen Welt dann geschieden ist. (Ich kann z. B. meine Aufmerksamkeit auf die blaue Komponente eines .Blaurot, auf den tiefsten Ton in einem Akkord usw. richten, dies sind nicht räumliche Scheidungen.)

Ich kann aber diese Abgrenzungen dessen, worauf ich meine Aufmerksamkeit richten will, ganz willkürlich vornehmen. Wir nennen einen so abgegrenzten „Bereich" (wobei dies wiederum nicht immer rein räumlich zu verstehen) eine „Form".

Betrachte ich etwa den vor mir stehenden „Baum". Nichts hindert mich, nur das, was oberhalb des Bodens ist, zum Baum zu rechnen. Ich kann dann (dies ist auch eine meiner Fähigkeiten, die praktische Voraussetzung aller Wissenschaft sind) einer solchen Form einen Laut, ein Zeichen als „Namen" in meinem Gedächtnis zuordnen.

Ich kann andererseits eine gewisse Lufthülle mit zu dem „Baum" rechnen, bloß die Rinde oder die Blätter usw. usw.

Nun erscheinen uns einige Dinge der Realität als durch ihre besondere Beschaffenheit von den übrigen schon irgendwie abgegrenzt. Dieser Stein im Wasser, z. B. zeigt sich sehr verschieden von seiner Umgebung und legt uns eine bestimmte Form, ihn aufzufassen, dadurch nahe. Dies verstärkt sich, wenn

---

[1] Siehe hierzu ausführlich meine „Naturphilosophie".

wir ihn (etwa durch Herausnehmen) leicht von seiner Umgebung trennen können.

Gebe ich mich der Wahrnehmung eines Realdinges hin, dann drängt sich mir meist eine bestimmte Form auf, die durch reale Verschiedenheiten und Unterschiede mir nahegelegt wird. Aber ich bin niemals gezwungen, nun diese Form hier wirklich zur Anwendung zu bringen. Ich bin darin völlig frei, und kann trotz aller durch die realen Unterschiede mir nahegelegten Form eine solche wählen, welche von diesen ganz unabhängig ist.

Das einzige also, was die Realität kann, ist, mich zur Auffassung einer bestimmten Form anzuregen. In den meisten Fällen akzeptiere ich auch diese Form gerne.

Das wesentliche Element an einer Form ist ein „Meinen" von meiner Seite. Wenn ich denke und sage „dieser Stuhl", dann meine ich diesen Stuhl, dann gebe ich damit zugleich meinen Willensentschluß kund, aus meiner Gesamtwelt einen Teil abzusondern, der etwa mit der äußeren Form dieses Stuhles (hier auch im räumlichen Sinne verstanden) zusammenfällt. Hat man sich dies klar gemacht, dann erkennt man die Unterscheidung, auf die es hier ankommt. Natürlich sind die ungezählten Unterschiede in meiner Realität vorhanden und mir unabhängig von meinem momentanen Willen gegeben. Aber welche davon, oder ob überhaupt welche, ich zu einem zu betrachtenden „Ding" zusammenfasse, dies hängt einzig und allein von meinem Willen ab, und kann der Natur der Sache nach nur von ihm abhängen.

Die Psychologie gibt diesem Verhältnis Ausdruck mit dem Worte „intentionaler Akt" (Husserl) und in dieser „Intention" ist die Beteiligung des Willens schon angedeutet. —

Nun gehen wir einen Schritt weiter. Diese Form braucht nämlich nicht die eines Stuhles oder einfachen Gegenstandes zu sein, dies ist nur ein besonders einfaches Beispiel. Auch wenn ich etwa ein Haus, ein Gebäude „in- und auswendig kenne", so ist das eine solche „Form". Auch wenn ich die Anatomie eines Tieres, den Aufbau einer verwickelten Blüte, aufgenommen habe, ist es eine solche. Aber auch die Kenntnis eines komplizierten Bewegungsorganismus, einer Maschine usw. Ferner z. B. die Kenntnis einer komplizierten Organisation wie etwa die einer großen Fabrik oder Aktiengesellschaft, der Aufbau eines

Musikstückes, eines Ornamentes, alles dies sind solche „Formen“. In noch weiterem Sinne gehört hierher die Kenntnis einer bestimmten verwickelten wissenschaftlichen Theorie, soweit sie in Worten oder Zeichen objektiv niedergelegt ist.

Nun besteht aber die Fähigkeit, eine solche Form sich zu merken, sie sozusagen unabhängig von der unmittelbaren Wahrnehmung desjenigen Dinges, das nur zu ihr angeregt hat, gegenwärtig zu haben, zu wissen. Dies gibt uns die Möglichkeit, die gleiche Form an anderer Stelle bei anderer Gelegenheit in einem anderen Falle wieder anzuwenden und wiederzuerkennen, falls sie uns irgendwo wieder als Anregung entgegentritt. Dieses von dem eigentlichen realen Anlaß losgelöste, wenn es durch solche äußere Anregung zustande kam, auch als „abstrahiert“ bezeichenbare Gebilde nun, wollen wir im eigentlichen Sinne als „Form“ bezeichnen. Zum Zwecke besonderer Unterscheidung von der an einem einzelnen realen Objekte angeregten „Einzelform“, sei es „allgemeine Form“ genannt. Unserem Begriff der Form entspricht von der erklärend-psychologischen Seite her vielfach der der „Gestaltwahrnehmung“ in der neueren Psychologie (siehe die Arbeiten von W. Köhler, M. Wertheimer u. a.).

Diese auf die „Form“ bezüglichen Fähigkeiten nun, welche sich wohl in weitem Maße mit gewissen Forschungen von E. Husserl, welche dieser seiner Phänomenologie zurechnet, der Sache nach deckt, bilden die eigentliche Grundlage aller Logik und aller Wissenschaft. Neuerdings hat J. Geyser versucht, die Aufgabe der Philosophie auf Grund solcher Formschauung zu bestimmen. Es beschränkt sich die Berührung unserer Überlegungen mit den Formulierungen der Phänomenologie hier auf die Tatsache dieses „Formschauens“, das mir auch der wesentliche Bestandteil zu sein scheint. Dagegen tritt hier dieses Formschauen nur als „Anregung“ zu einer Auffassung, nicht aber als Schau eines „Wesens“ der Dinge auf.

Das im vorstehenden Dargelegte, zeigt nun das, was wir im 1. Teil zum „Geltungsproblem“ dargelegt haben, in neuem Lichte und liefert einen neuen Beweis für die dort gegebenen Resultate.

Nehmen wir an, wir betrachten (= wenden unsere Aufmerksamkeit auf) irgendein Stück meiner Gesamtwelt, und zwar diesmal ohne uns irgendeiner von ihm angeregten Form hinzugeben, ohne aber auch von uns aus eine bestimmte Form an dasselbe heranzubringen. Wir sagen dann: wir betrachten das Stück (= Ding) rein phänomenologisch (vielleicht ist dies im bewußten Zustande nur sehr schwer möglich).

Lassen wir uns dagegen von dem Ding zu einer Form anregen, und ist dieses Ding so beschaffen, daß sich eine einzige bestimmte Form besonders aufdrängt, so wollen wir sagen, wir betrachten das Ding in seiner „natürlichen Form".

Diese Überlegungen zeigen uns von sich aus wieder das gleiche, was uns die Untersuchung des Geltungsproblems zwingend lehrte, daß aller Begriffsbildung, aller wissenschaftlichen Auffassung, also aller „Formung", wie wir jetzt sagen können, letzten Endes ein von mir selbst ausgehendes Moment bestimmend zugrunde liegt, das wir eben aus diesem Grunde als unseren „Willen" bezeichnen. Vielleicht ist es gut, hinzuzufügen, daß diese Eigenschaft, von mir auszugehen, d. h. ohne Voraussetzung in den äußeren Tatsachen zu sein, die Haupteigenschaft dieses „Willens" ist; der damit also hier nicht irgendeine metaphysische, sondern lediglich eine logische Funktion hat, insofern er als Begründung aller derjenigen Sätze figuriert, die dazu bestimmt sind, anderer Sätze als logischer Voraussetzungen entbehren zu dürfen.

§ 3. Die logische Form.

Wir wollen die hier auftretenden wichtigen Probleme der Methodologie, die sich um unseren Begriff der Form gruppieren, nunmehr noch ausführlicher behandeln, indem wir dabei beispielshalber von gewissen Fragen der Wahrscheinlichkeitsrechnung Ausgang und Anregung nehmen.

Die Wahrscheinlichkeitsrechnung stellt ein mathematisches Formelsystem mit realer Anwendung dar, sie ist daher eine „Anwendung logisch-mathematischer Formen auf (ein Gebiet der) Wirklichkeit". Sie bietet einen besonders günstigen Anlaß einmal die Begründung eines solchen Gebildes (das wir kurz ein „Anwendungsgebilde" oder eine „Anwendungswissenschaft" nennen wollen) im Detail zu studieren. Und zwar einmal deshalb, weil die Grundlagen dieses Gebildes überhaupt noch sehr im Argen liegen, dann aber, weil (aus später klar werdenden Gründen) in diesem Falle die Verknüpfung mit der Wirklichkeit als eine besonders durchsichtige sich erweisen wird, wenn wir die von mir aufgestellten Methoden und Prinzipien befolgen.

Wenn man sich für die Grundlagen der Wahrscheinlichkeitsrechnung interessiert, so wird man zunächst einmal fast automatisch meinen: „Diese Grundlage muß natürlich eine „axiomatische sein“. Geht man aber diesem Gedanken auf den Leib mit „Warum“ und „Wieso“, so erkennt man, daß diese Ansicht vielmehr eine etwas vorgefaßte Meinung ist, als daß man im einzelnen mit voller Beherrschung der Lage angeben könnte, warum gerade so und nicht anders, und was der eigentliche Kern dabei sei. Die ausgezeichneten axiomatischen Untersuchungen, die wir von verschiedener Seite in der Mathematik haben, sind in dieser Hinsicht etwas empirisch und zufällig. Man handelt dabei nicht aus bewußten, genau bekannten Prinzipien, sondern man hat nur eine ungefähre Idee, was dabei herauskommen müsse und einige Muster, worauf dann die Durchführung erfolgt. Es ist daher sicher eine wichtige Aufgabe, zu versuchen, sich einmal über die Prinzipien und tieferen Gründe, die dabei vorliegen und vorwalten, klar zu werden, um das, was bisher dem Instinkt und dem Zufall überlassen war, einmal unter systematischen Gesichtspunkten zu erledigen.[1]

Rein aus unserer Absicht heraus, die Wahrscheinlichkeitsrechnung zu begründen und aus der Erkenntnis, daß wir ein Anwendungsgebilde vor uns haben, läßt sich schon folgendes Räsonnement anstellen.

Denke ich mir das logische Gerüste der Wahrscheinlichkeitsrechnung losgelöst von der Anwendung desselben, dann erhalte ich ein rein „logisches Gebäude“, wie ich es genannt habe. Und ich weiß, daß ich dieses auf Grund von rein logisch formal gefaßten Axiomen rein logisch formal aufbauen könnte, soweit ich Lust habe. So ist es denn auch gelegentlich vortrefflich versucht worden (v. Mises in „Mathematische Zeitschrift“ 1919). Aber da erhebt sich ein gewichtiger Einwand. Woher weiß ich denn, welches logische Gebäude ich aufstellen soll, wenn ich die Wahrscheinlichkeitsrechnung noch gar nicht aufgebaut habe, erst einmal exakt aufbauen

[1] Einen Versuch, der auch in solche Richtung fällt, hat neuerdings Hilbert gemacht in Math. Ann. 1918.

will? Wir können hieraus sofort ein allgemeines Prinzip für die Begründung eines Anwendungsgebildes auf Grund eines empirisch vorgelegten Gebietes formulieren.

Soll ein Anwendungsgebilde begründet werden, so ist es unmöglich, zuerst dessen logisches Gebäude für sich aufzubauen, es ist unumgänglich notwendig, von dieser Anwendung selbst auszugehen.

Natürlich ist man völlig ungehindert, ein logisches Gebäude auf bestimmten Axiomen zu errichten, ohne sich um irgendwelche Anwendung zu kümmern. Das bekannte Beispiel ist David Hilberts Grundlegung der Geometrie, der einfach „Dinge", d. h. rein logische Terme annimmt, die er Punkt, Gerade, Ebene usw. nennt, die man aber geradesogut auch anders nennen könnte. Dies ist einwandfrei möglich aus rein logischen Gründen. Nur hat man dann auf jede Verknüpfung mit der Wirklichkeit verzichtet, und hat ohne weiteres nicht mehr das Recht, zu behaupten, dies sei das logische Gerüste eines Anwendungsgebildes. Es ist ein logisches Gerüste überhaupt, aber ohne jede begründete Verknüpfung mit einer Anwendung, wie dies ja vorausgesetzt wurde. Ein solches wollen wir ein „freies logisches Gerüste" nennen.

Will man nun eine Verknüpfung mit der Realität herstellen, so hing dies bisher von der erkenntnistheoretischen oder philosophischen Ansicht ab, die man in diesen Dingen hatte. War man Empirist, so mußte man anders verfahren, als wenn man es nicht war. Der Empirist sagte etwa: Man entnimmt das Schema dieser Wissenschaft, ihr logisches Gerüst aus der Erfahrung. Der Idealist etwa hätte bei gewissen Wissenschaften gesagt: Man entnimmt es aus der reinen Anschauung. Aber dies alles waren eben „Meinungen", d. h. unbewiesene Hypothesen.

Wie also kann ein solches Anwendungsgebilde begründet werden? Wir sahen, es kann nicht als rein logisches Gebäude errichtet werden. Also muß irgendwie die Anwendung die Basis geben, und zwar die Basis für die „ersten Sätze", die wir einmal vorläufig als „Axiome" bezeichnen wollen. Wie stellt sich dies speziell bei der Wahrscheinlichkeitsrechnung dar?

Hier erhebt sich nun folgende Frage: Wenn die Wirklichkeit zur Aufstellung eines Anwendungsgebildes Anlaß gibt, so besteht doch die Wirklichkeit nur aus Einzelfällen. Wie reimt sich das zusammen? Sollen aus der Wirklichkeit also allgemeinere Sätze entnommen werden, welche dann unsere Axiome bilden sollen, so setzt dies irgendwie schon „Begriffsbildungen" voraus, besonders schon verallgemeinernde Begriffsbildungen.

Wenn wir also in der Wahrscheinlichkeitsrechnung von „Ereignissen" sprechen, von „Möglichkeiten", von „Unabhängigkeit", dann stellen dies schon hochabstrakte Begriffe dar.

Ein weiterer wichtiger Umstand ist folgender:

Wenn wir etwa dazu gelangen, aus einer Gruppe von Vorfällen heraus, die uns in der Wirklichkeit begegnen (etwa Würfelspiel) eine gewisse Rechnung aufzustellen (Berechnung der Wahrscheinlichkeiten der einzelnen Würfe), dann umfaßt diese Aufstellung noch keineswegs alle Gebiete, auf denen eine analoge Rechnung anwendbar ist. Wenn wir also dazu gelangen, weiterhin den Anwendungsbereich dieser Rechnung zu erweitern, so kann dies nur dadurch möglich sein, daß wir auf irgendeine Weise etwas Gemeinsames an diesen Fällen entdecken, oder daß wir bemerken, daß das neue Gebiet durch den gleichen logischen Zusammenhang behandelbar ist, wie das erste. Was aber ist dieses Gemeinsame und wie kann ich es erkennen?

Gibt es nicht vielleicht doch einen anderen Weg, um zu dieser Erkenntnis zu gelangen? Es bleibt mir nichts anderes übrig: ich muß die „Anwendungsmöglichkeit" als solche unmittelbar erkennen. Darum komme ich nicht herum.

Dies ist auch eine notwendige Voraussetzung jeder Anwendung der reinen Synthese.

Hier also haben wir einen notwendigen Prozeß, wie ich vom Einzelnen, Konkreten auf Allgemeines kommen kann. Irgendwie erkenne ich einen logischen Zusammenhang in dem Vorgang. Dieser ist identisch mit meiner begrifflichen Fassung des Vorganges, die ja nötig ist, um ihn nur zu beschreiben, ja um ihn nur zu „verstehen". Denn jede begriffliche Fassung ist bereits ein logisches Schema, kann ich doch die „Bedeutung" der Begriffe fallen lassen (schon wenn ich sie „ändere") und behalte die Schalen übrig, die genau so zusammenhängen wie vorher.

Zu der Möglichkeit dieser mehr oder weniger unmittelbaren Einsicht in den logischen Zusammenhang eines Vorganges gehört aber als einzige Bedingung, daß dieser von selbst schon so gegliedert ist, daß sich mir die geeigneten Begriffsbildungen sofort aufdrängen. Wenn ich zwei Urnen mit festen Billardkugeln überblicke, die Umstände genau untersucht habe, so daß „Zauber-“ oder Schwindelkunststücke ausgeschlossen sind und alles konstant bleibt, und es legt jemand vor meinen Augen zwei Bälle der Urne A in die Urne B, dann überschaue ich sofort den logischen Zusammenhang dieses Vorganges, den ich allgemein gewohnt bin, der logischen (Hohl-) Form nach so zu formulieren:

$$x + y = (x - 2) + (y + 2).$$

Hier haben wir auch den Vorgang des sog. „Ansatzes“, nämlich der logischen symbolischen Hohlform für den logischen Zusammenhang des Vorganges, was sich meist in der Aufstellung einer mathematischen oder logischen Formel oder Gleichung kundtut. Um diesen „Ansatz“ machen zu können, bedarf es eben der „Erschauung“ des logischen Zusammenhanges des gemeinten Vorganges. Auf eine andere Weise ist es niemals möglich von einem wirklichen Vorgang zu einem mathematischen Ansatze zu gelangen. Dabei ist natürlich Vorbedingung, daß der Vorgang (nach längerem oder kürzerem Nachdenken) „durchsichtig“ wird. Dies ist natürlich am leichtesten bei einfachen zahlenmäßigen oder räumlichen Vorgängen an wenigen konstanten (daher meist harten, festen) Körpern. Daher sind Vorgänge, die nicht so beschaffen sind (z. B. die Erscheinungen strömenden Wassers in unregelmäßigen Betten, von Dünsten und Wolken usw.) nicht ohne weiteres „durchsichtig“.

Hier können wir auch an einem hübschen Beispiele leicht illustrieren, worin das Wesen der mathematischen Zeichensprache besteht, die, worauf ich schon 1907 hinwies[1], sehr viel konkreter ist, als der Mathematiker meist glauben möchte. Wir wollen zeigen, daß der Vorgang bei den zwei Urnen aus einem „Bilde“ durch allmähligen, kontinuierlichen Übergang

---

[1] „Grundlinien einer Kritik und exakten Theorie der Wissenschaften usw.“ München 1907. S. 41f.

in die mathematische Zeichensprache übergeführt werden kann und umgekehrt:

$$x + y = (x - 2) + (y + 2)$$

Setzen wir: $x = z + 2$, so kommt:

$$(z + 2) + y = (z + 2 - 2) + (y + 2)$$

$$(z + 2) + (y) \equiv (z) + (y + 2),$$

wobei $\equiv$ die Gleichheit der Anzahl auf beiden Seiten bedeutet.

$$(z + 1 + 1) + (y) \equiv (z) + (y + 1 + 1)$$

$$\boxed{z + \bigcirc + \bigcirc} + \boxed{y} \equiv \boxed{z} + \boxed{y + \bigcirc + \bigcirc}$$

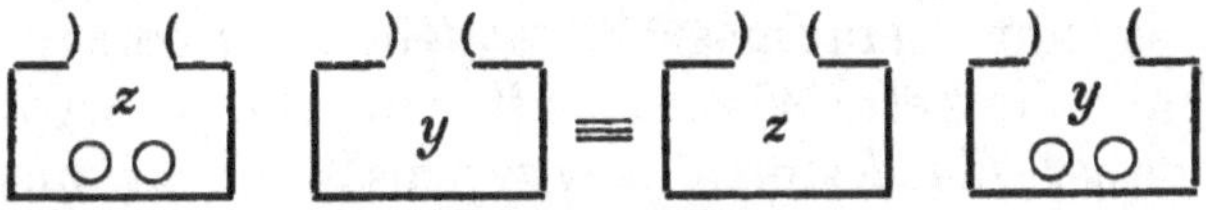

Jetzt braucht man nur die ebenen Gebilde nach und nach körperlich werden zu lassen, um schließlich zu dem konkreten Vorgang selbst zu gelangen.

Damit erkennen wir, daß wir in der mathematischen Zeichensprache in ihren einfachsten Fällen eine direkte, nur sehr vereinfachte Bilderschrift vor uns haben, was ja auch die älteste menschliche Darstellungsart ist. Daher auch ihre Internationalität. In ihren höheren Regionen bleibt sie dann durch fortgesetzte Abkürzungen noch weithin eine „abgekürzte Bilderschrift". (Siehe meine Bemerkungen über die analytische Geometrie in meiner Schrift von 1907, sowie in „Das Prinzip der logischen Unabhängigkeit in der Mathematik zugleich als Einführung in die Axiomatik", München 1915.)

Die Mengenlehre.

Eine zweite Wissenschaft wollen wir als Beispiel noch heranziehen, deren Grundlagen gewisse Schwierigkeiten bieten, die Mengenlehre. Die speziellen Schwierigkeiten der Grundlegung in diesem Falle beruhen in folgendem. Nach dem Vorgange Hilberts in seinen Grundlagen der Geometrie hat man sich vielfach die Anschauung gebildet, daß die Grundbegriffe eines logischen Gebäudes „durch die Axiome definiert" würden.

Dies heißt seinem eigentlichen Sinne nach nur so viel, daß eben die Grundbegriffe nicht definiert werden, sondern sogleich undefiniert zuerst in den Axiomen (in gewissen Verknüpfungen) vorkommen. Will man nun die „Axiome der Mengenlehre" aufstellen, dann bemerkt man, daß sich hier die gleichen Schwierigkeiten ergeben, wie auch sonst in der Frage nach dem Zusammenhang mit der Wirklichkeit.

Die Mengenlehre beschäftigt sich mit Begriffen von überaus großer Allgemeinheit. Man hat immer geglaubt, eine „Mengendefinition" finden zu müssen. Nun haben wir auch in der Mengenlehre schließlich ein logisches Gebäude, wie wir das ja in der Wissenschaft der Mengenlehre vorfinden. Daraus folgt, daß dieses auf gewissen ersten Sätzen (Primsätzen) beruhen muß (mögen diese nun herausgearbeitet sein oder nicht), nur ist in diesem Falle die betr. Wissenschaft von sehr großer Allgemeinheit, und daher die Axiome gewissermaßen sehr unscheinbar. Damit aber erhebt sich wiederum das Problem des Zusammenhanges dieser Axiome mit der Wirklichkeit.

Es zeigt sich wieder, daß wenn ich mit diesen Axiomen als logischen Hohlformen beginnen wollte, ich keine Garantie hätte, daß sie auch von einem Gebiete der Wirklichkeit gelten, vorausgesetzt, daß die logische Hohlform nicht schon der reinen Synthese als zugehörig erkannt ist. Wir sprechen aber in diesem § 3 meist von Anwendungsgebilden, die aus der Praxis, der Empirie erwachsen, also der „vorläufigen Synthese" angehören. Solange dies von ihnen gilt, gilt auch das oben Gesagte. Will ich sie andererseits als angehörig oder geltend für ein bestimmtes Gebiet der Wirklichkeit aufstellen, dann ist die Frage, wie erhalte ich aus diesem Gebiete der Wirklichkeit diese Axiome und die Überzeugung von ihrer „Richtigkeit", wie kann ich ferner das Anwendungsgebiet „erweitern", wenn sich dies als möglich erweisen sollte? Wie man sieht, genau die gleichen Fragen wie oben, und diese treten natürlich bei jeder axiomatisch-theoretischen Wissenschaft in ganz analoger Weise auf, außer bei der allgemeinsten solchen, der reinen Synthese; die wir gesondert behandeln.

Vermeidung des Psychologismus.

Um nun der wichtigen Erkenntnis, die uns im vorstehenden einstweilen skizzenhaft gegenübertrat, näherzukommen, wollen wir versuchen, ihren erkenntnistheoretischen Ort sozusagen etwas näher zu präzisieren.

Auf welchem Gebiete arbeiten wir eigentlich, wenn wir darnach fragen: wie eine Anwendung einer Theorie, d. h. eines logischen Gebäudes auf einen speziellen Fall zustande kommt, bzw. ob ein konkreter Fall unter eine bestimmte Theorie fällt? Es hat diese Anwendung mit der „Begründung" der Theorie gar nichts zu tun. Diese Theorie kann sogar irgendwie „falsch" sein, d. h. etwa unanschließbar an die reine Synthese (wenn sie nur nicht in sich widerspruchsvoll ist), so ist es dennoch möglich, daß, falls ich diese Theorie „im Kopfe habe", ich, falls ich zufällig einen wirklichen Fall, vielleicht ganz anderer Art, finde, dessen natürliche Form dieser Theorie entspricht, dies erkenne.

Um also die erkenntnistheoretische Stellung dieser „Anwendungstätigkeit" festzustellen, ihren systematischen Ort, haben wir folgendes zu überlegen. a) Es bedarf zur „Anwendung" eines wirklichen „Vorganges". Dieser ist keineswegs irgendwie als innerer oder äußerer gekennzeichnet, sondern es bedarf lediglich der denkenden Auffassung irgendeines Vorganges überhaupt. b) Es bedarf ferner einer „Theorie" (wie wir vorläufig einmal kurz sagen wollen), die eben angewendet werden soll.

Es besteht unter Voraussetzung von a) und b) dann eine Möglichkeit, daß bei geeigneter Beschaffenheit von a) und b) ein schöpferischer Vorgang des „Wiedererkennens" eintritt, welcher eine Beziehung zwischen a) und b) derart als möglich erkennt, daß man sagt: die Theorie ist auf den Vorgang anwendbar, und umgekehrt, der Vorgang ist ein „Fall" der Theorie.

Dieser schöpferische Vorgang nun ist logisch irreduzibel. Er gehört zu jenen unmittelbaren Fähigkeiten, die wir voraussetzen müssen, wenn wir überhaupt denken wollen. Ebenso, wie es mit allen Vergleichsurteilen der Fall ist.

Der Beweis hierfür ist folgender: Dieser Anwendungsvorgang liegt schon vor, wenn nach irgendeiner logischen Regel geschlossen wird. Vor Anwendung von solchen Regeln haben wir nun noch keine systematische, geordnete Erkenntnis. Nur innerhalb einer geordneten Erkenntnis kann aber eine Erscheinung auf andere, einfachere reduziert werden. Eine Erscheinung also, welche selbst bereits jeder geordneten Erkenntnis zugrunde liegt, kann nicht an dieser Stelle auf andere, einfachere reduziert werden. Es ist daher jedes Vergleichs- oder Anwendungsurteil irreduzibel, soweit es zum Aufbau der Wissenschaft von der Realität praktisch verwendet wird.

Hierzu sind zwei Bemerkungen zu machen: 1. Bei diesem Beweise bedienen wir uns der Logik, er ist deshalb selbst nur gültig unter Voraussetzung derselben.

2. Natürlich kann schließlich diese Fähigkeit zu „Anwendungsurteilen“ zuletzt in der physiologischen Psychologie eine „Erklärung“ finden. Aber täuschen wir uns nicht, das ist eine Erklärung aus anderen Vorgängen innerhalb eines wissenschaftlichen Gebäudes, das sich selbst der logischen Schlüsse und der Anwendungsurteile von Anfang an bedienen muß, diese also praktisch stets vorauszusetzen gezwungen ist. Die Tatsache dieser Anwendungsurteile ist also nicht innerhalb des mit ihrer praktischen Verwendung aufgebauten wissenschaftlichen Gebäudes irreduzibel, wohl aber am ersten Beginn dieses Gebäudes, wo sie diesem von vornherein praktisch zugrunde liegt.

Es ist dies ja der gleiche Fall wie mit allen den „Fähigkeiten“, die wir zur Errichtung des wissenschaftlichen Gebäudes gebrauchen, wie ich das ausführlich in meinen „Grundlagen der Naturphilosophie“ (Leipzig 1913) auseinandergesetzt habe.

Natürlich erhalten wir von diesen Fähigkeiten und ihrer Irreduzibilität selbst erst Kenntnis, wenn wir daran gehen, ein wirklich vollbegründetes wissenschaftliches Gebäude der exakten Wissenschaften (d. h. einer exakten Wirklichkeitslehre), also einer reinen Synthese, aufstellen zu wollen. Dann zeigt sich, daß wir unter Formulierung unseres genauen Zieles (im Zweckprinzip und dessen Ausläufern, die selbst noch sich der naiven, vorsynthetischen Sprache und Begriffe bedienen) dieses Ziel nur erreichen und festhalten können, wenn wir uns dabei gewisser „geistiger Fähigkeiten“ bedienen. Und diese treten dadurch natürlich aus der unmittelbaren Begründbarkeit für sich selbst heraus, und gewinnen jene fundamentale Stellung die wir eben erkannt haben.

In diesem Sinne sind wir genötigt, diese Fähigkeit in Selbstvertrauen bei Herstellung jeder Wissenschaft schon zu benutzen, so daß sie allen diesen als „praktische Voraussetzung“ zugrunde liegt. Vom logischen Gesichtspunkte aus, der ja bei der Aufstellung der „reinen Synthese" der vorwiegende ist, ist mit der praktischen Verwendung einer solchen unmittelbaren Fähigkeit nichts Logisches vorausgesetzt, ihre Anwendung kann daher als solche auf die Richtigkeit der logischen Schlüsse keinen Einfluß haben. Darum gehört diese Fähigkeit, wo sie praktisch zum Aufbau der Wissenschaft zur Anwendung kommt, zum Gebiete des Vorlogischen oder Alogischen.

Die Aufstellung eines Axiomensystems.

Wenn wir jetzt in concreto fragen, wie denn nun auf Grund unserer eben erlangten Erkenntnisse ein Axiomensystem aufzustellen sei, so können wir dies etwa so formulieren:

Wir haben ein spezielles Gebiet, das uns interessiert (etwa das Würfelspiel). Wir bemerken in diesem vermöge unserer „Anwendungsfähigkeit" einen gewissen „logischen Zusammenhang" (speziell in Richtung der Häufigkeit des Eintreffens bestimmter Würfe). (Wir bemerken vermöge der gleichen Fähigkeit denselben logischen Zusammenhang z. B. beim Ziehen von Kugeln aus Urnen und sehen daher, daß dieser logische Zusammenhang ein weiter verbreitetes Gebiet umfaßt, daß er also unseres Interesses und unserer Arbeit würdig ist.) Wir werden also daran gehen müssen, diesen „logischen Zusammenhang" irgendwie festzuhalten. Darüber ist nun einiges zu sagen.

Zunächst muß ich genau feststellen, in welcher Richtung mein Interesse geht. Es geht dahin, festzustellen, unter wieviel Würfen habe ich einen bestimmten Wurf zu erwarten. Es ist klar, daß ich zunächst meine Begriffsbildung ganz demjenigen konkreten Beispiele (oder Gebiete) anpassen kann, das ich mir als „Muster" gewählt habe. Ich betrachte also die „gleichmäßigen Würfe" beim Würfel, unter der Voraussetzung, daß dieser frei sei von speziellen Eigenschaften, d. h. soviel als möglich seiner „Idee" entspreche. Ich finde, dies seien sechs. Diese Fälle sind alle gleichmöglich, und ich nehme an, daß auch keine Bedingung außerhalb des Würfels (also beim Vorgang des Werfens oder vorher) vorhanden ist, welche einen der sechs Fälle bevorzugt. Da nun die Tatsache, daß einer der Würfe in einer bestimmten Anzahl von Würfen öfter vorkommt als der andere (innerhalb ganzer Zahlen genommen), eine Bevorzugung dieses Falles bedeuten würde (d. h. eine Besonderheit eben, die ihn von den anderen Fällen unterschiede, eine solche soll aber wegen der Gleichmöglichkeit nicht vorhanden sein), so gelangen wir zu der Forderung, daß jeder der gleichmöglichen Würfe in einer bestimmten Zahl (innerhalb ganzer Zahlen genommen) gleich oft vorkommt.

Nun kann die relative Häufigkeit des Vorkommens eines Wurfes in einer bestimmten Anzahl solcher nur dann ein Kennzeichen für den Würfel sein, eine Aussage über diesen enthalten, wenn garantiert ist, daß alle übrigen Umstände (das Werfen selbst, Lagerung usw.) so beschaffen sind, daß durch sie nicht schon eine der Würfelseiten bevorzugt wird. Deshalb nehmen wir auch diese Beschaffenheit der übrigen Umstände als Forderung für unser Beispiel an.

Es hat nun jeder Vorgang beliebig viele Arten, wie er aufgefasst werden kann, „Auffassungsweisen", und jede Auffassungsweise eines Vorganges liefert für denselben einen verschiedenen „logischen Zusammenhang". Die Aufstellung eines Axiomensystems für einen Vorgang ist also nichts anderes als die logische Aufstellung, Charakterisierung der von mir gewählten Auffassungsweise, des zu ihr gehörigen logischen Zusammenhangs. Mit dieser Auffassungsweise, diesem logischen Zusammenhang hängt untrennbar bereits die „Begriffsbildung" an dem Vorgange zusammen. Wenn ich an dem Vorgange einen bestimmten Begriff bilde, etwa einen bestimmten Teil herausgreife und benenne, dann heißt das schon, daß ich im allgemeinen nicht beabsichtige eine weitere Begriffsbildung einzuführen, die sich mit dieser überschneidet, dadurch ist aber auch der logische Zusammenhang schon teilweise determiniert an dieser Stelle. Hieraus ist auch verständlich, daß, wenn ich unbewußt bereits früher angenommene Begriffsbildungen an den Vorgang heranbringe, dieser auch einen vorgegebenen logischen Zusammenhang aufzuweisen scheint.

Über Auffassungsweisen.

Hat man ein Tapetenmuster, so ist bekannt, daß es da verschiedene „Auffassungsweisen" gibt. So kann man beistehende Figur ungezwungen sofort in mindestens drei verschiedenen Weisen auffassen, je nach der Art, in der man die Bausteine „zusammenfaßt“.[1]

Jede dieser Zusammenfassungsarten baut die ganze Figur auf. Aber man ist keineswegs auf diese systematischen Auffassungsarten angewiesen, man könnte sich die Figur aus ganz beliebigen unregelmäßigen Stücken zusammengesetzt denken, nur daß dies bald ein Ende an unserer „Merkfähigkeit“ findet, indem wir vergessen, welche „Steine“ wir zusammengefaßt haben. Ja, wir könnten noch mehr tun. Wir könnten die Figur in Teile zerlegen durch „Grenzen“, welche gar nicht da sind und quer durch die „Steine“ hindurchgehen.

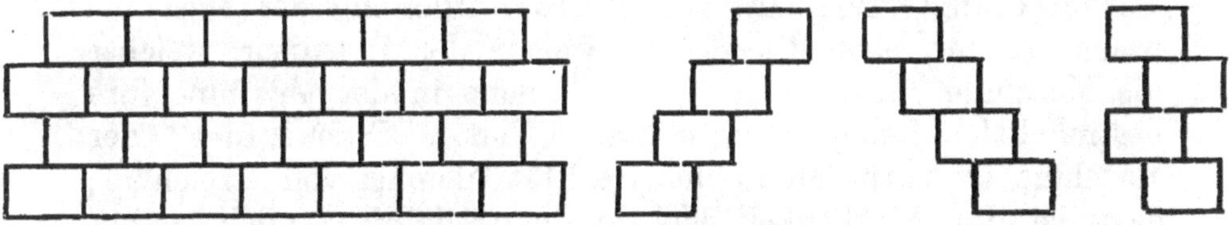

Alle diese verschiedenen Auffassungsarten sind uns an der gleichen Figur beliebig wählbar. Und es bedarf lediglich einer geeigneten Willenseinstellung, um die gleiche Figur als Resultat eines ganz anderen systematischen Aufbaues zu empfinden.

Die Fähigkeit von uns, die an diesen Beispielen zutage tritt, ist nun eine fundamentale und sie tritt bei jeder Begriffs- und Wissenschaftsbildung in erster Linie in Funktion. Aus ihr kommt jene Freiheit in der Auffassungsmöglichkeit der Dinge, die uns ermöglicht, diejenigen Prinzipien in der begrifflichen Auffassung und Darstellung der Realität zur Anwendung zu bringen, die wir dort als die zweckmäßigsten erkennen. Sie liefert uns diejenigen geistigen Möglichkeiten, die wir für die Durchführung der reinen Synthese brauchen.

Hier ist nun folgendes zu bemerken: Wir greifen instinktiv zunächst zu derjenigen Zerteilung, die am leichtesten „in die Augen fällt“. Solange dies unbewußt geschieht, ist dies ein instinktives Ökonomieprinzip.

[1] Man kann die Figur zusammengesetzt denken aus a) links gerichteten Treppen, b) rechts gerichteten Treppen, c) Wechseltreppen (siehe Figur).

Nun findet, und dies leistet uns den Übergang zur wissenschaftlichen Anwendung dieser „Auffassungsfähigkeit“ von Dingen, genau ein analoges Vorgehen statt, wenn wir z. B. eine Maschine betrachten, um ihren Gang kennen und verstehen zu lernen. Hier erkennen wir auch, daß dieses „Zerteilen“, das an der vorigen Figur natürlich in der Fläche verlief, bei der Maschine jedoch ein räumliches sein wird, eine Begriffsbildung darstellt. Wir wollen es auch so nennen. An der Maschine nun ist diese Begriffsbildung uns leicht gemacht, denn die einzelnen Teile der Maschine, die „Maschinenteile“ sind selbst denkbar beste Realisierungen von Begriffen, die dem technisch oder physikalisch Gebildeten wohl bekannt sind. Darum drängte sich eine bestimmte Auffassung der Maschine besonders auf, eben die gleiche, welche der Ingenieur, welcher die Maschine entwarf, hatte, und welche in der Maschine ihre bestmögliche Realisierung gefunden hat. Diese „Idee“ der Maschine ist natürlich in der Realität niemals voll erreichbar, dazu ist die Wirklichkeit viel zu unausschöpfbar reich. Aber dadurch, daß wir zur Herstellung der Maschine möglichst scharf abgegrenzte, möglichst invariable Dinge verwenden, ist die Auffassung, welche der Erbauer von ihr hatte, mit besonderer Kraft uns aufgedrängt, und jede andere Auffassung sehr erschwert. Diese Auffassung ist daher die „natürliche Auffassung“ der Maschine.

Die Darstellungsweisen der verschiedenen Auffassungsweisen.

Wie kann nun ein solcher logischer Zusammenhang, eine solche Auffassungsweise so dargestellt werden, daß sie von anderen „verstanden“, aufgefaßt werden kann? Das eine Verfahren ist das mit Worten. Man muß dann den Vorgang in Begriffe zerlegen, die dem Leser bekannt und geläufig sind. Dann kann der Leser sich in seiner Vorstellung den beschriebenen Vorgang wieder aufbauen, nachkonstruieren und ihn verstehen.

Das andere Verfahren ist die Herstellung eines sog. Modells. Ein Modell ist ein in der Realität (etwa dauernd) Hergestelltes, welches den gleichen logischen Zusammenhang aufweist, wie der zu beschreibende Vorgang selbst. Die Gleichheit der beiden logischen Zusammenhänge wird eben durch die Anwendungsfähigkeit bei hinreichender vergleichender Vergegenwärtigung beider Vorgänge in der Vorstellung erkannt.

Wir wollen versuchen, eine geeignete Terminologie einzuführen. Wir wollen dem Vorstehenden gemäß sprechen von a) einer Wortdarstellung eines logischen Zusammenhanges, b) von einer Modelldarstellung eines solchen.

Nun wird es von Wichtigkeit sein, die verschiedenen, vorhandenen Darstellungsweisen von logischen Zusammenhängen auf ihre Natur zu untersuchen, sowie insbesondere auch ihre ersten Grundlagen.

Wir fragen nun, welcher Art diese Modelldarstellungen zunächst sein können (es wird sich nämlich zeigen, daß bei einem bestimmten Grade der Vollendung die Wortdarstellungen von selbst auch zu Modelldarstellungen werden).

Wir können von einer Maschine uns ein Modell in dem Sinne machen, wie dieser gewöhnlich genommen wird, nämlich in Gestalt einer Verkleinerung, welche gewisse Vereinfachungen zeigt, d. h. kleine Komplikationen wegläßt, welche nur wegen der Größe und etwa wegen der Materialbehandlung im großen nötig werden (gewisse Öl- und Schmiervorrichtungen usw.). Hier ist dann im wesentlichen der einzige Unterschied zwischen Vorbild (Original) und Modell ein solcher der Größe. Von der kann man etwa zur ebenen Abbildung übergehen usw.

Ein analoger Unterschied scheint zunächst zu bestehen zwischen einer Herde von vier Rindern und der Art, wie der primitive Mensch diese schriftlich darstellt: Er zeichnet verkleinert die Umrisse von vier Rindern. Hier kommt aber noch etwas hinzu. Es sind nicht vier verkleinerte Rinder, sondern es wird von der räumlichen Darstellung zur flächenmäßigen übergegangen unter Benutzung unserer Fähigkeit, aus solchen „Bildern" das Original „wiederzuerkennen". Wir wollen auch solche Darstellung noch als Modell bezeichnen, da es sicherlich keine „Wortdarstellung" ist.

Erst wenn wir heute stattdessen einfach schreiben „vier Rinder", so ist dies eine Wortdarstellung, welche nur auf dem Umweg über unser „Wissen" noch eine Beziehung zu den Tatsachen, zum Vorbild enthält. Würden wir schreiben „IIII Rinder", dann wäre dies keine reine Wortdarstellung mehr, sondern eine Modelldarstellung. Denn diese vier Striche bedeuten nicht nur den gleichen logischen Zusammenhang, den wir an den vier Rindern meinen, sondern enthalten diesen logischen Zusammenhang insofern selbst, als sie so beschaffen sind, daß wir instinktiv sie derart betrachten, daß sie den gleichen logischen Zusammenhang haben, wie wir diesen instinktiv zuerst bei den vier Rindern auffassen. Dieser logische Zusammenhang in abstrakto, den wir in unserem Seelenvermögen besitzen, aber nach außen nicht anders widergeben können, als durch ein Wort, das als Realding betrachtet, selbst nichts gibt und nur an unser damit assoziativ verknüpftes Wissen appelliert, oder durch ein Modell, welches diesen logischen Zusammenhang selbst „enthält", dieser logische Zusammenhang in abstrakto (der also rein als solcher für uns völlig undarstellbar ist) ist die Zahl vier.

Wir sehen aber hier, daß wir Modelle herstellen können, durch Herstellung von gewissen Einzelgegenständen (Strichen). Der einfachste solche Einzelgegenstand ist ein solcher, der an sich selbst die geringste mögliche Anzahl von Eigenheiten aufweist (also etwa ein Punkt oder kleiner Strich) und man erkennt schon hier von ferne, daß es eine Art Ideal geben muß, Modelle aus solchen einfachsten Einzelgegenständen aufzubauen. Wir bemerken, daß die ganze Analysis nichts anderes als einen Versuch zur Verwirklichung dieses Ideals bedeutet.[1]

Die verschiedenen Auffassungsweisen eines Vorganges haben wir in schönster Ausprägung in der Analysis.

Habe ich einen analytischen Ausdruck, so kann ich, wenn er von einiger Verwicklung ist, auch ihn auf verschiedene Weise auffassen. Um ein einfachstes Beispiel zu nehmen, kann ich:

1. $a + a + a + a + a + a$

auffassen als: 2. $(a + a + a) + (a + a + a)$ oder als:

3. $(a + a) + (a + a) + (a + a)$ usw.

Jede Auffassungsweise einer solchen Formel liefert einen „Satz". Dieser enthält nichts anderes, als daß er die Auffaßbarkeit der Formel in dieser Weise ausspricht.

Es ist aber klar, daß, um das Vorhandensein einer derartigen Auffaßbarkeit zu erkennen, es eines schöpferischen Geistesaktes bedarf. Um wiederzuerkennen, daß die obige Formel 1 in der Form 4. $A + A + A$ aufgefaßt werden kann, bedarf es der „Anwendungsfähigkeit". Nichts kann uns die

[1] Siehe hierzu mein „Das Prinzip d. log. Unabhängigkeit i. d. Math. usw." München 1915. S. 11f.

Anwendung dieser unmittelbaren Fähigkeiten ersparen, denn ohne sie ist überhaupt keine Verbindung zwischen den Formeln zu finden. Nur, wenn man alle Auffassungsweisen von 1 systematisch herstellen würde, würde man von selbst auf die Formel 3 kommen, aber selbst wenn diese zufällig unmittelbar neben 4 stände, bedürfte es jenes besonderen Aktes der Anwendungsfähigkeit, um die Formeln als von gleicher Auffaßbarkeit, „von gleichem Bau", wie der Mathematiker sagt, zu erkennen.[1] So sieht man, daß der letzte Schritt, d. h. die Erkenntnis, daß die zwei Formeln von gleichem Bau sind, nur durch einen jener unmittelbaren Akte der Erkenntnis der Gleichheit des logischen Zusammenhanges erreicht werden kann.

Der Kürze halber wollen mir zwei Vorgänge (im weitesten Sinne) von gleichem logischen Zusammenhang als „isolog", den Akt der Erkenntnis, daß zwei Vorgänge isolog sind, als eine „Isologieerkenntnis" bezeichnen.

Nun muß man aber unterscheiden. Es können nämlich nicht nur einzelne Formeln, wie sie eben betrachtet wurden, sondern ganze Formelsysteme isolog sein. So ist jedem Mathematiker das Dualitätsprinzip in der synthetischen Geometrie geläufig, wo z. B. die Gleichung

$$u\,x + v\,y = 1$$

mit sich selbst isolog ist, je nachdem man sie in bezug auf die (u, v) oder auf die (x, y) betrachtet. Damit aber werden alle rechnerischen Konsequenzen dieser Gleichung isolog.

Betrachtet man in der Gleichung eines Kreises, der durch den Nullpunkt eines rechtwinkligen Systems geht,

$$5.\quad x^2 + y^2 + \lambda\,x + \mu\,y = 0$$

die Koeffizienten von x und y als reelle variable Parameter, dann stellt 5 die Gesamtheit aller ∞^2-Kreise durch den Nullpunkt dar, ein sog. Null-Kreisbündel oder „Nullbündel". Schneiden wir aus diesem den Anfangspunkt heraus, bzw.

[1] Diese Erkenntnis „vom gleichen Bau" zweier Formeln kommt z. B. jedesmal zur Anwendung, wenn ein arithmetischer Satz auf eine Formel angewandt wird, sei es, daß ich das kommutative Gesetz der Addition $(a + b = b + a)$ auf einen komplizierten Ausdruck anwende, oder eine gewisse Gleichung 3. Grades mittels der Cardanischen Formel löse oder in irgendwelchen komplizierteren Fällen.

verbieten wir analytisch die Lösung $x = 0$, $y = 0$, dann verhalten sich die Kreise dieses Bündels in bezug auf das „Sichschneiden“ (also auch Parallelsein) genau wie die ∞^2-Geraden der euklidischen Ebene. Bezeichnen wir die „Wissenschaft vom Sichschneiden der Kreise des dekapitierten Nullbündels“ und die von dem der Geraden der Ebene als zwei „Lehrgebäude“, so gibt es zu jedem Satze des einen Lehrgebäudes einen genau analogen des anderen. Es gilt dann, daß analoge entsprechende Formeln der beiden isologen Lehrgebäude auch selbst isolog sind.

Das letzte Beispiel nun erweitert unsere Begriffe wieder. In ihm nämlich sehen wir, daß die Isologie der beiden Lehrgebäude hier nicht durch einen einzigen Anwendungsakt erfaßt wird, sondern daß da ein kompliziertes Verhältnis obwaltet. In einem einzigen Akt wäre dies schon deshalb bei unserer Fassung gar nicht möglich, weil ja die beiden Gebäude gar nicht fertig vorliegen, ja, gegebenenfalls gar nicht fertig vorliegen können, weil sie einer unendlichen Ausdehnung fähig sind. Wir konstatieren inzwischen den **Satz** der unmittelbar analytisch aus unserer Definition folgt: Ein Anwendungsakt, der einzeln und unmittelbar ist, kann nur an einem völlig überschaubaren und daher völlig vorhandenen bzw. hergestellten Vorgang eintreten.

Daraus folgt, daß eine Isologieerkenntnis zwischen zwei unvollständigen Lehrgebäuden durch ein „Schlußverfahren“ zustande kommen muß. In der Tat ist der Vorgang leicht zu durchschauen. Es genügt, wenn ich die Isologie aller derjenigen Formeln oder Sätze erkenne, welche dem betr. Lehrgebäude als unabhängige zugrunde liegen. Diese Sätze sind aber die Grundsätze, Axiome der beiden Lehrgebäude. Nun gilt der **Satz**: Ist das Axiomensystem zweier Lehrgebäude isolog, so sind auch alle abgeleiteten Sätze paarweise isolog. Der Beweis dieses Satzes läßt sich in voller Schärfe führen. Er beruht auf dem Umstande, daß isologe Sätze durch ein „Wörterbuch“ ineinander übergeführt werden können, so daß also auch die Begriffe solcher Sätze sich einzeln eineindeutig entsprechen müssen. Dann aber folgt, daß durch die gleichen logischen Operationen, durch welche aus einigen Axiomen des ersten Lehrgebäudes ein Satz erschlossen wird, aus den isologen Axiomen des zweiten Lehrgebäudes der isologe Satz erschlossen wird. Hierdurch ist die Isologie der beiden Lehrgebäude gewährleistet. Die hierbei benutzten Überlegungen werden noch näher auszubauen sein. So zeigt sich, daß die Isologieerkenntnis zwischen zwei Lehrgebäuden auf Grund eines Schlusses erfolgt, und daß es genügt, die Axiomensysteme der beiden Gebäude als isolog erkannt zu haben. Diese allerdings müssen durch einige unmittelbare Akte der Anwendungsfähigkeit als isolog erkannt werden. Hier gibt es keine Zurückführung auf etwas Einfacheres.

So sind z. B. die Axiome der ersten Wissenschaft in unserem obigen Beispiel: 1. Zwei Kreise schneiden sich in einem Punkt, 2. Zwei Punkte bestimmen einen einzigen Kreis. 3. Durch einen Punkt außerhalb gibt es zu jedem Kreise nur einen solchen, der nicht schneidet; die man leicht als mit einigen Axiomen der ebenen Geometrie isolog erkennt.

Ein praktisches Verfahren, die Isologie zweier logischer Gebäude, wenn diese in festgegebener Form vorliegen, zu erkennen, besteht darin, daß man analoge sich entsprechende, Begriffe oder Terme mit dem gleichen Zeichen bezeichnet. Dann müssen die Darstellungen der beiden logischen Zusammenhänge oder Schematismen gleich oder identisch werden. Dann ist die Isologieerkenntnis zurückgeführt auf die Erkenntnis der Identität der beiden Schematismen. Aber auch hier muß die phänomenologische, unmittelbare Isologieerkenntnis in Funktion treten, wenn auch in kürzeren Schritten, nämlich wenn ich bei der Niederschrift der beiden Schematismen jeweils die Isologie eines niedergeschriebenen Satzes oder Ausdruckes (Formel) mit den entsprechenden Vorstellungen erkennen muß. Letztere Funktion tritt z. B. auch immer ein, wenn ich bei einer mathematischen Aufgabe (etwa sog. Textaufgabe) den „Ansatz" mache, der das eigentlich schöpferische Element der Lösung darstellt. Immerhin kann auf diesem Wege, der nur eine vollkommene logische Durcharbeitung des betr. Gebietes voraussetzt, die Erkenntnis der Isologie zweier Sätze auf die Erkenntnis der Gleichheit zweier Formelgruppen zurückgeführt werden. Dies ist nur der Fall beim Vergleich zweier begrifflich gefaßten Wissenschaften. Die Erkenntnis der Anwendbarkeit eines logischen Gebäudes oder Schemas auf ein Gebiet der Wirklichkeit kann zwar durch eine Kette von Isologieerkenntnissen zwischen gewissen logischen Gebäuden hindurchgehen, muß aber stets an einer Stelle auf eine unmittelbare Formenschau rekurrieren.

Die vorstehende Überlegung zeigt, daß der Vorgang der Isologieerkenntnis gelegentlich nicht ein einheitlicher, unmittelbarer ist, sondern sich zerlegen, auf einfachere Vorgänge zurückführen läßt. Kehren wir nun einen Moment zu unserem Ausgangspunkte zurück. Wir fragen nach dem Wege, wie wir die Axiome eines vorgelegten „Detailgebietes" der Wirklichkeit aufzustellen vermögen, und welches Recht wir für diese Axiome in Anspruch nehmen können. Es zeigte sich, daß wir dazu die Fähigkeit voraussetzen müssen, den logischen Zusammenhang dieses Gebietes irgendwie geistig zu erfassen in gewisser Ausdehnung. Nun ist das letztere nicht verwunderlich, sobald wir Begriffe auf diesem Gebiete gebildet haben, denn durch diese ist ja der logische Zusammenhang dieses Gebietes bestimmt. „Dieses Gebiet" ist ja selbst bereits das Produkt einer Auffassungsweise unsererseits.

Wie also und mit welchem Rechte können wir Axiome aufstellen? Wir haben bisher die Erkenntnis der Isologie zweier logischer Zusammenhänge oder Gebiete behandelt. Die Frage nach den Axiomen hängt zwar damit zusammen, ist aber letztlich eine andere.

Es zeigt sich bei genauer Überlegung, daß wir Axiome eines Gebietes (z. B. Wahrscheinlichkeitsrechnung) nur aufstellen können, wenn wir das Gebiet „kennen", d. h. eindeutig irgendwie in unserem Geiste bestimmt haben. Dies letztere ist aber selbst bereits ein geistiger Vorgang, der von mir geschieht, und zwar meinem freien Willen unterliegt, insofern, als es an mir liegt, wie ich das Gebiet abgrenze. Damit aber ist schon der Rechtsgrund für die Geltung der Axiome dieses Gebietes aufgezeigt. Sie definieren in ihrer Gesamtheit (nämlich soweit sie für das Gebiet aufgestellt sind) denjenigen logischen Zusammenhang, diejenige Auffassungsweise, mit der wir das betreffende Gebiet auf Grund freier Wahl betrachten. Der „freien Wahl" ist man sich dabei natürlich nur dann bewußt, wenn man kritisch bis zu dem hier dargelegten Standpunkt vorgedrungen ist. Vorher wird die Wahl durch den Gesichtspunkt der Häufigkeit, Praktischkeit usw. unbewußt bestimmt, so daß es nicht zum Bewußtsein kommt, daß an sich die Wahl frei ist, d. h. daß sie nicht durch das Vorhandensein vorgeformter allgemeiner Erkenntnis in der Wirklichkeit festgelegt ist.

Mit dieser Erkenntnis ist auch das Wesen der Axiome festgelegt. Fragen wir nämlich jetzt, wie sie zustande kommen, so ist folgendes zu sagen: Ich „erfasse, fasse ins Auge" irgendein „Gebiet", d. h. ich sehe irgendeinen logischen Zusammenhang irgendwo in der Wirklichkeit. Sehe ich diesen, so suche ich seine Axiome. Doch zuvor noch eine nähere Untersuchung dieses „Sehens".

Niemand wird behaupten, daß die ersten griechischen Geometer schon den log. Zusammenhang der Geometrie in dieser Weise in seiner vollen logischen Bestimmtheit „gesehen" hätten. Jeder Kenner weiß vielmehr, daß es von dem Augenblicke, wo der erste Grieche den Anfang eines logischen Zusammenhanges des Geometrie witterte oder sah (etwa Thales um 640 v. Chr.), bis zu dem Moment, wo der erste diesen Zusammenhang vollständig sah (vielleicht Plato 429—348 v. Chr.) mehrere Jahrhunderte vergehen mußten, und noch ein weiteres halbes, bis die Axiome als solche fertig herausgearbeitet waren. Das, was die ersten Geometer und ihre Nachfolger vor Plato „sahen", kann also nicht der logische Zusammenhang der Geometrie gewesen sein. Was also war es?

Was sie hatten, können wir sofort bezeichnen, es waren jene geistigen Dinge, die man Begriffe nennt, und die untrennbar mit dem zusammenhängen, das wir den logischen Zusammenhang eines Gebietes genannt haben.

Die Begriffe.

Was die alten Geometer hatten, waren also einige „Begriffe". Sie hatten den Begriff der Geraden, der Ebene, des Dreiecks, des rechten Winkels. Was kann dies meinen, daß sie diese „Begriffe" hatten? Wir können bemerken, daß diese Begriffe nicht alle unabhängig voneinander waren, daß also einige Begriffe aus anderen konstruktiv erhalten wurden.

Historisch-kritisch heißt das folgendes: Es hatte sich im Laufe der Zeit ein Gebiet von „Formen" entwickelt bei den Griechen, welche gewisse seltsame Beziehung untereinander aufwiesen (Zusammenhang von Quadrat und gleichschenklig-rechtwinkligem Dreieck usw.). Einigen Denkern ging nun auf, daß diese Formen (die ja an sich gegenüber anderen möglichen willkürlich waren) einen logischen Zusammenhang hätten, bzw. sie erfaßten ein Stück davon. Von da aus erst kam man durch Rückwärtsschließen und Vergleichen später zu Axiomen und dann den Axiomen.

Das Wesentliche also ist, daß die Aufmerksamkeit sich richtet auf einen bestimmten Formenkreis. Dies aber ist Begriffsbildung. Wenn ich nämlich beginne, eine gemeinsame Idee zu schauen, von einigen Dingen meiner Erfahrung (wie hier z. B. aus Strichen, Stricken, Stangen, den Begriff der „Geraden" erfasse, erdichte), dann ist dies ein solcher „eidetischer Begriff", wie wir im Anschluß an ein Wort E. Husserls sagen wollen, der diese Dinge wohl zuerst wirklich zu sehen begonnen hat.

Hier aber ist gleich eine Abgrenzung zu treffen. Dieser Begriff des Begriffes ist in unserer üblichen Logik völlig verwirrt durch etwas ganz anderes, durch den Begriff der Klassifikation von Mengen von Gegenständen, wie er in den sog. beschreibenden Naturwissenschaften üblich ist, und wo die termini des genus proximum, der differentia specifica usw. ihre pflichtmäßige Rolle spielen. Hier ist jene „Zusammenfassung von einer Gruppe von Einzeldingen" zu einem durch ihre gemeinsamen Eigenschaften definierten „Begriffe" zu Hause. Leider ist auch hier das Wort „Begriff" verwendet worden. Wir wollen aber diese Art unterscheiden von den „eidetischen Begriffen", und sie „klassifikatorische Begriffe" nennen, oder statt Begriff einfach sagen „Klasse".

Praktische Aufstellung von Axiomensystemen bei Teilgebieten.

Wie also haben wir vorzugehen, wenn wir von einem „Gebiete" ein Axiomensystem so aufstellen wollen, daß letzteres völlig geklärt und erkenntnistheoretisch bis ins Kleinste gerechtfertigt ist? Hier handelt es sich lediglich um die Aufstellung der Axiome für das, was wir im Gegensatz zur allgemeinen, allumfassenden, reinen Synthese eben ein „Teilgebiet" nennen wollen.

Da wir die rein willkürliche Aufstellung irgendwelcher logischer Formen (Sätze) unabhängig von irgendeiner Bedeutung, und deren Konsequenzenbildung (ein Vorgehen, bei dem in erkenntnistheoretischer Hinsicht in unserem Zusammenhang nichts zu fragen ist) hier beiseite lassen, so handelt es sich hier allein um solche Axiomensysteme, die mit irgendeinem „Gebiete der Wirklichkeit" zusammenhängen. Hier aber erheben sich gerade die wichtigsten erkenntnistheoretischen Probleme.

Aus unseren Überlegungen ist klar, daß, um die Axiome eines „Gebietes" aufstellen zu können, wir dieses Gebiet „haben" müssen irgendwie.

Praktisch zunächst geht der Vorgang so vor sich, daß wir irgendein „Gebiet geistig ins Auge gefaßt haben", irgendwie ahnen, daß hier durch die Art unserer Betrachtungsweise ein einheitliches Gebiet mit einem einheitlichen logischen Zusammenhang vorliege. Dies ist aber damit noch keineswegs gesichert, vielmehr zeigt sich dies erst als zutreffend oder nicht, wenn wir jetzt daran gehen, die Axiome des Gebietes herauszuarbeiten. Dabei kann sich mancher als zugehörig geahnte Teil als nicht zugehörig erweisen und umgekehrt.

Methodisch aber ist folgendes zu sagen: Ich sehe also in das vorgelegte Gebiet einen gewissen logischen Zusammenhang hinein. Diesen gilt es in Worten oder Zeichen festzuhalten, am besten, indem ich „seine Axiome", d. h. diejenigen „Sätze" aufstelle, aus denen durch bestimmte logische Regeln alle weiteren Sätze des logischen Zusammenhanges sich ableiten lassen. Ich gehe dabei, wie gesagt, aus von einem konkreten Gebiete, zu dem ich zu meiner Begriffs- und Zusammenhangsbildung gelangt bin.

So wird notwendig mein aufgestelltes „logisches Gebäude" an diesem Gebiete hängen. Für den Leser aber wird dann das Verständnis so hergestellt, daß ich ihm nach Möglichkeit dieses Gebiet wirklich vor Augen führe. Dies jedoch allein genügt nicht, ich muß ihm auch die Art vor Augen führen, wie ich es „auffasse", d. h. wie ich seine Erscheinungen unterteile, wie ich mir in dem Gebiete „Begriffe" schaffe. Fallen diese Begriffe meines Gebietes zusammen mit denjenigen, wie sie die bürgerliche Sprache gebildet hat, ist also mein Gebiet bzw. die zu seiner Darstellung nötigen Begriffe ein jedem normalen Erwachsenen zugänglicher und geläufiger Erlebnisbereich, dann genügt es natürlich, wenn ich mit Hilfe dieser bürgerlichen Sprachbezeichnung den Leser daran erinnere.

Insofern also, und dies stellt sich hier heraus, sind die *ὅροι* (sog. Definitionen) des ersten Buches Euklids durchaus einer Rechtfertigung fähig, die sie ja vom Standpunkt des nackten logischen Gebäudes aus nicht haben, da sie auf das Logische ohne jede Einwirkung sind. Auf diese Weise führt Euklid dem Leser das Gebiet vor Augen, und die Art, wie er seine Begriffe darin gebildet hat, dessen logischen Zusammenhang er darnach aufstellen möchte.

Es zeigt sich also das wichtige Resultat: Es gibt keinen Weg, von einem Teilgebiet, das noch nicht an die reine Synthese angeschlossen ist, ein Axiomensystem aufzustellen, als die unmittelbare Anknüpfung an dieses. Dabei ist dieses Vorgehen aber keinerlei Empirismus: der aufgestellte logische Zusammenhang (Axiomensystem) ist nichts anderes als die Beschreibung oder Festlegung der Auffassungsweise, die ich an dieses Gebiet herangebracht habe. Da diese letztere aber allein von mir abhängt, so kommt die Aufstellung des logischen Zusammenhanges des Gebietes zuletzt auf eine Festsetzung hinaus. Und dies ist ja der einzige Weg, auf dem wir unseren Axiomen allgemeine und absolute Geltung verschaffen können.

In vielen Fällen sind aber die Formen des Teilgebietes schon dadurch festgelegt, daß die Formen eines übergeordneten Gebietes festgelegt sind. Dann ist für das Teilgebiet als solches die Wahl nicht mehr frei. Diesen Fall haben wir natürlich stets, wenn wir innerhalb einer Wissenschaft, deren Grundbegriffe schon festgelegt sind, arbeiten. Dann haben wir bestimmte vorgeschriebene Formen, mit denen wir an die Realität herantreten. Wird diese Tatsache vergessen, handeln wir naiv, wie dies der praktische Wissenschaftler meist tut, dann kommt er faßt notwendig zu der Meinung, daß er diese Formen zwingend in der Realität vorfinde, er ist dann Empirist geworden.

Die eben durchgeführte Betrachtung zeigte die Auffassung irgendeines Teilgebietes der Realität in einer bestimmten Hinsicht als Resultat von „Festsetzungen". Nun ist aber hier noch mehr zu sagen. Für gewöhnlich nämlich empfinden wir gar nicht, daß ich ein solches Gebiet verschieden auffassen könnte, sondern zumeist (besonders bei Gebieten, die wir sehr gewöhnt sind) drängt sich eine bestimmte Art der Auffassung derart vor allen anderen vor, daß an andere Möglichkeiten dazu nicht mehr gedacht wird. Es ist das die „natürliche Auffassung" des

Gebietes. Indem ich aber das Gebiet als solches auswählte, die Dinge, die es zusammensetzen, auswählte, wählte ich auch diese natürliche Auffassung des Gebietes aus und insofern enthält diese auch von dieser Seite her ein willensmäßiges Element. So daß also die Auffassung eines Teilgebietes von diesen beiden Seiten her einen willensmäßigen Einschlag hat, oder wie wir auch sagen, auf Festsetzungen beruht.

Von Interesse ist hier noch der Fall des Parallelenaxioms. Er zeigt, daß die Vollständigkeit eines Axiomensystems oft erst mühsam erarbeitet werden muß, keineswegs ohne weiteres vorzuliegen braucht. Er zeigt ferner, daß man sich lange über die Axiomennatur eines Satzes nicht ganz klar sein kann. Dennoch aber war sich jeder beteiligte Geometer über den logischen Zusammenhang der Geometrie, den er beschreiben wollte, niemals im unklaren, insofern er stets wußte, was etwas geometrisches sei, was nicht.

Über die Auffassungsweise eines Gebietes, insbesondere über die sog. natürliche Auffassungsweise.

An sich ist bei einem Gebiete eine unabsehbare Fülle von Auffassungsweisen möglich. Theoretisch ist sogar jede möglich. Wir werden dies leichter erkennen, wenn wir uns die nächstliegenden Auffassungsweisen klar gemacht haben.

Besteht nämlich, wir sahen es schon, ein Vorgang aus starren Teilen, die räumliche oder sonstige Veränderungen zeigen oder nicht, dann drängt sich uns naturgemäß von selbst eine Begriffsbildung auf, wo jeder dieser starren Teile einen Begriff für sich bildet. Ebenso, wenn die Teile zwar etwa nicht starr, aber verschiedenfarbig usw. sind. Kurz, wenn schon der unmittelbaren Wahrnehmung sich Unterteilungen des Vorgangs in einzeln erfaßbare, voneinander scharf unterschiedene Teile aufdrängen. Dann wollen wir eine Begriffsbildung, welche sich diesen Teilen anschließt, eine „natürliche Begriffsbildung" an dem Vorgange nennen, oder die natürliche Auffassungsweise des Vorganges.

Daraus ist nun sofort folgendes klar: Wollen wir einen bestimmten logischen Zusammenhang durch ein Modell darstellen, so werden wir aus praktischen Gründen zu einem solchen greifen, bei dem gerade die natürliche

Begriffsbildung den betr. logischen Zusammenhang darstellt.

Dies ist der grundlegende Satz für die Anwendung des Modells. Er läßt schon in seiner Fassung erkennen, daß auch beim Modell die natürliche Auffassungsweise keine absolut zwingende ist. Es ist nur die nächstliegende, aufdringlichste.

In der Tat, wenn wir uns nun zu diesem Punkte wenden, so ist unmittelbar klar, daß mich niemand hindern kann, etwa bei einem Radfahrer die Beine zum Rade hinzuzurechnen, und nur den Rumpf zum Radfahrer, oder die Pedale zu den Füßen des Radfahrers zu rechnen, oder die Kette als ein sich ablösendes Stück des Triebzahnrades, oder die Kette als das primum movens, so daß die Pedale getrieben würden. Ebenso könnte man einen Baum etwa erst vom Erdboden ab rechnen und die Wurzeln zum Erdboden[1] usw. Es gibt hier keinerlei Grenze. Wir können beim Rad die halbe Kette zum Triebzahnrad, die andere halbe zum Hinterrad rechnen, kurz unsere Begriffsbildung unterliegt hier keinerlei absoluter Beschränkung. Nur praktische Gesichtspunkte veranlassen uns meist zur sog. natürlichen Begriffsbildung. Aber auch dies keineswegs immer. Denn es ist in vielen Fällen keineswegs eindeutig festgelegt, welches die natürliche Begriffsbildung ist.

Art der Darstellung des logischen Zusammenhangs.

Fragen wir nun tiefer nach der Art, in der der logische Zusammenhang eines solchen Gebietes festgehalten und dargestellt werden kann.

Nehmen wir wieder das Beispiel der ebenen Geometrie. Hier hat Euklid die Sätze, welche er als Axiome zu erkennen glaubte, in Worten festgehalten und angeschrieben. Aus diesen Sätzen sollten dann alle weiteren Aussagen über das Gebiet rein logisch abgeleitet werden. Hieraus entwickelte sich das erst in der modernen Logistik (Peano, Schroeder, Frege, Boole, Russell und Whitehead) annähernd verwirklichte

---

[1] Siehe meine Schrift „Grundlinien einer Kritik und exakten Theorie der Wissenschaften usw." München 1907. S. 25.

Ideal, daß alle weiteren Folgerungen auf rein logischem Wege gezogen werden sollten, ohne jede Benutzung einer Anschauung.

Man konnte nun folgenden grundlegenden Gedankengang einschlagen[1]: Wir denken uns das Gebäude der Geometrie mit „Begriffsschrift" oder „Logistik" aufgebaut. Ersetzen wir dann die in dem Gebäude auftretenden Begriffe durch allgemeine Symbole A, B, C usw., dann haben wir in dem dann angeschriebenen Aufbau von Zeichen sozusagen den logischen Zusammenhang des Gebietes in reiner Form herauspräpariert vor uns.

Aus Schreibzeichen gebildete Modelle.

Nun spielen die Schreibzeichen eine besonders große Rolle durch unsere Gewohnheit des Schreibens. Auch Schreibzeichen sind „Dinge überhaupt", sogar körperliche oder „Raumdinge überhaupt". Wo wir also von einer Wissenschaft von Dingen überhaupt handeln, dort kann es sein, daß wir nicht nur den logischen Zusammenhang in Worten oder Symbolen aufschreiben können, sondern daß wir (ohne es zu wissen) auf unserem Papier direkt an einem Modell dieses logischen Zusammenhanges arbeiten.[2] Dies ist z. B. der Fall bei der Mengenlehre, sowie bei der Lehre von den geordneten Mengen, von den ganzen Zahlen usw. Hier arbeiten wir direkt am Modell, und dies macht einen wesentlichen Unterschied und gibt eine unmittelbare Sicherheit unserer Aufstellungen, die durch nichts übertroffen werden kann. Wie es scheint, ist man sich die Bedeutung dieser Tatsache für die Grundlegung der Arithmetik (ich habe sie 1907 zuerst ausgesprochen und 1915[3] näher ausgeführt) noch nicht ganz bewußt geworden. Den schönen Hilbertschen Untersuchungen[4] über die Widerspruchslosigkeit der Arithmetik liegt implizite diese Tatsache zugrunde. Hier nur noch ein Beispiel: Wenn ich die Lehre von den Anordnungen von fünf Dingen in einer Reihe studiere, so ist es nicht nötig, ihren logischen Zusammenhang in abstracto aufzustellen, sondern ich kann dies direkt am Modell studieren, indem ich nur

[1] Siehe meine Abhandlung aus dem Jahresbericht der Deutschen Mathematiker-Vereinigung 1905 „Zur Methodik in der Mathematik".

[2] Siehe S. 55.

[3] „Das Prinzip d. log. Unabhängigkeit i. d. Math. usw." München 1915.

[4] Hamburger Vorträge.

fünf Schreibzeichen (*a*, *b*, *c*, *d*, *e*) oder (1, 2, 3, 4, 5) herstelle, und deren Permutationen studiere.

In dieser Hinsicht stellt die Mengenlehre, Arithmetik, Kombinatorik, Gruppentheorie usw. auch keine höhere Abstraktion dar als die rationelle Mechanik.

Über die Aufstellung der Axiome der Logik.

Wir sind uns nun im wesentlichen völlig klar über die Art der Aufstellung der Axiome eines „Gebietes" geworden. Aber von besonderem Interesse und von besonderer Schwierigkeit sind die Axiome der Logik, sie müssen wir daher einer besonderen kurzen Betrachtung würdigen.

Historisch dauerte es auch bei ihnen recht lange, bis das Gebiet als solches erkannt, bis eingesehen wurde, daß ein logischer Zusammenhang dabei, bis die Axiome aufgestellt wurden. Die erste Etappe beginnt wohl mit Parmenides, die zweite ist vielleicht bei Plato erreicht und die dritte stellt bekanntlich Aristoteles dar.

Unter Anwendung unserer bisher gewonnenen Erkenntnisse können wir sagen: Wenn wir das Gebiet der Denkoperationen erfassen und seinen logischen Zusammenhang erkennen, dann kommen wir zu den Gesetzen der Logik. Diese wären somit selbst nichts anderes als die Beschreibung dieses von uns durch freie Wahl festgelegten „Gebietes", und damit wäre eine empirische und empiristische Begründung der Logik gegeben. Aber näheres Zusehen zeigt, daß gerade hier die Verhältnisse anders liegen. Gerade das geistige Operieren ist ja völlig unserem Willen unterworfen und daher ist dieses „Gebiet" nicht unabhängig von unserem Willen auch in seinem inneren Zusammenhang bestimmbar. Natürlich drängt sich uns auch hier, wenn wir festliegende frühere logische Betätigungen anderer Menschen oder unser selbst in Betracht ziehen (die also somit ein objektives Gebiet meiner Außenwelt bilden) eine Auffassungsart jeweils besonders auf. Aber erstens ergeben sich dabei stellenweise ganz verschiedene solche Auffassungsarten und zweitens geben auf dem Gebiete meiner eigenen willensmäßigen Denkformung, das die Logik darstellt, alle diese vergangenen Dinge keinerlei Norm für das, was ich jetzt oder künftig vermöge meines frei waltenden Willens tun will.

Diese Überlegung führt uns nun auch zu der wichtigen Frage, wie denn die Axiome der Logik in der Art, wie wir ihre Aufstellung soeben beschrieben haben, mit den Gesichtspunkten der reinen Synthese in Einklang gebracht werden können.

Die reine Synthese liefert bekanntlich an ihrem Anfange aus Zweckgründen gegebene Vorschriften für die Aufstellung von Wissenschaft (das Zweckprinzip, Eindeutigkeitsprinzip usw.). Diese Vorschriften sind natürlich auch gültig für die Aufstellung der synthetischen Logik. Nun habe ich alle synthetischen Elemente der Wissenschaft, welche aufgestellt wurden, bevor die reine Synthese sie erreichte, als „vorsynthetisch" bezeichnet. So erkennen wir die wichtige Beziehung: daß alle Aufstellungen von Axiomensystemen, d. h. also alles, was wir in § 7 behandelten an Aufstellungen auf Grund gewisser „Gebiete der Erfahrung" vorsynthetischer Natur sind, der vorsynthetischen Wissenschaft angehören, also niemals Allgemeinaussagen liefern können, keinen Anspruch auf endgültige Geltung erheben dürfen.

Wir werden die Aufstellung der Logik innerhalb der reinen Synthese noch näher zu behandeln haben.

Hier noch eine Bemerkung über die Art, wie nun logische Schlüsse zu „Neuem" führen können. Der reine Schluß des Modus Barbara führt scheinbar nicht weiter. In der Tat ist der reinen Form dieses Schlusses nicht anzusehen, wie sie etwas sollte erfahren lassen, was nicht schon im Obersatze enthalten ist. Diese Schlüsse haben die Form: Alle S sind A; P ist ein S also ist P A.

Nun ist das Neue, wozu dieser Schluß führt, nicht in ihm selbst enthalten, sondern im zweiten Vordersatz. Wenn ich nämlich das Urteil P ist ein S neu gewinne, dann ermöglicht mir dieses die Aussagen, die von „allen S" bekannt sind, auch auf P zu übertragen. Dieses Urteil „P ist ein S", gewinne ich aber nur durch „Formenschau", wie wir diese im vorstehenden näher behandelt haben (s. schon Aristoteles an. post. I. 39).

Einschränkung in bezug auf die dauernde Beibehaltung der erhaltenen Axiomensysteme.

Wir haben jetzt folgende Punkte erkannt: Wir sahen, wie es möglich ist, daß „von einem gegebenen Gebiet der Erfahrung absolut gültige Axiome aufgestellt werden können".

Hierbei ist unter „absolut gültig“ nur die „absolute Geltbarkeit“ verstanden, wobei offen bleibt, ob wir wirklich gerade dieses Axiomensystem dieses Gebietes dauernd beibehalten oder etwa ein anderes von ebenso absoluter Geltbarkeit. Die genannte Leistung lag in der Erkenntnis, daß der logische Zusammenhang bestimmt ist durch die Art der Abgrenzung des „Gebietes“ und die Art der Auffassungsweise in der wir es betrachten. Beides aber hängt völlig von unserer freien Wahl ab, wodurch dieser „Richtigkeitsgrund“ auch für das Axiomensystem selbst gewonnen, und dessen absolute Geltbarkeit gewährleistet ist.

Wenn wir uns nun aber erinnern, daß viele von diesen Teilwissenschaften, deren Axiomensysteme wir auf Grund der vorstehenden Überlegungen aufstellen, später sich einen umfassenderen Bau, zuletzt natürlich der reinen Synthese einordnen müssen, dann erkennen wir, daß ein logischer Zusammenhang eines Gebietes, den wir festgestellt haben, noch nicht immer der endgültige zu sein braucht, so daß man ihn trotz seiner absoluten Geltbarkeit nicht dauernd beibehält. Erst derjenige logische Zusammenhang, der sich in die reine Synthese einfügt, kann dauernd beibehalten werden.

Näheres hierzu wird in dem Abschnitt über die „physikalische Forschungspraxis“ weiterzuführen sein, im übrigen liefert die Geschichte der Physik ungezählte Beispiele dafür (z. B. Lehre von der magnetischen und Wärmeflüssigkeit usw.).

Nun könnten die vorstehenden Darlegungen im Gegensatze mit der reinen Synthese vielleicht zu dem Mißverständnisse Anlaß geben, daß hier eine empiristische Grundlegung vorliege. Es sei daher nochmals kurz ihre Stellung innerhalb der Gesamtheit der reinen Synthese in zusammenfassenden Worten zu charakterisieren versucht. Wenn wir irgendeinen Gegenstand, einen „Seinsausschnitt“, „auffassen“, apperzipieren, fassen wir ihn unter einer bestimmten Form auf. Diese drängt sich vielleicht besonders auf. Es wäre uns aber mit mehr oder weniger Anstrengung möglich, ihn auch unter anderen Formen anzuschauen. Für die Gesamtheit des Seins ist uns nun ebensowenig bestimmte Form vorgeschrieben. Eben darum haben wir die Freiheit zur Anwendung der reinen Synthese. Nun sind aber schon dem naiven Menschen, d. h. auf dem vorsynthetischen Standpunkt, die Auffassungsformen der reinen Synthese besonders naheliegend (eben weil es die einfachsten sind). Dieser Umstand, verbunden mit dem, daß uns durch bestimmte, sich besonders uns aufdrängende Gegebenheiten (Beschaffenheit unseres „Körpers") gewisse Formen besonders naheliegen, bewirkte es, daß schon von jeher die Menschen sich Formen bildeten, die der reinen Synthese besonders nahestanden, und Gegenstände, die diesen gehorchten, besonders bevorzugten, um daran ihre Begriffe zu bilden. Wenn wir nun sozusagen naiv in einem physikalischen Gebiete (Teilwissenschaft), ohne Zusammenhang mit der reinen Synthese, experimentieren, dann finden wir, indem wir (vielleicht unbewußt) schon mit der gewohnten Anschauungsart an das Experiment herangehen, unsere Resultate schon in einer Form, die dem Bereiche der Formen der reinen Synthese angehört, bzw. letzterer einordenbar ist. Dadurch wird hier schon klar, wie zwar einerseits die reine Synthese selbst in dem genannten Sinne „freiwillig" ist, wie wir aber trotzdem in der Lage sind, auf experimentellem Wege Resultate zu finden, die, wenn wir sie in ihrer „natürlichen Form" auffassen, bereits der reinen Synthese angehören. So hebt sich der auf den ersten Blick hier vorliegende Widerspruch.

---

2. Abschnitt: **Die Begriffe.**

§ 1. **Begriffsbildung.**

Wir wollen nun noch der Begriffsbildung näher nachgehen. Zunächst stehen sich, wie schon angedeutet, zwei sehr verschiedene Arten von Begriffsbildungen einander gegenüber, die allerdings im letzten Jahrhundert durch den alles nivellierenden und banalisierenden unkritischen Empirismus ebenfalls in einen Topf geworfen wurden.

Betrachten wir den Begriff des Elefanten. Er wird gebildet, indem bei einer Gruppe von gesondert vorhandenen Naturgegenständen gemeinsame Merkmale gefunden werden, zunächst natürlich lediglich bestehend in dem unbestimmten Gefühl, hier jedesmal einen „Gegenstand der gleichen Art" vor sich zu haben. Zuletzt werden alle lebenden Naturgegenstände in ein System gebracht, wie das von Linné zuerst geschah, worin sie nach gemeinsamen Eigenschaften geordnet sind. Es werden dort Gegenstände mit gewissen gemeinsamen Eigenschaften in Gruppen zusammengefaßt, und man geht nach dem alten Schema durch Wegnahme der differentia specifica zum genus proximum über.

Habe ich dann irgendeinen lebenden Naturgegenstand vor mir, dann brauche ich nur die selbständige freie Bewegung festzustellen, um zu sehen, daß es ein Tier ist, das Vorhandensein einer Wirbelsäule, um zu sehen, daß es ein Wirbeltier, einer Gebärmutter beim Weibchen, um zu sehen, daß es ein Säugetier, gewisser anderer Merkmale, um zu sehen, daß es ein Dickhäuter, und schließlich des langen Rüssels, um zu sehen, daß es ein Elefant ist.

Diese Eigenschaften reichen völlig hin, um den Elefanten von jedem anderen bekannten lebenden Wesen zu unterscheiden. Diesem Zweck dient diese Systematik vollkommen. Wenn ich also die genannten Eigenschaften alle von einem lebenden Gegenstande ausspreche, dann ist damit unter allen bekannten lebenden Wesen der Elefant charakterisiert. Diese Formulierung kann man dann auch die „Definition“ des Elefanten in diesem Zusammenhange nennen.

Daß dies nicht die einzige Art von Definition sein kann, ergibt sich, wenn wir sozusagen das andere Extrem betrachten. In der Mathematik wird viel von „Definitionen“ gesprochen. So kann die Definition des Parallelogramms folgendermaßen lauten: räumliche Figur, eben, geradlinig, mit vier Ecken, wobei je zwei Gegenseiten einander parallel sind. Im gewohnten Wortlaut: Ein Parallelogramm ist eine ebene geradlinige Figur mit vier Ecken, bei der die Gegenseiten parallel sind. Eine „ebene geradlinige Figur mit vier Ecken“ heißt auch ein „Viereck“, und man kann die Definition des Parallelogramms auch aussprechen: Ein Viereck, bei dem die Gegenseiten parallel sind. Man sieht, auch hier wird durch Wegnahme der differentia specifica das genus proximum hergestellt und so scheint die Art dieser Definition genau die gleiche zu sein, wie oben.

Daß dies jedoch keineswegs der Fall ist, wollen wir jetzt überlegen. Bekanntlich kann ich mit Hilfe der geometrischen Axiome und vorher bewiesener Sätze aus der Definition des Parallelogramms alle davon aussagbaren Urteile und Sätze auf logischem Wege erhalten. Anders beim Elefanten. Aus seiner oben gegebenen „Definition“, die ihn aus allen bekannten lebenden Lebewesen herauszusuchen gestattete, kann ich nicht ableiten, welche Hautfarbe er hat, wie sein Knochengerüste im einzelnen gebaut ist, usw. Auch führt diese „Definition“ noch weitere Schwierigkeiten mit sich. Ich kann nämlich jeden Augenblick in etwa noch unzugänglichen Gegenden ein Tier finden, das zwar alle angeführten Eigenschaften des Elefanten hat, von dem ich aber sagen muß, daß es ganz anders aussieht, gar kein wirklicher Elefant ist. In der Zoologie hilft man sich dann so, daß man eine neue Untergruppe daraus macht, oder aber andere Merkmale sucht, welche den eigentlichen Elefanten nunmehr charakterisieren und von dem neu gefundenen Wesen unterscheiden.

Wir sehen also, daß die Definition in diesen beiden Fällen, die wir kurz als die „biologische und die mathematische Definitionsart“ allgemein bezeichnen wollen, eine ganz verschiedene Funktion hat. Die mathematische Definitionsart liefert das vollständige logische Material, um alle Eigenschaften des definierten Begriffes auf rein logischem Wege daraus abzuleiten. Die biologische Definitionsart hat keinen anderen Zweck, als eine bestimmte Menge gegebener Gegenstände in ein System zu bringen und für jeden dieser Gegenstände seinen Ort im System möglichst einfach feststellen zu können (mag dieses System auch das „natürliche“ sein).

Offenbar enthält also die mathematische Definition potentiell alle Eigenschaften des definierten Begriffes, die biologische nur gerade so viele, als nötig sind, um das Ding von einigen anderen zufällig vorhandenen Dingen zu unterscheiden. Das ist ein so wesentlicher Unterschied, daß man mit Recht einen ganz verschiedenen Namen für beide wählen könnte. Die Ähnlichkeit, die zu der Annahme der Wesensgleichheit beider führte, besteht darin, daß man die mathematische Definition auch dazu benutzen kann, die Stellung des definierten Begriffs innerhalb eines Systems zu finden. Niemals aber kann man die biologische Definition dazu verwenden, aus ihr alle Eigenschaften des Begriffs logisch abzuleiten.

Der Unterschied beider Definitionsarten vertieft sich aber, wenn wir nach der Natur der definierten Gegenstände fragen.

Betrachten wir den Elefanten, oder besser die Gegenstände des lebenden Tierreiches überhaupt. Hier haben wir lauter scharf von aller Umgebung und sonstigen Gegenständen unterschiedene, streng gegen ihre Umwelt räumlich abgegrenzte, Einzeldinge. Deren können wir nur eine endliche Zahl haben. Und hier tritt nun das Verfahren ein, das man gewöhnlich geschildert findet, wo in den Logikbüchern von Definition die Rede ist, und das in dem genus proximum und der differentia specifica seine charakteristischen Merkmale aufweist.

Wir können sagen: es setzt die biologische Art der Begriffsbildung eine bestimmte Menge einzelner Gegenstände (Individuen) voraus, auf deren Ordnung in ein rein registrierendes System es ankommt. Dies zeigt sich daraus, daß ja nur die vorgefundene Existenz realer Dinge den Anlaß zu den vorhandenen Einteilungen bieten kann, da ja die Eigenschaften nur insoweit herangezogen werden sollen, als sie zur Registrierung der **vorhandenen** Gegenstände benötigt werden. Man schreibt in den beschreibenden Naturwissenschaften meist noch einige weitere, besonders in die Augen springende Eigenschaften an, aber nur, um dem Leser ein gewisses Gesamtbild des Gegenstandes (des Tieres, der Pflanze) zu verschaffen. Aber dies sind notwendig stets ganz verschwindend wenige gegenüber den vorhandenen, und dann dienen sie nicht mehr der Systematik.

Von diesem biologischen Falle wenden wir uns vergleichend zum mathematischen. Ist etwa die „Menge aller Vierecke“ irgendwie vergleichbar mit der „Menge aller lebenden Elefanten“? Eine kurze Überlegung zeigt einen himmelweiten Unterschied. Im einen Fall ist die Menge aller vorhandenen Elefanten gemeint, im anderen die Menge aller möglichen Vierecke. Hat es einen Sinn, von den „vorhandenen Vierecken“ zu sprechen, und von der Aufgabe, sie nach Art der vorhandenen Wirbeltiere in Klassen einzuteilen? Einen gewissen Sinn kann man dieser Aufgabe schon unterschieben, aber sicher keinen praktischen. Wir haben die Fähigkeit, auf einem viel schnelleren und viel sichereren Wege diese Einteilung auf anderem Wege vorzunehmen. Es wäre diese Tätigkeit dasselbe, wie wenn ich unter Verzicht auf eine gute Methode zu einer alten schlechten zurückkehrte, wie wenn ich auf die modernen Webmaschinen verzichten würde, um zur Handweberei der Wilden zurückzugreifen.

Nun tritt aber hier eine merkwürdige Komplikation auf. Die Mathematiker erfanden sie sog. Mengenlehre, die sich zunächst mit gewissen Zahlenmengen und Zeichenmengen beschäftigte, darnach aber sich stellenweise immer abstrakter entwickelte, und auch von „Dingen" überhaupt zu handeln begann. Und nun glaubte man in dieser Disziplin den Urgesetzen der Begriffsbildung und damit der Logik überhaupt auf der Spur zu sein. Diese Entwicklung haben eine Reihe der ausgezeichnetsten Logiker leider allzu sehr in den Vordergrund gestellt: in Deutschland G. Frege, in England B. Russell (vielfach in Verbindung mit A. N. Whitehead). Die durch diese Forscher begründete und ausgebaute Logik (die übrigens vielfach auch durch die ausgezeichneten Forschungen E. Schröders gefördert wurde), kommt nun zu Formulierungen folgender Art: z. B. definiert Russell (The principles of mathematics, Cambridge 1903, p. 115) die Anzahl der Elemente einer gegebenen Menge als die Menge aller derjenigen Mengen, die zu der gegebenen „ähnlich" sind (d. h. in derselben Anordnungsart eindeutig elementweise zuordenbar). Ebenso definiert er z. B. in „Principia mathematica" (I. p. 25, 26, 27) eine „Relation" durch die Menge der Paare, zwischen denen sie statt hat, während E. Schroeder ausdrücklich vorher erst einen „Bereich" einer solchen Ausdrucksweise zugrunde legt („Vorlesungen über die Algebra der Logik", Band III).

Man erkennt nun leicht den Kern und damit die eigentliche Schwierigkeit der Russellschen Formulierungen. Für ihn ist ein Begriff immer eine Menge, und zwar von offenbar vorhandenen Individuen. Denn eine Menge von nicht vorhandenen Individuen wäre ein logischer Begriff und könnte selbst erst wieder nach dem Russellschen Verfahren durch die Menge aller dieser Mengen definiert sein. So wird von Russell die Zahl 1 definiert als die Menge aller Mengen, die dieser Menge ähnlich sind.

Man erkennt, daß der Grundzug dieses Verfahrens ein rein empiristischer ist. Nur der Begriff kann definiert werden, der eine Menge von vorhandenen Vertretern hat. Es ist der Versuch, das biologische Definitionsverfahren zur Grundlage der gesamten Logik, ja sogar der Mathematik zu machen.

Aber eine kurze kritische Überlegung zeigt uns die Unhaltbarkeit dieses Verfahrens. Dieses setzt nämlich notwendig voraus, daß es diese Mengen „gebe", mit denen es fortwährend arbeitet, d. h. daß diese unabhängig von uns in der Realität „vorhanden" sind.

Ist dies aber der Fall? Gibt es die Menge aller Mengen, welche der Menge von zwei Einheiten äquivalent oder ähnlich sind? Gibt es die Menge aller Dingepaare, welche die Relation der Gleichheit untereinander aufweisen? Sicherlich gibt es in gewissem Sinne Mengen von (einigen) Dingen, die diese Forderungen erfüllen.[1] Aber „gibt" es „alle"?

Man kann zweierlei einwerfen:

1. Steht es vielfach völlig in meinem Belieben, wo ich eine gewisse Beziehung vorfinden will. So kann ich mir irgendein beliebiges „ganzes Ding" stets in irgend zwei Teile geteilt denken (nicht notwendig durch irgendwelche Unterschiede charakterisiert). Oder ich kann zwei Dinge bei der Anwendung einer gewissen Genauigkeit als gleich betrachten, bei einer anderen Genauigkeit aber nicht.

2. Kann ich doch zu allen Mengen von zwei Dingen noch neue solche herstellen, kann neue Paare von Dingen herstellen, die gleich sind usw.

Alle diese Möglichkeiten werden bei der rein biologischen Begriffsbildung nicht berücksichtigt (denn bei biologischen Objekten sind in der Tat die beiden genannten Einwürfe vorerst ausgeschlossen — dies aber ist nicht der Fall bei vielen nicht biologischen. Darf ich da einfach schematisch übertragen?).

Die Schwierigkeit steckt in dem hier verwendeten Wort „alle", wenigstens kann man sich so ausdrücken. Die Menge aller Paare von gleichen Dingen z. B. hat nur einen gewissen Sinn, wenn sie bedeutet: die Menge aller vorhandenen solchen Paare. Denn eine Menge von nicht vorhandenen Dingen, deren beliebige hergestellt werden können, ist ein Unsinn, denn sie ist uneindeutig und widerspricht daher dem Zweckprinzip. Würde man, wie vielleicht erwidert werden könnte, antworten, es sei gemeint, die Menge aller „möglichen" Paare gleicher Dinge, so würde das ein ganz neues, heterogenes Element zu den schon realiter vorhandenen solchen Paaren hinzufügen. Es wären dann entweder reale Dinge mit logisch bestimmten logischen

[1] Siehe meine Abhandlung „Über die logischen Paradoxien der Mengenlehre und eine paradoxienfreie Mengendefinition". Zeitschr. f. positivist. Philos. I (1913); wieder abgedruckt in Jahrber. d. d. Mathematiker-Vereinigung 1913.

Dingen zusammengeworfen (soweit solche überhaupt bestimmbar sind im einzelnen Beispiel), oder aber man meinte die real herstellbaren Dinge, deren Menge ist aber ganz unbestimmt. Aber auch die Menge aller vorhandenen solchen Paare ist bei näherer Betrachtung nichts bestimmtes. Unsere an Genauigkeit wachsenden Instrumente lehren uns immer neue solche Paare kennen, deren Gleichheit selbst erst wieder von unseren Beobachtungs- und Meßinstrumenten abhängen, und letztere wiederum hängen, wie wir sehen werden, selbst wieder von unserer Wahl ab. Kann man dann solche Dinge als von uns unabhängig „vorhanden" bezeichnen? Sicher nicht. Analoges gilt natürlich für andere solche Definitionen.

Unsere Überlegungen zeigen uns also, daß die Ausdehnung der Methode der biologischen Begriffsbildung auf alle Begriffsbildungen, wie sie jetzt so vielfach, ja, wie sie jetzt noch allgemein üblich ist, zu bedeutenden Schwierigkeiten führt. Diese Art wird zwar den biologischen Gegenständen in dem Sinne gerecht, als diese durch sie in ein kontradiktorisches System eindeutig geordnet werden können, niemals aber wird sie Dingen gerecht, die keine bestimmte Menge von Individuen als Repräsentanten haben, wie dies bei den Gegenständen der mathematischen Definitionsart der Fall ist.

Dies lehrt, daß wir uns die „mathematischen Gegenstände" noch etwas näher betrachten müssen.

§ 2. Die mathematischen Gegenstände.

Daß die Menge aller vorhandenen Dreiecke nicht in Analogie gesetzt werden kann mit der Menge aller vorhandenen lebenden Elefanten, geht auch aus folgender Überlegung hervor. Ein Dreieck kann ich überall „hineinsehen" als Form. In jedem Ornament kann ich Dreiecke finden, in jedem Erdhaufen kann ich diese Form finden, in jedem Heuhaufen beliebig oft, wenn ich sie dort sehen will. Nicht aber kann ich überall einen Elefanten finden. Dazu muß ich nach Afrika oder Indien oder in den zoologischen Garten gehen. Natürlich ist eine solche Verbreitung, wie sie das Dreieck hat, nur bei den einfachsten räumlichen Formen zu finden. Immerhin können aber auch verwickelte geometrische Formen irgendwo gefunden „hineingesehen" werden. Ebenso kann natürlich der Gegenstand

„eins“ oder „zwei“ überall gefunden werden. Nun ist ja der Elefant auch etwas anderes als eine einfache geometrische oder arithmetische „Form“. Darum aber eben kann man auch die Begriffsbildungen nicht ohne weiteres identifizieren. Natürlich ist auch der Elefant eine „Form“, aber inwiefern, das hat uns hier nicht zu beschäftigen, sicher keine der obigen einfachen Art, mindestens nämlich eine kausale.

In welcher Art entsprechen nun diese gefundenen Dreiecke der Definition des Dreiecks (drei sich schneidende Gerade)? Mit dieser Frage gelangen wir zu einer neuen fundamentalen Differenz zwischen der biologischen und mathematischen Begriffsbildung.

Bei der Definition des Elefanten genügte bei der Angabe der definierenden Eigenschaften ein „ungefähr“. Wenn ich seine Farbe als grau charakterisierte, so kam es auf ein wenig mehr oder weniger nicht an, ebenso, wenn ich seine Beine oder seine Haut als „dick“, seinen Rüssel als lang bezeichnete. Und zwar kam es deshalb nicht z. B. auf die Länge des Rüssels an, weil hier die Natur selbst schon einen scharfen Schnitt gemacht hatte: Es gibt nicht ausgewachsene Tiere mit jeder Länge des Rüssels etwa zwischen 0 und 2 Metern. Gäbe es dies, dann würde die obige Begriffsbildung nicht genügen. Dann wäre es nötig, etwa so zu sagen: Nur diejenigen solchen Tiere, deren Rüssel mehr als 0,5 m mißt, sind Elefanten. Diese Grenze ist nun hier von selbst vorhanden, indem es keine erwachsenen Tiere gibt, die etwa Rüssel von der Länge größer als 0,5 und kleiner als 1,2 m haben. Durch diese Kluft würden schon in bezug auf den Rüssel die Elefanten von den übrigen Tieren geschieden sein. Dies ist nun völlig anders bei den Begriffen der Geometrie. Haben wir hier zwei Formen, so gibt es auch (grob gesprochen) alle überhaupt „möglichen“ kontinuierlichen Übergänge zwischen beiden. Und zwar deshalb, weil das „es gibt“ in der Mathematik eben alle logischen Möglichkeiten umfaßt, während beim Elefanten nur die wirklich in der Realität vorhandenen Exemplare als „es gibt“ in Frage kommen.

Setzen wir voraus, daß wir unsere Geometrie so aufgebaut haben, daß alle logisch möglichen Formen auch in der Wirklichkeit „realisiert“ werden können, dann können wir diese Verhältnisse aussprechen: In der Mathematik haben wir bei systematischem logischen Vorgehen alle logisch möglichen Formen als aufstellbar und daher auch als realisierbar anzusehen. Hier hat also das „es gibt“ die Bedeutung der logischen Möglichkeit und also ebenso die der empirischen Herstellbarkeit. In der Biologie dagegen gehe ich aus von den empirisch vorhandenen Gegenständen, und hier bedeutet das „es gibt“ soviel als „empirisch vorhanden“. Im ersten Falle also: herstellbar, im zweiten: hergestellt, vorhanden. Dies ist ein ganz prinzipieller Unterschied.

Das Analogon im Biologischen würde bedeuten, daß wir das Wesen des Lebens soweit erforscht hätten, daß es uns gelänge, dies auch empirisch aus gegebenen einfachen streng definierten Gegebenheiten (wie etwa bestimmten chemischen Elementen in Verbindung mit sonstigen bestimmten physikalischen Gegebenheiten) synthetisch herzustellen. Dann wäre (theoretisch) die Möglichkeit gegeben, bei hinreichendem Zeitaufwand nicht nur etwa bestimmte Lebewesen, sondern nach und nach von den einfachsten anfangend alle „überhaupt logisch möglichen Lebewesen“ herzustellen. Denn dann würde bei geeigneter Fassung der Theorie die gleiche Erscheinung wie in der Mathematik auftreten, daß logische Möglichkeit mit empirischer Herstellbarkeit zusammenfiele, und daß die Theorie die Vollständigkeit der Aufzählung der logischen Möglichkeiten zu garantieren vermöchte. Ob oder inwieweit etwas Derartiges möglich wäre, dies steht hier noch nicht zur Erörterung. Es handelt sich hier einstweilen nur um die allgemeinsten methodologischen Begriffsbildungen.[1]

Aber aus dem Gesagten ergibt sich: Es wird sich bei denjenigen Begriffen, wo kontinuierliche Übergänge zwischen dem einen und dem anderen vorhanden und möglich sind, darum handeln, festzustellen, was ihnen in der Realität entspricht und mit welcher „Genauigkeit“. Dies führt uns zum folgenden Abschnitt.

§ 3. Die neue Begriffsbildung.

Aus dem Bisherigen schon erhellt, daß die eigentliche Schwierigkeit in der mathematischen Begriffsbildung liegt.

[1] Es sei hier nur kurz darauf hingewiesen, daß, wenn man alle jemals auf der Erde gewesenen „Elefanten“ heranzieht, man einen Schritt näher an die „möglichen“ Elefanten kommt, und daß dann der Begriff des Elefanten schon sehr viel schwieriger wird. (Ich habe schon 1910 in „Grenzen und Ziele der Wissenschaft“ auf solche Verhältnisse hingewiesen).

Wenn es zwischen allen Linien der Ebene z. B. kontinuierliche Übergänge gibt, wie soll ich da z. B. die Gerade definieren? Denn hier gibt es offenbar keine von der Natur gegebene „Kluft“, wie bei der Länge des Elefantenrüssels, die eine Linie von einer anderen schon rein natürlich trennt. Hier trifft also die biologische Begriffsbildung auf eine unüberwindliche Schwierigkeit. Natürlich gibt es gewisse qualitative Merkmale, die ich angeben kann. Die Gerade hat z. B. keine Selbstüberschneidungen (Doppelpunkte). Sie besteht nicht aus mehreren getrennten Stücken (ist unikursal). Sie enthält keine plötzlichen Richtungsänderungen (hat überall einen eindeutigen und stetigen ersten Differentialquotienten bei geeigneter Lage gegen die Koordinatenachsen). Dies sind Eigenschaften, die jeder ohne weiteres mit dem Begriffe der Geraden verbindet. Aber durch diese ist die Gerade noch nicht im geringsten eindeutig definiert. Wenn ich nun auf diese Kurven die biologische Begriffsbildung anwenden wollte, anknüpfend an die Empirie, dann würde ich mit irgendwelchen allgemeinen qualitativen „Eigenschaften“ wie beim Elefanten nicht auskommen, sondern wegen der kontinuierlichen Übergänge zwischen den verschiedenen Kurven kommt ein neues Moment in die Definition herein: die „Genauigkeit“. Würde ich die Definition aus der Empirie entnehmen, dann könnte die Gerade immer nur mit einer gewissen Genauigkeit definiert werden, indem ich etwa eine Kurve, der ich diesen Namen geben will, deponiere, ebenso, wie ich in den zoologischen Sammlungen Elefanten deponiere, oder irgendeine Pflanze in den Staatsherbarien, welche angibt, wie die Pflanze aussah, der der Namengeber den und den Namen gegeben hat. Durch Vergleich mit dieser wird dann festgestellt, ob eine Pflanze unter diesen Begriff fällt oder nicht. Alle Aussagen, die auf diese Weise über die Gerade zu machen wären, würden mit jenem Faktor der Ungenauigkeit behaftet sein. Wir könnten nur schwer und ungenau darüber etwas aussagen, was bei Verlängerung der Geraden geschieht. Und wenn sich gar etwa die deponierte Urgerade im Laufe der Zeit ändern würde, so würden alle unsere Behauptungen über die Gerade ihre Basis verlieren. Gerade das letztere aber kann man rein empirisch, wie wir noch sehen werden, nicht garantieren, da es dazu eines empirischen starren Körpers bedürfte.

Natürlich müßte man alle diese Unannehmlichkeiten in

Kauf nehmen, wenn es keinen anderen Weg gäbe. Das letzte Jahrhundert hat sich denn auch auf Grund seiner rein empiristischen Grundanschauung mit bemerkenswerter Resignation mit diesen Unannehmlichkeiten abgefunden, die allerdings deshalb nicht so bemerkbar waren, weil es — ohne es zu wissen — von der Tatsache zehrte, daß in der Praxis unbewußt keineswegs nach diesen Rezepten verfahren wurde, wie sich noch zeigen wird. Aber diese empiristische Anschauung ist ja noch recht jung, wenn man ihr Alter vergleicht mit den vorhergehenden Jahrtausenden, wo seit der Erfindung der theoretischen Geometrie durch die Griechen und der daraus sich entwickelnden Philosophie dauernd eine andere als diese empiristische Überzeugung geherrscht hatte. Wir sahen, dieser alten Überzeugung gegenüber stellt die empiristische eine Resignation dar. Wenn es aber gelänge, durch eine neue Auffassung der Dinge die Vorzüge der alten Anschauung zu retten, so wären dadurch große Vorteile für die Wissenschaft erreichbar. Ich will nunmehr versuchen, eine solche Auffassung, welche ja den Gegenstand des ganzen Buches bildet, soweit sie für die Begriffsbildung hier in Frage kommt, zu schildern.

Das Wesentliche bei der Begriffsbildung, dies geht aus dem Gesagten zur Genüge hervor, ist die dauernde, feste und eindeutige Übereinstimmung der Begriffe mit den realen Gegenständen. Diese dauernde Übereinstimmung konnte die biologische Art der Begriffsbildung immer dann nicht wirklich garantieren, wenn die Möglichkeit kontinuierlicher Übergänge zwischen den einzelnen Gegenständen vorlag. Diese Übereinstimmung also muß unser Ziel sein. Da die empiristische Anschauung nur ein Akt der Resignation war (weil es nämlich nicht gelungen war, die frühere Anschauung wirklich exakt zu begründen), so sagt diese gar nichts darüber aus, daß eine andere Auffassung der Sache nach *unmöglich* sei. Ein Beweis für eine solche Unmöglichkeit liegt nicht vor.

Um nun diese Übereinstimmung zwischen Begriff und Gegenstand in den Gebieten der mathematischen Begriffsbildung (die ja bekanntlich sehr weit in die Physik hereinragt) zu erreichen, drehen wir das Verhältnis, wie es bei der empiristischen, biologischen Begriffsbildung herrscht, einfach einmal um. Sind hier zunächst die Dinge der Wirklichkeit gegeben und soll an deren Hand ein Schema entworfen werden, in dem sie alle unterkommen können, so wollen wir jetzt umgekehrt zuerst ein logisches Schema entwerfen, und umgekehrt dazu diejenigen Gegenstände der Wirklichkeit suchen, die dort hineinpassen. Wir werden also z. B. bei der Geraden jetzt nicht aus irgendeinem unangebbaren Grunde gewisse empirische Linien herausgreifen, und sie mit dem Namen „Gerade" belegen und nun ihre Eigenschaften empirisch erforschen, sondern umgekehrt auf rein logischem Wege das System aller logisch möglichen Linien aufstellen, darunter etwa diejenige aufsuchen, welche (in einer ganz genau bestimmten, später zu zeigenden Weise) die einfachsten logischen Eigenschaften hat, und diese als „Gerade" bezeichnen.

Ebenso wichtig als diese Umkehrung des gewohnten Verhältnisses ist nun aber das Verfahren, nach dem die Dinge der Realität mit diesem logischen Schema in Einklang gebracht werden. Dieses Verfahren besteht in der „Realisierung" von den in dem Schema vorläufig rein logisch aufgestellten Begriffen. Ich werde dabei eine Linie suchen, welche den Eigenschaften, welche im Schema die „Gerade" hat, möglichst gut entspricht. Wie dies geschieht, darüber wird später zu sprechen sein (Exhaustion).

---

3. Abschnitt: **Die Bestimmungslehre (synthetische Logik).**

§ 1. Vorbereitendes.

Was wir oben über das Prinzip der Festsetzung und das Prinzip des Durchsetzens der Festsetzungen geschrieben haben, gilt in erster Linie einmal von der Logik selbst.

Was wir hier anzustreben haben, ist absolute und ausnahmslose Geltung logischer Gesetze, welche nach dem Zweckprinzipe aufgestellt sind. Die Gesamtheit solcher Gesetze nennen wir „synthetische Logik".

Auf Grund der bereits erhaltenen Resultate sind wir in der Lage, sofort einen Überblick zu geben von dem, was wir von der synthetischen Logik zu erwarten haben. Natürlich ist es äußerst wahrscheinlich, daß ihre Gesetze zusammenfallen mit denen der gewöhnlichen Logik, ganz einfach deshalb, weil die Menschheit im Laufe ihrer Entwicklung schon von sich aus die besten und einfachsten Gesetze allmählich herausentwickelt hat. Aber wir haben eine ganz andere Einstellung diesen Gesetzen gegenüber einzunehmen. Wir müssen nachweisen, daß sie dem Zweckprinzipe entsprechen; ist dies geschehen, so treffen wir dieselben als Festsetzungen und setzen die Geltung dieser Festsetzungen durch, indem wir sie stets und ausnahmslos, wo es sich um bewußte Anwendung handelt, zur Durchführung bringen. Dies ist das Verhältnis der synthetischen Logik zur gewöhnlichen Logik.

§ 2. Die Bestimmungen.

Wollen wir uns also nach den bisher in der Menschheit herausentwickelten logischen Gesetzen umsehen, so werden wir teilweise etwas in Verlegenheit geraten. Zwar, die höheren logischen Gesetze werden sich geschlossen und vollzählig vorfinden, wenn auch da noch eine Unsicherheit über die Gesichtspunkte besteht, nach denen sie abzuleiten und anzuordnen sind. Aber die Stelle, wo alles noch sehr im argen liegt, das sind die Grundlagen der Logik. Diese Schwierigkeiten in den Grundlagen der Logik treten um so mehr hervor, je mehr ich auf dem Standpunkt stehe, daß die betreffenden Gesetze und Formulierungen aus der „Erfahrung" zu entnehmen seien. In der Tat, wo liegt denn unsere Erfahrung auf diesem Gebiet? Offenbar hauptsächlich in der Sprache. Die Sprache nun ist zwar ein wundervoll praktisches Instrument, aber niemand wird von ihr sagen können, daß sie die Prinzipien der Logik in durchsichtiger Weise erkennen ließe. Das ist auch nicht wunderbar. Ist doch die Sprache ein Ding, das sich rein aus praktischen Umständen und Zufällen heraus im Laufe von vielen Tausenden von Jahren entwickelt hat, und aus diesem Grunde niemals den kürzesten Weg gegangen ist. Auch hat sie ganz andere Zwecke und Gesichtspunkte gehabt bei ihrer Entwicklung als die Herausarbeitung logischer Prinzipien.

Wir wollen uns also bei Aufstellung der synthetischen Logik nicht unmittelbar an die Sprache halten, wie es sonst bisher immer noch geschieht, obgleich wir uns natürlich der Sprache zur Formulierung unserer Aufstellungen bedienen müssen, was jedoch keinerlei Präjudiz mit sich bringt.

Unter diesen Gesichtspunkten läßt sich dann das Material der Logik, wie wir es brauchen, in großer Kürze festlegen.

Der Hauptbegriff der Logik ist der des Begriffes, oder damit wir um die Ungeklärtheiten dieses Begriffes herumkommen, sagen wir: der Hauptbegriff der Logik ist der des „Dinges".

Unter „Ding" verstehen wir ausnahmslos alles und jedes, von dem überhaupt gedacht und gesprochen werden kann. Das „Ding" wird dann charakterisiert durch folgende Festsetzungen:

Jedes Ding hat (mindestens) eine Bestimmung. Alles, was man von einem Ding aussagen kann, ist eine Bestimmung des Dinges. Damit haben wir bereits alles, was für die Grundlagen der Logik nötig ist. Alle die hundertfachen Differenzierungen, welche z. B. die Sprache in ihren Ausdrucksformen entwickelt hat, die werden nun alle in die Bestimmungen verlegt.

Man sieht überhaupt, daß damit der Schwerpunkt von den Dingen, den Begriffen fortgerückt wird und ganz auf die Bestimmungen verlegt. Während die bisherige Logik sich damit befaßte, die Begriffe untereinander in Beziehungen zu setzen und lediglich diese, und mit Beziehungen der Bestimmungen untereinander nichts Rechtes anzufangen wußte, ist das hier anders geworden. Hat man bisher fast ausschließlich mit einer „Umfangslogik" gearbeitet, welche lediglich sich auf die Anzahl von Individuen bezog, die „unter einen Begriff fallen" (wie viele Begriffe gibt es nicht, unter die keine Individuen fallen, und die dennoch ganz verschiedene Bestimmungen haben. Sollen diese Begriffe alle als „gleich" gelten?), so errichten wir die Grundzüge einer Inhaltslogik und vermeiden auf diesem Wege die unzähligen Schwierigkeiten und Widersprüche, zu denen die Umfangslogik geführt hat, und die wir im vorigen Abschnitt behandelten.

Unsere synthetische Logik werden wir also aufbauen als eine Logik der Beziehungen zwischen Bestimmungen. Und erst in zweiter Linie werden wir Beziehungen zwischen gewissen Dingen, nämlich zwischen Begriffen definieren, welche aus bestimmten Beziehungen zwischen ihren bzw. Bestimmungen folgen. Ich habe in der Überschrift die synthetische Logik auch als „Bestimmungslehre" bezeichnet.

§ 3. Synthetische Begriffsbildung.

Die Formulierungen des vorigen Paragraphen ermöglichen uns nun, unser Prinzip der Synthese in besonders klarer Form zur Geltung zu bringen. Da nach unseren Festsetzungen ein Ding für die Logik nichts als eine Vereinigung von Bestimmungen ist, so haben wir es in der Hand, durch Zusammenfügungen von Bestimmungen logische Dinge zu schaffen von jeder möglichen Art. Werden von einem bestehenden Ding Bestimmungen ausgesagt, so ist eben das Ding, das die Bestimmungen an sich vereinigt, vorhanden. Wollen wir aber einen Begriff neu schaffen, indem wir seine Bestimmungen festlegen, so bedürfen wir ebenfalls eines Etwas, an dem wir diese Bestimmungen vereinigen können. Hierzu wählen wir irgendein Wort oder Zeichen, und sagen „an" diesem dann die betr. Bestimmungen aus. Das betreffende Wort oder Zeichen heißt dann ein „Bestimmungsträger". In gewisser Hinsicht fällt also in diesen Fällen der Bestimmungsträger mit dem zusammen, was man auch als den „Namen" des Dinges bezeichnet hat.

Und nun haben wir tatsächlich die volle Freiheit erlangt, welche wir für unser synthetisches Vorgehen brauchen. Wir können jetzt mit den uns zur Verfügung stehenden Bestimmungen beliebige synthetische Begriffe schaffen. Ob diese natürlich von irgendeinem Wert für unsere Absichten sind und ob sie nicht irgendwelchen notwendigen Anforderungen widersprechen, dies ist eine zweite Frage, welche auf Grund aufzustellender Gesetze ihre Lösung finden muß.

§ 4. Die Bestimmungslehre.

Wir werden also nun in erster Linie die Beziehung der verschiedenen Bestimmungen eines und desselben Dinges behandeln.

Haben wir den Bestimmungsträger A und sagen von ihm die Bestimmung a aus, so schreiben wir dies nach einem Zeichen von Frege: $A \vdash a$.

Aus der gleichzeitigen Geltung von zwei oder drei verschiedenen Bestimmungen eines Dinges ergeben sich eine Reihe von Sätzen, welche eben die Gleichzeitigkeit festsetzen, und welche als das kommutative und assoziative Gesetz der logischen Multiplikation bezeichnet werden, und die wir hier nicht einzeln behandeln (Zeichen der Multiplikation: $a.b$, wenn a, b Bestimmungen).

Es ist natürlich eine ganze Reihe von Definitionen aufzustellen, die Dinge festlegen, welche man stillschweigend meist als selbstverständlich annimmt, die es aber keineswegs sind. Diese beziehen sich darauf, ob eine Bestimmung dauernd von dem Dinge ausgesagt werden soll, ob sie fest ausgesagt werden soll, ob bereits alle Bestimmungen des Dinges ausgesagt sind, oder ob neue, unabhängige noch ausgesagt werden usw. Ich habe alle diese Dinge in axiomatischer Form zusammenzufassen gesucht in einer besonderen axiomatischen Wissenschaft, einer „Lehre vom Ding" (siehe meine Abhandlung in Math. Ann. 79 (1918) und in Jahrber. d. d. Math. Vergg. 1919).

Man führt dann unter der Voraussetzung eines eindeutigen Begriffes (d. h. eines synthetischen Begriffes, dessen Bestimmungen fertig, fest und dauernd ausgesagt sind) die logische Addition sowie deren Verknüpfung mit der log. Multiplikation bzw. ihre Gesetze ein (Zeichen der Addition: $a + b$, wenn a, b Bestimmungen).

Wenn stets, wenn von einem Ding die Bestimmung a ausgesagt werden kann, auch die Bestimmung b ausgesagt werden kann, so schreiben wir dies $a \subset b$ und sprechen: aus a folgt b.

Es gibt dann für diese Beziehung selbst, als auch für ihre Verbindung mit der logischen Multiplikation und Addition wieder weitere Gesetze, die einfach aus ihrer Bedeutung fließen und dann als Axiome festgesetzt werden.

Kann ferner von einem Dinge eine Bestimmung a nicht ausgesagt werden, so bezeichnen wir dies mit a_1 und nennen es „non-a", oder die Negation von a. Auch hierfür gelten wiederum gewisse Gesetze, insbesondere auch in Beziehung zu den vorigen Relationen, die als Axiome festgesetzt werden.

Wenn dann irgendeine aus Bestimmungen und den obigen Beziehungen gebildete Kombination (ein „Ausdruck") als unmöglich gelten soll, so wollen wir dafür schreiben: „Ausdruck $= \wedge$".

Soll dagegen ein solcher Ausdruck ausnahmslos und dauernd gelten, so schreiben wir: „Ausdruck $= \vee$".

Und nun ist es unsere Aufgabe, gemäß dem Zweckprinzip derartige Festsetzungen zu treffen, daß das Prinzip der Wissenschaft erfüllt wird, d. h. daß unser Zweck einer effektiven und besteingerichteten Wissenschaft erreicht wird, was, wie wir sahen, am besten durch Herstellung von Eindeutigkeit geschieht.

Diese entsteht durch die Festsetzung, daß von keinem Ding zugleich eine Bestimmung und deren Verneinung ausgesagt werden soll. In Zeichen:

$$a \cdot a_1 = \wedge .$$

Diese Festsetzung heißt der Satz vom Widerspruch.

NB. Da der ganze Aufbau der Formeln der synthetischen Logik dual ist in bezug auf Multiplikation und Addition, $\vee$ und $\wedge$, so folgt dann noch die duale Form: $a + a_1 = \vee$, welche das Prinzip vom ausgeschlossenen Dritten heißt. Ferner gelten noch aus den Bedeutungen heraus die Sätze: $(a_1)_1 = a$; $\vee = \wedge_1$; $a \subset a$; $(a \subset b) \cdot (b \subset a) \subset (a = b)$; $(a = b) \subset (a \subset b) \cdot (b \subset a)$; $\wedge \cdot a = \wedge$; $\vee \cdot a = a$, $\wedge \subset \vee$ usw.

Natürlich läßt sich über die Logik außerordentlich viel mehr sagen, und die vorstehenden Bemerkungen über die synthetische Logik lassen sich natürlich viel weiter ausführen und ausbauen. Hier ist indessen nicht der Platz dazu. Das Vorstehende genügt bereits, um zu zeigen, wie der Aufbau derselben zustande kommt. Man kann sich dabei völlig auf die Beziehungen zwischen den Bestimmungen beschränken. Dies eben charakterisiert die vorstehende Logik als Inhaltslogik. Will man irgendwo zu den Zusammenhängen zwischen den Dingen selbst, also den „Begriffen" übergehen, so ist das in leicht ersichtlicher Weise sofort ausführbar.

---

4. Abschnitt: Synthetische Mathematik.

§ 1. Mathematik und Synthese.

Es gilt nun weiterhin für uns den Übergang zu finden, der von der Logik zu den eigentlichen Grundlagen der Physik hinüberführt, und ihn speziell auf dem uns vorgezeichneten Wege zu finden. Was wir dazu brauchen, ist mit einem Worte die Einführung der „Mathematik". Denn ich will in der Physik messen und rechnen, und dazu müssen die Grundlagen, wie sie sich unter unseren Gesichtspunkten darstellen, wenn nicht aufgestellt, so doch so weit umrissen werden, daß man den Zusammenhang mit unseren allgemeinen Prinzipien und unserem Bauplan genau erkennt.

Hieraus ergibt sich schon, daß das, was bei einer ausführlichen Darstellung hier einzuschieben wäre, eine „synthetische Mathematik" wäre. Wir können sofort auf Grund unserer Prinzipien einiges über diesen Teil der Synthese angeben. Es wird sich nicht darum handeln, diejenigen Dinge, welche sich historisch entwickelt haben und der Mathematik zugerechnet werden, in ihrer Eigenart zu erforschen. Es wird sich vielmehr darum handeln, während wir beständig den Zweck und das Ziel unseres Vorgehens im Auge haben, geeignete Festsetzungen derart zu treffen, daß diese Zwecke auf optimale Weise erreicht werden. Daß dann dabei im großen ganzen sich Dinge ergeben werden, die in der bisherigen Mathematik schon enthalten sind, ist sehr naheliegend, denn es ist von vornherein anzunehmen, daß in der langen Entwicklungszeit dieser Dinge die Menschheit zum Teil das Beste schon empirisch herausgefunden haben wird.

Es wird sich also für uns als maßgebend der Standpunkt ergeben, daß wir nicht die grundlegenden Teile der Mathematik als etwas Gegebenes und zu Erforschendes betrachten, sondern daß wir sie betrachten als ein Handwerkzeug, das wir selbst uns in möglichst praktischer, optimaler Weise einrichten wollen. Damit fallen sofort alle jene nur scheinbar so wichtigen Probleme in sich zusammen bzw. werden auf andere Wissenschaften abgeschoben, welche fragen: „Was sind die mathematischen Gegenstände?" So hat man sich bekanntlich sehr viel den Kopf zerbrochen über die Frage: „Was sind die Zahlen?" Diese Frage beantworten wir dahin: Die Zahlen sollen in unserem Aufbau zweckmäßig hergestellte Werkzeuge für unsere Zwecke sein. Was dann die bereits existierenden Zahlen sind, so ist das eine Frage, die sich auf die Herkunft jener Gebilde bezieht, die wir gewöhnlich Zahlen nennen. Solange diese Gebilde nicht synthetisch gefaßt werden, ist diese Frage eine solche, die der Kulturgeschichte, der Völkerkunde, oder noch der beschreibenden Psychologie angehört, die aber niemals etwas mit der synthetischen Wissenschaft zu tun hat. Die herrschenden Schwierigkeiten in der Beantwortung dieser Fragen kommen wohl daher, daß zwar der denkende Mathematiker ganz instinktiv ein nicht unterdrückbares Empfinden für diejenige Seite der Sache hat, die wir als die synthetische bezeichnen, daß aber dieses Empfinden keinen festen Rückhalt hat, und die Frage sich unaufhörlich mit der anderen vermischt: Wo kommen historisch die Zahlen her? Andere vermischen mit all diesem noch die Frage: Wie ist die Vorstellung der Zahlen psychologisch zu erklären? Durch den Zusammenfluß all dieser völlig heterogenen Fragestellungen kommen dann die sehr verschiedenen Ansichten über den Zahlbegriff zustande.

Es ist also festzuhalten: Die Synthese ersetzt die Frage: „Was sind die Zahlen?“ durch die in ihrem Bereiche einzig mögliche: „Was sollen die Zahlen sein?“, d. h. wozu und aus welchem Rechte schaffen wir die Zahlen?

§ 2. Die ganzen Zahlen.

Beginnen wir also sogleich bei der synthetischen Begründung der Lehre von den ganzen Zahlen. Man bemerkt empirisch auf dem vorsynthetischen Standpunkt schon die große Wichtigkeit und Brauchbarkeit der Tatsache, daß zwei Mengen von Gegenständen sich, wie man sagt, eindeutig aufeinander beziehen lassen. Von diesem Standpunkte aus kann man nun bereits synthetisch vorgehen.

Man schafft nämlich auf die unten angegebene Weise eine Reihe von unter sich verschiedenen Normalgegenständen, mit der man dann jede andere Menge von wirklichen Gegenständen vergleichen kann unter Gebrauch der Regel, daß die Glieder der Reihe stets vom ersten an benutzt werden sollen, und von da an jedes folgende. Man schafft ferner diese Reihe von Normalgegenständen derart, daß diese nicht irgendwo hinterlegt werden, oder daß z. B. wie bei den Gewichten kontrollierte Nachbildungen überall käuflich sind, sondern so, daß sie jeder, der sie im Gedächtnis hat, sofort selbst herstellen kann. Man nimmt am einfachsten hierzu also Schreibzeichen. Man wird ferner, um für alle Fälle gewappnet zu sein, nicht eine beschränkte Reihe von Normalzeichen herstellen, sondern Regeln angeben, nach denen sie jederzeit beliebig weit fortgesetzt werden kann. Der einfachste Typus einer solchen Normalreihe ist: |, ||, |||, ||||, ||||| ··· Weitere praktische Gründe führen dann, wie leicht zu sehen, zu Reihen von der Art unserer Zahlzeichen: 1, 2, 3, 4, 5, 6, 7, 8, 9, 10, 11 ...

Nun kann jede Menge vorhandener Dinge einem Abschnitt dieser Reihe zugeordnet werden, und man erkennt, daß das letztbenutzte Zeichen ein Kennzeichen ist für den Vergleich der Mengen untereinander. Dies also sind in der Synthese die „Zahlen“.

Was nun die Gesetze der Zahlen angeht, so ist folgendes zu sagen: Aus dem Sinne des „Zählens“ und der Forderung, daß kein Element der gezählten und zählenden Menge ungewollt verschwinde oder hinzukomme, ergeben sich gewisse Gesetze. Seien A, B, C zu zählende Mengen, a, b, c ihre Zahlen, $+$ das Zeichen für die Zusammenfügung, so gilt: $(a + b)$ muß dieselbe Zahl sein wie $(b + a)$. In Zeichen $a + b = b + a$. Ebenso darf die Reihenfolge bei drei Zählungen nichts ändern:

$$a + (b + c) = (a + b) + c.$$

In unserer Normalreihe ergibt sich dann: $1 + 1 = 2$, $2 + 1 = 3$, $3 + 1 = 4$ ..., woraus alle weiteren Additionsformeln folgen.[1]

Von hier aus kann man dann alle weiteren Rechenoperationen mit ganzen Zahlen durch Definition einführen.

Es soll jedoch noch ein Wort gesagt werden über „die Geltung dieser arithmetischen Gesetze in der Wirklichkeit“. Diese Bemerkung wird gleichzeitig zur Vorbereitung von Späterem dienen.

Solange man den synthetischen Standpunkt nicht einnimmt, ist es natürlich überaus rätselhaft, wie die Gesetze der Arithmetik zustande kommen. Einerseits ist man innerlich fest davon überzeugt, daß diese Gesetze „ausnahmslos“ gelten, kann jedoch dafür keine hinreichende Begründung geben, um so mehr, als dem empiristischen Zeitgeist entsprechend man auch wieder davon überzeugt ist, daß wir diese Gesetze „aus der Erfahrung“ haben, und daß sie „experimentell bewiesen werden müssen“. In Wirklichkeit sind jedoch diese Gesetze lediglich der Ausdruck für die Art von Dingen, die wir uns zur Betrachtung ausgewählt haben. Wir setzen in ihnen fest, daß sie nur gelten sollen für Mengen, die sich ungewollt weder vermehren noch vermindern, wir definieren also gewissermaßen derartige Mengen durch diese Gesetze. Natürlich, wenn wir derartige Mengen in der

[1] Man kann die Arithmetik auch anders synthetisch aufbauen, als es hier angedeutet wurde. Doch soll ja hier nur auf prinzipielle Möglichkeiten hingewiesen werden.

Wirklichkeit hernehmen und unsere Gesetze daran prüfen, so werden wir sie bestätigt finden. Aber damit ist nicht gesagt, daß diese Gesetze so experimentell bewiesen würden. Denn daß diese Mengen so beschaffen („konstant") sind, das erfahren wir erst durch eine, wenn auch oft verkappte Anwendung dieser Gesetze. Wenn solche Gesetze auf experimentellem Wege gefunden und bewiesen werden sollten, so müßten doch die Verhältnisse so liegen, daß wir irgendwo beliebig in der Natur Mengen hernehmen könnten und an diesen die Sätze bestätigt finden müßten. Dem ist aber keineswegs so. Vielmehr sind es überaus viele Mengen, an denen wir die Gesetze nicht bestätigt finden. Große Haufen nasser Lehmklumpen z. B. gehorchen diesen Gesetzen nicht.[1] Es ist also vielmehr umgekehrt. Wir charakterisieren durch die Gesetze eine bestimmte Art von Mengen, nämlich die konstanten Mengen, und ob eine Menge konstant ist, wird dann eben dadurch festgestellt und definiert, daß für sie die obigen Gesetze der Arithmetik gelten.

Es ist ganz klar, daß auf diese Weise keinerlei Erfahrung jemals diese Gesetze wird beeinflussen oder gar umwerfen können. Denn sind sie irgendwo nicht erfüllt, so sagt dies niemals etwas gegen das Gesetz aus, sondern es sagt nur über die Art der untersuchten Menge etwas aus, nämlich das, daß sie nicht konstant ist. Diese Gesetze sind aber dadurch keine „Naturgesetze" mehr, und sind damit der Mystik entkleidet, die diesem Worte anhaftet, sondern sie sind logische Schemata, welche uns erlauben, bestimmte Arten von Mengen eindeutig zu charakterisieren, und aus dem unübersehbaren Chaos der möglichen Fälle herauszuheben.[2]

§ 3. Weiterer Aufbau der synthetischen Mathematik.

Ausgehend von der Lehre von den ganzen positiven, den sogen. gemeinen Zahlen, kann man dann weitergehen in der Entwicklung mathematischer Wissenschaften. Man kann dabei

[1] Siehe meine Besprechung von O. Hölder, „Die Arithmetik in strenger Begründung" im Archiv d. Math. u. Phys. 1914.

[2] Die arithmetischen Gesetze definieren also nur Mengen mit konstanter Elementenzahl. Dabei können die Elemente selbst sich noch beliebig ändern, wenn nur ihre Zahl konstant bleibt. Für gewöhnlich stellt man sich jedoch unter konstanten Mengen solche vor, wo jedes Element konstant bleibt. Dies ist dann ein speziellerer Fall.

stets zwei Wege einschlagen. Entweder man knüpft formale Definitionen an die vorhandenen Formen an und setzt dafür diejenigen Gesetze fest, die man haben will, dann muß man andererseits an irgendwelchen Gebieten der Wirklichkeit, für welche diese Gesetze gelten sollen, nachweisen, daß dies auch wirklich der Fall ist. Oder man nimmt das geeignete Gebiet der Wirklichkeit und läßt sich an ihm zur Aufstellung der betreffenden Gesetze anregen. Als einfachstes Beispiel hierfür seien die negativen ganzen Zahlen betrachtet. Entweder man definiert sie formal als Lösungen der Gleichung $x + a = b$, wo $a > b$. Oder aber man nimmt eine Skala, die unter Null verlängert ist, und stellt deren Gesetze auf (nur muß dann der Anschluß an die bisherigen Gesetze der synthetischen Mathematik noch dadurch geleistet werden, daß man die Widerspruchslosigkeit der neuen im Verhältnis zu den alten nachweist). Auch dann sind dies wieder Gesetze, welche bestimmte Fälle und Verhältnisse charakterisieren und definieren, wie wir das oben von den Gesetzen der gemeinen Zahlen gesehen haben, stehen also damit über jeder Art von experimenteller Prüfung.

In ganz analoger Art wird dann nach und nach das Zahlenlinearkontinuum eingeführt und ausgebaut, und man erhält damit die Grundlage, um später im Raume Messungen veranstalten zu können.

Es würde jedoch der ganzen Anlage dieser Schrift widersprechen, wenn wir hier in die Einzelheiten eingehen wollten. Jeder, der diese Dinge kennt und sich einige Distanz ihnen gegenüber errungen hat, versteht, daß nach dem Gesagten es möglich ist, diese Durchführung genau in der gewünschten Weise zu machen. Und dies genügt für unsere jetzigen Zwecke.[1]

---

[1] Für weitere Ausführung des Vorstehenden verweise ich auf meine Schrift: „Das Prinzip der logischen Unabhängigkeit in der Mathematik, zugleich als Einführung in die Axiomatik". München 1915, welche den Gesichtspunkt der Synthese durchgehends bereits in hohem Maße für die Mathematik durchführt. Auf weitere, recht weitgehende Konsequenzen dieser Gedankengänge für die Mathematik behalte ich mir vor, an anderer Stelle zurückzukommen.

5. Abschnitt: **Über den Begriff der „Einfachstheit" in der Methodik der Physik und der exakten Wissenschaften.**[1]

In seiner wichtigen Abhandlung „Bemerkungen über die sogenannte absolute Bewegung, Raum und Zeit"[2] betont H. v. Seeliger in besonders klarer Weise die „Einfachstheit" der sogenannten Euklidischen Geometrie, welche als Forderung aufgestellt werden müsse. Dies führt darauf, das Problem der „Einfachstheit" einmal vom allgemeinsten logischen Gesichtspunkte aus anzugreifen, was bisher überhaupt noch nicht versucht worden zu sein scheint.[3] Der Begriff und die Forderung der Einfachstheit spielen bekanntlich von jeher eine bedeutende Rolle in den Überlegungen der exakten Wissenschaften. Schon bei Aristoteles kann man Formulierungen finden, welche sich so interpretieren lassen. In neuerer Zeit ist der Begriff hauptsächlich im Anschluß an das von Ernst Mach und F. Avenarius so genannte „Ökonomieprinzip" besonders häufig zur Sprache gekommen und wurde von vielen Forschern (ich nenne nur Ostwald, Petzold, Popper u. a.) vertreten. In der Mathematik und den exakten Naturwissenschaften wurde die Forderung der Einfachstheit (unabhängig von dem damals mehr biologisch begründeten „Ökonomieprinzip") gestellt und formuliert von Forschern wie Felix Klein, Aurel Voss u. a. Speziellere Betrachtungen über diesen Begriff jedoch scheinen bisher nur wenig angestellt worden zu sein.[4]

I. Allgemeine Fassungen.

Offenbar sind die Dinge, unter denen wir eine Auswahl treffen wollen, wenn wir nach dem „einfachsten" fragen, logische

---

[1] Dieser Abschnitt ist eine im wesentlichen wörtliche Wiedergabe meiner Arbeit mit dem gleichen Titel, die ich in der „Zeitschrift für Physik", III (1920), S. 425—436 veröffentlicht habe.

[2] Vierteljahrsschr. d. astronom. Ges. 48, 1913.

[3] Eine besondere Anregung hierzu war mir auch eine freundliche briefliche Bemerkung von Herrn Prof. L. Graetz, die auf die Ungelöstheit dieses Problems hinwies.

[4] Ich darf hier wohl auf die einschlägigen Ausführungen in meinen „Grundlagen der angewandten Geometrie. Eine Untersuchung über den Zusammenhang zwischen Theorie und Erfahrung in den exakten Wissenschaften." Leipzig 1911, hinweisen. Siehe ferner H. Poincaré, Wissenschaft und Hypothese, deutsch von F. und L. Lindemann.

Formulierungen, denn, selbst wenn es einmal konkrete Dinge sein sollten, die uns zur Auswahl vorliegen, müssen wir diejenigen Bestimmungen der Dinge, auf die sich die Auswahl richten soll (es können stets nur endlich viele sein), zuerst uns ins Bewußtsein heben, ihrer verschiedenen Arten und Möglichkeiten uns begrifflich bewußt werden. Die endgültige Auswahl kann also hier nicht an den konkreten Dingen selbst geschehen, sondern geschieht an dem hergestellten begrifflichen Material.

Offenbar setzt ferner die Auswahl einer einfachsten logischen Formulierung eine gewisse Mehrzahl, Menge oder Gruppe von solchen voraus, unter denen gewählt wird. Eine solche vorgelegte Gruppe von logischen Formulierungen (vorgelegt, d. h. bestimmt, definiert muß sie sein, weil anderenfalls die Aufgabe unbestimmt ist) heiße „Auswahlgruppe", jede dieser angehörige Formulierung ein „Individuum" derselben. Alle diese Feststellungen folgen bereits lediglich aus dem Sinne unseres Problems.

Wir wenden uns zu einigen notwendigen logischen Fassungen.

1. Eine von mir zu bildende oder zu wählende logische Formulierung wird gebildet oder gewählt durch ihre Angabe.

2. Die Angabe einer logischen Formulierung geschieht durch Angabe von Bestimmungen.

3. Zwei logische Formulierungen, die alle Bestimmungen gemeinsam haben, heißen identisch.

4. Wird von einer Gruppe von logischen Formulierungen gesprochen, so sollen diese alle untereinander als nicht identisch, als verschieden angenommen werden.

5. Werden Bestimmungen einer logischen Formulierung derart angegeben, daß dadurch ein und nur ein Individuum einer Gruppe von logischen Formulierungen angegeben ist, dann sagen wir, dieses Individuum sei durch die angegebenen Bestimmungen „in bezug auf die gegebene Gruppe eindeutig bestimmt".

6. Eine Angabe, welche hinreicht, ein Individuum einer Gruppe eindeutig zu bestimmen, heiße eine „eindeutige Angabe oder Bestimmung" des Individuums.

7. Kann eine Bestimmung in der Angabe eines Individuums aus den übrigen nach logischen Regeln abgeleitet werden, so heiße sie eine ableitbare Bestimmung des Individuums.

8. Eine Gruppe von Bestimmungen, welche die eindeutige

Bestimmung eines Individuums leistet, heiße eine **Basisgruppe** von Bestimmungen des betreffenden Individuums.

9. Enthält eine Basisgruppe keine aus den übrigen ableitbaren Bestimmungen, so heiße sie eine **kanonische Basisgruppe**.

10. Eine Gruppe von logischen Formulierungen kann gegeben sein

a) durch Aufzählung der Individuen,

b) durch logische Definition.

11. Eine Gruppe von logischen Formulierungen heiße in unserem Zusammenhang auch kurz eine **Auswahlgruppe** oder ein **Bereich von logischen Formulierungen**.

12. Ist eine Auswahlgruppe durch logische Definition gegeben, so sind Bestimmungen angegeben, welche allen Individuen dieser Gruppe und nur diesen gemeinsam sind.

13. Die Bestimmungen in der Definition einer logisch definierten Auswahlgruppe heißen „**Gruppenbestimmungen**".

14. Alle Bestimmungen eines Individuums einer Auswahlgruppe von logischen Formulierungen, welche nicht Gruppenbestimmungen sind, heißen „**Individualbestimmungen**".

15. Wir unterscheiden zwischen **positiven** und **negativen** Bestimmungen einer logischen Formulierung.

NB. Eine negative Bestimmung ist die Aussage, daß die Formulierung eine gewisse Bestimmung nicht hat. Dabei sollen die Definitionsbestimmungen einer positiven Bestimmung selbst wieder nur positiv sein, und deren Definitionsbestimmungen wieder, usw.

16. Sind zwei Bestimmungen einer logischen Formulierung so beschaffen, daß sie zwar nicht auseinander ableitbar sind, daß aber die Negation der einen mit der anderen einen Widerspruch einschließt, so heißen sie „**abhängig**" voneinander. Im anderen Falle heißen sie **unabhängig voneinander**.

NB. Die Eigenschaften eines Vierecks, gleichseitig und gleichwinklig zu sein, sind unabhängig voneinander.

17. Ist eine Bestimmung so beschaffen, daß sie (mittels der „Axiome" des betreffenden Bereiches) aus einer Gruppe von anderen Bestimmungen logisch hergeleitet werden kann, und umgekehrt aus der Bestimmung diese Gruppe, dann heißt die Bestimmung mit der Gruppe „**äquivalent**", und wir sagen auch: Die Bestimmung „**zerfällt in die Bestimmungen der Gruppe als Teilbestimmungen**".

18. Eine Bestimmung einer logischen Formulierung heißt „elementar für einen Bereich oder eine Auswahlgruppe“, wenn sie entweder nicht in unabhängige Teilbestimmungen zerlegbar ist, oder, wenn sie zerlegbar ist, keine dieser Teilbestimmungen bei einem Individuum des Bereiches ohne alle übrigen Teilbestimmungen der betreffenden Bestimmung vorkommt, derart, daß von jedem Individuum, von dem eine Teilbestimmung der Bestimmung ausgesagt werden kann, stets auch die Bestimmung selbst ausgesagt werden kann.

NB. Im Bereiche der chemischen Elemente ist die Eigenschaft, in Atome zu zerfallen, elementar; wenn wir vorschriftsgemäß nur die chemischen Elemente betrachten, kommt eine etwaige Zerlegung der Atome in Bestandteile, die für sich keine chemischen Elemente sind, nicht in Betracht.

Wir sind nun hinreichend vorbereitet, um eine exakte logische Definition von „einfachst“ in einem bestimmten Sinne zu geben. Wir sagen: In einer Auswahlgruppe (Bereich) von logischen Formulierungen heißt diejenige die „einfachste“, welche die kleinste Anzahl positiver, unabhängiger, für den betreffenden Bereich elementarer Individualbestimmungen aufweist.

NB. Es ist klar, was die näheren Bestimmungen besagen. Die Bestimmungen sollen positiv sein, denn negative kann man beliebig viele angeben. Sie sollen unabhängig sein, damit nicht bei der Zählung eine Bestimmung mehr als einmal gezählt wird. Sie sollen für den betreffenden Bereich elementar sein, damit nicht durch Zerlegung der Bestimmungen in Teilbestimmungen (was womöglich in verschiedener Art stattfinden kann) die Art der Zählung unsicher gemacht wird. Es erhebt sich nun die Frage: Ist diese Definition immer eindeutig bzw. in welchen Fällen ist sie es? Eine allgemeine Beantwortung dieser Frage scheint recht schwierig. Wir begnügen uns daher mit der Behandlung einiger speziellerer Gruppen von Fällen, die für unsere Zwecke ausreichen.

II. Behandelbare Fälle.

Sind die sämtlichen logischen Formulierungen der vorgelegten Auswahlgruppe (Bereich) so beschaffen, daß ihre Definitionen einen einheitlichen „Baustein“ benutzen, aus dem alle Individuen unverändert irgendwie zusammengesetzt sind (durch „Integration"), und besteht andererseits der Bereich selbst aus allen mittels dieses unveränderten Bausteines aufbaubaren Dingen, und wird dann nach dem einfachsten Ding dieses Bereiches gefragt, so ist der Baustein selbst dieses einfachste Ding.

Jeder einzelne für ein Ding verwendete Baustein ist nämlich eine positive (mindestens von dem ersten), unabhängige und für den Bereich elementare Bestimmung des Dinges. Daraus folgt nach unserer Definition eindeutig, daß der Baustein selbst das einfachste Ding des Bereiches ist.

Beispiel: Der Bereich bestehe aus sämtlichen möglichen Gebäuden, die mit einer bestimmten Sorte von Ziegelsteinen hergestellt werden können. Gefragt ist nach den einfachsten solchen Gebäuden. Das einfachste Gebäude ist der Ziegelstein selbst.

Beispiel: Der Bereich bestehe aus sämtlichen möglichen Figuren des Raumes. Gefragt ist nach der einfachsten Figur. Wir wissen, daß alle Individuen des Bereiches und nur diese aus dem Raumpunkt als Baustein zusammengesetzt sind. Die einfachste Figur des Raumes ist also der Raumpunkt selbst.

In gleicher Weise schließt man, daß „1" die einfachste ganze positive Zahl ist.

Haben wir andererseits nicht den Fall der Integration, dann gibt es keinen gemeinsamen Baustein für die Individuen des Bereiches, und diese müssen durch andere Bestimmungen unterschieden sein. Dieser (meist vorliegende) Fall heiße der „der Synthese von Bestimmungen". Da dieser Fall nicht erschöpfend auf einfache Weise zu behandeln scheint, beschränken wir uns auf einige Gruppen von Fällen, wo eine Behandlung möglich ist.

Eine Regel, welche eine große Zahl wichtiger Fälle von Auswahlgruppen mittels Synthese von Bestimmungen zu behandeln gestattet, ist folgende: Man bestimmt den einfachsten Fall durch die Festsetzung, daß er derjenige sei, bei dem alle Bestimmungen, bei denen dies überhaupt möglich, untereinander gleich sind (Gleichheitsregel). Offenbar weist ein so bestimmtes Individuum eine geringere Zahl von Individualbestimmungen auf, als eines, bei dem an irgendeiner möglichen Stelle statt einer Gleichheit eine Ungleichheit steht. Ist nun die Auswahlgruppe so beschaffen, daß die Individualbestimmungen der Individuen ausnahmslos aus den Gruppenbestimmungen dadurch hervorgehen, daß für die letzteren jeweils bestimmte, geeignet zu wählende Zahlenmengen ausgewählt werden, so umfaßt unsere Regel sämtliche vorhandenen Gruppenbestimmungen überhaupt. Werden dann noch an allen Stellen, wo Zahlen als untereinander gleich festgesetzt wurden, die einfachsten Zahlen gewählt, so ist klar, daß wir volle Eindeutigkeit der Lösung haben. Von dieser Art sind die meisten Fälle in Mathematik und exakten Wissenschaften.

Von besonderer Wichtigkeit ist, wie noch betont sei, stets die vollständige und eindeutige Definition des vorgelegten Bereiches. Nehme ich als Bereich z. B. die Kurven des R_3, so können diese sowohl analytisch als synthetisch als intrinsec definiert sein, es können die einfachsten Kurvengleichungen oder die einfachsten Kurvengestalten gesucht sein. Es ist also dieser Bereich unzulänglich definiert. In der Tat fallen auch die Resultate teilweise auseinander. So ist die einfachste intrinsece Gleichung $\varrho = 0$ und $\varrho = \infty$, diese liefern aber nicht nur die Kurven einfachster Gestalt, sondern auch die ausgeartete Kurve: den Punkt.

Die Fassung: „das einfachste Individuum eines Bereiches ist jenes, das überhaupt keine Individualbestimmungen hat", ist hier nicht angängig, da diese Definition nach unseren Formulierungen mit der Definition des Bereiches selbst identisch wäre.

Beispiel: Der gegebene Bereich sei die Gesamtheit der möglichen inneren Strukturen der Körper, soweit sie durch eine skalare Ortsfunktion charakterisiert sind, so daß die Struktur in jedem Punkte durch eine Zahl angegeben sei. Der einfachste Fall ist der, wo diese Zahl für jeden Punkt des Körpers die gleiche, die Ortsfunktion eine Konstante ist. Es ist der „absolut homogene" Körper. Natürlich ist ein solcher in der Wirklichkeit (schon wegen der atomistischen Struktur) nirgends vorhanden. Aber die logische Konstruktion wird stellenweise benötigt, und ihre praktische Verwendung erfolgt in vielen Fällen einer ersten Annäherung, wo die Feinstruktur des Körpers noch unerreichbar oder momentan ohne Wichtigkeit ist.

Beispiel: Der gegebene Bereich sei die Gesamtheit der Möglichkeiten, wie ein wirkender Punkt in seine Umgebung wirken kann. Der einfachste Fall ist der, wo die Wirkung nach allen Seiten die gleiche ist.

III. Spezielle Fälle.

a) Verschiedenes. Es seien nun auf Grund des Vorstehenden besondere Fälle behandelt.

1. Der gegebene Bereich: Die Gesamtheit aller Abhängigkeiten zwischen zwei reellen Größen ($-\infty \leqq x \leqq +\infty$, $-\infty \leqq y \leqq +\infty$). Gesucht: die einfachste solche Abhängigkeit. Es sei x die unabhängige Veränderliche, also $y = f(x)$, wo also x seine Wertereihe stetig durchlaufe, was keine Einschränkung bedeutet. Es sollen also gleichen Zuwachsen von x irgendwelche Zuwachse von y entsprechen. Die Gleichheitsregel liefert die Forderung, daß gleichen Zuwachsen von x gleiche von y entsprechen sollen. Ist also $\varDelta x = \text{const}$, dann ist auch $f(x + \varDelta x) - f(x) = \varDelta y = \text{const}$ und $\varDelta y : \varDelta x$ unabhängig von x auch für $\lim \varDelta x = 0$. Daher: $f'(x) = \text{const}$, $f(x) = ax + b$, wo a und b konstant. Soll für $x = 0$ auch $y = 0$ sein, so folgt der Satz: Die einfachste Abhängigkeit zweier gleichzeitig verschwindender Größen ist $y = a\,x$, d. h. die Proportionalität (wobei über a nach den Bedingungen der Aufgabe zu bestimmen). Der Satz kommt in der Physik überaus häufig zur Verwendung.

NB. Hierin ist die „umgekehrte Proportionalität" mit enthalten, denn durch geeignete Begriffsbildung kann stets die Variable $1/t$ durch x ersetzt werden.

Beispiel: Das Ohmsche Gesetz. Die Intensität J hängt ab von der elektromotorischen Kraft E und der „Durchlässigkeit" D der Leitung (wo $D = 1$: Widerstand). Soll das Gesetz die einfachste Form haben (aus methodologischen Gründen), so folgt: $J = a \cdot E \cdot D$ (wo a Maßkonstante).

2. Der gegebene Bereich: Die Gesamtheit aller ebenen „Kurven" (d. h. hier Kurvengleichungen): $y = f(x)$. Gesucht: die einfachste „Kurve". Nach 1. lautet sie: $y = a\,x + b$.

3. Der gegebene Bereich: Die Gesamtheit der „Bewegungen" eines Punktes auf einer Geraden (die sich als Abhängigkeit des Weges s von der Zeit t, als $s = f[t]$ darstellen). Gesucht: die einfachste solche „Bewegung". Nach 1. lautet sie (für $s = 0$ auch $t = 0$): $s = at$. Also: Die einfachste Bewegung eines Punktes längs einer Geraden ist die gleichförmige Bewegung.

4. Der gegebene Bereich: die Gesamtheit der nicht gleichförmigen Bewegungen eines Punktes auf einer Geraden ($s = f[t]$). Gesucht: die einfachste solche Bewegung. Bei konstanten Zuwachsen der Zeit sollen also die Zuwachse von s nicht konstant sein, sondern die einfachste Art der Veränderlichkeit (Abhängigkeit von der Variablen) aufweisen. Nach 1. ist dies (bei geeigneter Definition) die Proportionalität, also: $\Delta s : \Delta t = a \cdot t$, woraus $d s : d t = a \cdot t$, $s = {}^1/_2 at^2$. Die einfachste nicht gleichförmige Bewegung ist die gleichförmig beschleunigte Bewegung.

5. Der gegebene Bereich: Die Gesamtheit der ebenen Kurven ihrer Gestalt nach betrachtet. Gesucht: die einfachste solche. Betrachtet man die Halbgeraden, welche auf der Kurve normal stehen, als etwa nach ihrem Fußpunkte gerichtet, so kann man eine Krümmung der Kurvenseiten definieren durch $\varrho_s = \lim (\Delta s : \Delta \varepsilon)$, wo s die Bogenlänge, ε der Winkel der Normalen gegen eine feste Richtung. ϱ_s hat dann auf den beiden Seiten verschiedenes Vorzeichen. Nach der Gleichheitsregel sind bei der einfachsten Kurve diese beiden Krümmungen einander gleich: $\frac{\Delta \varepsilon}{\Delta s} = -\frac{\Delta \varepsilon}{\Delta s}$; also: $\frac{\Delta \varepsilon}{\Delta s} = 0$. Die einfachste Kurve ist also die Gerade.[1]

6. Gegebener Bereich: Gesamtheit aller endlichen Körper, welche eine „Wirkung ausüben". Gesucht: der einfachste solche. „Wirkung" ist dabei logisch bestimmt durch das sogenannte Prinzip vom zureichenden Grunde: daß ohne zureichenden Grund keine Wirkung vorhanden sein soll. [Bei synthetischem Vorgehen gilt auch die Umkehrung, daß jede Verschiedenheit des wirkenden Dinges auch eine Verschiedenheit der Wirkung im Gefolge habe.[2]] Nach der Gleichheitsregel muß die Wirkung

[1] Was die Frage nach dem Zusammenfallen dieser Kurve mit derjenigen anbelangt, die wir empirisch als Gerade bezeichnen, so verweise ich für näheres auf meine „Grundlagen der angewandten Geometrie", Leipzig 1911. Hier nur so viel, daß die dort angegebene empirische Herstellung von Ebene und Gerade genau nach dem gleichen geometrischen Prinzip erfolgt, nach welchem sich oben die Gerade als die einfachste Kurvengestalt erweist.

[2] Dieser Satz, der ebenso wichtig ist wie das principium causae sufficientis, bewirkt mit diesem zusammen beim synthetischen Aufbau logischer Formulierungen Eindeutigkeit und Ökonomie der Formulierungen. Im Experimentellen ist die Umkehrung praktisch oft weniger wichtig, weil die Wirkung vorhandener Ursachen oft zu klein ist, um schon bemerkt zu werden. Das ist wohl auch der Grund, warum diese Umkehrung in den Logikbüchern oft fehlt.

nach allen Seiten gleich sein, es darf also aus der Gestalt des Körpers kein hinreichender Grund für eine Verschiedenheit der Wirkung nach verschiedenen Seiten sich ergeben. Nun ist aber jede Verschiedenheit ein hinreichender Grund. So folgt, daß es im Körper einen Punkt geben muß, von dem aus der Körper sich nach allen Richtungen gleich verhält. *Der einfachste in die Umgebung wirkende Körper ist kugelförmig und seine innere Beschaffenheit verhält sich in konzentrischen Kugelschalen um den Mittelpunkt gleichmäßig.* Eine weitere mögliche, aber nicht nötige Vereinfachung bildet dann die homogene Kugel.

7. Gegebener Bereich: Gesamtheit aller möglichen Gesetze, nach denen eine homogene Kugel in ihre Umgebung wirken kann. Gesucht: das einfachste solche Gesetz. Nach früherem ist die Wirkung nach allen Richtungen gleich. Um weiteres aussagen zu können, sprechen wir der Kugel *ein gewisses zahlenmäßig ausdrückbares* Maß der Wirkung zu. Es heiße die „Gesamtwirkung ω“ der Kugel. Nach der Gleichheitsregel ist im einfachsten Falle ω in der Zeit konstant. Eine konzentrische um die Kugel gelegte Kugelfläche erfährt die gesamte Wirkung der Kugel, da jede von der Kugel in die Umgebung gehende Richtung auf sie stößt. Nach dem Prinzip vom zureichenden Grunde ist die Wirkung auf jeden Punkt der Kugelfläche und auf Stücke gleichen Flächeninhaltes die gleiche. Nach der Gleichheitsregel ist ferner der einfachste Fall, daß die Gesamtwirkung auf jede konzentrische Kugelfläche die gleiche ist (gleich ω).

Sei ϱ der Radius einer konzentrischen Kugelfläche, die Gesamtwirkung der Kugel auf 1 qcm der Fläche ω_ϱ, so ist $\omega = 4\pi\varrho^2 \cdot \omega_\varrho$, also $\omega_\varrho = \frac{1}{4\pi} \cdot \frac{\omega}{\varrho^2}$. Ebenso erhält man die Wirkung auf ein beliebig kleines Flächenstück.

Die einfachste Wirkung einer homogenen Kugel in ihre Umgebung ist so beschaffen, *daß die auf einen Punkt ihrer Umgebung ausgeübte Wirkung direkt proportional der Gesamtwirkung der Kugel, indirekt proportional dem Quadrate seiner Entfernung vom Mittelpunkte ist.*

b) *Raum und Zeit.* Wir wollen jetzt, grob gesprochen, den einfachsten Raum und die einfachste Zeit suchen. Hierbei ist unter „Raum“ verstanden: die Maßverhältnisse einer reellen

Punktmannigfaltigkeit M_i von gegebener Dimensionszahl i. Sind $P\,(x_1, x_2 \ldots x_i)$ und $Q\,(y_1, y_2 \ldots y_i)$ zwei Punkte der M_i, so seien die Maßverhältnisse der M_i charakterisiert durch die Entfernungsfunktion $E\,(P, Q)$. Ein „Messen" ist nur möglich längs einer Linie, längs deren sich die Entfernungen addieren. Wir bezeichnen also die Gesamtheit der Punkte X, welche der Gleichung

$$E\,(P, X) + E\,(X, Q) = E\,(P, Q)$$

genügen (wobei festgesetzt sei, daß $E\,(P, Q) = -E\,(Q, P)$ gerechnet werden soll), als „Maßlinie der M_i".[1] Wir fordern also, aus dem Sinn der Aufgabe heraus, daß E dieser Funktionalgleichung genüge. Für $P \equiv Q \equiv R$ folgt dann $E\,(P, P) = 0$.

Die Maßlinien der euklidischen M_3 sind die Geraden, wie sich daraus ergibt, daß sich die Gleichung

$$\pm\sqrt{(a_1-x)^2+(b_1-y)^2+(c_1-z)^2} \pm \sqrt{(x-a_2)^2+(y-b_2)^2+(z-c_2)^2}$$
$$= \pm\sqrt{(a_1-a_2)^2+(b_1-b_2)^2+(c_1-c_2)^2}$$

durch eine einfache Umformung überführen läßt in:

$$\begin{vmatrix} x & y & 1 \\ a_1 & b_1 & 1 \\ a_2 & b_2 & 1 \end{vmatrix}^2 + \begin{vmatrix} y & z & 1 \\ b_1 & c_1 & 1 \\ b_2 & c_2 & 1 \end{vmatrix}^2 + \begin{vmatrix} z & x & 1 \\ c_1 & a_1 & 1 \\ c_2 & a_2 & 1 \end{vmatrix}^2 = 0.$$

Es sei also zunächst der gegebene Bereich: Die Gesamtheit der eindimensionalen Entfernungsfunktionen $E\,(P, Q)$. Gesucht: die einfachste solche Funktion. Sei a ein fester, x ein variabler Punkt, so haben wir in $E\,(a, x)$ eine Funktion $f\,(x)$. Nach Beispiel a) 1. ist die einfachste solche: $E\,(a, x) = c_1 x + c_2$, wo die c_1, c_2 Konstante. Wegen $E\,(a, a) = 0$ folgt: $c_2 = -c_1 a$, woraus $E\,(a, x) = c_1\,(x - a)$. Wählen wir c_1 im einfachsten Falle gleich 1, so kommt $E\,(x, y) = y - x$, und es gilt offenbar: $E\,(a, x) + E\,(x, y) = E\,(a, y)$, d. h. die M_1 stellt hier selbst eine Maßlinie dar.

Würden wir auch im zweidimensionalen Falle der M_2 nur die Forderung stellen, daß gleichen Zuwachsen der Variablen gleiche der Funktion entsprechen, so würde das nicht genügen. Wir fordern daher, daß dies gerade längs der Maßlinien stattfinden soll, womit die Maßverhältnisse der Maßlinien einfachster Art und denen der M_1 analog werden. Unsere Forderung lautet

[1] Siehe meine „Grundlagen der angewandten Geometrie", S. 145.

daher kurz: die Maßverhältnisse der Maßlinien sollen einfachster Art werden (also denen der einfachsten M_1 analog).

Seien (a, b), (x, y), $(x + \Delta x,\ y + \Delta y)$ drei Punkte einer Maßlinie der M_2, so gilt:

$$F = E(x, y, x + \Delta x, y + \Delta y) = E(a, b, x + \Delta x, y + \Delta y) \\ - E(a, b, x, y) = \Delta E(a, b, x, y),$$

und dies soll, wenn Δx und Δy konstant, konstant, d. h. frei von x und y sein. Behandeln wir x und y als unabhängig, so kommt:

$$\frac{dF}{dx} = \frac{\partial F}{\partial x} + \frac{\partial F}{\partial (x + \Delta x)} \frac{\partial (x + \Delta x)}{\partial x} = 0,$$

woraus:

$$\frac{\partial F}{\partial x} = - \frac{\partial F}{\partial (x + \Delta x)}$$

und ebenso folgt aus

$$\frac{dF}{dy} = 0: \quad \frac{\partial F}{\partial y} = - \frac{\partial F}{\partial (y + \Delta y)}.$$

Setzen wir: $x + \Delta x = p$, $y + \Delta y = q$, so folgt: es ist E eine Funktion von $(p - x)$ und von $(q - y)$ allein. Also $E = \Phi(p - x,\ q - y)$. Für unendlich kleine Zuwachse folgt: $ds = \Phi(dx, dy)$. Machen wir der Kürze halber die einfachere Annahme, daß der „Raum" im Unendlichkleinen euklidisch sei[1], so kommt:

$$ds = \sqrt{a_{11}\, dx^2 + 2 a_{12}\, dx\, dy + a_{22}\, dy^2},$$

wo die a_{ik} Konstante. Damit folgt: Das einfachste Maßverhältnis in der M_2 ist das euklidische.

In ganz der gleichen Weise erhält man den einfachsten n-dimensionalen „Raum". Es wird

$$E(x_1 x_2 \ldots x_n y_1 y_2 \ldots y_n) = \Phi(y_1 - x_1, y_2 - x_2 \ldots y_n - x_n)$$
$$ds = \Phi(dx_1\, dx_2 \ldots dx_n).$$

Dies liefert:

$$ds = \sqrt{\Sigma\, \Sigma\, a_{ik}\, dx_i\, dx_k}$$
$$(i, k = 1, 2 \ldots n) \quad (a_{ik} = \text{const}).$$

[1] Wodurch wir die gewöhnliche „Differentialgeometrie" benutzen können. Man würde auch ohne diese — übrigens sicher einfachste — Annahme direkt von Φ aus zur euklidischen Entfernungsfunktion gelangen können, allerdings durch umständliche Betrachtungen, die einem Teile der Funktionentheorie angehören.

Das einfachste Maßverhältnis in der M_n ist das euklidische. Da die Zeit eine lineare Mannigfaltigkeit ist, so folgt: Die einfachste „Zeit" ist die euklidische.

c) Das Newtonsche Gesetz. Es sei nunmehr untersucht, in welcher Hinsicht das Newtonsche Gesetz ein einfachstes ist. Der gegebene Bereich sei die Gesamtheit aller derjenigen Gesetze, nach denen ein endlicher Körper auf einen anderen solchen derart einwirkt, daß letzterer vom Momente der eintretenden Möglichkeit an eine Bewegung vollzieht. Gesucht ist das einfachste solche Gesetz.

Nach Beispiel a 6 ist der einfachste wirkende Körper eine homogene Kugel, und nach a 7 kennen wir deren einfachstes Wirkungsgesetz. Die bewirkte Bewegung, welche ebenfalls einfachst sein muß, kann, da sie von Null beginnen soll, nicht eine gleichförmige sein. Sie ist daher die gleichförmig beschleunigte. Haben wir also in der Entfernung r vom Zentrum unserer Wirkungskugel K_1 von der Gesamtwirkung w eine zweite solche K_2 von der Gesamtwirkung w', so ist die einfachste Abhängigkeit der Wirkung von K_1 die der Proportionalität. Es wird also die Wirkung von K_1 auf K_2: $P = w' \cdot \frac{w}{r^2} \cdot k$ (wo k eine Maßkonstante). Da die einfachste von K_1 ausgeübte Wirkung $\frac{w}{r^2} \cdot k$ eine Beschleunigung sein sollte, so haben wir, falls die „Gesamtwirkung" einer Kugel hier als ihre „Masse" und die Größe P als „Kraft" bezeichnet wird, den Satz: Das Maß der von K_1 auf K_2 ausgeübten Kraft ist gegeben durch das Produkt aus der Masse von K_2 in die ihm erteilte Beschleunigung. Die Beschleunigung ist direkt proportional der Masse von K_1, indirekt proportional dem Quadrat des Abstandes der Kugelmittelpunkte. (Newtonsches Gesetz.)

Wegen des Prinzips vom zureichenden Grunde erfolgt die Bewegung längs der Zentrale der beiden Kugeln. Daß die Bewegung eine „annähernde" ist, ist deshalb das einfachere weil dadurch zunächst die uns näheren Dinge ohne weiteres erklärt werden (freier Fall usw.).

NB. Will man auf dem Gesagten eine (synthetische) Mechanik weiter begründen, so ist in systematischer Hinsicht folgendes zu sagen:

Die Definition und das Maß einer „Kraft" ergab sich hier lediglich aus der Forderung der Einfachstheit. Man wird, um mit dieser Definition im Einklang zu bleiben, das Maß jeder Kraft als Masse mal Beschleunigung bestimmen. Es enthält die Gleichung des Newtonschen Gesetzes hier zugleich die Definitionsgleichung der „Kraft". Hierdurch löst sich folgende in der Literatur öfter bemerkte Schwierigkeit. Betrachte ich die „Dimension" einer Kraft im CGS-System, so ist diese $[m\,l\,t^{-2}]$. Würde ich dies in die Gleichung des Newtonschen Gesetzes einführen, so käme:

$$[m\,l\,t^{-2}] = [k]\cdot[m^2\,l^{-2}],$$

woraus für die „Gravitationskonstante" k sich die Dimension $[m^{-1}\,l^3\,t^{-2}]$ ergäbe, die vielfach der Anlaß war, eine verwickelte Konstitution derselben zu vermuten. Nun ist aber klar, daß man die Gleichsetzung $[m\,l\,t^{-2}] =$ usw. gerade in dem einzigen Falle nicht anwenden darf, wo die Gleichung vorliegt, welche diese Beziehung erst definiert. Die Dimension der Gleichung des Newtonschen Gesetzes lautet also nur: [Gravitationskraft] = $[k]\cdot$[Masse · Beschleunigung]. k ist also nur eine Maßkonstante, die durch geeignete Definition der Masse (die ja hier ebenfalls erst definiert wird) zu 1 gemacht werden kann.[1]

[1] Vielleicht ist es am Platze, noch besonders darauf hinzuweisen, daß das Kriterium der Einfachstheit hier in logischen Regeln selbst liegt und nicht etwa irgendwie in der Wirklichkeit zu liegen braucht. (So ist z. B. das Galileische Trägheitsprinzip einfacher als das Aristotelische, weil die allgemeine Gerade z. B. in der Ebene zwei, der allgemeine Kreis aber drei wesentliche Konstante hat.) Dies kommt besonders zur Geltung bei der Anwendung des Gesagten auf die Theorie der physikalischen Forschung.

II. Teil.

Die Grundlagen der synthetischen Physik.

1. Kapitel. **Die Darstellungsbasis: Raum und Zeit.**

§ 1. **Punktmäßige Darstellung.**

In unserem bisherigen Aufbau haben wir nur insofern einen Konnex mit der Realität herzustellen vermocht, als er sich auf die Gesetze von Mengen diskreter Dinge bezog. Unser Bestreben geht aber viel weiter: Wir wollen die Realität in allen ihren Teilen bis ins Kleinste hinein sozusagen bis zur „punktmäßigen Richtigkeit“ durch allgemeine Gesetze beherrschen. Dies ist die Form, in der wir das allgemeine Zweckprinzip des 1. Teiles unserem weiteren Aufbau an die Spitze setzen wollen.

Zu diesem Zweck müssen wir ein allgemeines System herzustellen suchen, das die Gesamtheit der Realität „punktmäßig“ umfaßt, d. h. so weitgehend, daß unsere allgemeinen Gesetze jeden kleinsten Teil unserer Realität umfassen, und allgemeine Aussagen darüber erlauben.

Es ist klar, nach unserem allgemeinen Schlachtplan, daß wir diesen Aufbau wiederum durch Festsetzungen, welche nach dem Prinzipe der Einfachstheit ausgewählt sind, zu errichten versuchen werden, wobei es hauptsächlich auf die genaue Festlegung darüber ankommen wird, wie diese dann ihre Geltung in der Realität gewährleistet erhalten, auf den genauen Nachweis, daß, und wie dies gelingt. Wir wollen den gesamten so entstehenden Aufbau kurzer Bezeichnung halber als „die reine Synthese“ benennen, wobei schon alle bisherigen Festsetzungen, deren wir uns ja zum Weiteren werden bedienen müssen, als ebenfalls zur reinen Synthese gehörig betrachtet werden.

Wenn wir nun daran gehen, uns mit der Grundlegung der synthetischen Physik im eigentlichen Sinne zu beschäftigen, so sei zunächst folgendes betont. Es ist etwas völlig Verschiedenes, ob ich unter bewußter oder unbewußter Benutzung der bestehenden logischen und experimentellen Fundamente (denn auch diese gibt es, wie wir sehen werden) in einem Teilgebiete der Physik eine Theorie aufstelle, oder ob ich die Grundlagen für die gesamte rationale Erfassung der Realität, ob ich die Grundlagen der „Gesamtphysik" zu legen mich bemühe. Der Leser kann daher nicht unsere Überlegungen über das letztere Problem etwa dadurch in seinem Geiste auf die Probe stellen wollen, daß er sich fragt, ob unsere Resultate mit den Gepflogenheiten unmittelbar übereinstimmen, die er etwa selbst bei der Erforschung spezieller Probleme angewandt hat. Daraus folgt also, daß die praktischen Forschungsregeln einer besonderen Betrachtung bedürfen werden. Wir werden sorgfältig zu unterscheiden haben zwischen dem systematischen Aufbau der Gesamtphysik vom ersten Anfange an, und den Verfahrensweisen, die sich für die Behandlung eines speziellen Problems als besonders geeignet erweisen.

In der bisherigen Physik, die wir als die klassische Physik kurz bezeichnen wollen, wurde dieser Zweck der punktmäßigen Erfassung der Realität in folgender Weise erreicht: Man legte eine sozusagen vierdimensionale Punktmannigfaltigkeit zugrunde, bestehend aus dem dreidimensionalen Raum und der eindimensionalen Zeit. Die Punkte dieser M_4 waren sozusagen unabhängig voneinander. Wir bezeichnen diese M_4 als die „Darstellungsbasis" der Realität. Alle Dinge, Vorgänge, die dann in der Physik betrachtet wurden, waren Teilmengen dieser M_4.

Die Überlegungen in dieser Richtung nun, wie sie der reinen Synthese zugrunde liegen, sind folgende: An sich enthält die Realität überhaupt keinen Zwang zu irgendeiner Darstellungsbasis. An sich aber muß jedes System einer punktmäßigen Darstellung der Realität eine Darstellungsbasis aufweisen, als das „Logisch-Unabhängige" der betreffenden Darstellung. Denn jedes geschlossene logische System hat notwendig zu seiner Basis Elemente, die in diesem System noch nicht logisch abgeleitet sind. Diese Elemente bilden das „Logisch-Unabhängige" des Systems. Nun behaupte ich, daß die Realität zu keinerlei logischem Darstellungssystem uns zwingt, daß wir uns also theoretisch an sich sehr verschiedener logischer Systeme zu ihrer Darstellung bedienen könnten. Der Beweis dieser Behauptung liegt darin, daß kein solches System sich irgendwie aus der Realität beweisen läßt. Ein solcher Beweis nämlich wäre u. a. der Beweis einer Allgemeinaussage aus der Realität, und ein solcher ist, wie wir im ersten Teile sahen, niemals mit Vollbegründung aus der Realität selbst entnehmbar. Wir sahen dort, daß nur der Weg der Festsetzungen zu solchen Allgemeinaussagen vielleicht zu führen vermöchte. Daß dies tatsächlich der Fall, soll im folgenden gezeigt werden.

Es handelt sich also für uns darum, welche Darstellungsbasis wir wählen wollen für die punktmäßige Darstellung der Realität. Unser Zweckprinzip sagt uns, daß wir zu der logisch einfachsten solchen greifen sollen. Nun ist dies hier der einzige Punkt, wo dieses Kriterium notwendig als am ersten Anfange versagen muß. Wie wir sahen, könnten wir an sich eine Mannigfaltigkeit von beliebiger Dimensionszahl als Darstellungsbasis zugrunde legen. Darunter wäre die „einfachste" die M_1.

Nun besteht aber die Tatsache, daß wir schon vor jeder punktmäßigen Darstellung der Realität in dem vorsynthetischen Zustande des täglichen Lebens bereits eine aus rein praktischen Gründen entstandene Gepflogenheit in Hinsicht der Dimensionszahl vorfinden. Diese Gepflogenheit besteht in der Benutzung eines dreidimensionalen „Raumes" und einer eindimensionalen „Zeit".

Auf diese Wahlen treffen wir schon beim ersten wissenschaftlichen Bewußtwerden. Sie als unabhängige Darstellungsbasis der Realitätsbetrachtung zu wählen, werden wir offenbar durch gewisse zufällige Beschaffenheiten unserer physiologischen Konstitution veranlaßt (aber nicht absolut gezwungen), die wir als gegeben einfach vorfinden.[1] Zu diesen kann man die Art unserer Greifglieder und die unseres Sehapparates rechnen. Wer sich näher für solche Betrachtungen, wie wir uns das vorzustellen haben, interessiert, der sei auf die trefflichen Darlegungen H. Poincarés in seinen philosophischen Büchern zu dem Thema der Dreidimensionalität hingewiesen.

Da wir nun aber vom logischen Standpunkt in der Wahl der Darstellungsbasis völlig frei sind, andererseits aber im

[1] „Gegebenheitszufall".

täglichen Leben eine solche Wahl schon vorfinden, und zwar so, daß sie bereits in all unser naives Denken völlig übergegangen ist und nur mit größter Anstrengung geändert werden könnte, so bedienen wir uns unserer Freiheit dazu, daß wir festsetzen:

Auch die reine Synthese will als Basis der punktmäßigen Darstellung der Realität sich eines dreidimensionalen „Raumes" und einer eindimensionalen „Zeit" bedienen.

Damit erlauben wir in diesem einzigen Punkte gewissen zufälligen spontanen Einzeltatsachen der Realität, uns in unserer Wahl zu bestimmen. Aber auch dies ist kein Empirismus, denn wir sind uns dabei stets klar bewußt, daß dies kein Zwang ist, den die Realität auf uns ausübt, sondern daß es unsere durch das Zweckprinzip geleitete Wahl ist, welche in unserem Systeme zu dieser Entschließung greift.

Der wesentliche Grund, warum hier eine Ausnahme innerhalb der reinen Synthese vorliegt, ist wohl der, daß wir hier den einzigen Fall in der systematischen punktmäßigen Darstellung der Realität haben, wo es sich um rein qualitative Festsetzungen handelt, und diese sind ja auch im vorwissenschaftlichen Dasein schon möglich und notwendig. Etwas anderes ist es mit den nicht qualitativen, sondern zahlenmäßigen Aussagen im Sinne eines Kontinuums. Diese können, da sie eben Sache der Wissenschaft sind, im vorwissenschaftlichen Dasein nur vorläufige Formulierungen finden.

Anders als mit der qualitativen Bestimmung der Dimensionszahl bei Raum und Zeit steht es nun mit deren näherer Beschaffenheit innerhalb dieser Dimensionszahl, mit ihren „Maßverhältnissen". Nachdem doch nach unseren Festsetzungen der Raum eine M_3 ist, ist es nötig zu bemerken, daß es eine große Menge verschiedener Maßbestimmungen in der M_3 gibt. Wir können sofort sagen, daß nach unseren Prinzipien die logisch einfachste unter diesen für die reine Synthese gewählt werden muß. Dieses ist die sog. euklidische, wie die oben angestellte Untersuchung ergab. Die Hauptsache von allem wird aber dann sein, genau den Zusammenhang mit der Erfahrung festzustellen, d. h. zu zeigen, ob und wie es geschehen kann, daß wir dauernd dann auch in der Realität die von uns geforderte Maßbestimmung antreffen und durchzuführen vermögen.

§ 2. Der Körperbegriff.

Wenn wir uns nun im Vorstehenden über die logischen Grundprinzipien klar geworden sind, mit denen wir an die Realität herantreten wollen, so müssen wir uns nunmehr überlegen, wie wir diese in unserer Auffassung der Realität zur Geltung bringen können.

Die Realität, mit der wir uns bei der Grundlegung der Physik beschäftigen, ist das, was wir die „naive Realität" nennen wollen. Unsere Physik will ja die Gesamtheit der logischen Ordnungsmaßnahmen umfassen, welche wir an die Realität heranbringen, und zwar in systematischer Weise. Nun ist jede absolut ausgesprochene Kausalverknüpfung wie immer wieder seit Hume gezeigt wurde und wie es sich auch hier wieder gelegentlich zeigen wird, bereits eine solche Ordnungsmaßnahme. Daher fällt also der Satz, daß „ich" mittels der Augen-, Ohren-, Gefühlsempfindungen usw. von einer „Außenwelt" Kenntnis erhalte, ein Satz, der also ein Kausalverhältnis ausspricht, soweit er eine Allgemeinaussage sein will, bereits unter meine beabsichtigte Physik. Natürlich ist es im täglichen Leben unmöglich, ohne diesen Satz und ähnliche Kausalverbindungen auszukommen. Das tägliche Leben macht aber auch nicht den Anspruch, eine systematische Physik aufstellen zu wollen. Es bedient sich solcher Verknüpfungen — ohne sie auf ihre genaue Geltung zu untersuchen, lediglich auf Grund gewisser praktischer Umstände, zur praktischen Behandlung der Realität. Wir weisen solche Verknüpfungen daher auch der „vorläufigen Synthese" zu, aber immerhin einer Synthese. Wir aber stehen hier zunächst vor jeder auch vorläufigen systematischen Physik und wir haben es gar nicht nötig, uns über unsere sog. „Sinneswahrnehmungen" und „Sinnesorgane" Gedanken zu machen.

Die Realität, welche wir am Anfang unserer synthetischen Physik haben, ist eine sehr viel einfachere, sie ist noch in keiner Weise durch systematische gedankliche Konstruktionen unsererseits erweitert.

Ich will versuchen, die naive Realität zu beschreiben, was natürlich nur darin bestehen kann, daß ich die Unterschiede angebe, die sie von dem der landläufigen „sensualistischen" Realität, die aus den „Sinneswahrnehmungen" besteht, unterscheiden. Weitere ausführliche Erörterungen hierzu im letzten Teil des Buches.

Die naive Realität ist das, was ich jeden Augenblick erleben kann, wenn ich einfach des Seins gewahr werde. Ich „sehe" (zur Aussprechbarmachung muß man sich irgendwelcher gewohnter Begriffe bedienen, die zumeist äußerlich sensualistische Form tragen) die Türe, den Tisch, das Fenster, die Blumenvase, alles ist klar und völlig plastisch gegeben. Auch nicht eine Andeutung davon, daß das erst „durch mein Auge" gehen müsse usw. ist zu merken. Aber andererseits kann ich mit Sicherheit auch nicht mehr wissen, als mir da gegeben ist. Ob es hinter der Tür noch ebenso aussieht wie gestern, wie vorhin? Mit Sicherheit kann ich das nie sagen. Ob die Blumenvase von der „anderen" Seite noch ebenso aussieht wie vorhin? Ich weiß es nicht gewiß. Wie leicht kann der Anblick sich geändert haben. Es kann eine Blume dort herabgefallen sein, es können Fliegen oder ein Schmetterling, ein Wurm dort sein, ein Anderer kann schnell etwas dort hingelegt haben. Man wird vielleicht einwenden, das habe doch die Rückseite der Vase selbst nicht verändert. Darauf erwidere ich, allerdings, wenn du die „Störung" entfernst, dann hast du das gewünschte frühere Bild der Vase wieder. Aber das ist eine Tautologie und daher eine Selbstverständlichkeit, denn Störung nennst du eben alles, was dieses Bild verändert. Der Opponent meint, daß man diese Störung so leicht beheben kann, das sei doch merkwürdig und charakteristisch dafür, daß es keine „wirkliche" Änderung der Vase sei. Nun, erwidere ich, verschiebst du die Entscheidung schon in einen so vagen Begriff, wie „leicht behebbar". Welche Störungen sind „leicht" behebbar, welche schwer? Der Opponent antwortet vielleicht, diejenigen seien leicht behebbar, welche entfernt werden können, ohne das „Wesen" der Vase zu zerstören. Nun kann man aber rein technisch alle Veränderungen durch einen kürzeren oder längeren Prozeß rückgängig machen, und wenn er sogar soweit gehen müßte, die ganze Vase einem Umwandlungsprozeß zu unterwerfen, aus dem schließlich „dieselbe" Vase wieder hervorgeht. Hiermit sind wir aber schon weit in kausale Überlegungen hineingekommen. Alle die müßten also vorausgesetzt werden, um einen (dann immer noch angreifbaren) Begriff von der Ungeändertheit der Vase an unserer grundlegenden Stelle zu bilden. Tatsache ist, daß sich durch die von uns angegebenen Veränderungen die Rückseite der Vase verändert hat. Damit beantwortet sich die so oft erkenntnistheoretisch behandelte Frage, wie ich zu der Überzeugung komme, daß ein Ding seine Rückseite nicht geändert habe, dahin, daß ich diese Überzeugung gar nicht habe, weil ich sie nicht haben kann. Wenn ich den Satz: „Ich bin überzeugt, daß dieses mir bekannte Ding, das ich sehe, auch seine, nur eben unsichtbare Rückseite behalten hat“, ausspreche, so ist der gemeint unter der stillschweigenden Hinzufügung: „nach Entfernung aller störenden Umstände“. Dann aber ist der Satz eine Tautologie und es zeigt sich, daß wir die Richtigkeit des Satzes im tiefsten Sinne nicht von der realen Vase behaupten, sondern von deren „Idee“, und an dieser ist er natürlich richtig. Wir haben hier am ersten Anfang unserer Überlegungen schon ein Beispiel, wie vorsichtig und sorgfältig man sein muß bei der Betrachtung des Verhältnisses unserer begrifflichen Fassungen und der Realität.

Des sachlichen Zusammenhanges wegen sei hier gleich noch kurz das in erkenntnistheoretischen Überlegungen oft herangezogene Beispiel von der Rückseite des Mondes behandelt. Hier handelt es sich darum, daß der Mond eine Rückseite überhaupt hat. Denn über Veränderungen derselben kann ich nichts aussagen, da ich sie nicht kenne. Daß der Mond eine Rückseite hat, ergibt sich nicht empirisch, sondern aus den geometrischen Beziehungen, die wir in die Realität hineintragen. Wir werden auf Grund dieser Konstruktionen immer Wege haben (theoretisch), auf denen wir zu Wahrnehmungen gelangen könnten, die, sie mögen sonst aussehen wie sie wollen, wir als die „Rückseite“ des Mondes interpretieren werden. Dabei kann man dann noch die feineren Unterscheidungen einführen, die wir oben beim Beispiel der Vase betrachteten.

Damit kehren wir zur Betrachtung der „naiven Realität“ zurück. Ich kann noch fragen nach der Verknüpfung meiner Erinnerungsbilder mit der Realität. Daß ich diese Türe gestern gesehen und was hinter ihr war, ist eine praktische Verknüpfung, die der vorläufigen Synthese angehört, die ich aber einstweilen machen muß, um überhaupt praktisch leben zu können. Wenn diese Erinnerungen zu meinen sonstigen Konstruktionen nicht passen, dann pflegen sie entsprechend interpretiert zu werden, wofür jedermann Beispiele auf der Hand liegen.

Wenn ich auf dem Standpunkte der naiven Realität einen Gegenstand in die Hand nehme, ihn von allen Seiten untersuche, dann ist das ein völlig einheitlicher Vorgang. Daß hier zwei verschiedene Sinneswahrnehmungen mitspielen, kann ich durch Schließen der Augen z. B. definieren und ist also bereits Konstruktion. Die Art, wie aus diesen beiden sich in allgemeiner Weise ein einheitliches Bild „desselben Körpers" ergibt, diese ist a fortiori Sache späterer theoretischer Erklärung und Behandlung in der physiologischen Psychologie. Auf dem Standpunkte der naiven Realität habe ich einfach den Körper als einheitlichen Fluß von Erlebnissen mit allen seinem mir an ihm zugänglichen Sein.

Man könnte, wie hierbei bemerkt sei, geneigt sein, folgende Überlegung anzustellen, und ihrem Wesen nach ist sie oft genug angestellt worden. Wenn ich nur jeden Moment ein Bild in mich aufnehmen kann, so muß ich diese Bilder nachher wieder verknüpfen, insbesondere diejenigen Teile widererkennen, die noch in dem Bilde sind und vorher schon dort waren. Dies würde einen überaus komplizierten geistigen Mechanismus bedingen, der insbesondere der Bewegungswahrnehmung gar nicht gerecht wird. Nicht Momentbilder nehmen wir wahr, sondern unsere Wahrnehmung „schmiert", um mich eines technischen Ausdrucks zu bedienen, nicht wir setzen die Bewegung erst aus Momentbildern zusammen, sondern wir nehmen Bewegung als solche wahr (gerade das Kino zeigt, daß wir das erstere nicht können, denn da wird das wahrgenommene Bild nicht durch einen expliziten geistigen Prozeß zusammengesetzt, sondern schon diese doch zerrissene Folge wirkt wie ein Kontinuum). Aber diese sinnespsychologische Betrachtung, die gar nicht hierher gehört, soll uns nur anregen, etwas hierhergehöriges zu bemerken: daß nämlich Bewegung des betrachteten Körpers auf dem Standpunkte der naiven Realität als solche, als Ganzes uns gegeben ist. Überlegungen, wie die vorstehende, sind nur aposteriorische Versuche der erklärenden und analysierenden Vernunft, diesen Vorgang zu zerlegen und ihm so systematisierender wissenschaftlicher „Erklärung" zuzuführen. In der naiven Gegebenheit ist die Bewegung einfach da und in ihrer Erfassung nicht das Resultat irgendwelcher anderer Vorgänge.

Wenn wir also und seit Jahrtausenden alle unsere Vorfahren es vorziehen, in Gebilden bestimmten Umrisses und Grundrisses aus „festen" Körpern aufgebaut, zu wohnen und uns mit Dingen aus solchem Materiale zu umgeben, so liegt doch darin kein unentrinnbarer Zwang, weil es etwa sonst nichts anderes gäbe, sondern es liegt hier das Resultat einer Wahl vor, die wir selbst und freiwillig treffen, und zwar wurden unsere Vorfahren in dieser Wahl durch praktische Gründe beeinflußt, weil es bequemer ist, feste und möglichst dauernd bekannte Umgebung und Gebrauchsgegenstände zu haben, als solche, die unbekannten Wechseln fortwährend ausgesetzt sind.

Somit liegt also schon in dem Hervorheben des „Körper"-Begriffes eine Wahl unsererseits, denn es besteht die Realität keineswegs nur aus Dingen, auf welche der Körperbegriff unmittelbar passen würde (Luft, Wolken, Sonnenstrahlen, Lichterscheinungen usw.).

Nun kann man natürlich sagen, daß ja das uns fortwährend am nächsten stehende Gebilde der Realität, unser eigener Leib im obigen Sinne ein Körper sei, und daher eine Vorliebe für Körper solcherlei geometrischer Art uns besonders naheliege. Es würde aber auch dies noch keinen Zwang bedeuten, sondern würde immer noch eine Wahl übrig lassen, und könnte höchstens die Bedeutung einer Anregung haben.

So sehen wir, daß die Idee des unveränderlichen Körpers keineswegs uns durch die Natur aufgezwungen wird, sondern daß sie das Resultat unserer logischen Bedürfnisse ist. In der Tat kann ich ja nur dann eine Gruppe von Vorstellungen denkend behandeln, wenn diese Vorstellungen eben konstant sind. Und die Vorstellung gewisser konstanter Realitäten ist die Vorbedingung zum Körperbegriff.

So schafft sich also die reine Synthese auf Grund ihres Willens, die Realität sich geistig auf praktischste Weise verständlich, d. h. mit dem Verstande behandelbar, zu machen, den Begriff des unveränderlichen Körpers (s. „Ph. u. Hyp.").

Zur Dreidimensionalität des Raumes.

Auch in der reinen Synthese nehmen wir, ebenso wie es ja stets in der theoretischen Wissenschaft geschieht, den Raum als dreidimensional. Offenbar liegt bei diesem (besonders instruktiven) Falle die Sache folgendermaßen: An sich wären wir theoretisch durchaus imstande, die Welt z. B. nach einem vierdimensionalen Raumschema zu interpretieren. Denn auch die Dimensionszahl gehört zu dem, was von uns aus an die Realität herangebracht wird. H. Poincaré hat in „Wissenschaft und Hypothese" (Deutsch von v. Lindemann) und anderen Schriften immer wieder dieses Thema in diesem Sinne behandelt.[1] Andererseits erscheint gerade in diesem Punkte (der ja noch der „qualitativen Wissenschaft" angehört, noch nicht der „punktmäßig genauen") ein besonders starker Zwang zu einer solchen Wahl auf uns ausgeübt zu werden. (Schon in § 1 wurde dies behandelt.)

Dies alles läßt sich nun durchaus mit der in diesem Buche vertretenen Einstellung in Einklang bringen. Wir stellen ja die reine Synthese nicht von Anfang an, unbewußt auf, sondern wir bilden sie erst als beabsichtigtes Resultat vollendetster Ordnung unserer Gedanken, wenn wir schon in der vorsynthetischen Welt uns sehr weit zurechtgefunden haben. Stellen wir uns also zunächst einmal auf den historisch erklärenden Standpunkt, dann stellt sich die Sache so dar: Durch bestimmte uns durch Gegebenheitszufall gegebene Beschaffenheiten unserer äußeren Wahrnehmungsorgane wird uns von erster Jugend auf eine bestimmte Wahl der Dimensionszahl so nahe gelegt, daß jeder Mensch zunächst automatisch zu ihr greift. Natürlich muß schon aus Zweckmäßigkeitsgründen jedes heranwachsende menschliche Wesen zu irgendeiner Dimensionszahl „sich entschließen" in seinem Unbewußten, da es ohne dies keine eindeutige Anordnung seiner Erlebnisse vollziehen kann, die es zum praktischen Leben notwendig braucht. Da legen ihm denn die genannten zufälligen Gegebenheiten seiner Konstitution die Dreizahl nahe.

Wenden wir uns vom historisch-erklärenden Standpunkt wieder unserem theoretischen, voraussetzungslosen zu, dann haben wir das eben Gesagte so aufzufassen: Irgendeine Wahl müssen wir für die reine Synthese treffen und wir entscheiden uns aus Gründen (diesmal nicht theoretischer, sondern praktischer) Einfachheit zu derjenigen, die uns allen schon so in Fleisch und Blut übergegangen ist, daß wir kaum mehr anders können, als in ihr zu denken, wenn es uns auch völlig bewußt ist, daß wir auch theoretisch eine andere Wahl hätten voll-

[1] Siehe auch meine hierauf bezüglichen Darlegungen in „Physik und Hypothese". Berlin u. Leipzig 1921.

ziehen können. Damit erhalten wir den Vorteil, daß die reine Synthese schon in weitem Maße mit dem bestehenden theoretischen Gebäude zusammenfällt. Ferner scheint hier die Tatsache zu bestehen, daß ein rein logisches Einfachheitskriterium nicht angebbar ist, da alle Einfachheitsbetrachtungen, wie aus unseren obigen Darlegungen darüber hervorgeht, schon eine bestimmte Mannigfaltigkeit, d. h. also eine bestimmte Dimensionszahl bereits voraussetzen. So sind wir also in diesem Falle, der ja gleich am ersten Anfang der reinen Synthese auftritt, genötigt, zu einem rein praktischen Einfachheitskriterium zu greifen. An sich gehen ja alle solchen Kriterien letzten Endes auf rein praktische Kriterien zurück.

Der Fall der Dimensionszahl bietet noch ein allgemeineres Interesse, weil er uns zu einer prinzipiellen Betrachtung solcher Zwänge oder wenigstens Nahelegungen veranlassen kann, wie sie eben von seiten zufälliger Beschaffenheiten unserer körperlichen Konstitution ausgehend geschildert wurden. Bekanntlich geht auch der Kantsche Begriff des Apriori in dieser Richtung, daß uns nämlich gewisse Auffassungen, die als Bedingung jeder rationalen Erkenntnis betrachtet werden können, irgendwie durch die Art unserer Konstitution zwingend nahegelegt seien. Nun äußert sich Ernst Mach gelegentlich[1]: „Die Konventionen sind keineswegs willkürlich, sondern mit furchtbarer Gewalt aufgedrängt. Schon der Wilde, der Bogen, Pfeil und Schleuder erfunden hat, hat, ohne es zu wissen, das Trägheitsprinzip statuiert. Auch an Kant fehlt mir manches. Ich sehe nur im a priori eine größere Besonnenheit desjenigen, der ein Gebiet zum zweiten, dritten, n-ten Male durchmustert.“ Mit wunderbarer Klarheit hat E. Mach hier das Wesentliche gesehen. In der Tat kann ja die reine Synthese erst auf Grund langer vorsynthetischer Arbeit erwachsen. Daß die Konventionen, welche ja das Fundament der reinen Synthese bilden, mit furchtbarer Gewalt uns aufgedrängt sind, stellt sich dann so dar, daß in der Tat dies für eine Reihe von solchen (diejenigen nämlich, die schon im täglichen Leben benötigt sind, wie etwa die Dreidimensionalität und andere) zutrifft. Diese fühlen wir uns in der Tat mit unwiderstehlicher Gewalt aufgedrängt,

[1] Siehe meinen Aufsatz „Das Problem des absoluten Raumes“ in R. Seeligers Jahrbuch der Radioaktivität u. Elektronik. XIX. 1923, S. 209 (auch selbständig Leipzig 1923).

nur wird das Verhältnis vom Gesichtspunkt der reinen Synthese aus so, daß wir eben an diesen Stellen dann zu diesen aufgedrängten Formulierungen freiwillig greifen und sie als Konventionen für die reine Synthese verwenden, um uns die Sache praktisch zu vereinfachen. Natürlich haben wir nur an den Stellen hierzu die Möglichkeit, wo nicht die logische Einfachheit bereits eine eindeutige Vorschrift liefert. Wo die logische Einfachheit bereits eine Entscheidung gibt, muß diese stets die ausschlaggebende sein. In den meisten Fällen fallen aber auch die uns aufgedrängten Fassungen, wo solche vorhanden sind, schon auch mit den logisch einfachsten zusammen.

§ 3. Der Raum.

Wenn wir also dazu übergehen, diejenige Darstellungsbasis für die punktmäßige Darstellung der Realität aufzustellen, welche wir der reinen Synthese zugrunde legen wollen, dann ist das Logische daran leicht getan.

Wir wissen, daß wir eine dreidimensionale, unendliche und kontinuierliche Mannigfaltigkeit einführen werden. Weiter wissen wir, daß wir deren Maßverhältnisse auf die einfachste Weise werden zu bestimmen haben, und daß diese diejenige ist, welche man als das euklidische Maßverhältnis bezeichnet. Damit ist von der logischen Seite alles nötige gesagt für die reine Synthese. Die eigentliche Schwierigkeit beginnt damit, wenn wir fragen, wie wir diese Festsetzungen in der Realität zur Geltung bringen.

Wir wollen folgenden Weg einschlagen. Ich gebe zuerst das allgemeine Verfahren an, welches die reine Synthese einschlägt, um ihre Festsetzungen über den Raum in der Realität durchzusetzen. Dann aber zeige ich, wie sich diese Lösung zu den bisherigen praktischen geometrischen Methoden verhält.

Will man das logische Schema der euklidischen Geometrie in der Realität zur Geltung bringen, so handelt es sich zunächst darum, dieses Schema in eine dazu geeignete Form zu bringen. Wie ich in meinen „Grundlagen der angewandten Geometrie“ (Leipzig 1911) gezeigt habe, gibt es dazu im wesentlichen zwei Wege:

Man kann einmal das logische System der euklidischen Geometrie dargestellt denken nach der Weise des Euklid, indem die Begriffe: Punkt, Gerade, Ebene als Fundamentalbegriffe eines in Worten angeschriebenen Aufbaues benutzt werden. Zu den Festsetzungen, welche die Verknüpfungsaxiome dieser Begriffe enthalten, kommen dann bekanntlich noch einige „metrische Axiome“ als Festsetzungen.

Die Art, in der dann dieses System an die Realität angeschlossen wird, geschieht nach dem „Prinzip der Realisierung durch Auslese“, indem solche Linien, Flächen gesucht werden, in der Realität, daß die obigen Festsetzungen (Axiome) erfüllt sind. Nähere Ausführungen hierzu werden später zu geben sein.

Das logische System der euklidischen Geometrie kann aber auch dargestellt gedacht werden durch eine dreifach unendliche Zahlenmannigfaltigkeit M_3 (x, y, z) in Verbindung mit der euklidischen „Entfernungsfunktion“:

$$E = \sqrt{(x_2 - x_1)^2 + (y_2 - y_1)^2 + (z_2 - z_1)^2}.$$

Auch hier wird der Anschluß dieser logischen Festsetzungen an die Realität durch das Prinzip der Realisierung durch Auslese erreicht. Wir suchen nämlich Körper, welche so beschaffen sind, daß man mit ihnen ein Koordinatensystem im Raume so einführen kann, daß die realen „Bewegungen“ irgendeines seiner Punktepaare durch diejenigen stetigen Transformationen von x, y, z darstellbar sind, welche E invariant lassen. Wie dies näher zu geschehen hätte in dem Falle, daß man direkt von der obigen logischen Formulierung zur Realisierung übergehen wollte, habe ich in meinen „Grundlagen der angewandten Geometrie“ (III. Teil) genau dargelegt.

Derjenige Körper nun, welcher soeben zuletzt zu realisieren versucht wurde, ist der euklidische sog. „starre Körper“, und zwar der synthetische. Wir definieren: Ein realer Körper, welcher den Gesetzen der euklidischen Geometrie genau gehorcht, heißt ein „synthetischer euklidischer starrer Körper“. Dieser spielt natürlich auch bei dem obigen ersten Verfahren zur Verknüpfung der euklidischen Geometrie mit der Realität versteckt seine Rolle. Denn die realen Geraden und Ebenen erfüllen nur dann die Axiome der euklidischen Geometrie, wenn sie in richtiger Weise aus synthetischen euklidischen, starren Körpern selbst hergestellt sind. Das empirische Verfahren der Herstellung genauer Geraden und Ebenen entspricht, wie ich l. c. gezeigt habe, innerhalb der jeweiligen Genauigkeit dieser Forderung.

Der logische Begriff des starren Körpers ist völlig äquivalent dem einer „Geometrie“. Letztere nämlich sei auf irgendeine Weise, etwa eine der beiden oben genannten, definiert. Dann ist jedesmal alles bestimmt, wenn der starre Körper bestimmt ist. Dieser aber ist logisch bestimmt, wenn alle Bewegungen aller Punktpaare des Raumes bestimmt sind. Besonders bei der zweiten obigen Fassung der Geometrie ist diese Äquivalenz unmittelbar einleuchtend. Bei der ersten folgt sie aus den obigen Bemerkungen (und l. c.).

Nun ist aber beim Begriff des starren Körpers die Anknüpfung an die Realität in gewissem Sinne eine besonders anschauliche und naheliegende. Wir werden also am besten tun, wenn wir an dieser Formulierung der Geometrie hauptsächlich unser Studium des Zusammenhangs von Theorie und Erfahrung in der Geometrie durchführen.

Wir wollen nochmals die Definition des starren Körpers festhalten: Seine logische Definition sind die Gesetze der euklidischen Geometrie. Starr heißt dann derjenige reale Körper, welcher diesen Gesetzen gehorcht.

Wir haben uns mit dem starren Körper näher zu beschäftigen in folgenden beiden Hinsichten:

a) Wie kann der synthetische starre Körper realisiert werden?

b) Was läßt sich über die bestehenden naiv-empirischen starren Körper aussagen, und was ist ihr Verhältnis zum synthetischen starren Körper?

In der Realität finden wir Dinge der verschiedensten Art, und der verschiedensten Veränderung. Wenn wir nun ein solches Ding suchen, welches den euklidischen Gesetzen gehorcht, so werden wir versuchen, möglichst bleibende solche Dinge zu finden, bei welchen diese Eigenschaft möglichst konstant ist, ferner solche Dinge, die an sich schon nicht durch jede kleine Berührung merkbar beeinflußt werden. Wir werden also dauernde und harte Dinge wählen. Solche Dinge erproben wir nun an den euklidischen Gesetzen. Wir werden aus ihnen etwa Ebenen, Lineale und Zirkel herstellen und dann mit diesen Instrumenten geometrische Konstruktionen ausführen. Lassen diese eine Abweichung von den euklidischen Resultaten erkennen, dann sehen wir, daß die verwendeten Materialien nicht aus euklidischen starren Körpern stammten.

Wir suchen also Körper, bei denen diese Abweichungen möglichst gering sind. Das ist Realisierung durch Auslese.

Man braucht aber nicht genau diesen Weg einzuschlagen. Wir werden z. B. aus dem Material auch Apparatstücke, Maschinenteile herstellen, Schrauben, Gewinde, Bügel usw.[1], und aus diesen Vorrichtungen zusammensetzen, welche noch Bewegungen einzelner gestatten. Auch hierbei ergeben sich Gelegenheiten, die auf eine Prüfung der Erfülltheit gewisser geometrischer Gesetze hinauslaufen, und erkennen lassen ob, und später wie weit das Material den Eigenschaften des euklidischen starren Körpers entspricht.

Nun ist der nächstwichtigste Schritt nach der Wahl eines Körpers überhaupt der Fortschritt von einer solchen Wahl zu einer besseren. Es handelt sich dabei um das Erkennen, welcher von zwei gewählten starren Körpern den Gesetzen der euklidischen Geometrie „besser" gehorcht. Was heißt nun hier „besser"? Dies ist natürlich ein rein qualitativer Begriff und kann es ja nur sein. Er will sagen, daß die Abweichung von den euklidischen Gesetzen schwerer zu bemerken, also „kleiner" ist. Dieses „Bemerken" ist ein direktes „Vergleichsurteil", wobei wir uns auf das automatische Funktionieren unseres Schätzungsvermögens verlassen. Die Differenzen sind dabei immerhin so groß, daß wir eine approximative Begriffsbildung von „kleiner" und „größer", die uns aus unserer eigenen Konstitution heraus selbstverständlich ist, anwenden können.

In Parenthese sei bemerkt, daß hier ein aproximativer Größenbegriff angewandt wird, der uns aus unserem täglichen Leben auf Grund unserer eigenen Konstitution (die wir dabei in kleineren Zeiträumen als nicht merkbar veränderlich setzen) geläufig ist. An sich könnte man sich auch von diesem befreien. Auf unserem Wege zur punktmäßigen Darstellung der Realität nimmt er aber nicht allzu viel voraus. Denn dieses instinktive „Größer und Kleiner" ist innerhalb der Grenzen der Genauig-

---

[1] Und zwar muß dies stets eine „jungfräuliche" Herstellung sein, welche sich lediglich dieser Materialien selbst bedient, denn anderweitige Gewindeschneider usw. sind ja nach Annahme noch nicht vorhanden, da wir den st. K. erst suchen. Man kann nun praktisch durch ein Verfahren ohne weitere Hilfsmittel als das Material selbst zur Herstellung von Gewinden gelangen. (Ich verdanke diesen Hinweis einer frdl. Mitteilung von Herrn Dr. L. Mach).

keit (wie wir unter Vorwegnahme eines späteren Begriffes hier sagen können) durchaus konform zu dem, welches die euklidische Geometrie verlangt, weil unser Leib selbst, innerhalb dieser Genauigkeit einen euklidischen starren Körper darstellt, wie sich jedesmal leicht feststellen läßt.

Wir könnten und können diese Abweichung in ihrem Maß auch objektiv machen, indem wir als Maßstab der Abweichung einen eingeteilten starren Körper der bisherigen Art nehmen. Dann werden die Abweichungen leicht durch geometrische Vergrößerung (Winkel usw.) so groß gemacht werden können in ihrer Wirkung, daß sie groß sind gegenüber den Abweichungen des benutzten starren Körpers vom euklidischen selbst.

Dann geschieht also dieses Fortschreiten von einem starren Körper zu einem besseren durch Beobachtung, daß der letztere den euklidischen Gesetzen besser gehorcht. Ist die Abweichung eines starren Körpers von diesen Gesetzen kleiner als bei einem anderen, dann sagen wir, er sei ein genauerer euklidischer starrer Körper.

Daraus folgt unmittelbar, daß ein Fortschritt zu genaueren starren Körpern auf zwei Wegen möglich ist: 1. durch stärkere Vergrößerung der Wirkung der Abweichungen von den euklidischen Gesetzen, so daß vorher nicht bemerkbare Abweichungen jetzt bemerkbar werden; 2. durch Verfeinerung der Mittel der Beobachtung dieser Abweichungen. So fällt z. B. das Verfahren mittels eines aufgesetzten Spiegels, dessen Drehung durch einen Lichtstrahl an einer fernen großen Skala abzulesen, unter Nr. 1, die Ablesung dieser Skala dann noch etwa mit einem Fernrohr unter Nr. 2. In Wirklichkeit handelt es sich in beiden Fällen um eine Vergrößerung der Bemerkbarkeit der Abweichungen von der euklidischen Geometrie bis sie innerhalb der Grenze deutlicher Sichtbarkeit und Vergleichbarkeit fällt.

Die Verfahren, welche nun hierzu führen, sind selbst wieder abhängig von der Güte des benutzten starren Körpers. Und wir haben hier, wie leicht zu sehen, wenn wir uns einmal für die euklidische Geometrie entschieden haben, einen automatischen Selbstverbesserungsvorgang, den ich (1907) das Prinzip der Genauigkeitsschichten genannt habe, und der nunmehr näher dargelegt sei.

Das Prinzip der Genauigkeitsschichten.

Eine messende Behandlung irgendwelcher Naturvorgänge ist natürlich nur auf Grund eines starren Körpers möglich. Nur, wenn der Maßstab, auf den ich eine Veränderung beziehe, an dem ich sie messe, selbst als weniger veränderlich betrachtet wird als der Vorgang selbst, hat die Messung einen Sinn. Zwar kann ich zwei sich jeder für sich verändernde Vorgänge momentweise aufeinander beziehen, und sozusagen die Veränderung des einen als Funktion der des anderen darstellen. Aber meine Physik würde praktisch zwecklos werden, wenn ich mich nicht entschließen wollte, einen bestimmten Vorgang für alle Fälle als letzten Vergleichsvorgang zugrunde zu legen. Da nun dieser letzte Vergleichsvorgang selbst niemals mit anderen verglichen werden kann, eben wegen der gemachten Festsetzung, so steht es mir vollkommen frei, was ich über seine eigene Veränderlichkeit aussagen will. Ebenso, wie es nun eine Forderung des Ökonomieprinzips ist, also des Zweckprinzips, daß wir uns aus praktischen Gründen dazu entschließen, einen letzten Vergleichsvorgang allem zugrunde zu legen, so werden wir auch hier, wo wir wiederum wahlfrei sind, nach dem Zweckprinzip handeln. Da ist denn das Einfachste, daß wir diesen letzten Vergleichsvorgang selbst als unveränderlich festsetzen. Somit sehen wir, warum man meist geneigt ist, den starren Körper auch als unveränderlichen zu bezeichnen, und warum es rein formell sinnlos ist, die Möglichkeit zu erwägen, daß sich vielleicht dieser letzte Vergleichsvorgang des starren Körpers doch noch irgendwie verändert.

Dies ist der reale Hintergrund des Gefühles, das manche veranlaßt hat, zu sagen: „Der starre Körper sei eine Annahme". Nicht der starre Körper ist eine Annahme, wohl aber die Aussage, daß er unveränderlich sei, ist eine Festsetzung gemäß dem Zweckprinzip.

Wir haben hier wieder ein allgemeines, öfter verwendetes Prinzip vor uns. Hat man eine Menge von Dingen, die untereinander verglichen werden sollen in einer gewissen Hinsicht, und wir formulieren diese „Hinsicht" (Eigenschaft) so, daß sie für jedes einzelne von diesen Dingen scheinbar unabhängig ausgesprochen werden kann, dann sind in dieser Hinsicht alle diese Dinge relativ, mit Ausnahme desjenigen von ihnen, das für alle übrigen als Vergleichsnorm gedient hat. Dieses selbst hat seine betreffende Eigenschaft unabhängig von allen anderen. Sie ist also für dieses eigentlich nicht definiert. Um einheitlich jedem der Dinge die Eigenschaft aber zusprechen zu können, geben wir sie ihm auch (in einem uneigentlichen Sinne, etwa wie die unendlich fernen Punkte der Ebene in der Geometrie). Da wir dabei frei sind, geben wir ihm natürlich die Eigenschaft in der einfachsten Form. Die Eigenschaft, die bei allen übrigen relativ war, ist bei diesem zur Vergleichsnorm dienenden Ding selbst nicht durch Vergleich gemessen, sie ist nicht relativ, also in diesem Sinne absolut. Wir wollen dieses Prinzip als das der „Absolutheit der Bezugsnorm" bezeichnen.

Wenn wir nun zu den ersten Sätzen dieses Paragraphen zurückkehren, dann sehen wir, daß wir mittels des zuerst angenommenen starren Körpers und nur mit ihm, anfangen können, andere Vorgänge messend zu verfolgen. Durch eine solche messende Verfolgung von Vorgängen aber bekommen wir diese besser in die Hand, können sie besser beherrschen, ihre Veränderungen mehr einschränken, usw. Dies aber erlaubt uns da und dort, schärfere und genauere Beobachtungsinstrumente für die Beobachtung der Abweichungen unserer starren Körper von den euklidischen Gesetzen zu konstruieren.

Auf diese Weise können wir wieder starrere Körper finden, und mit diesen wiederum unsere Beobachtungsapparate verbessern. Den wichtigen Einblick in diese Zusammenhänge gibt erst die Einsicht, die wir oben festhielten, daß jeder gemessene Vorgang nur gemessen ist relativ zu dem zur Messung verwendeten starren Körper.

Nun haben wir die Genauigkeit eines realen starren Körpers definiert durch das Maß der Abweichung von den euklidischen Gesetzen, die er aufweist. Wird nun irgendein Vorgang mittels eines Maßstabes gemessen, der aus einem starren Körper von der Genauigkeit g_1 gefertigt, und mittels solcher seine Gradeinteilung erhalten hat, so ist dieser Maßstab ebenfalls von der Genauigkeit g_1. Da nun die Messungen des untersuchten Vorganges selbst erst an diesem Maßstabe gemessen werden, diese Messungen also bereits diesem Maßstabe gegenüber um den Betrag der Ablesungs- und Messungsfehler unsicher sind, so ist klar, daß niemals die Messung eines Vorganges genauer sein kann, als der zu der Messung verwendete Maßstab oder starre Körper. Dies ist ein für die Genauigkeitstheorie grundlegender Satz.

Es ordnen sich nun offenbar die starren Körper selbst in eine Reihe, je nach ihrer Genauigkeit. Ebenso aber erhält jede sonstige Messung einen Genauigkeitsindex, der eben die Genauigkeit des zu ihr verwendeten starren Körpers angibt. Es ist dies eine obere Grenze der Meßgenauigkeit für diese Messung, die unter keinen Umständen überschritten werden kann.

So ergibt sich nun bei einer als ununterbrochen angenommenen Entwicklung der Wissenschaft folgendes Bild: Man bemüht sich Körper zu finden, welche möglichst genau den euklidischen Gesetzen gehorchen. Diese legt man sozusagen einer „ersten" Durchmessung der Vorgänge der Realität zugrunde.

Alle diese Messungen haben die „absolute Genauigkeit" g_1, wie wir die Genauigkeit relativ zu den idealen euklidischen Gesetzen bezeichnen wollen. Durch die damit erworbene Beherrschung der realen Dinge kommen wir in die Lage, wiederum feinere Beobachtungsmethoden für die Erfülltheit der euklidischen Gesetze auszuarbeiten, wozu natürlich vor allem auch die dauernd fortschreitende „Erfindung" solcher immer feinerer Verfahren gehört. Dies wiederum erlaubt uns einen genaueren starren Körper zu finden, und so haben wir einen in infinitum fortschreitenden Prozeß der Herstellung immer genauerer starrer Körper.

Da nun aber, wie wir sahen, die ganze messende Physik in ihrer Genauigkeit in erster Linie von der Genauigkeit des zur Messung verwendeten starren Körpers bedingt ist, so erstreckt sich das eben erhaltene Resultat auf die ganze messende Physik ohne Ausnahme, und wir können sagen: Es besteht in der wissenschaftlichen Entwickelung der praktischen, messenden Beherrschung der Realität ein automatischer Prozeß, der stetig zu immer größerer „absoluter Messungsgenauigkeit" führt.

Dies alles ist der Inhalt des Prinzips der Genauigkeitsschichten (das ich zuerst 1907 formuliert habe).[1]

Ich möchte nur noch kurz auf die Beziehung zur „Ex-

[1] „Grundlinien einer Kritik und exakten Theorie der Wissenschaften, insbesondere der mathematischen". München 1907.

haustion“ verweisen. Das für die Herstellung und Verwendung des st. K. soeben geschilderte Verfahren „exhauriert“ nämlich die Gesetze der euklidischen Geometrie. Der Begriff der Exhaustion ist deshalb so nützlich, weil er in einem Begriff folgende Elemente sozusagen anschauungsmäßig in sich vereinigt: 1. die von uns abhängige Natur des betrachteten Gesetzes, die sich als „Festsetzung“ ausdrückt, 2. das Verfahren des geordneten Aufbaues, indem exhaurierte Gesetze in die Realität an allen geeigneten Stellen hineingetragen werden, indem alle Erscheinungen nur insoweit geschildert und festgelegt werden, als sie den Gesetzen gleichlaufen oder Abweichungen davon enthalten. Die Gesetze erhalten dadurch eine Rangordnung, indem in den Erscheinungen zuerst immer die primäreren Gesetze realisiert gefunden werden oder hineingetragen werden, vor den späteren. Insbesondere werden natürlich die Gesetze der Darstellungsbasis (Raum und Zeit) in ihrer Geltung durch Exhaustion garantiert, bevor man irgendein weiteres Gesetz zur Anwendung bringt.

Wenn wir den st. K. durch die eukl. Gesetze definieren, so ist damit gesagt, daß ein Körper, der sich diesen gemäß bei Bewegung verhält, also ein st. K., „keine räumliche, keine Gestaltsveränderung erleidet.“ Erst durch eine solche Definition ist dieser Begriff wirklich bis ins Letzte definiert. Wir haben zwar im Groben (durch unbewußten Vergleich mit unserem Körper) einen scheinbaren und vorläufigen Begriff von gestaltlicher Unverändertheit, aber daß dieser nur vorläufig ist und dem naiven, vorwissenschaftlichen Standpunkt angehört, ergibt sich daraus, daß er für feinere Beobachtungen sofort versagt und hier durch Messungen ersetzt werden muß. Diese aber setzen, wie wir sehen, den genauen Begriff des st. K. schon voraus.

Daraus wiederum wird die Natur der Geometrie als „Darstellungsbasis“ anschaulich. Denn wir müssen, wenn wir überhaupt von Änderungen sprechen wollen, was doch stets ein „Vergleichen“ enthält, festgelegt haben, gegenüber von was diese Veränderungen stattfinden und betrachtet werden sollen. Daher die Notwendigkeit einer Darstellungsbasis, welche sozusagen einen „Nullpunkt“ für Veränderungen darstellt. Mit dieser Festlegung der Darstellungsbasis erst gewinnt der Begriff der Veränderung in gestaltlicher Hinsicht einen exakten Sinn.

Da nun alle weitere Naturerforschung sich auf Veränderungen bezieht, so ist der Inhalt dieser Erforschung erst jetzt überhaupt definiert. Jetzt wird es sich im weiteren Aufbau der Physik darum handeln, die so gewonnenen, nunmehr exakt definierten Veränderungen erst weiter zu behandeln.

Die natürlichen starren Körper.

Wir kommen nun zur Beantwortung der eingangs dieses Kapitels gestellten Frage b): Was läßt sich über die bestehenden, naiv-empirischen starren Körper aussagen und was ist ihr Verhältnis zum synthetischen st. K.?

Wir haben uns im Vorstehenden die Aufgabe gestellt, daß wir zeigten, wie man vom Standpunkt der reinen Synthese aus zu einer exakten Geometrie gelangen kann. Nun besteht aber die Tatsache, daß wir ja vor der Kenntnis der reinen Synthese schon überaus „genaue" starre Körper in praktischer Verwendung vorfinden. Es wird sich fragen, wie wir zu diesen gelangten, und welche Beziehung sie zu den syntischen st. Kn. haben.

Die Existenz dieser vor der reinen Synthese empirisch vorhandenen st. K. hat die Auffassung gezeitigt, daß diese „natürlichen st. K." uns irgendwie durch „die Natur" als solche gegeben und sozusagen vorgeschrieben seien. Wäre diese Auffassung richtig, so könnte offenbar die reine Synthese nicht richtig sein, denn dann könnte es nicht in unserer Wahl liegen, welche Körper wir als starre betrachten wollen. Es ist daher für die Fundierung unserer Aufstellungen von großer Wichtigkeit, daß wir zeigen, daß diese „empiristische" Auffassung unhaltbar ist. Dies werden wir erreichen, wenn wir den Prozeß der Herstellung dieser st. K. einer genauen Analyse unterziehen.

Später dann werden wir die Änderungen, welche Körper erleiden, näher zu behandeln haben. Denn der st. K. wird nicht nur dadurch hergestellt, daß man Körper sucht, welche selbst den eukl. Gesetzen gehorchen, sondern auch dadurch, daß man die Umstände so wählt, daß dies geschieht. Denn der gleiche Körper wird unter den einen Umständen diesen gehorchen, unter anderen wieder nicht. Doch dies führt uns schon in das Gebiet der Kausalität.

Die Herstellung der natürlichen starren Körper.

Aus unseren Überlegungen ergab sich, daß der st. K. besonders überall da praktisch zu Hilfe genommen werden muß, wo Messungen veranstaltet werden, um die Messungsinstrumente aus ihm aufzubauen. Es werden also sicherlich die Stellen, wo die feinsten Meßapparate hergestellt werden, auch die genauesten st. K. verwenden müssen. Solche Stellen sind besonders die Fabriken für Präzisionsmeßinstrumente und die physikalisch-technische Reichsanstalt.

Da nun solche Institute schon vor der reinen Synthese bestanden, auch überaus feine Messungen dort angestellt wurden, so müssen diese ein Verfahren zur Herstellung des st. K. besitzen und zwar alle das gleiche und ein „konvergentes", denn sie kommen praktisch stets zu den gleichen Resultaten und diese verbessern sich immer mehr.

Ich behaupte nun, daß dort überall das Verfahren das gleiche war und ist, das ich oben für die reine Synthese angegeben habe: Es wird der st. Körper durch Exhaustion der euklidischen Geometrie hergestellt. Ich behaupte ferner, daß ein anderes Verfahren überhaupt unmöglich ist. Um diese beiden Behauptungen zu beweisen, bedarf es

a) der genauen Analyse des realen Vorganges in den Fabriken, dies ist eine empirische Feststellung;

b) einer allgemeinen theoretischen Überlegung und Beweisführung, welche die obige allgemeine Behauptung beweist.

Dabei wollen wir besonders der Natur dieser Beweise unsere besondere Aufmerksamkeit widmen.

Dies ist das Programm für die nächstfolgenden Darlegungen. Zunächst zu a).

Man kann zunächst folgende Überlegung anstellen. Häufig werden Maßstäbe hergestellt und kontrolliert durch Vergleich mit anderen. (Die meisten st. K. nämlich erscheinen in der Gestalt von Maßstäben irgendwelcher Art, als Meßinstrumente.) Wie wir sahen, ist dabei der Grad der Genauigkeit bei den „abgeleiteten" Maßstäben immer geringer als beim Vergleichsmaßstab. Fragt man, woher die Vergleichsmaßstäbe selbst kommen, dann erkennt man, daß diese wieder von feineren kommen müssen. Da diese Reihe aber eine endliche sein muß, so folgt, daß es Maßstäbe und starre Körper feinster Art geben muß, die selbst nicht durch Vergleichung mit anderen zustande kommen, wir wollen diese „autogene starre Körper" nennen. Alles wird sich also darum handeln, woher diese kommen.

Beobachtet man nun den Prozeß, den der Mechaniker vornimmt, um etwa eine Meßvorrichtung letzter Feinheit (etwa eine neue Kreisteilungsmaschine) zu bauen. Er bedient sich dabei fortwährend geometrischer Kontrollen, und zwar solcher aus der euklidischen Geometrie.[1] Er verlangt, daß die Endfläche einer Schraube mit sich selbst parallel bleibt, er verlangt das Erfülltsein bekannter geometrischer Beziehungen bei vorkommenden Kreisen, Rechtecken usw. Er wird, wenn er an seinem Apparate Abweichungen von diesen Regeln findet, nicht sagen, daß er nun den empirischen Nachweis für das Bestehen einer nichteuklidischen Geometrie habe, sondern er wird sagen, „daß da etwas nicht stimme", und solange an seinem Apparate ändern, bis es „stimmt", d. h. bis die Übereinstimmung mit der euklidischen Geometrie in möglichster Genauigkeit hergestellt ist. Dies ist aber gar nichts anderes als das Verfahren der „Exhaustion", wie ich es oben beschrieben habe.

Diese Tatsache der Herstellung des st. K. durch Exhaustion der euklidischen Geometrie ist nun deshalb nicht jedem sofort auffällig, weil diese Herstellungsart von Apparaten seit Jahrtausenden eine ganz selbstverständliche war und gänzlich automatisch, ohne daß man sich Gedanken darüber machte, geübt wurde. Die theoretische Wissenschaft ferner glaubte kaum einen Anlaß zu haben, sich mit diesen „niederen" Vorgängen in den Fabriken zu beschäftigen. Man griff das Problem der Geometrie von der allgemeinsten Seite aus an und versuchte es erkenntnistheoretisch zu lösen. Man erkannte, daß die überall vorgefundene, mit jeder Genauigkeit erfolgte Bestätigung der geometrischen Sätze irgendwie einen tieferen Grund haben müsse. Und Kant faßte die hier vorliegenden Ansätze zusammen in seiner Theorie von der transzendentalen Idealität des Raumes, die den Gedanken enthielt, daß der Raum lediglich die Form unserer Anschauung sei, so daß wir gar nicht anders könnten, als die Dinge unter der Form der euklidischen

---

[1] Und solcher nach dem Prinzip vom zureichenden Grunde. Siehe darüber später.

Geometrie zu betrachten. Das Problem, warum die logisch formulierten Gesetze in der Realität Geltung hätten, konnte in diesem Zusammenhang nur als eine sehr banale Frage erscheinen und es ist daher auch nach Kant nicht weiter explizit behandelt worden. Die nach Kant später auftauchende rein empiristische Anschauung, daß alle Gesetze, also auch die der Geometrie durch Induktion aus der Erfahrung gewonnen würden, hatte natürlich noch weniger Anlaß, das „Vermittelungs"- oder „Anwendungsproblem" aufzuwerfen, war doch auch nach dieser Anschauung scheinbar alles in schönster Klarheit. Erst als sich konventionalistische Anschauungen in den ersten Ansätzen zu zeigen begannen, da drängte sich das Problem naturnotwendig auf, wurde aber von Leroy und Poincaré, den ersten Vorkämpfern auf diesem Gebiete noch keineswegs explizit formuliert, viel weniger in seiner Wichtigkeit erkannt, zumal, da Poincaré noch in weitem Maße Empirist und Leroy den naturwissenschaftlichen Dingen überhaupt nicht so ins Detail nachgegangen war.

Verfolgen wir den Vorgang dieser Exhaustion der euklidischen Geometrie noch etwas ins Einzelne. Der Hersteller genannter Meßinstrumente wird etwa eine Abweichung von den Gesetzen der Geometrie finden. Er wird dann diese Abweichung experimentell studieren. Hierbei wird er die Größe dieser Abweichung zu berechnen haben. Er tut dies, indem er seine Rechnungen auf gewisse Überlegungen stützt. Dabei wird er sich geometrischer Sätze bedienen. Indem er sich ihrer aber bedient, setzt er sie, worüber man oft leicht hinwegsieht, voraus.

Auf diese Weise also bewirkt er ohne es zu wollen, daß nur so viel der Erscheinung als Störungswirkung erscheint, als sich gegenüber der Geometrie als Überschuß oder Manko ergibt. Man nehme, um die Probe zu machen, nur einmal irgendeine mechanische oder physikalische Berechnung vor und versuche sich in jeden Schritt, der zum Ansatze führt, kritisch zu vertiefen. Dann wird man immer das finden, was ich eben darlegte. Dieses Vorgehen ist aber nichts anderes als eine Exhaustion der Gesetze der Geometrie und zwar der euklidischen. Ein anderes Verfahren ist auch gar nicht möglich. Man erkennt schon hier unmittelbar, daß irgendeine Geometrie schon vorausgesetzt werden muß, denn ohne dies weiß der

Forschende gar nicht, wie er seinen Ansatz machen soll, er kann überhaupt keinen Ansatz machen, weil noch nicht unterschieden ist, was an der Existenz, an dem Formschicksal eines Körpers auf Kosten einer reinen Bewegung gesetzt, was als eine „Änderung“ demgegenüber betrachtet werden soll.

Nun erwidert der Empirist, daß eben vorher experimentell festgestellt worden sei, was als Geometrie genommen werden müsse. Man sagt vielleicht, dadurch, daß die sog. natürlichen st. K. mit großer Genauigkeit der euklid. Geometrie gehorchen, sei diese soweit experimentell „bewiesen“, und dürfe daher auch beim Ansatz von Experimenten als solche eingeführt werden. Beim autogenen starren Körper, der ja als der feinste genaueste momentane st. K. definiert ist, versagt diese zunächst bestechende Argumentation. Denn bei ihm kann man sich nicht darauf berufen, daß die eukl. Geometrie sich an einem ebenso genauen Vergleichskörper uns aufgedrängt habe, daß sie dort experimentell bewiesen worden sei, er soll ja selbst feiner sein als alle übrigen st. K., und bei ihm selbst ist ja eben die Frage, ob er euklidisch sei, noch offen.[1]

Nun gibt es Leute, die sagen: es werde dabei einfach die euklidische Geometrie „als Hypothese“ eingeführt und so lange beibehalten, bis die Erfahrung sie widerlege. In ihrem unmittelbaren Effekt deckt sich diese Auffassung vollkommen mit der Exhaustionstheorie. Aber letztere erlaubt einen großen Schritt weiter zu gehen: Sie sagt nämlich, daß überhaupt niemals der Fall eintreten könne, wo diese „Hypothese“ durch die Erfahrung widerlegt werde, denn die Geometrie beruht auf Wahl, auf Festsetzung. Dies ist ein sehr bedeutender Erkenntnisfortschritt, und wenn die Exhaustionstheorie ihn beweisen kann, wie dies alsbald unser Ziel ist, dann ist sie der obigen Auffassung unbedingt vorzuziehen.[2]

Nun kann aber folgender Fall eintreten. Es kann sich ein leicht immer wieder ununterscheidbar gleich herstellbarer Naturvorgang finden, welcher den Gesetzen der euklidischen Geometrie zurzeit so genau gehorcht, daß jetzt irgendwelche Abweichungen überhaupt nicht feststellbar sind. Man kann diesen Vorgang interimistisch zur empirischen Definition des st. K.

---

[1] Siehe meinen Aufsatz „Der starre Körper“ in physikal. Zeitschr. 1920.
[2] Siehe hierzu auch „Physik und Hypothese“. Teil I. Kap. 2.

benutzen. In der Tat haben wir soeben einen solchen Fall. Seit allerneuester Zeit benutzt man nämlich zur Längenvergleichung von Maßstäben und Feststellung von Veränderungen das Licht, meist in der Form von Interferenzerscheinungen.

Durch diesen Sachverhalt könnte zunächst der Anschein erweckt werden, als ob wir den st. K. durch die Wellenlänge bestimmten Lichtes definierten. Daß dies aber tatsächlich nicht der Fall ist, geht daraus hervor, daß, sobald sich dabei irgendeine Abweichung von der euklidischen Geometrie ergibt, diese nicht als Eigenschaft des st. K. angesehen, sondern als Eigenschaft des Lichts behandelt wird, wodurch dieses dann seine Eignung als Vergleichsmittel für noch feinere Genauigkeit verlieren würde. Daß ferner dies nicht als eine empirische Definition des st. K. angesehen werden kann, geht ja schon daraus hervor, daß das Licht nur deshalb als Vergleichsmittel gewählt wurde, weil es der wirklichen (synthetischen) Definition des st. K. (nämlich der durch die Gesetze der euklidischen Geometrie) in so weitgehendem Maße gehorchte.

Diese Verhältnisse können also nicht über ihre wahre Bedeutung täuschen.

Der Beweis.

Wir unterschieden oben zwei Aussagen:

a) über die wirklich befolgte Art der Herstellung, Gewinnung empirischer st. K. in den Fabriken usw.

b) über die allgemeine Notwendigkeit einer bestimmten Art dieses Verfahrens.

Unsere Behauptungen gehen dahin, daß

a) das praktische Verfahren in der Exhaustion der Gesetze der euklidischen Geometrie besteht,

b) dieses ganz allgemein das einzig mögliche Verfahren ist.

Es wird besonders nützlich sein, sich mit der Natur der Beweise dafür zu beschäftigen. Ich wende mich zunächst zur Frage a).

Es ist zunächst eine einfache Tatsachenfeststellung, die hier vonnöten ist. Wir haben im Anfang des Buches uns überlegt, daß die Geltung von „Tatsachen“ nur dann unmittelbar aus der Realität entnommen werden kann, wenn es eine „hic et nunc“-Tatsache ist. Dies ist nun hier der Fall. Ich gehe in die Fabriken, beobachte die Mechaniker und finde, daß diese bei allen Ansätzen und Berechnungen, wo Geometrisches in Frage kommt, sich der euklidischen Geometrie bedienen, diese also durch Exhaustion praktisch festhalten. Dies ist eine rein praktische Feststellung, die auch von allen Praktikern, wenn sie einmal darauf aufmerksam geworden sind, ohne weiteres zugegeben wird.

Dieses Verfahren ist im Praktischen genau das gleiche wie bei der Exhaustion, daß es aber auf Exhaustion der euklidischen Geometrie wirklich hinausläuft, das ist erst dann zwingend, wenn man eingesehen, bewiesen hat, daß es keinen anderen Weg als die Exhaustion gibt. Einwandfrei kann jedoch beobachtet werden in den Fabriken, daß der Mechaniker die Kenntnis der euklidischen Geometrie, wenn auch in einer Form, die nicht unmittelbar dem gewohnten Axiomensystem entspricht, immer schon mitbringt, wenn er den Ansatz macht. Er muß sie also von anderswoher haben. Die Empiristen meinten, er habe sie aus früher von der Menschheit gemachten empirischen Erfahrungen und Experimenten. Jedenfalls aber gilt das Resultat: In den Fabriken wird gerade so gehandelt, wie es werden muß, wenn man den starren Körper durch Exhaustion der euklidischen Geometrie gewinnen will. Um zu entscheiden, daß wirklich Exhaustion vorliegt, nehme man nun die im vorigen Paragraphen gegebene Überlegung über den autogenen st. K. hinzu. Nach der empiristischen Ansicht müßte das Verfahren sofort abweichen von der eukl. Geometrie, sobald ein bisher feinster st. K. eine Abweichung von der eukl. Geometrie zeigt. Für diesen feinsten kann nämlich die eukl. Geometrie selbst ja noch nicht an einem ebenso feinen Vergleichskörper „experimentell bewiesen“ sein. Herrscht dagegen (wenn auch unbewußt) das Verfahren der Exhaustion, dann wird trotzdem die eukl. Geometrie weiter beibehalten und die Abweichung relativ zu dieser der Größe nach bestimmt und auszumerzen gesucht. Dieses letztere Verfahren herrscht nun aber tatsächlich in den Fabriken.

Nun könnte es nur noch sein, daß gesagt wird, es sei dies die Folge davon, daß die eukl. Geometrie (wie oben) als (etwa einfachste) Hypothese so lange aufrecht erhalten wird, als dies geht. Daß dies nun stets wird gehen müssen, wodurch diese Ansicht zugunsten der Exhaustion widerlegt wäre, dies ist eine allgemeine Aussage und daher der direkten Beobachtung nicht zugänglich. Diese kann also durch bloße Beobachtung in den Fabriken nicht entschieden werden.

Der theoretische Beweis im Besonderen.

Unsere allgemeine Aussage b) lautet also: Die Exhaustion der Geometrie ist der einzige Weg zur Gewinnung (Herstellung) empirischer st. K. Dieser Satz soll „bewiesen“ werden. Logisch kann er natürlich nur aus gewissen anderen Sätzen abgeleitet werden, nur darin kann der Beweis einer allgemeinen Aussage bestehen. Und wir können daran erinnern, daß Allgemeinaussagen stets zuletzt irgendwo in Festsetzungen gründen müssen.

Dieser logische Beweis für unseren obigen Satz ist nun folgender. Er muß ausgehen von der Voraussetzung, daß wir noch gar nichts über den st. K. wissen, und er muß erkennen lassen, wie wir zu ihm gelangen. Wenn ich nun den st. K. suchen soll, so muß ich wissen, an welchen Kennzeichen ich ihn erkennen soll, und zwar muß ich, um ihn von allen übrigen Körpern unterscheiden zu können, diese Kennzeichen vollständig und genau wissen. Die Angabe der Gesamtheit der Kennzeichen eines Dinges ist aber identisch mit der Angabe seiner Definition. Ich muß also, bevor ich den st. K. suche, dessen Definition kennen. Ich kann von zwei vorgelegten st. K. nicht entscheiden, welches der starrere ist, wenn ich nicht die Definition des st. K. kenne.

Da nun ferner die logische Definition des st. K. der Bestimmung der Geometrie des Raumes gleichwertig ist, (durch die Angabe der Geometrie des Raumes ist der st. K. bestimmt, und durch Angabe aller Bewegungen des st. K. ist die Geometrie bestimmt) so ist die Definition des st. K. mit der Angabe der Geometrie des Raumes äquivalent. Der obige Satz spricht sich also so aus: bevor ich den st. K. suche, muß ich die Geometrie des Raumes kennen.

Daraus folgt, daß die Geometrie nicht empirisch bestimmt sein kann.

Man könnte in dem vorstehenden Gedankengang eine Lücke insofern erblicken, daß man sagt, er ist zwingend, aber die Definition könnte auch anders sein. Nämlich z. B. so, daß der st. K. so definiert wird, daß alles, was ihn ändert, von ihm ferngehalten wird. Das ist aber keine wirkliche Definition, weil nicht definiert ist, woran etwas, das ihn ändert, kenntlich sein soll. Es würde nun sicher Leute geben, die hier antworten: ja, das sieht man doch auf empirischem Wege. Hier fängt nun der Zirkel wieder an, und ich müßte eigentlich die bisherigen Ausführungen wiederholen. Im groben nämlich ist dieses „Sehen" ein unbewußtes Vergleichen mit dem eigenen Körper. Im kleinen aber habe ich überhaupt kein Kriterium. Denn nehme ich etwa die Wärmeausdehnung, so beruht deren Messung selbst wieder auf der Voraussetzung der Unveränderlichkeit der verwendeten Maßapparate.

Damit ist die Frage: kann diese Definition irgendwie durch die Natur gegeben werden, kann sie in irgendeiner Hinsicht auf das Empirische gegründet sein? dahin beantwortet, daß dies nicht der Fall sein kann. Gehen wir noch ein wenig ins Detail.

Soll ich aus einer Menschenmenge einen bestimmten Menschen suchen, so muß ich seine hinreichenden Kennzeichen wissen. So kann auch nichts mir ersparen, wenn ich den st. K. suche, vorher bis zu jeder Genauigkeit zu wissen, welches seine Kennzeichen sind. Würde ich es nicht bis zu jeder Genauigkeit wissen, so käme immer wieder ein Moment, wo ich den st. K. nicht mehr zu suchen vermöchte, weil ich von dieser dann erreichten Genauigkeit aus seine Kennzeichen nicht mehr weiß.

Die Meinung, die Natur könne den st. K. definieren, wäre letzten Endes einzig und allein dadurch möglich, daß es in der Natur Körper und Umstände gäbe, an denen sozusagen angeschrieben stünde: Dies ist ein starrer Körper.

Der wichtigste und häufigste Fall, aus dem abweichende Meinungen bisher begründet wurden, ist der, daß man meint, der starre Körper, die Geometrie, werde durch Experimente festgestellt.

Daß in jeder solchen scheinbaren empirischen „Feststellung" immer und ausnahmslos unserem allgemeinen Beweise gemäß unbewußt eine vorher vorhandene Definition des st. K. zum Vorschein kommt, dies im einzelnen Falle wirklich einzusehen, bedarf oft einer sehr eingehenden Untersuchung. Man kann diese Fälle aber niemals alle auf einmal und ein für allemal erledigen, denn es gibt immer wieder in der Praxis solche, wo es schwieriger ist, das allgemeine Prinzip zu durchschauen als in anderen. Dies ist bei allen Anwendungen allgemeiner Sätze so, für das Energieprinzip z. B. wird man unschwer solche Fälle verschiedenen Schwierigkeitsgrades angeben können.

Nehmen wir als Beispiel den Fall, daß jemand glaubte, er könne z. B. die Ausdehnung eines Stabes durch die Wärme gänzlich unabhängig von irgendwelchen Definitionen und Festsetzungen aus der Natur entnehmen. Dann würde er diesen Umstand natürlich vom st. K. fernhalten können, und er würde hoffen können, durch rein empirisches Fernhalten aller solcher verändernder Umstände empirisch einen unveränderlichen Körper zu erhalten, und von diesem dann feststellen können, welcher Geometrie er gehorcht.

Dieses scheinbar so naheliegende Raisonnement ist nun, so behaupte ich, voll von Fußangeln und nicht zu Ende gedachten Vorstellungen, und schließt eine Selbsttäuschung ein.

In der Tat liegt eine Verlängerung durch Erwärmung etwa bei einem Stück Eisen jenseits der groben Wahrnehmung (in welch letzterer sie auch nur durch unbewußten Vergleich mit Größen unseres Körpers als solche „wahrgenommen" würde). Sie muß also indirekt erschlossen werden. Die zugehörige Anordnung (Experiment) läßt das Stück, dessen Hinterende festgelegt ist, mit dem Vorderende etwa gegen den kürzeren Arm eines Hebelzeigers drücken, welcher die Wirkung der Verlängerung multiplizieren soll. Wenn wir nun etwa Flammen unter das Eisenstück bringen, dann gibt der Hebel mit seinem längeren Arm einen Ausschlag. Dies ist der phänomenologische Vorgang. Etwas davon ganz Getrenntes ist nun die „Erklärung".

Da nach Voraussetzung die Verlängerung nicht grob wahrnehmbar, das Eisenstück aber als st. K. untersucht werden soll, so ist die Lage so, daß uns noch kein st. K. bekannt sein darf, der mit größerer Genauigkeit starr ist, als das Eisenstück unabhängig von der Temperatur es ist. Andernfalls wäre es ja ein bloßes Vergleichen des Fe-Stückes mit dem besseren st. K., und unser Versuch, den st. K. experimentell festzustellen, wäre auf ein falsches Geleise geraten. Ist das aber so, dann wissen wir ebensowenig wie vom Eisenstück, ob nicht der Hebel selbst innerhalb der gleichen Größenordnung oder beide Körper zugleich ihre Ausdehnungsmaße ändern, oder auch der Körper, an dem das Eisen seinen Widerhalt findet. Es ist vollkommen unmöglich, aus dem phänomenologischen Befund heraus zu entscheiden, welche von diesen drei Möglichkeiten stattgefunden hat.

Man wird nun etwa sagen: ich versuche dann eben diese drei Fälle experimentell zu trennen. Aber auch hierbei müssen stets wieder die gleichen Schwierigkeiten auftreten, denn es muß das Experiment notwendig so angestellt werden, daß andere Körper und Vorgänge dabei benutzt werden. Diese können aber in ihrer Starrheit niemals genauer bekannt sein, als der Eisenstab selbst vor dem Experimente es ist. Damit aber entfällt die Möglichkeit, den „Grund" der beobachteten Veränderung an dem Zeiger oder der Skala in vollem Betrage oder überhaupt dem Eisenstabe zuzuschreiben.

Daß wir nun in unserer gewöhnlichen Physik das betr. Experiment zum Nachweise der Wärmeausdehnung benutzen können, liegt daran, daß wir wissen, daß der Hebelzeiger ein genauerer st. K. ist und auch während der Prozedur bleibt, als es der wärmer werdende Eisenstab ist. Dies wissen wir daher, weil die geringe Erwärmung, welche den Zeiger trifft, bekanntermaßen seine Gestalt nicht genügend verändert, wie dies durch Messungen und Vergleich mit genaueren st. K. feststeht, diese letzteren aber bezogen ihre Genauigkeit allein aus geometrischen Prüfungen. Alle anderen Experimente nämlich bedürfen noch anderer Körper und Vorgänge. Nur die geometrischen Prüfungen können mit dem zu prüfenden Körper an ihm selbst vorgenommen werden. Hier kann niemals ein Zweifel über die kausale Zuweisung einer Abweichung obwalten, weil hier eine solche nicht in Betracht kommt.

Man möge also bei diesen Überlegungen nicht bei irgendeiner undifferenzierten Vorstellung, daß „etwas dann schon experimentell erledigt werde", Halt machen. In dem undurchdacht dabei angenommenen Rest sind dann immer noch die letzten Entscheidungen verborgen.

Alle diese Einsichten werden nur dann gewonnen, wenn man dabei auf „die Genauigkeit" achtet, d. h. wenn man sich davon Rechenschaft gibt, ob und inwieweit die zu beobachtenden Effekte ihrer Größenordnung nach diesseits oder jenseits der Genauigkeit des zum Vergleich benutzten Messungskörpers fallen.

Der Wellsteinsche Einwand.

Aber es genügt nicht, das wichtige Problem des starren Körpers allein für sich zu betrachten. Wir erhalten erst den hinreichenden Einblick in die hier vorliegenden Verhältnisse, wenn wir dieses Problem in Zusammenhang bringen mit der Gesamtheit der Grundlagen unserer gewohnten Geometrie.

Die sog. „Grundlagen der Geometrie", d. h. ihr Axiomensystem, liegen uns vor in den einleitenden Teilen des 1. Buches der Elemente des Euklid. Diese bildeten seit ihrem Entstehen die Fundamente aller Überlegungen über die Grundlagen der Geometrie. In neuerer Zeit nun, nachdem die Entdeckung der nichteuklidischen Geometrieen diese Forschungen sehr belebt hatte, haben wir eine ganze Reihe von Versuchen, diese Fundamente in verschiedener Hinsicht in verbesserter Gestalt darzustellen.

Als in ihrer Art originell und einen gewissen Höhepunkt und Abschluß darstellend, sind hier besonders zwei solche Versuche zu erwähnen: die von Pasch und von Hilbert. (Vorher gehen noch die wichtigen Bestrebungen der Peanoschen Schule. Diese wurden in England aufgenommen und weitergeführt durch die umfassenden Untersuchungen von B. Russell und Whitehead, während G. Frege in Deutschland sein Augenmerk speziell der Arithmetik zuwendet.) Beide sind in ihrer grundlegenden Tendenz für unser vorliegendes Problem von größter Wichtigkeit, insoferne sie an der Lösung dieses Problems des starren Körpers und damit des Verhältnisses von Theorie und Erfahrung in der Geometrie implizite mitarbeiten.

Euklid hatte in seinen „Definitionen (*ὅροι*)" u. a. eine „Beschreibung" der Begriffe Punkt, Gerade, Ebene gegeben. Aber diese Beschreibungen bedienten sich einer Menge von Begriffen, die selbst ganz unerklärt blieben und auch im weitern logischen Aufbau der Geometrie nie mehr zur Verwendung gelangten. Es war klar, daß diese Begriffe zum logischen Aufbau seiner Geometrie in keiner Weise beitrugen, und daß vom Gesichtspunkt der rein logischen Abhängigkeit diese Definitionen auch ebenso gut hätten fortbleiben können. Euklid aber hatte dennoch etwas durchaus Reales und Berechtigtes mit seinen definitiones beabsichtigt: er hatte den Zusammenhang des späteren rein logisch deduktiven Gebäudes mit der Realität herstellen wollen.

Ein für die philosophische Entwicklung überaus wichtiger Prozeß, auf den wir in diesem Buche schon öfter zu sprechen gekommen sind, hat nun insbesondere im Verlaufe des 19. Jahrhunderts uns erkennen gelehrt, daß gewisse logische Schematismen in ganz verschiedenen Wissenschaften auftreten konnten, wobei ihre einzelnen Begriffe ganz verschiedenen Dingen entsprachen, durch ganz verschiedene Realisierungen dargestellt wurden.

Insbesondere der Beweis der Widerspruchslosigkeit der sog. nichteuklidischen Geometrieen hatte diese Erkenntnis stark gefördert. Wurde dieser Beweis doch so geführt, daß die nichteuklidischen Geometrieen in die Euklidische sozusagen „eingebaut" wurden, indem man Teile der Euklidischen Geometrie aufzuzeigen vermochte, welche genau den gleichen logischen Schematismus aufwiesen, wie ihn eine der nichteuklidischen Geometrieen zeigte.

Wir wollen hier für diesen Umstand nur ein Beispiel etwas näher ausführen, das zugleich unseren allgemeinen Gedankengang weiterführen soll.

Denken wir uns in unserem Raume die Gesamtheit aller Kugeln, die durch einen festen Punkt P gehen, wobei die durch den Punkt gehenden Ebenen hinzugerechnet werden, dann nennen wir diese Gesamtheit ein „parabolisches Kugelgebüsch". Wir denken uns dann den gemeinsamen Punkt P (das „Gebüschzentrum") herausgeschnitten. Dann ist leicht zu sehen, daß zwischen den „offenen" Kugeln, welche jetzt noch in diesem Gebüsch übrig sind, genau die Beziehungen der euklidischen Geometrie gelten. Bezeichnen wir (mit Josef Wellstein) die offenen Kugeln als „Scheinebenen", die offenen Kreise, in denen sich zwei Scheinebenen schneiden, als Scheingerade, dann schneiden sich zwei Scheingerade, die einen Punkt gemein haben, entweder in einem Punkt oder fallen zusammen, jede Scheingerade ist durch 2 Punkte bestimmt, jede Scheinebene durch 3 nicht in einer Scheingeraden liegende Punkte, jede Scheingerade, die mit einer Scheinebene 2 Punkte gemein hat, liegt ganz in ihr. Es gibt ferner zu einer Scheingeraden g durch einen Punkt Q außer ihr eine und nur eine nichtschneidende Scheingerade (Parallele). In der Tat bestimmt die Scheingerade zusammen mit dem Punkte Q eine Scheinebene. Legen wir diese durch Q und g, dann gibt es in ihr durch Q nur einen einzigen

Kreis (Scheingerade *h*) durch das Gebüschzentrum *P*, der die Scheingerade dort berührt. Wird dann *P* herausgeschnitten, so haben *g* und *h* keinen Punkt gemeinsam. Der eben bewiesene Satz ist aber eine charakteristische Eigenschaft der euklidischen Parallelen. Man kann nun auch eine Längen- und Winkelmessung in dieser Scheingeometrie einführen, welche bewirkt, daß auch sämtliche maßgeometrische Sätze der euklidischen Geometrie für die Scheinstrecken und Scheinflächeninhalte unserer Scheingeometrie erfüllt sind. Man gewinnt durch gewisse naheliegende Symmetrieen den Begriff der Gleichheit von Strecken und mißt die Winkel nach ihrer „wirklichen" Größe.

Damit haben wir ein sehr bemerkenswertes Resultat gewonnen. Wir haben in unserem eigenen Raume Gebilde gefunden, die keine Geraden und Ebenen sind, und die dennoch genau alle Sätze der euklidischen Geometrie verwirklichen. Dieses Resultat ist deshalb insbesondere für die Betrachtungen der vorstehenden Paragraphen von prinzipieller Wichtigkeit, weil wir dort ja die These vertraten, daß die euklidische Geometrie den starren Körper definiere. Wenn sich nun zeigt, daß in unserem Raume ganz verschiedene Arten von Realisierungen der euklidischen Geometrie möglich sind, dann muß es zunächst scheinen, als ob unsere These nicht zu Recht bestehen könnte, mindestens einer sehr wichtigen Ergänzung bedürfte. Denn damit scheint bewiesen zu sein, daß die euklidische Geometrie nicht in der Lage ist, den starren Körper eindeutig zu definieren. Andererseits bleiben natürlich die Argumente für unsere These, die wir im Vorstehenden gebracht haben, unbeeinträchtigt bestehen. Immerhin aber zeigt sich, daß hier ein Punkt ist, der noch der Klärung bedarf.

Um hier klar zu werden, müssen wir die Art des Zusammenhangs zwischen logischem Schematismus und Realität in der Geometrie noch etwas genauer untersuchen.

Die Grundlagen der Geometrie in Hinsicht ihres Zusammenhangs mit der Realität.

Das Resultat, welches die Betrachtung des parabolischen Kugelgebüsches uns vermittelte, läßt sich auch so aussprechen: Man kann ganz verschiedene Gruppen von Gegenständen angeben und finden, welche unter sich die Beziehungen der euklidischen Geometrie aufweisen.

Offenbar ist dabei die Geometrie als eine „reine Beziehungslehre“ aufgefaßt. Sie wird heute vielfach als eine solche angesehen, aber es ist nicht ausgemacht, daß damit schon das Letzte gesagt ist. Jedenfalls ist aber das Eine sicher, daß die Geometrie als Wissenschaft eine reine Beziehungslehre als wesentlichen Bestandteil enthält. In klarster und vollkommenster Weise ist dieser bisher in der Fassung zutage getreten, die David Hilbert dem Axiomensystem der Geometrie gegeben hat.

Es ist ja auch folgendes ganz klar: Fasse ich die Wissenschaft der Geometrie auf als eine Gesamtheit von Sätzen, die nur etwas über die Beziehungen der geometrischen Begriffe unter sich aussagen, dann sind diese Begriffe nur „relativ“ bestimmt. Es genügt dann, wenn eine Gruppe von Dingen die gleichen Beziehungen unter sich aufweist, um von ihr zu sagen, daß sie den euklidischen Gesetzen gehorche. Wie dann das einzelne Ding für sich aussieht, dies ist dafür ganz gleichgültig. So sahen wir, daß das Ding, das die Funktion der Ebene hatte, bald eine Ebene, bald eine Kugel und noch unendlich viele andere Dinge sein konnte.

Es folgt weiter hieraus, daß, wenn ich die Geometrie, wie wir sie in der Realität wirklich haben, bestimmen will, etwas hinzukommen muß, das nicht nur eine Beziehung der geometrischen Begriffe untereinander, nicht nur etwas in diesem Sinne Relatives enthält, sondern das sozusagen etwas „Absolutes“ enthält, z. B. etwa eine Beziehung zu mir.

Nun beginnt aber hier erst die eigentliche Schwierigkeit. Um zu sehen, worin sich diese äußert, verfolgen wir einmal die Darstellung, welche Josef Wellstein in Verbindung mit Heinrich Weber in „Enzyklopädie der Elementarmathematik, Band II (1. Auflage 1905) im 2. Abschnitt des 1. Buches unter dem Titel „Die natürliche Geometrie als eine der unendlich vielen Erscheinungsformen einer rein begrifflichen Geometrie (Metageometrie)“ gegeben hat.[1] Der leider zu früh verstorbene Wellstein hat hier (unter stellenweiser Mitwirkung von H. Weber) eine sehr bedeutende und schöne Leistung hinterlassen, welche wohl mehr als dies explizit zutage getreten ist, bestimmend auf die Aussichten der Zeitgenossen in dieser Hinsicht gewirkt hat. Gerade jene Tatsache der verschiedenen

[1] Ich zitiere nach der 2. Auflage. Leipzig 1907.

Arten von Realisierbarkeit der Geometrie in unserem Raume bildet den Hauptkern seiner Überlegungen. Er vermag das Problem der eindeutigen Bestimmung der natürlichen Geometrie unseres Raumes jedoch nicht zu lösen. Er sagt (S. 121): „Angesichts dieser Sachlage ist es ein vollständig aussichtssichtsloses Unternehmen, eine Gerade oder Ebene je für sich definieren zu wollen." Ferner (S. 123): „Es zeigt sich hier auf das Nachdrücklichste, daß man in der geometrischen Geometrie gewisse Dinge von vornherein als gegeben annehmen muß, nämlich die Punkte, Geraden und Ebenen, und daß noch weitere empirische Data hinzukommen müssen,..." Dennoch aber erkennt Wellstein, daß der logische Schematismus, den wir gewöhnlich so bezeichnen, noch lange nicht die „Geometrie" ist (S. 128), so daß das Problem der Geometrie noch zu lösen ist. Es erscheint Wellstein die Lösung dieses Problems als „das ferne, vielleicht nie erreichbare Ziel aller Geometrie" (S. 128).

Wir sehen, es handelt sich, kurz gesagt, um die Art der Einführung jener „absoluten Elemente" in die Geometrie, deren Notwendigkeit wir oben erkannten. Wellstein meint, wie wir sahen, daß dazu Punkt, Gerade, Ebene und sonstige empirische Data von vornherein gegeben sein müssen. Wäre dies wirklich der Fall, dann hätten allerdings diejenigen Recht, welche sagen, daß die „Geometrie unseres Raumes" durch das Experiment, womöglich sogar durch Messung festgestellt werden müsse. Es wäre die empiristische Anschauung in dieser Hinsicht bewiesen.

Wellstein versucht (S. 150) auch die absoluten Elemente festzustellen und findet, daß dies eine sehr schwere Aufgabe sei. Er erwähnt als solche z. B. die gefällige Rundung der Kugel. Wenn ich nun aber empirische Ebene und Gerade und starren Körper, oder letzteren allein als absolute Elemente einführe, so treten alle jene Schwierigkeiten wieder auf, die wir in den vorstehenden Paragraphen ausführlich erörtert haben, und die uns veranlaßten, eine solche rein empirische Wahl des starren Körpers abzulehnen. Wie aber wollen wir andererseits angesichts der Wellsteinschen Resultate Eindeutigkeit erzielen, wenn wir die Geometrie durch den logischen Schematismus festlegen wollen, wie wir das als nötig erkannten? Natürlich ist die Hoffnung, etwa durch eine Erweiterung dieses Schematismus die gewünschte Eindeutigkeit zu erreichen, von vorneherein verfehlt. Denn auch für jeden neuen Teil des Schematismus gilt die reine Relativität, die für die früheren galt. So kann also die Lösung nur hängen an der Art, wie wir diesen Schematismus mit den absoluten Elementen verknüpfen. Diese absoluten Elemente sagen aber stets z. B. aus, welche unter den für einen euklidischen Schematismus möglichen Flächen zugleich auch für uns eine Ebene ist. Einen gewissen Ausweg für die Möglichkeit einer Lösung gibt uns ja der Umstand, daß Wellstein keineswegs das Problem in absoluter Allgemeinheit behandelt und erledigt, sondern daß seine ganzen Überlegungen im wesentlichen orientiert sind an der doch mehr zufälligen Form, welche die Geometrie unter den Händen der Griechen (Euklid) gewonnen hat.

Wenn ich nun als absolutes Element einen empirischen starren Körper einführen wollte, so müßte ich zunächst empirisch feststellen, was für mich ein starrer Körper ist. Und darnach müßte ich diesen mit der Geometrie verknüpfen. Nun hat aber unsere frühere Überlegung und Analyse wohl hinreichend gezeigt, daß auch ein solches Suchen eines „für mich" starren Körpers eine gewisse, wenn auch vielleicht unbewußte Definition desselben voraussetzt. Diese würde dann instinktiv bei der Suche angewandt unter Benutzung der mir unmittelbar gegebenen Beziehungen der Realität. Was ist mir nun in dieser Hinsicht gegeben?

Wie wir schon im 1. Teil diese Buches sahen, sind uns gewisse Beziehungen der Dinge der Außenwelt unmittelbar gegeben, und zwar diejenigen der Verschiedenheit und damit auch der Nichtverschiedenheit. Daß Dinge unserer Außenwelt verschieden sind, daß ich Verschiedenes, Verschiedenheiten wahrnehme, dies ist mir unmittelbar gegeben und gewiß (im Sinne des 1. Teils), ohne diese Beziehung wären Aussagen über die Realität überhaupt unmöglich.

Die Aussagen über die Verschiedenheit sind aber die einzigen Beziehungen, die vor jeder Interpretation der Realität, ja, vor jedem Körperbegriff schon vorhergesehen. Sie sind die einzigen, die nicht schon irgendeine Sub-, Ad-, oder Konstruktion voraussetzen. Sie bilden das Fundament jeder, auch der primitivsten Erkenntnis überhaupt und somit auch jeder wissenschaftlichen Erkenntnis. Wenn also nach unserer These alle Allgemeinaussagen, d. h. alle Aussagen mit dem Anspruch auf absolute und apodiktische Geltung auf durch uns selbst festgesetzte Sub-, Ad- und Konstruktionen zurückgehen, dann muß offenbar alles, was nicht Festsetzung ist an der Wissenschaft, auf solche unmittelbar gegebene Beziehungen sich beschränken, die unabhängig von jeder Sub-, Ad- und Konstruktion sind. Dies sind aber die unmittelbaren Verschiedenheitsurteile.

Daraus ergibt sich nun für unser vorliegendes Problem folgender Gedankengang: Wollte ich irgendein geformtes Ding, wie etwa den starren Körper, die Ebene, die Gerade usw. als unmittelbar gegeben annehmen, so würde das nach dem früher Gezeigten heißen, daß ich irgendeine unbewußte Definition meinen Überlegungen zugrunde lege, nach der ich dann unter Anwendung von Verschiedenheitsurteilen aus der Realität mir solche Gegenstände suche, welche dieser Definition gehorchen. Wenn ich dann durch empirische Erforschung der so gefundenen (vermeintlich unmittelbar gegebenen) Gegenstände finden will, „welche Geometrie in meinem Raume herrscht“, so tue ich damit nichts anderes, als experimentell feststellen wollen, welches diese unbewußte Definition war — ein Verfahren, das ebenso unzweckmäßig als ungenau ist. Einen großen Fortschritt würde es daher bedeuten, wenn es uns gelänge, statt der unbewußten Definition eine bewußte aufzustellen und bei dieser zugleich die absoluten Elemente auf die einzigen mir wirklich unmittelbar gegebenen Beziehungsurteile zu beschränken, die Verschiedenheitsurteile.

Diese methodologische, ganz allgemeine erkenntnistheoretische Überlegung führt uns nun zu einem konkreten Wege in unserem Probleme, den wir kurz so kennzeichnen können: Wir werden versuchen müssen, die „absoluten Elemente“ in der Geometrie ebenfalls auf die Verschiedenheitsurteile zurückzuführen.

Dies muß nun in der Tat auf folgende Weise gelingen: Die Begriffe Fläche und Linie sind in ihrem empirischen Äquivalent nebst ihren Eigenschaften schon von jeder Raumteilung aus da und gehören noch nicht zur „starren Geometrie“. Aus diesen nun kann man mit Hilfe der Verschiedenheitsurteile allein die Ebene und Gerade definieren, wenn man angenähert sagt: Die Ebene ist diejenige Fläche, deren beide Seiten nicht unterscheidbar sind, und: die Gerade ist diejenige Linie, deren Seiten nicht unterscheidbar sind. Aus diesen Definitionen nebst einigen zugehörigen Begriffsbildungen kann man nun die gleichen relativen Eigenschaften ableiten, welche der Schematismus der projektiven Geometrie bezüglich dieser Begriffe enthält. Bekanntlich ist aber damit eine Maßgeometrie noch nicht gegeben. Um diese zu erhalten, bedarf es noch einer dem Parallelenaxiom im wesentlichen äquivalenten Aussage. Diese ergibt sich dadurch, daß gefordert wird, daß bei der Translation eines starren Körpers jeder von dessen Punkten als Bahnkurve eine gerade Linie beschreibt.

Mit diesen drei Forderungen. bzw. Definitionen von Ebene, Gerade und starrem Körper ist nun die euklidische Geometrie gefordert. Betrachten wir diese drei Forderungen näher, dann erkennen wir, daß es gerade diejenigen sind, die jeder Mensch ganz instinktiv und selbstverständlich schon für die Geometrie mitbringt. Sie sind es, nach denen er beurteilt, ob er einem realen Ding den Namen Ebene, Gerade, starrer Körper beilegt. Diese Definition der Ebene ist es auch, welche, wie ich zeigte[1], zu ihrer empirischen Herstellung verwendet wird. Und von der Geraden läßt sich mit kleiner Modifikaton dasselbe sagen.

Diese empirische Herstellung der Ebene besteht nämlich woran hier kurz erinnert sei, darin, daß — wie das etwa bei der Etablierung einer Feinwerkzeugfabrik zum Zwecke der Herstellung der feinsten erreichbaren ebenen Flächen geschieht — eine „Urebene" erzeugt wird, von der dann abgeleitete Ebenen von einer für die gewöhnlichen praktischen Zwecke hinreichenden geringeren Genauigkeit in großer Zahl abgenommen werden können, bis etwa die Urebene selbst durch die dabei eintretende Abnutzung selbst wieder einer Erneuerung bedarf, die auf dem gleichen, sofort zu schildernden Wege wie die Erzeugung der Urebene selbst, vorgenommen wird. Die Herstellung einer Urebene aber geht etwa folgendermaßen vor sich: es werden d r e i möglichst gut schon vorgeebnete Stahlplatten so lange mit Schmiergel aufeinander abgeschliffen, bis jede mit jeder anderen vollkommen aufeinander paßt, was besonders durch die Erscheinungen der Adhäsion kontrolliert wird. Zwei solche Platten allein würden nicht genügen, weil bei ihrem Abschleifen auf-

[1] Die Grundlagen der angewandten Geometrie. Leipzig 1911.

einander auch eine Kugelfläche zustande kommen könnte. Erst drei geben bei wechselseitigem Abschleifen die Garantie, daß eine Ebene zustande kommt.

Damit aber löst sich die Schwierigkeit Wellsteins der verschiedenen Realisierbarkeit der euklidischen Geometrie. Nur eine solche Realisierung der Ebene ist meine wirkliche Ebene, an der die beiden Seiten keinerlei Verschiedenheiten aufweisen. Hier ist das „absolute Moment“, das aussagt, welche dieser Flächen „für mich“ die Ebene ist. Dann kann natürlich eine Kugelfläche nicht in Betracht kommen.

Damit ist auch die empirische Geometrie eindeutig geworden. Aber ich bin dabei keineswegs, wie die Empiristen immer glaubten, genötigt, eine Ebene, Gerade oder starren Körper als unmittelbar gegeben anzunehnem. Ich brauche dazu nur meine allgemeine Fähigkeit zu Verschiedenheitsurteilen.

Es ergibt sich dabei auch hier wieder eine neue Bestätigung meiner allgemeinen These in diesem Buche, daß alle Allgemeinaussagen in der Realität zur Gültigkeit gebracht werden durch Exhaustion von uns vorgeschriebener und festgesetzter „Formen“. In der Tat, da die in den obigen drei Forderungen formulierten Definitionen diejenigen sind, die ganz instinktiv jeder Mensch bei dem Bedürfnis nach Figuren größter Regelmäßigkeit, Symmetrie, Geordnetheit, ästhetischer Gleichmäßigkeit an die Realität heranbringt, so ist es kein Wunder, wenn die Körper, Flächen, Linien, die er nach diesen Forderungen ausgewählt hat, darnach die euklidische Geometrie erfüllen. So exhauriert jeder Mensch durch diese drei instinktiven Forderungen schon immer unbewußt die euklidische Geometrie.

Ferner zeigt sich hier, daß nicht der starre Körper das unmittelbare Ziel der Exhaustion darstellt, sondern Ebenen und Gerade in der Erzeugung im Vordergrund stehen. Und daß der starre Körper vielfach erst durch seine Beziehungen zu den so hergestellten Ebenen und Geraden teilweise definiert wird. Gänzlich definiert wird er erst durch die drei Forderungen in ihrer Gesamtheit.

Weiter aber zeigt sich auch, wie nun die Sicherheit in den instinktiven Aussagen über das unendlich Ferne der Geometrie zustande kommt, und daß sie vollkommen berechtigt ist. In der Tat, wenn ich die genannten drei Forderungen als Forderungen stelle, dann ist es klar, daß ich sie für immer und für jede Ausdehnung stellen werde. Dann aber „gelten" die dadurch eingeführten Gesetze und Sätze nicht etwa nur für einen kleinen „Bereich", in dem wir sie durch mühsame „experimentelle Forschung" feststellen müßten, wie das jetzt meist geglaubt wird, und woraus M. Pasch sogar ein ganzes theoretisches System der Geometrie (das von anderer Seite her große Verdienste hat) gemacht hat, sondern sie gelten für jeden noch so großen Bereich. Und was Kant als seine „reine Anschauung" etwas mysteriöser Provenienz bezeichnet, ist nichts anderes als das instinktive Wissen um die von uns unbewußt getroffenen Festsetzungen.

Natürlich kann nur ein Axiomensystem das hier Verlangte leisten, in dem die Begriffe Gerade, Ebene, starrer Körper abgeleitete Begriffe sind, wie dies ja bei Euklid und den ihm nachfolgenden Systemen, welche nur die Beziehungen zwischen diesen Begriffen darzustellen vermögen, nicht der Fall ist.

Ferner aber hat die hier angewandte Definitionsweise den Vorzug, daß sie für jeden Grad der Genauigkeit verwendbar bleibt und unabhängig von ihm gültig ist. In der Tat wird die Eigenschaft der Abwesenheit von Unterschieden der beiden Seiten unter den primitivsten Verhältnissen zu einer diesen Umständen an Genauigkeit entsprechenden Ebene führen, ebenso wie nach Einführung der kompliziertesten Kausalitäten und der feinsten Beobachtungsinstrumente. Dieser Verfeinerung der Beobachtung entsprechend werden sich dann auch die Realisierungen unserer geometrischen Begriffe verfeinern, was genau unserem Prinzip der Genauigkeitsschichten entspricht.

Das Wichtige ist, daß der Aufbau in der geschilderten Weise überhaupt gemacht werden kann. Daß andere Arten des Aufbaues möglich sind (wie der von Euklid usw.), welche, wie Wellstein zeigte, die Möglichkeit verschiedener Arten von Realisierungen im Raume übriglassen, will der Tatsache gegenüber nichts bedeuten, daß ein solcher Aufbau der euklidischen Geometrie möglich ist, der tatsächlich nur eine einzige Realisierung erlaubt.

Starre und nichtstarre Realitäten.

Bei der fundamentalen Wichtigkeit dieser Dinge ist es vielleicht nicht überflüssig, noch etwas länger bei ihnen zu verweilen und die tiefdurchdachten Wellsteinschen Überlegungen noch etwas mehr in ihre Einzelheiten zu verfolgen.

Wellstein untersucht zunächst die Fülle der Möglichkeiten, die vorliegen, den euklidischen Schematismus schon in einem als euklidisch angenommenen Raume zu realisieren. Er zeigt, daß man dabei sehr weite Grenzen hat, indem man geometrische Gebilde des euklidischen Raumes konstruieren kann, welche den euklidischen Schematismus erfüllen, wobei dem Punkte irgendein algebraisches Gebilde allgemeinster Art entspricht. Aber er ist sich auch bewußt, daß damit die Fülle der Möglichkeiten keineswegs erschöpft ist. Ja die genannten Realisierungen sind sogar noch recht speziell, indem bei ihnen z. B. „Schneiden" wirkliches Gemeinsamhaben, und „Inzidieren" wirkliches Darinnenliegen, Angehören bedeutet. Dies ist ein anschauliches Element, das keineswegs notwendig erfüllt zu sein braucht und, wenn man sich von ihm frei macht, noch weitere Füllen von Möglichkeiten liefert. In gleicher Weise könnte man sich von allen übrigen anschaulichen Elementen, z. B. dem Zwischenbegriff usw. befreien.

Wellstein versucht dann weiter, sozusagen dasjenige Minimum an empirischen Voraussetzungen, Anschaulichkeiten festzustellen, das nötig ist, um die wirkliche euklidische Geometrie zu garantieren. Es zeigt sich, daß er außer dem Lineal als frei beweglichem Instrumente noch die Steinersche Kugel als fertig empirisch gegeben annehmen muß.

Er fragt dann, wieviele Möglichkeiten noch beständen, wenn man verlangt, daß die Ebenen der Geometrie wirkliche Ebenen würden und auch sonst alle Anschaulichkeiten erfüllt seien, die unendlich ferne Ebene in sich übergehen solle und daß nur der Kongruenzbegriff nicht mit unserem „empirischen" übereinstimme. Man findet, daß dann immer noch ∞^8 solcher Affinitäten möglich seien. Aber dies ist weniger von Interesse für uns als die vorige Bemerkung.

Man weiß, daß Lineal + Steinersche Kugel keineswegs die einzige Form ist, in der das empirisch Gegebene der euklidischen Geometrie auftreten kann. Es kann dieses z. B. auch durch das sog. Doppel- oder Parallellineal ersetzt werden. Wenn wir aber nun darüber nachdenken, welche Umformungsmöglichkeiten hier noch bestehen möchten, so werden wir uns einer Beschränkung bewußt, unter der die Wellsteinschen Betrachtungen stehen und die noch berücksichtigt werden muß.

Die Wellsteinschen Betrachtungen schließen sich nur an die Geometrie an in der Gestalt, wie sie uns von Euklid überkommen ist. Es erhebt sich die Frage, ob wir gezwungen sind, das Empirische gerade in der Form einzuführen, wie es bei Euklid geschieht. Es gibt wesentliche Umformungen dieser Art, ich erinnere an die Lieschen Formulierungen in der Sprache der Transformationsgruppen und an D. Hilberts Axiomensystem der analytischen Geometrie im Anhang zu seinen „Grundlagen". Aber diese Fassungen sind mehr an dem rein mathematisch-formalen Interesse orientiert. Was wir hier nötig haben, wäre eine Orientierung an dem Gesichtspunkte, in welcher Form das Empirische in die Geometrie eingeführt wird, und zwar dieses als ein solches, das möglichst wenig vorgeformte Bestandteile aus der Realität entnimmt. Dies wäre ein Gesichtspunkt bei der Aufstellung von Axiomensystemen der Geometrie, der von größtem erkenntnistheoretischen Interesse wäre. Die Entwicklung im letzten Jahrhundert war wesentlich in der Richtung gegangen, die rein logischen Schematismen als solche in sich sicherzustellen in Hinsicht der Widerspruchslosigkeit und Fragen der Unabhängigkeit der Axiome untereinander. Die Frage des Zusammenhangs mit der Realität kam zum Teil auch in Auswirkung Kantscher Anschauungen immer mehr außer Betracht. Für den reinen Mathematiker, der sich darauf versteift, sich lediglich in logischen Schematismen zu bewegen (was ja in gewissem Sinne das Hauptforschungsgebiet des Mathematikers ist), ist diese Frage natürlich weniger von Belang. Von grundlegendster Wichtigkeit wird sie aber, wenn wir die Geometrie als Vorstufe der Physik aufzubauen beabsichtigen, wie dies ja gerade in unserem Falle zutrifft.

Wie die hiermit angedeutete Forderung nun zu erfüllen sei, dies haben wir im Vorstehenden schon angedeutet. Wir sahen dort, daß es gelingen muß, die Geometrie lediglich aus mehr qualitativen Gegebenheiten aufzubauen, wie Fläche, Linie, Punkt, Inzidenz und Schneiden, und daß die eigentlich festen, starren (und in diesem Sinne „maßgeometrischen") Begriffe, Gerade, Ebene, starrer Körper aus diesen hauptsächlich durch den Begriff der Ununterscheidbarkeit in gewisser Hinsicht gewonnen werden. Auf diese Weise kommt man darum herum, starre Gebilde, wie Gerade, Ebene, starrer Körper als fertige Ganze in den Grundlagen der Geometrie voraussetzen zu müssen. Es gelingt dies natürlich dadurch, daß alle Stetigkeitseigenschaften von Gerader und Ebene schon vorher vorhanden sind an den Begriffen der Fläche und Linie, die in geeigneter Einschränkung genommen werden.

Ich komme nun zu einer zweiten freiwilligen und unbemerkten Einschränkung, die sich Wellstein-Weber bei ihren Ausführungen auferlegen. Es ist klar, daß wenn ich ein derartiges Problem wirklich in seiner Tiefe erledigen will, ich es in voller Allgemeinheit behandeln muß, vor keiner, noch so unwahrscheinlich erscheinenden Möglichkeit zurückschrecken darf, ehe sie nicht aus absolut zwingenden sonstigen Gründen erledigt ist.

Diese zweite Einschränkung besteht nun darin, daß Wellstein unvermerkt immer den empiristischen Standpunkt allen seinen Überlegungen schon a priori zugrunde legt. Es ist wohl im wesentlichen eine Nachwirkung der Paschschen Darstellungsweise, die hier bei ihm vorliegt. Wellstein unterzieht (a. a. O. S. 137 f.) die Kantsche Raumlehre einer gewissen Diskussion, wobei er aber zu einer Ablehnung kommt. Ich habe den Eindruck, daß er doch die Kantschen Ideen in etwas zu geringer Ausdehnung herangezogen hat, denn sonst könnte er es doch nicht merkwürdig finden (S. 138), wenn „Kant und seine Anhänger es für unstatthaft erklären, durch ein Experiment entscheiden zu wollen, ob die euklidische Geometrie „die" reale ist oder nicht." Durch eine bei der großen Komplikation der Verhältnisse doch nicht ganz in die letzte Tiefe gehende Diskussion auf den folgenden Seiten findet sich dann Wellstein zum Schluß getrieben, daß man sich über die ganze Frage erst ein begründetes Urteil werde bilden können, „wenn einmal ein streng begriffliches System einer reinen Mechanik vorliegen wird, dessen Durchführbarkeit in der Physik des Äthers sich einigermaßen übersehen läßt." „Denn ob ein in sich widerspruchsfreies System der Mechanik zur Bestimmung wirklicher Naturvorgänge geeignet ist, kann mangels anderer Kriterien nur der Erfolg entscheiden" (S. 143). Wellstein gibt hier in zwei Sätzen schon die ganze Anschauung wieder, die heute anläßlich der Relativitätstheorie so viele Anhänger gewonnen hat. Aber er ist trotzdem noch kritischer als die meisten heutigen Vertreter dieser Anschauung, denn er ahnt wenigstens die Lücke seines Gedankenganges und seine wissenschaftliche Genauigkeit zwingt ihn, wenigstens mit einem Worte darauf hinzuweisen: „mangels anderer Kriterien“. Wo aber ist bewiesen, daß es keine anderen Kriterien gibt, daß das genannte selbst überhaupt ein brauchbares Kriterium wirklich ist? All dies ist nicht und nirgends bewiesen, weder bei Wellstein, noch bei irgendeinem anderen der von ihm angezogenen Forscher. Sicher ist, daß Wellsteins sehr hochstehende und verdienstvolle Leistung in der damaligen Zeit diese Mängel schwer zu umgehen vermocht hätte. Andere Kriterien waren tatsächlich nicht im eigentlichen Sinne bekannt, und mit H. Poincarés Untersuchungen hat er sich leider nicht auseinandergesetzt. Aber auch diese würden nur bis zu einem gewissen Grade Wellstein auf einen anderen Weg haben führen können.[1]

Vielleicht empfiehlt es sich, diesen Punkt noch an einem konkreten Beispiel etwas weiter zu besprechen. Wellstein weist (S. 120) darauf hin, daß die Axiome der Geometrie keine Erzeugungsgesetze der Grundgebilde enthalten. In der Tat ist es klar, daß eine reine Beziehungslehre zwischen den fertigen Grundgebilden nie und nimmer eine Erzeugung derselben bestimmen kann, denn jede Erzeugung muß sich schon selbst empirischer Mittel bedienen, diese können aber nicht durch die Lehre bestimmt sein, da diese ja nur Beziehungen enthält. Etwas anders wird die Sachlage, wenn wir unsere Geometrie, unsere Beziehungslehre so aufbauen, daß wir die späteren starren Grundgebilde durch andere erzeugen, und wenn wir zu letzteren solche wählen, die wir vor jeder „starren Geometrie“[2] haben.

Wellstein sagt dann „denn wenn man ein rein begriffliches Erzeugungsgesetz hätte (das also keinerlei physikalische Mittel benutzen darf), so brauchte man nur eine Inversion mit sehr fernem Inversionszentrum hinzuzunehmen, um sofort ein Gebilde zu erzeugen, das in jeder Beziehung als Gerade gelten kann und erst in großer Ferne sich begrifflich (nicht materiell, da eine materielle Gerade eo ipso begrenzt ist) von einer ge-

---

[1] Siehe meinen Aufsatz „Die Rolle der Konvention in der Physik“ Physikal. Zeitschr. XXIII 1922); auch in „Relativitätstheorie und Ökonomieprinzip“ Leipzig 1922.

[2] Ich verstehe darunter das, was der Mathematiker eine Maßgeometrie nennen würde, also eine bestimmte Geometrie, die theoretisch völlig eindeutig festgelegt ist. Sie steht natürlich im Gegensatz zu jeder analysis situs.

wöhnlichen Geraden unterscheidet." [S. 120]. Darin liegt nun die Paschsche Auffassung, daß es nur darauf ankomme, daß die Geometrie innerhalb des uns erreichbaren Gebietes „mit der Erfahrung", d. h. hier mit den so erzeugten Geraden-Gebilden übereinstimme. Die Möglichkeit einer vollkommen anderen Einstellung diesen Dingen gegenüber, wie ich sie vertrete, ist ihm vollkommen unbekannt. Diese aber löst sofort die vorhandenen Schwierigkeiten. Wenn ich die Grundgebilde der Geometrie (und mit ihnen die Geometrie selbst) auswähle durch eine Reihe sich mir fast automatisch aufdrängende Forderungen der Einfachstheit und der Symmetrie, die so beschaffen sind, daß sie mir beim Festhalten einiger der starren Geometrie vorhergehender räumlicher Begriffe eine eindeutige empirische (nämlich euklidische) Geometrie liefern innerhalb der jeweils vorhandenen Genauigkeit (eine Möglichkeit, mit der Wellstein nicht rechnen konnte), dann „gilt" diese Geometrie (d. h. ist als durchzuführende aufgegeben, festgelegt) mit jeder erreichbaren Genauigkeit, in jedem erreichbaren Gebiete. Legen wir also theoretischen Überlegungen eine theoretisch mit notwendig absoluter Genauigkeit eingeführte Geometrie zugrunde (weil wir ja theoretische Überlegungen zunächst immer mit bestimmten Voraussetzungen beginnen müssen), dann werden wir naturgemäß dazu diejenige Geometrie wählen, die unserem Willen gemäß für alle Weiten und Zeiten diejenige sein soll, die wir als die Geometrie unseres Raumes betrachten und herausarbeiten wollen. Daß wir eine Fläche, deren beide Seiten an ihr wir an keiner Stelle zu unterscheiden vermögen (wir denken uns die Fläche etwa in Richtung der Medianebene unseres Körpers gelegt) als Grundfläche unserer Geometrie wählen wollen, ist jedem beinahe selbstverständlich, ebenso, daß wir den Schnitt zweier solcher, den wir rotationssymmetrisch wünschen, als Grundlinie unserer Geometrie nehmen, ebenso, daß wir als Translation eine solche wählen, wo jeder Punkt längs einer solchen Grundlinie läuft. Um diese Forderungen in der Realität durchzuführen, bedürfen wir, wie wir sahen, keines Lineals, noch einer Steinerschen Kugel. Wir brauchen auch keinen starren Körper. Diese Forderungen liefern uns eben dann auch implizite den starren Körper, der eben ein solcher ist, der derartige Ebenen, Geraden und Translationen liefert, wie eben genannt. So sehen wir, daß genau entsprechend unseren Resultaten über den starren Körper die in diesem Sinne aufgestellte euklidische Geometrie den starren Körper definiert und daß sie es auch tatsächlich eindeutig zu tun vermag.

Noch eine Bemerkung sei angeknüpft. Sie bezieht sich auf das heute so viel be- und mißhandelte Begriffspaar relativ und absolut. Eine reine Beziehungslehre ist etwas rein relatives und schwebt der Realität gegenüber völlig in der Luft, solange nicht die logisch unabhängigen „Leerstellen" derselben durch irgendwelche Realitäten ausgefüllt sind, die etwa gewissen Bedingungen unterliegen, wie sie in den Axiomen des Lehrgebäudes ausgesprochen sind. Diese Realitäten, mit denen wir diese Leerstellen ausfüllen, stellen das unabhängig empirisch Gegebene derjenigen theoretischen Realwissenschaft dar, die unsere reine Beziehungslehre nach Ausfüllung ihrer Leerstellen repräsentiert. Dieses Verhältnis gilt nun ganz allgemein für jede Anwendung eines logischen Schematismus auf ein Gebiet der Realität. Daraus ist ersichtlich, daß eine reine Beziehungslehre niemals als solche eine theoretische Realwissenschaft darstellen kann, wie das manche Theoretiker heute zu meinen scheinen, solange nicht die Realitäten, von denen sie handelt, eindeutig bezeichnet werden können. Dies letztere ist nun innerhalb der gewöhnlichen praktischen Physik meist nicht sehr schwer, wenn man sich mit den gewohnten Begriffen begnügt und nicht zu sehr in die Tiefe geht. Schwerer wird es jedoch, und damit gelangen wir wieder zu unserem momentanen Problem, wenn es vor jeder Physik geschehen soll. Dies ist ja der Fall bei der Geometrie. Wenn wir bei dieser, die notwendig am Anfange jeder messenden Physik steht, schon irgendwelche „starre" Dinge (d. h. solche, bei denen es schon auf punktmäßige Genauigkeit ankommt) in die Leerstellen einsetzen müssen, (wie etwa starrer Körper, Gerade, Kugel) dann sind diese das „Absolute" in der betreffenden Geometrie gegenüber der reinen Beziehungslehre, und sind damit von jedem Definiert- oder Konstruiertwerden aus einfacheren Dingen geschützt. Wäre es nun bewiesen, daß wir gar nicht anders könnten, als solche starre Dinge als Absolutes voraussetzen, dann wäre damit der Empirismus bewiesen, denn diese Dinge würden dann als uns absolut von außen gegeben in ihren genauen, dauernden Gestalt aller unserer Wissenschaft zugrunde liegen und würden selbst niemals mehr aus Einfacherem aufgebaut werden können. Nun ist dies aber nicht nur nicht bewiesen, sondern man kann Folgendes zeigen: Man kann die reine Beziehungslehre der euklidischen Geometrie so aufstellen, daß die Leerstellen nicht mit starren Dingen gefüllt zu werden brauchen. Die Gegebenheit nichtstarrer Dinge anzunehmen, ist aber kein Empirismus, sondern sie muß bei jeder Erkenntnistheorie überhaupt zugrunde gelegt werden. Das, was wir hier als „starre" und „nichtstarre" Dinge unterscheiden, charakterisiert gerade die Funktion der exakten Wissenschaft überhaupt, d. h. in unserem Sinne die der reinen Synthese. Denn diese ist nicht das System der Begriffsbildungen, d. h. Unterscheidungen überhaupt, wohl aber das System der allgemeinen Begriffsbildungen überhaupt, die mit dem Anspruch auf absolute und dauernde punktmäßig genaue Geltung auftreten, also erst exakte Wissenschaft liefern. Das ganze darin umschriebene Gebiet aber ist, wie sich in unserem ganzen Buche immer wieder von neuem zeigt, reine Festsetzung, reines rationales Arrangement von mir und eine von dessen ersten Stufen ist die Geometrie, von der wir eben sahen, daß sie noch nichts aus diesem Gebiete schon vorauszusetzen braucht.[1]

Was nun den Beweis anbetrifft, daß die im vorstehenden angedeuteten Annahmen hinreichen, die euklidische Geometrie zu garantieren, so sei nur soviel gesagt. Es scheinen sich da zwei Wege anzubieten. Der umständlichere Weg wäre der, daß man nach Art des Euklid ein geeignetes Axiomensystem aufstellte und zeigte, daß sich die gewöhnlichen Axiome der euklidischen Geometrie (etwa nach Hilbert) als Folgerungen aus diesen ableiten lassen. Ein kürzerer Weg ist der analytische. Hier haben wir nur in einer euklidischen M_3 diejenige Fläche zu bestimmen, welche die Eigenschaft hat, daß ihre beiden Seiten überall ununterscheidbar sind. Man kann das durch eine Erweiterung derjenigen Betrachtung, durch die wir oben bei Untersuchung der „Einfachstheit" die einfachste Linie in der Ebene bestimmt haben. Natürlich muß man zu diesem Zwecke eine Maßbestimmung in der M_3 eingeführt haben, zu der wir die parabolische wählen, die aber eine rein analytische Bedeu-

[1] Zu den vorstehenden Ausführungen vgl. auch den ganzen zweiten Teil von „Relativitätstheorie und Ökonomieprinzip".

tung hier hat. Diese Rechnung wird uns dann lehren, daß diejenige Fläche in der genannten M_3, deren beide Seiten nirgends unterscheidbar sind, in dieser die Fläche linearer Gleichung ist, woraus wir dann leicht die übrigen bekannten Eigenschaften der Ebene, wie sie z. B. in den Hilbertschen Axiomen aufgestellt sind, ableiten können. Die Schwierigkeiten einer axiomatischen Fassung im Euklidischen Sinne (die übrigens auch nicht unüberwindlich sind) beruhen darauf, daß wir bei ihr alle die Stetigkeitseigenschaften der bei der analytischen Überlegung benutzten stetigen M_3 und die Eigenschaften, welche wir in den dabei verwendeten infinitesimalen Operationen implizite voraussetzen, dort ausdrücklich in expliziten Axiomen zu formulieren haben.[1]

§ 4. Die Zeit.

Fragen wir nach der Stellung der Zeit im Bereiche der reinen Synthese, dann erkennen wir, daß sie eine exakte Fassung gegenüber dem populären und vorsynthetischen Zeitbegriff darstellen muß. Daß sie eine eindimensionale Mannigfaltigkeit darstellen soll, akzeptieren wir aus dem vorsynthetischen Verhältnis. Als nähere Definition der Maßverhältnisse dieser M_1 bestimmen wir aus dem Zweckprinzip, daß sie „euklidisch" sein soll. Damit ist alles logische, was aus der reinen Synthese fließt, schon festgelegt. Nun handelt es sich noch um die Realisierung des Zeitbegriffs. Hier wird uns nun analog wie beim Raume, das Prinzip des zureichenden Grundes die Hauptdienste leisten. Demgemäß werden wir zwei Vorgänge, die sich durch keinen wesentlichen Umstand unterscheiden, auch als „gleich" im zeitlichen Ablaufe bezeichnen. Damit ist die Gleichheit zweier Zeitstrecken definiert. Demgemäß werden sich periodische Vorgänge, die an klaren, möglichst einfachen und konstanten Anordnungen vor sich gehen, am besten zur Realisierung gleicher Zeitabschnitte eignen. Das boten schon die antiken Wasseruhren zum Teil, in unvergleichlich viel höherem Grade aber seit seiner Erfassung durch Galilei: das Pendel. Ist kein hinreichender Grund vorhanden, daß zwei Pendelschwingungen ungleich seien, so nehmen wir sie als gleich auch

---

[1] Siehe auch die Betrachtung in meinen „Grundlagen der angewandten Geometrie". Leipzig 1911. S. 148—151.

hinsichtlich der Zeit ihres Ablaufes an. Um Zeitstrecken in kleinere Teile zu teilen, kann man wiederum periodische Vorgänge obiger Art suchen, deren gerade eine ganzzahlige Anzahl sich mit einem der bisherigen deckt. Geeigneter zur Unterteilung sind aber irgendwelche gleichförmige Bewegungen, soweit sie realisierbar sind.

Natürlich unterliegt auch die Realisierung der Zeit dem Prinzip der Genauigkeitsschichten. Nach diesem werden, wie wir sahen, immer feinere Unterschiede wahrgenommen im Laufe der immer besseren Realisierung, und können dann, nachdem sie wahrnehmbar geworden, auch beherrscht und schließlich ferngehalten werden. So fiel vor der Erfindung der Pendeluhren die Verschiebung der Erscheinungszeiten der Jupitermonde durch den Einfluß der Lichtgeschwindigkeit unterhalb der Genauigkeitsschwelle der Zeitmessung. Ein genaues Studium der praktischen Zeitmessung, besonders in der Astronomie, zeigt eine große Zahl lehrreicher Beispiele für das Gesagte. Wie ja die Astronomie von jeher die Mission hatte, in wissenschaftstheoretischen Problemen ausschlaggebende Gesichtspunkte zu liefern.

Was nun den Begriff der Gleichzeitigkeit angeht, d. h. den Vergleich der Zeitmessung an räumlich getrennten Stellen und deren Rückbeziehung auf eine Grund- oder Fundamentalzeit, so erhält man ihr gegenüber die richtige Einstellung, wenn man sich an die Grundidee der Exhaustion und der reinen Synthese erinnert, daß die Aufgabe der Wissenschaft im „Sichhineinbauen der menschlichen Begriffsbildung in die Realität" ist. Es muß also die Gleichzeitigkeit an zwei getrennten Orten hergestellt werden entweder, indem wir an beiden genau den gleichen Apparat (Uhren) herstellen, der nach unseren obigen Prinzipien dann auch die gleiche Zeit zum Ablauf brauchen wird, oder aber, indem wir zwei gleiche Apparate herstellen, diese vergleichen und dann den einen davon an den anderen Ort bringen. Praktisch kommt im allgemeinen nur das zweite Verfahren in Betracht.

Dabei werden natürlich unsere Grundprinzipien der reinen Synthese durch Exhaustion aufrecht erhalten, die sich hier etwa in der Form darstellen, daß eine reine Ortsveränderung nicht Ursache einer realen Veränderung an dem Bewegten werden soll, daß gleiche Umstände unabhängig von Ort und Zeit gleiche

Wirkungen haben, was das vorhergehende Prinzip schon in sich schließt. Indem diese durch Exhaustion von Anfang an festgehalten werden (was übrigens, wie man zeigen kann, unbewußt schon von selbst immer geschah, wodurch die Resultate der klassischen Physik sich ergaben), ist ihre dauernde Geltung in der Realität gewährleistet.

---

2. Kapitel. **Die Kausalität.**

§ 1. Allgemeinere Überlegungen.

Nachdem wir die „Darstellungsbasis“ für unser Vorgehen nun gewonnen haben, wollen wir uns den Plan unseres Vorgehens wieder kurz zurückrufen, um ihn nicht aus den Augen zu verlieren.

Wir hatten gesehen, daß dauernde und absolut geltende Allgemeinaussagen nur in der Form von freiwilligen Festsetzungen zu gewinnen waren. Da wir nun nach dem Prinzip der Wissenschaft und dem Zweckprinzip beabsichtigen mußten, unsere Darstellung der Realität durch dauernde und absolute Allgemeinaussagen aufzubauen, und das Zweckprinzip uns nahelegte, dies auf systematische Weise zu tun, so ergab sich, daß wir nach einem System solcher Allgemeinaussagen strebten. Dieses System benannten wir das der reinen Synthese. Es nimmt auch die Ziele auf, welche sich diejenigen Bemühungen steckten, die man als reine oder theoretische Wissenschaft bezeichnete.

Um nun Allgemeinaussagen machen zu können, mußten wir Allgemeinbegriffe aufstellen. Damit diese letzteren aber ein Äquivalent in der Wirklichkeit hätten, mußten wir praktische Verfahren ausarbeiten, um auch in der Realität immer wieder genau die gleichen Dinge herstellen zu können.

Da nun alle Eigenschaften der Dinge nur grob und schätzungsweise durch unser unmittelbares anschauendes Vergleichen oder unsere Erinnerung wiedererkannt, reproduziert werden können, so mußte wenigstens eine Eigenschaft der Dinge einmal zunächst mit aller Genauigkeit festgelegt werden. Als solche wählten wir aus näher behandelten Gründen diejenige, welche wir als ihre starre Form bezeichneten, repräsentiert durch den starren Körper, und welche identisch war mit der Geometrie.

Nun wollen wir von hier aus weiter. Wir wissen: das einzige wirklich feste, der einzige wirklich genaue Begriff, den wir bisher haben, ist der des euklidisch starren Körpers, und zwar „genauer Begriff" insofern, als hier dic aufgestellte logische Form (die Gesetze der Geometrie) mit dem zugeordneten realen Gebilde (dem empirischen st. K.) nach dem ausführlich dargelegten empirischen Verfahren durch immer bessere Anpassung des letzteren an erstere in eine immer bessere, beliebig gute Übereinstimmung gebracht wird.

Wollen wir nach diesem Anfang nun unser synthetisches Gebäude weiter errichten, so müssen wir suchen, nun auch weitere Eigenschaften der realen Dinge in solcher Weise zu behandeln, bzw. weitere Eigenschaften auf diese genaue und absolute Übereinstimmung von logischer Form und praktischer Realisierung garantierende Weise zu definieren.

Nun sind wir aber jetzt nicht mehr völlig frei. Als wir die Geometrie aufzustellen begannen, da waren wir in der punktmäßigen Darstellung der Realität noch völlig frei. Jetzt aber können wir von jedem beliebigen gegebenen Realding schon folgendes feststellen: ob es sich als starrer Körper verhält oder nicht. Nachdem der starre Körper genau definiert ist und die Methode angegeben, nach der er feststellbar ist, ist es für jeden Körper eine innerhalb der momentan schon erreichten Genauigkeit (weiterhin kurz als die „momentane Genauigkeit" bezeichnet) objektiv feststellbare Tatsache, ob er sich als starrer Körper verhält, oder nicht.

Damit ist eine erste Stufe in der Darstellung des Verhaltens der realen Dinge erreicht, auf der wir weiterbauen müssen. Natürlich werden wir nun nicht ganz unabhängig von dem Bisherigen und ohne Rücksicht darauf neue solche Begriffe bilden, sondern wir werden nur das durch neue Begriffe zu umfassen suchen, was von dem bereits geschaffenen Begriffe des starren Körpers abweicht.

Abweichungen vom Verhalten des starren Körpers bezeichnen wir als „gestaltliche Veränderungen". Finden diese gestaltlichen Veränderungen eines Körpers hinreichend langsam statt, so können wir sie „messen", ihre Größe angeben innerhalb der momentanen Genauigkeit.

Damit ist zugleich auch die erste „Exhaustion" vorgenommen, indem alle weiteren Erscheinungen nun erst definiert werden, sozusagen „auf dem Hintergrunde" der eingeführten Geometrie. Man braucht sich nur einmal genau zu überlegen, wie man irgendeine andere Erscheinung messend verfolgen oder (was dasselbe ist) zahlenmäßig genau definieren wollte, ohne sich dabei schon eines starren Körpers, d. h. also einer Geometrie zu bedienen. Man wird dabei alsbald gewahr werden, daß das nicht geht. In meinem Buche „Physik und Hypothese" habe ich das genau auseinandergelegt. Im übrigen sind dabei gar keine prinzipiell neuen Überlegungen nötig, jede solche Überlegung ist nur eine Wiederholung und Anwendung unserer obigen prinzipiellen Darlegungen für einen speziellen Fall,

Unsere vorstehenden Überlegungen zeigen auch sofort, daß das angewandte Verfahren der Synthese und Exhaustion nur in einem alles umfassenden Systeme möglich ist. Offenbar kann ich bei der Exhaustion, indem ich alles vorher festgesetzte bestehen lasse, und das Folgende immer erst auf ihm als Hintergrund oder als Abweichung von ihm definiere, nur Stufe für Stufe fortschreiten. Würde ich nun sozusagen an verschiedenen Stellen der Realität, der Wissenschaft mit diesem Verfahren beginnen, und an jeder Stelle jeweils ganz unabhängig von den übrigen Stellen fortfahren, so würden sehr bald diese verschiedenen Gebäude miteinander in Konflikt kommen, insofern, als etwa dieselbe Erscheinung, je nachdem man von zwei verschiedenen dieser Stellen ausgeht, eine ganz verschiedene Darstellung erfährt. Dieser Gefahr entgeht man nur, und das ganze Verfahren gewinnt erst seinen eigentlichen Zweck, wenn man es von dem allerersten Anfange an anwendet und eine Grundlage wählt, die, von diesem ausgehend, für alles gemeinsam ist, wie das bei der Geometrie zutrifft.

Läßt sich nun aus dem Bisherigen schon ein Weg zur punktmäßigen Darstellung der Realität erkennen? Gewiß. Ich brauche nur bei einem vorgegebenen räumlichen Dinge seine Abweichung vom euklidischen starren Körper im Verlaufe der Zeit immer wieder zu messen und das Resultat zu notieren. Dann erhalte ich eine innerhalb der momentanen Genauigkeit richtige Beschreibung der räumlichen Veränderungen der Dinge meiner Umwelt. Dies sind aber nur Feststellungen von Einzeltatsachen, dieses Vorgehen ergibt nur Einzelaussagen, niemals Allgemeinaussagen. Meine Absicht nach dem Zweckprinzip ging aber dahin, dauernd und absolut gültige Allgemeinaussagen (Gesetze) zu erhalten, und durch solche meine Welt darzustellen. Wir haben bisher nur eine Gruppe solcher, nämlich die Gesetze der Geometrie, des starren Körpers. Außerdem diejenigen der Zeit.

Das, was wir erstreben müssen, sind Allgemeinaussagen, welche aus dem Vorhandensein gewisser Umstände das Vorhandensein oder Kommen anderer auszusagen erlauben. Derartiges gibt es ja schon in der Geometrie. Wenn ich von einem Dreieck weiß, daß seine Basis 10 cm und die beiden Winkel daran jeder gleich $2\pi/3$ ist, dann kann ich aus den Gesetzen der Geometrie schließen, daß die beiden anderen Seiten ebenfalls je 10 cm lang sind, und daß der 3. Winkel auch gleich $2\pi/3$ ist. Daß dies dann auch in der Realität, wenn ich nachmesse, der Fall ist, dies geht im ganzen genommen daraus hervor, daß wir ja eben die Instrumente, mit denen wir das Dreieck herstellen und messen, auf ihre Richtigkeit daran prüfen, ob sie dieses Resultat liefern oder nicht, und daraus, ob das gegebene Dreieck die angenommenen Eigenschaften wirklich hat.

Aber es besteht hier noch ein weiteres Verhältnis, das wir jetzt zur Sprache bringen müssen. Offenbar kann ich ein Instrument, wie etwa ein Lineal, nur durch einige Proben prüfen. Sind diese so beschaffen, daß sie alle Punkte des Lineals prüften, so ist dieses nun vollständig geprüft. Wende ich auf ein vollständig geprüftes Lineal doch noch weitere Proben an, so kann offenbar das Lineal sich nicht mehr nach diesen Proben richten, sollte es sich auch nach diesen richten müssen, so wäre es „überbestimmt“ und würde gegebenenfalls dem Prinzip des Widerspruchs widersprechen, was wir ja auszuschließen uns vorgenommen haben.

Diese Art von Abhängigkeit, wie wir sie an dem Dreieck beobachten, wo, wenn einige Stücke gegeben sind, das ganze Dreieck bestimmt ist und damit auch die übrigen Stücke und ihre Eigenschaften, ist nun etwas zu betrachten. Sie ist gerade in diesem Falle leicht zu durchschauen.[1] Geben wir nämlich von dem Dreieck seine Basis und die zwei anliegenden Winkel,

---

[1] Siehe meine Ausführungen darüber in „Die Grundlagen der Naturphilosophie.“ Leipzig 1913.

und sind die Seiten wirkliche Gerade, dann ist dadurch das Dreieck schon vollständig gegeben, wenn die Stücke in ihrer richtigen Lage angebracht werden. Denn dann sind die 3 Seiten des Dreiecks in fester Lage vorhanden, und damit das ganze Dreieck seiner Definition gemäß real gegeben.

Wenn wir uns also einmal populär ausdrücken dürfen, so liegt das ganze Geheimnis in Folgendem: Eine solche Gruppe von Stücken, welche eine Figur eindeutig bestimmen, geben, muß offenbar stets eine solche sein, daß sie die betreffende Figur schon selbst vollständig darstellen, insofern, als sie als Bausteine schon sämtliche Punkte der Figur liefern, so daß, wenn ich nur diese Bausteine für sich schon richtig zusammensetze, dadurch die ganze Figur schon fertig dasteht. Dann ist es eine reine Tautologie, wenn ich sage, daß durch eine solche „hinreichende" Gruppe von Stücken auch alle übrigen Stücke dann völlig bestimmt sind.

Angenommen dies wäre nicht der Fall, dann wäre nicht einzusehen, wie die noch fehlenden Stücke der Figur zustande kommen sollten. (Natürlich sind dabei zu den „Stücken" auch alle weiteren Vorschriften zur Vervollständigung der Figur als solche hinzuzurechnen.)

Wir können dann allgemein folgendes formulieren: Nennen wir eine notwendige und hinreichende Gruppe von Bestimmungsstücken, welche die Figur eindeutig liefern, eine „Fundamentalgruppe" (von Stücken), dann ergibt sich aus obigem, daß jede Fundamentalgruppe alle Punkte der Figur völlig bereits enthalten muß. Dann sind natürlich alle übrigen Stücke der Figur, die der Fundamentalgruppe nicht angehören, ebenfalls bereits gegeben und bestimmt. Daraus ersehen wir, wie überhaupt die sog. logische Abhängigkeit zwischen den Stücken einer Figur zustande kommen. Nämlich dadurch, daß wir unsere Begriffsbildung an der Figur bei ihrer Zerlegung in Stücke so einrichten, daß dieselben Punkte der Figur zugleich verschiedenen Stücken angehören. Ich habe dieses Vorgehen das Prinzip der übergreifenden Begriffsbildung genannt (Ztschr. f. positivist. Philos. Bd. I, 1913), weil es sagt, daß nur dadurch logische Abhängigkeiten zustande kommen können, daß die gebildeten Begriffe ineinander übergreifen. Mache ich z. B. fünf Punkte:

. . . . .

und bilde einmal den Begriff 5, dann aber die Begriffe zwei und drei Punkte, dann ist in der Realität nichts vorhanden als nur die 5 Punkte. Dadurch, daß ich aber diese zweimal mit verschiedenen Begriffen überdeckt habe, die sich beide Male auf dieselben, einmal vorhandenen Punkte beziehen, erhalte ich eine Abhängigkeit, eine Beziehung der gebildeten Begriffe untereinander. Diese lautet, daß die 5 Punkte dieselben sind wie 2 Punkte und 3 Punkte zusammengenommen.

Wir wollen nun die hier gefundenen Umstände einmal hypothetisch in allgemeinster Form auszusprechen versuchen: In der Realität gibt es an sich keine Abhängigkeiten. Diese kommen vielmehr erst für uns zustande durch die Art unserer Begriffsbildung, welche, ohne daß wir uns dessen bewußt werden, eine „übergreifende" ist.

Diese Formulierung klingt nun zunächst ganz unmöglich. Aber es ist, um sich über das Wesen der Abhängigkeit und damit später der Kausalität klar zu werden, sicherlich von Interesse und förderlich, die Dinge einmal unter dem angegebenen Gesichtspunkte zu verfolgen.

Dieser Umstand drückt sich erkenntnistheoretisch auch so aus, daß in der physiologischen Erklärung der Gesichtswahrnehmung das Gegebene sich schließlich darstellt als farbige Fläche (bei monokularem Sehen) oder Raum (beim binokularen), in welchen eine sich verändernde Farben- und Lichtverteilung besteht. Man sieht, daß an sich jede mögliche solche Farbenverteilung, und dies noch in ganz beliebiger Reihenfolge, stattfinden kann. Damit ist aber die Abwesenheit jeder notwendigen Verknüpfung oder Abhängigkeit der verschiedenen Farb- und Lichtstellen ausgesprochen. Da natürlich die gesamte Darstellung der Realität sich schließlich zu einer widerspruchslosen Einheit zusammenschließen muß, so muß dieses Resultat der physiologischen Substruktion genau übereinstimmen mit dem, was uns bei der erkenntnistheoretischen Betrachtung sich ergibt, und was wir andererseits unserem wissenschaftlichen Gebäude als Basis zugrunde legen.[1] In diesem Sinne kann diese physiologische Betrachtung die obige Überlegung bestätigen (siehe auch den letzten Teil des Buches).

Betrachten wir die Geometrie noch etwas weiter. Hier

---

[1] „Physik und Hypothese", letztes Kapitel.

werden die späteren Sätze (etwa wieder über das Dreieck) abgeleitet, durch Benutzung der Axiome. Wenn ich an einer Figur übergreifende Begriffe gebildet habe (wie etwa am Dreieck, wenn ich außer den 3 Seiten auch die 3 Winkel definiere, welche sich der in den Seiten bereits benutzten Geraden wieder bedienen), dann muß ich diese dadurch gewonnenen Überschneidungen der Begriffe irgendwie aussprechen. Dieses Aussprechen der Überschneidungen ist notwendig, da nur aus ihnen weitere Schlüsse gezogen werden können, und da sich nicht überschneidende Begriffe keine Beziehungen untereinander haben können. Diese durch dieses Aussprechen gewonnenen Sätze bilden dann die „Axiome". So ist z.B. in Hilberts Grundlegung der Planimetrie das Kongruenzaxiom der Dreiecke ein solches Axiom, welches diese Überschneidungen festlegt zwischen Seiten und Winkeln. (Die übrigen Axiome, die wir hier nicht näher betrachten, haben in ihrem Bereich analoge Funktionen.) Dieser Zusammenhang wird besonders schön offenbart durch Mollerups (Math. Ann. 58, 1904) Versuch, die Planimetrie ohne den Winkelbegriff zu begründen.

Die Axiome liefern also die Festlegung der durch das Überschneiden der Begriffe sich bildenden Abhängigkeiten, sie bilden das, was man die Elementarabhängigkeiten nennen kann, aus denen dann beim Aufbau der Geometrie weiterhin die komplizierteren Abhängigkeiten zusammengesetzt, aufgebaut werden.

Betrachten wir nunmehr eine empirische Kausalbeziehung. Etwa: die unter das Gefäß gestellte Flamme ist die Ursache, daß die Flüssigkeit darin kocht. Der empirische Beweis ist der, daß cessante causa cessat effectus und praesente causa efficitur effectus.[1] Nun kann man aber sofort zeigen, daß der obige Satz, der ein Allgemeinsatz ist, keine absolute Gültigkeit hat. Denken wir uns, der Boden des Gefäßes bestehe aus einer wärmeundurchlässigen Substanz und die Erhitzung der Flüssigkeit geschehe etwa elektrisch von der oberen Schicht des Bodens aus. Dann sind die Bedingungen des Satzes erfüllt. Es ist ein Gefäß mit Flüssigkeit, Flamme darunter, und die Flüssigkeit kocht. Aber nun hört bei Entfernen der Flamme das Kochen nicht auf, die Flamme kann also nicht die Ursache sein. Wir sehen, der obige Satz hat keine universelle

[1] Oder wie die alte Formel lautet: „posita causa ponitur effectus".

Gültigkeit. Man könnte nun die neue Ursache erforschen und den Satz nun so aussprechen: Ist der Boden des Gefäßes wärmedurchlässig und keine elektrische Heizvorrichtung vorhanden, dann ist die Flamme die Ursache des Kochens. Nun kann ich aber (um nur eine von vielen Möglichkeiten zu nennen) z. B. auf der Unterseite des Gefäßes einen dünnen, aber ausgebreiteten schnellen kalten Luftstrom vorbeiblasen, und gleichzeitig die Flüssigkeit, z. B. durch dunkle Wärmestrahlen, die etwa auf die Seitenwände des Gefäßes treffen, zum Kochen bringen, dann wird die Flüssigkeit wieder kochen und doch die Flamme nicht die Ursache sein. Ich müßte also meinen obigen Satz, damit er absolute Geltung habe, wieder erweitern. Aber eine kleine Überlegung zeigt, daß er dann trotzdem noch nicht allgemeingültig ist. Es gäbe wiederum Vorrichtungen, durch die er als nicht allgemeingültig nachweisbar wäre. Man konnte nämlich die in den Satz aufgenommenen Ausnahmen selbst wieder in gleicher Weise behandeln und so in inf. Selbst aber, wenn wir (was demnach recht schwer oder unmöglich wäre) alle uns bekannten Möglichkeiten von Ausnahmen ausdrücklich und explizit ausgeschlossen hätten, wer würde uns Sicherheit geben, daß solche nicht noch in dem vor uns liegenden unerschöpflichen Gebiete des Unbekannten zu finden sein möchten? So zeigt sich, daß gar nichts anderes übrig bleibt, als unseren Satz, falls wir wirklich eine absolut und dauernd gültige Allgemeinaussage aus ihm machen wollen, so auszusprechen: *Falls nichts anderes die Ursache des Kochens ist, dann ist die Flamme die Ursache des Kochens.* Dieser Satz, der genau das Resultat unserer Überlegung enthält, ist nun auch tatsächlich eine absolut und dauernd gültige Allgemeinaussage, dies ist aber auch schon aus dem Umstande klar, daß er *eine formale Tautologie* ist.

Wir sehen an diesem Beispiele, daß wir hier in diesen Allgemeinaussagen, welche eine Kausalität enthalten, keineswegs, wie man immer meint, universelle Allgemeinaussagen, sog. universelle Naturgesetze vor uns haben, sondern nur unter sehr beschränkten Bedingungen gültige Sätze, und zwar derart beschränkt, daß wir nicht einmal in der Lage sind, die Bedingungen explizit anzugeben.

Anders scheint es vielleicht, wenn ich ein spezielleres Gesetz ausspreche: Ein Gefäß aus Eisenblech, Wasser enthaltend;

wenn ich Flamme darunter stelle, kocht das Wasser. Bei näherem Zusehen findet man aber, daß auch das kein absolut gültiges Naturgesetz ist. Unter hohem Druck, oder wenn gewisse Beimischungen in dem Wasser, gilt es nicht, oder in sonstigen Fällen.

Wir wollen also probeweise so formulieren: Spreche ich irgendeine empirische Kausalbeziehung aus, dann gibt es stets Fälle, wo alle Bedingungen, wie sie in dem formulierten Satze ausgesprochen sind, als solche vorhanden sind, und wo doch die Folge nicht oder anders als sie formuliert ist, eintritt.

Man bemerkt das sofort, wenn man den Wortlaut einer solchen empirischen Kausalbeziehung genau analysiert. Wir stehen hier vor dem, was man allgemein als „Induktion" bezeichnet. Man hat sich daran gewöhnt, zu glauben, daß man dadurch, daß man ein Experiment macht und das Resultat desselben in Worten ausspricht, zu dauernd und allgemeingültigen Allgemeinaussagen gelangen kann. Wäre dies allgemein der Fall, so wäre das unstreitig das wunderbarste, seltsamste und unerklärlichste Verhältnis, das sich denken ließe. Es wäre reine Zauberei.

Nun möchte ich mit dem Vorstehenden keineswegs allgemein aussprechen, daß das eben von der Induktion ausgesagte überhaupt unmöglich sei. Ich möchte hiermit nur vorläufig den Leser darauf hinleiten, daß hier noch alles ganz ungeklärt ist und zwar nicht so sehr die Tatsachen, als die Erklärung derselben im Argen liegt. Unsere Beispiele, die sich nach Belieben vermehren ließen, zeigen, daß die obige Behauptung der Induktion zum mindesten nicht immer gilt. Um auf diesem wichtigen und unklaren Gebiete zur notwendigen wissenschaftlichen Klarheit und Stringenz der Aussagen zu gelangen, wird es sich darum handeln, festzustellen, wann die Behauptung der Induktion richtig ist, wann nicht, und aus welchen Gründen beides eintritt. Dies wird im weiteren unsere Aufgabe sein.

Der überzeugte Induktionist wird nun behaupten, daß er doch in der Lage sei ein bestimmtes Experiment immer mit gleichem Erfolge zu wiederholen. Er wird sagen, es werde ihm immer gelingen, solche störende Umstände, welche das Experiment verhindern, fernzuhalten. Ich gebe ihm das in weitem Maße zu, wenn er hinzufügt, daß es ihm in unserer gewohnten

Umgebung fast immer gelingen wird. Aber darum handelt es sich gar nicht. Uns handelt es sich hier um die Formulierung. Und ich behaupte, daß es ihm zwar praktisch bei vielen Experimenten in weitem Maße möglich sein wird, den Erfolg des Experimentes praktisch zu garantieren, aber es wird ihm schwer möglich sein, die Bedingungen ausdrücklich und wörtlich einzeln derart zu formulieren, daß es mir, wenn ich mich an den formalen Ausdruck klammere, unmöglich gemacht ist, einen Einwand der Art zu machen, wie ich sie bei den obigen Beispielen machte. Es liegt hier also eine gewisse Diskrepanz zwischen der praktischen Experimentierkunst und der begrifflichen Formulierung vor. Da aber alle logischen Verwendungen ausschließlich an letztere anknüpfen müssen, so liegt hier ein Notstand vor, der der Aufklärung bedarf. Es bleiben offenbar, so können wir einstweilen sagen, gewisse Umstände, die praktisch berücksichtigt werden, in der begrifflichen Formulierung unberücksichtigt. Um aber in das richtige Verhältnis zwischen Realität und begrifflicher Formulierung, um in das „Anwendungsproblem" bei der Kausalität einzudringen, bedarf es dringend einer genauen Untersuchung dieser Verhältnisse.

Wir wollen aber das Beispiel vom kochenden Wasser noch etwas weiter behandeln. Auch die bisherige Physik gibt sich ja mit dem empirischen Kausalitätsverhältnis zwischen Flamme und kochender Flüssigkeit nicht zufrieden. Sie versucht dies weiter zu erklären. Sie macht dies gegebenen Falles in Kürze etwa so:

Alle Körper bestehen aus kleinen Masseteilchen. Die Wärme besteht in der Bewegung dieser Teilchen. In der unter das Gefäß gestellten Flamme sind die Teilchen in besonders heftiger Bewegung. Diese Bewegung teilt sich zuerst den Teilchen des Gefäßbodens und dann von ihm aus den Teilchen der Flüssigkeit am Boden nach gewissen Stoßgesetzen mit. Durch Aufsteigen der so erwärmten Partieen der Flüssigkeit auf Grund der Gravitation mischt sich diese, so daß sie immer mehr im ganzen erwärmt wird, ihre Teilchen immer mehr in Bewegung geraten. Schließlich wird diese Bewegung so groß, daß in der Nähe des Bodens die Teilchen die gegenseitige Anziehung überwinden, es bilden sich Dampfblasen. Ist die Erwärmung der Flüssigkeit groß genug, so steigen diese Blasen bis an die Oberfläche und bringen diese in wallende Bewegung mit Dampfabgabe. Ist die Menge der Flüssigkeit hinreichend, so entsteht schließlich ein gewisser gleichmäßiger Zustand — die Flüssigkeit kocht. Das Verhalten der Teilchen soll dabei den Stoßgesetzen und den Gesetzen der Mechanik folgen.

Damit ist der Vorgang „erklärt". Worin besteht nun diese „Erklärung"? Es ist der Vorgang auf einen anderen zurückgeführt, nämlich auf den Stoß der Körperchen und die mechanischen Gesetze. Wird die in diesen Stoßgesetzen steckende Kausalbeziehung anerkannt, dann ist der Vorgang des Kochens verständlich. Unter Voraussetzung dieser Kausalität ist jetzt aus unserem Vorgang ein logisch ableitbarer, also beweisbarer Satz, eine dauernd und absolut gültige Allgemeinaussage geworden. Der logisch ableitbare Satz lautet an sich so: Stellen sich einem Strom heftig bewegter Teilchen eine Gruppe weniger bewegter, aber an sich beweglicher solcher in den Weg, so werden auch sie bewegter. Ist die Bewegung heftig genug, so vermag sie die Anziehung der Teilchen zu überwinden.

In diesem Satze kommt von Flamme, Flüssigkeit, Kochen usw. gar nichts vor. Aber diese Vorstellung hat den Vorzug, daß sie den ganzen Vorgang in allen seinen Umständen genau abzubilden gestattet und erlaubt, aus den vorausgesetzten Umständen (Bedingungen) des Vorganges diesen logisch abzuleiten, so daß aus dem, wie wir sahen, notwendig immer lückenhaften Ausspruch einer empirischen Kausalität eine dauernd und absolut gültige Allgemeinaussage wird, solange eben deren Voraussetzungen beibehalten werden (denn der Vorgang ist hier mit seinen wesentlichen Bedingungen identisch geworden).

Natürlich wird dabei die vorliegende Kausalität nur auf eine andere, an sich ebenso erklärungsbedürftige zurückgeführt (hier den Stoßvorgang). Aber wenn man letzteren voraussetzt, dann wird ersterer ein logisch exakt ableitbares, beweisbares Naturgesetz.

Es würde diese Korpuskularvorstellung kaum an diesem einzelnen Beispiel allein ausgearbeitet worden sein, sie ist vielmehr an vielen verschiedenen empirischen Kausalitäten erwachsen. Und es erhebt sich hier die Frage, wie wir möglichst viele solche empirische Vorgänge durch die gleichen gemeinsamen zugrunde liegenden Kausalitäten erklären, auf sie zurückzuführen vermöchten. Dabei ergibt das Zweckprinzip drei Forderungen:

1. daß möglichst viele, ja alle Naturvorgänge durch die gleichen Kausalitäten erklärt, auf sie zurückgeführt werden sollen;

2. daß diese Gruppe möglichst klein sein soll;

3. daß die dabei verwendeten Kausalitäten möglichst einfach sein sollen.

Wir sahen, daß durch die geschehene Erklärung die vorherige empirische Kausalität, von der wir gezeigt hatten, daß sie ihrem Wortlaute nach keine absolute Gültigkeit beanspruchen konnte, in eine logisch abgeleitete Allgemeinaussage verwandelt wurde. Wir stellen natürlich sofort die Frage nach der Geltung dieser Allgemeinaussage, wie sie in der atomistischen „Erklärung" des Kochvorgangs vorliegt.

Offenbar ist diese „Erklärung" keine direkte Beobachtung, denn die darin benutzten Kausalitäten liegen unterhalb der direkten Wahrnehmung. Wenn wir aber die Stoßvorgänge, die darin benutzt werden, als gültig ansehen, dann ist die Erklärung selbst eine logische Folge dieser, ist also ebenso gültig wie die Stoßvorgänge. Es folgt also, daß überall, wo die Voraussetzungen dieser Erklärung in der Realität gelten, auch die Erklärung selbst notwendig gelten muß. Nun ist aber wegen der nicht unmittelbaren Wahrnehmbarkeit auch der Voraussetzungen der Erklärung, dies selbst nicht unmittelbar festzustellen. Für diese selbst gilt natürlich eine analoge Überlegung. Und so folgt, daß wir niemals diese Vorgänge im gleichen Sinne, wie die groben Körper, wirklich sehen werden, sondern für sie immer höchstens das haben können, was der Jurist einen Indizienbeweis nennt.

Wenden wir aber auf diese Dinge unsere Kritik des Geltungsproblems an, dann erkennen wir, daß eine absolute Geltung des Satzes in der Realität in keiner anderen Weise gewährleistet werden könnte als durch Exhaustion. Denn diese ist das einzige Mittel, welches uns die absolute Geltung von Allgemeinaussagen garantieren kann. Ferner müßte er einem vollkommen geschlossenen, allumfassenden Systeme angehören, weil sonst die Exhaustion sinnlos wird.

Ebenfalls durch Anwendung unserer früheren Resultate wissen wir, daß vom logischen Gesichtspunkte aus der Satz nur dann Anspruch auf absolute Geltung haben kann, wenn er eine Tautologie ist oder einer solchen auf irgendeine Weise gleichkommt.

Aus dem Beispiel des Kochvorganges lassen sich manche Anregungen gewinnen. Diese empirische Kausalität des Kochvorgangs ist nämlich eine rein qualitative, die in ihren Hauptumständen direkt der groben Wahrnehmung zugänglich ist und keiner feineren Messung bedarf.

Unsere Überlegungen über dieses Beispiel zeigen uns nun, daß sich auch im rein Qualitativen keine absolut gültigen Kausalitätsaussagen experimentell gewinnen lassen. Die so gewonnenen empirischen Kausalitätsbeziehungen sind keine absolut gültigen Allgemeinaussagen. Die Tatsache, daß wir den Vorgang mit einer an Gewißheit grenzenden Sicherheit praktisch zu reproduzieren vermögen, beruht lediglich auf dem Umstande, daß „unsere" Umgebung in einem starken Sinne sehr konstant ist, und daß eben gerade diese Konstanz der alltäglichen Bedingungen unseres Lebens die Sicherheit des praktischen Wiedereintreffens garantiert.[1]

Wir sind dagegen, wie wir sahen, nicht ohne weiteres befähigt, diese an sich zufällige Konstanz derart in Begriffe zu fassen, daß wir in der Lage wären, diese empirische Sicherheit auch in der begrifflichen Fassung dadurch zum Ausdruck zu bringen, daß wir auf empirischem Wege sämtliche nötigen Bedingungen (wozu auch die Abwesenheit der störenden gehört) so angeben könnten, daß ein absolut gültiger Satz zustande käme.

Das ganz Analoge gilt natürlich für jede andere empirische Kausalität, und es ist in jedem einzelnen Falle leicht, nach dem Muster des obigen Beispiels, sich hiervon zu überzeugen.

Wir sehen: Es ist auch hier nicht möglich, auf empirischem Wege zu absolut gültigen Allgemeinaussagen (Naturgesetzen) zu gelangen.

Nun hört man hier häufig den Einwand, daß das gar nicht wunderbar sei, denn es sei überhaupt unmöglich, zu absolut gültigen Allgemeinaussagen, Naturgesetzen zu gelangen. Fragt man nach einem gültigen Beweis dieses Einwandes, so wird man einen solchen allerdings nirgends antreffen können. Es ist das eben eine Meinung, die sich im empiristischen Zeit-

---

[1] Ich habe für diesen Umstand a. a. O. den Ausdruck „Gegebenheitszufall" gewählt. Es ist in diesem Sinne ein Zufall, daß die uns gegebene Umgebung zurzeit so konstant ist. Siehe „Das Problem des absoluten Raumes". Hirzel, Leipzig 1923. S. 27.

alter der letzten etwa 100 Jahre festgesetzt hat, und meist nur damit begründet wird, daß man solche bisher noch nicht gefunden, und daß man sich auch einen Weg dazu nicht vorstellen könne. Daß diese Argumente kein Beweis sind, ist einleuchtend. Mein Bestreben ist, in diesem Buche eben einen Weg zu zeigen, der zu dem genannten Ziele führt. Historisch ist zu bemerken, daß der Glaube an absolut gültige Naturgesetze erst seit etwa 100 Jahren allmählich verloren gegangen ist. Über 2000 Jahre lang war man vorher stets von der Existenz solcher Gesetze überzeugt gewesen.

Aber auch dieser Verlust ist ein nur teilweiser. Denn trotz alles theoretischen Empirismus wurde doch meist noch an dem Wunsche nach dauernden Gesetzen festgehalten. Erst die mehr philosophischen Diskussionen der letzten Jahrzehnte (Helmholtz, Mach, Poincaré, usw.) haben hier größere Bewußtheit gebracht und jetzt allerdings stehen viele physikalische Forscher auf dem Standpunkt eines bewußten und wenigstens in sich konsequenten Empirismus. Dieser ist aber lediglich eine Resignation. Denn es ist klar, daß man die damit verbundene Unsicherheit der „Gesetze" sehr gerne alsbald gegen eine absolute und dauernde Gültigkeit derselben eintauschen würde, wenn man einen Weg dazu sähe.

Nun erhebt sich noch die Frage im Anschluß an unsere Erklärung des Kochvorganges, ob diese Erklärung nicht vielleicht noch „objektiv" werden kann? Kann es nicht eintreten, daß das, was jetzt noch eine theoretische Erklärung des grobsinnlichen Vorganges ist, eines Tages ebenfalls „grobsinnlich" wird, so daß die Erklärung damit nicht mehr theoretisch, sondern in diesem Sinne objektiv wird?

Was man auf diese Frage antwortet, das hängt davon ab, was man unter „Objektivsein" hier versteht. Versteht man darunter einen absoluten Zwang, den die „Natur" auf uns in Richtung einer bestimmten Erklärungsart ausübt, dann werden diese Vorgänge niemals objektiv werden, ebensowenig aber ist dann schon die direkte grobsinnliche Wahrnehmung objektiv. Dies zeigt bald die nähere Analyse. Versteht man aber unter „Objektivsein" den Umstand, daß die „natürliche Form" des Vorganges (siehe das frühere Kapitel über „Die Form") gerade diejenige ist, welche den genannten Vorgang zeigt, dann kann ein solcher zunächst „untersinnlicher" Vorgang durchaus einmal objektiv werden (siehe z. B. das Szintillieren, die Brownsche Bewegung). In anderem Sinne ist nämlich auch die grobsinnliche Wahrnehmung selbst nicht objektiv.

In der Tat werden die bei der Erklärung benutzten Vorgänge der kleinen Teilchen nicht immer unterhalb der grobsinnlichen Wahrnehmung zu liegen brauchen. Alle, auch die scheinbar überzeugendsten Wahrnehmungen bezüglich dieser untersinnlichen Vorgänge werden aber immer nur auf dem Wege der Interpretation gewisser grobsinnlicher Wahrnehmungen möglich sein. Selbst wenn wir sie z. B. durch eine Art Mikroskop „direkt" zu beobachten vermöchten, so beruht die Erklärung der dabei auftretenden grobsinnlichen Wahrnehmung (das mikroskopische Bild) bereits auf „Theorie", nämlich auf der Theorie des Mikroskops. Die gewöhnliche Abbésche Theorie weist ja schon Fälle auf, wo das gesehene Bild als „nicht in Wirklichkeit zutreffend" interpretiert werden muß. Geht man in dieser Weise kritisch vor, dann erkennt man, daß jedes Hinabsteigen unter die grobsinnliche Wahrnehmung nur mit Hilfe der Interpretation möglich ist. (Ebenso wie das Hinaufsteigen über die grobsinnliche Wahrnehmung und ebenso wie jede geformte Auffassung der grobsinnlichen Wahrnehmung selbst.) Interpretationen aber sind die Produkte logischer Denkarbeit, die Bildung von „Formen", und unterliegen als solche unserem Willen, und können in diesem Sinne niemals absolut uns von außen aufgezwungen sein, wie wir das ja in diesem Buche immer wieder sehen.[1] So folgt also, daß unsere „Erklärung" ebenfalls immer auf Interpretation, und daher zuletzt auf unserem „Willen"[2] beruhen wird, uns niemals absolut von außen aufgezwungen sein kann. (Siehe auch meine Ausführungen hierüber in „Physik und Hypothese".)

Aber auch die der grobsinnlichen Wahrnehmung unterliegenden Vorgänge beruhen ja in gewisser Hinsicht schon auf Interpretation. Dies ist eine Erweiterung und Bestätigung der vorstehenden Ausführungen. In der Tat haben ja unsere ganzen Überlegungen über den Kochvorgang gezeigt, daß hier schon bei der einfachen kausalen Schilderung des grobsinnlichen Vor-

[1] Daß uns manche Formen stärker nahegelegt werden als andere wird nicht bestritten, nur der absolute Zwang zu ihnen.

[2] In dem logischen Sinne des I. Teils dieses Buches S. 25 genommen.

gangs eine „Interpretation" unsererseits in der dort vorgenommenen Kausalverknüpfung vorliegt, denn, wie wir sahen, sie läßt sich empirisch nicht allgemeingültig beweisen.

Außerdem kann man sich leicht überlegen, daß man immer einen Kausalvorgang nur durch einen anderen „erklären" kann. Es ist klar, daß man dadurch entweder zu einer unendlichen Reihe von Kausalvorgängen gelangt, oder daß man eine Gruppe von solchen (am besten natürlich einen einzigen) als dauernd in diesem Sinne unerklärbar betrachten muß. Überlegt man, daß wir selbst es sind, die letzten Endes diese Kausalverknüpfungen herstellen, so ist klar, daß wir es vorziehen werden, die letztere Altérnative zu wählen, und versuchen werden, von einem einzigen Elementarkausalvorgang ausgehend, alle anderen zu erklären. Dies aber ist der Weg der reinen Synthese, den wir nunmehr einschlagen wollen.

Wie sich dabei in der Praxis der Physik alles macht, und wie aus der Praxis heraus man ebenfalls gerade auf den gleichen Weg mit Notwendigkeit geführt wird, dies zu zeigen wird die Aufgabe des Kapitels über „die Methode der praktischen Physik" sein, welches wir in Angriff nehmen wollen, sobald wir uns über das Verfahren, wie nun die reine Synthese, den oben aufgestellten 3 Forderungen bezüglich der kausalen Erklärung Genüge leistend, den Aufbau der Physik bietet, völlig klar geworden sind.

Wir werden also hier zunächst das Verfahren der reinen Synthese vorführen, das den Beweis seiner Möglichkeit und Zureichendheit zum Aufbau der Physik in sich selbst trägt. Der Beweis, daß es zugleich das einzige Verfahren ist, welches das Verlangte wirklich leistet, liegt in dem bisher Gesagten bereits vollständig vor. Für den Praktiker, der weniger gewohnt ist, den letzten Abstraktionen nachzugehen, werden wir ihn in dem praktischen Teil noch besonders nachtragen (für den starren Körper ist ja der Beweis schon geführt, es handelt sich also höchstens noch um den Beweis für die sog. kausalen Abhängigkeiten). Wer sich also auf Grund des Bisherigen noch nicht auf unseren Standpunkt zu versetzen versucht haben sollte, dem ist anzuraten, unsere Darlegungen unter dem Gesichtspunkte zu lesen: Es ist vielleicht der Mühe wert, auch diesen Weg einmal zu versuchen.

§ 2. Die Kausalität in der reinen Synthese.

Nach dem Vorstehenden wollen wir nun auch noch Verknüpfungen der Dinge untereinander haben, welche eine logische Bestimmtheit von gewissen Dingen, Vorgängen durch andere solche aussprechen. Wir wollen sie als „Wirkungsverknüpfungen" oder kurz „Kausalitäten" bezeichnen. Dabei aber möge nicht vergessen werden, daß das Wort Kausalität hier mit dem gewohnten vorläufig gar nichts zu tun haben soll. Im gewohnten Sinne enthält dieser Begriff eine unübersehbare Fülle ungeklärter Vorstellungen. Eben um diesen auszukommen, machen wir uns hier von allen diesen einmal frei und gehen rein synthetisch vor, indem wir selbst Abhängigkeiten einführen, deren Herkunft und Natur dann natürlich nichts Dunkles mehr an sich hat. Daß dann auch die gewöhnliche Kausalität im Grunde nichts anderes ist als diese von uns eingeführten Abhängigkeiten, dies zu zeigen wird eine ganz getrennte spätere Aufgabe sein (soweit es nicht schon aus den Überlegungen des vorigen Paragraphen hervorgeht — im übrigen liegt der prinzipielle Beweis an sich schon in den Betrachtungen über das Wahrheitsproblem im 1. Teile vor).

Alle Betrachtungen über die Realität und alle Darstellungen der Realität müssen, wie wir sahen, anknüpfen an die in der Realität vorliegenden und unabhängig von uns gegebenen Unterschiede. Da wir nun uns entschlossen haben die Realität dreidimensional räumlich aufzufassen, so wird es sich um dreidimensional räumliche Unterschiede handeln. Dreidimensional räumlich endliche oder unendliche Gebiete mit gegenüber ihrer Nachbarschaft vorhandenen Verschiedenheiten nennen wir „Körper". Unsere Darstellungsweise der Realität wird also an den Körperbegriff anzuknüpfen haben. Speziell für den Gesichtspunkt der Kausalität wird es sich also um die Festsetzung von Abhängigkeiten zwischen solchen Körpern handeln.

Nun treten unsere Prinzipien der reinen Synthese in Funktion. Nach diesen wird es sich darum handeln, die einfachste Abhängigkeit zwischen zwei Körpern einfachster Art aufzustellen. Dies ist bereits im 1. Teile vom logischen Gesichtspunkte aus geleistet worden. Wir fanden dort, daß die einfachste derartige Abhängigkeit nach unseren synthetisch-logischen Prinzipien darin besteht, daß zwei homogene kugelförmige Körper einander eine Bewegungsbeschleunigung erteilen, die direkt proportional zu einer spezifischen Konstanten jedes der beiden und indirekt proportional dem Quadrate der Entfernung ihrer Mittelpunkte ist (gegebenenfalls multipliziert mit einer geeigneten Maßkonstanten). Ich werde weiterhin kurz sagen, daß sich zwei solche Kugeln „nach dem Newtonschen Gesetze anziehen" sollen.

Nunmehr läßt sich das Verfahren der reinen Synthese schon in großen Zügen skizzieren. Sie stellt das Ziel auf, jeden Vorgang der Realität durch diese einzige einfachste Elementarabhängigkeit zu erklären, aufzubauen, nachzubauen. Damit ist der Konsequenz, welche wir im vorigen Paragraphen fanden, daß das Feststellen und Erklären empirischer Kausalitäten auf eine unendliche Reihe von Kausalitäten führt, wo jede der vorhergehenden zugrunde liegt und sie erklären soll, ein Ende gemacht. Es wird hier der Idee nach jeder Vorgang letzten Endes auf diese eine Abhängigkeit zurückgeführt, und wenn er auf diese zurückgeführt ist, dann ist seine Erklärung beendet, eine weitere solche unnötig und unmöglich geworden.

Es werden sich dann die Verhältnisse im groben Überschlag so gestalten. Zunächst wird es gelingen, einige der groben Erscheinungen direkt durch das Newtonsche Gesetz darzustellen (der freie Fall, die Attraktion, die Bewegung der Himmelskörper usw., wie wir das aus der bestehenden Wissenschaft schon sagen können. Denn ist eine direkte Darstellbarkeit durch das Newtonsche Gesetz möglich und einmal durchgeführt und vorhanden, dann kann sie fertig sofort in die reine Synthese übernommen werden. Es wird sich nur darum handeln, die Grundlagen solcher Darstellungen im Sinne der reinen Synthese etwas anders zu fassen. Das Ergebnis selbst bleibt dabei völlig ungeändert).

Man wird dann weiter versuchen, die übrigen Erscheinungen in gleicher Weise darzustellen. Dies wird keineswegs immer sofort gehen oder auch nur leicht sein oder in Bälde möglich sein. Denn darin besteht ja die ganze „Naturerforschung", d. h. die Darstellung der Realität durch die elementaren Abhängigkeiten. Und da diese Erforschung selbst ein unendlicher Prozeß ist, so ist klar, daß es immer Erscheinungen geben wird, die noch nicht so darstellbar sind, und ebenfalls solche, bei denen ein Gelingen einer solchen Darstellung noch in beliebig weiter Ferne liegt. Es ist einfach eine Sache der momentanen Zusammenarbeit einerseits der Theorie in Gestalt eines immer weitergehenden Aufbaues der reinen Synthese mit den Mitteln der Logik und Mathematik, welche sozusagen die mathematischen Hohlformen für irgendwelche kommenden Fälle bereitstellen, und andererseits der empirischen Forschung, welche sich bemüht, die bestehenden Erscheinungen der Realität immer feiner zu messen, in immer feinere zu zerlegen, immer neue Abhängigkeiten festzustellen, und so vielleicht schließlich Teilerscheinungen zu finden, welche sich schon nach dem Newtonschen Gesetze entwickeln lassen, und so wieder einen endgültigen Schritt nach vorwärts führen.

Bei diesem allgemeinen Forschungsvorgang treten nun gewisse Zwischenformen auf, welche insbesondere den Hauptanteil an der sozusagen täglichen physikalischen Forschungsarbeit bilden werden.

Zunächst wird es nötig sein, aus dem Newtonschen Gesetze unmittelbar die nächsten Schlußfolgerungen und Begriffsbildungen abzuleiten, die sich daran knüpfen lassen, und wir werden sehen, daß sich auf diese Weise zunächst diejenigen Gebiete ergeben, die man als die „Mechanik" bezeichnet, und denen sich dann weitere anschließen. Diese Gebiete werden nun gestatten, Abhängigkeiten komplizierterer Art synthetisch aufzustellen, welche dann selbst wieder zur Erklärung von physikalischen Vorgängen herangezogen werden können.

Im ganzen ist ja vom logischen Gesichtspunkte aus diese „Darstellung" der Realität durch das Newtonsche Gesetz in genauer Analogie zur „Darstellung" einer komplizierteren Funktion durch einfachere Funktionen, also etwa durch eine Reihe von ganzen Potenzen oder trigonometrischen Funktionen, was dann die Darstellung durch Potenzreihen oder Fouriersche Reihen liefert (oder auch andere solche Darstellungen).

Vielleicht ist es am Platze zu versuchen, diese Verhältnisse an einem Bilde hier nochmals darzustellen, damit dem Leser durch eine anschauliche Vorstellung das Verständnis davon erleichtert wird, „wie es gemeint ist".

Wir nehmen zu diesem Zwecke einmal an, es habe sich als praktisch und arbeitssparend erwiesen, sämtliche Kunstbauten, ja sämtliche Dinge, die wir künstlich herstellen, Häuser, Geräte usw. aus **einer einzigen Form** von Bausteinen aufzubauen, etwa aus rechtwinkeligen Parallelepipeden vom Seitenverhältnis 2:3:6, oder noch einfacher: aus **Würfeln**. Dabei konnten solche in jeder Größe gleich gut hergestellt werden. Es ist also das einzige, was dabei verlangt wird, daß alles aus Bausteinen gleicher geometrischer Form (eben aus Würfeln) hergestellt, aufgebaut werde.

Nun stellt nach der Auffassung der reinen Synthese die Realität eine ganz analoge Forderung an uns, wenn wir sie „darstellen" wollen. Die Realität liefert uns gewisse „Einzelformen", indem wir die in ihr auftretenden wahrnehmbaren Unterschiede betrachten. Diese uns fortgesetzt in immer neuer Fülle gegenübertretenden Einzelformen der Realität (worunter wir jede einzelne an ihr bemerkbare Verschiedenheit der Beschaffenheit verstehen wollen), sollen nun durch eine womöglich einzige, einheitliche Form dargestellt, aufgebaut, „nachgebaut" werden. Haben wir eine solche einheitliche Form gewählt, dann haben wir damit ein Mittel gewonnen, alle uns vorkommenden Verschiedenheiten („Erscheinungen") sozusagen nach einem einheitlichen Prinzip darzustellen.

Genau dieses will nun die reine Synthese. Sie wählt als ihren „Einheitsbaustein" das Newtonsche Gesetz.

Nun tritt, wenn wir alle Dinge mittels des Einheitsbausteines, des Würfels, in unserem Bilde aufbauen wollen, eine sehr starke Verschiedenheit der Komplikation auf. Gegenstände, die eine dem Würfel sehr unähnliche Gestalt haben, bedürfen, um mittels Würfeln aufgebaut zu werden, etwa sehr kleiner, dafür aber sehr zahlreicher Würfel als Bausteine. Andererseits bedarf ein Gegenstand, der selbst Würfelform hat, oder eine Form, die aus einer kleinen Zahl von Würfeln zusammengesetzt werden kann, eben nur eines oder weniger Würfel, um sie aufzubauen. Und zwar besteht der Umstand, daß, wenn wir irgendeine andere Form als Einheitsbaustein gewählt hätten, auch dann einige Gegenstände (die eben zufällig die gleiche Gestalt wie diese haben) nur aus einem Baustein aufbaubar sind, andere Gegenstände nur weniger solcher bedürfen, wieder andere dagegen sehr vieler.

Ganz das Analoge finden wir nun in der reinen Synthese. Welchen Vorgang wir auch als Elementarvorgang wählen würden, immer würden **einige** Vorgänge fast oder ganz unmittelbar durch ihn erklärbar sein (vor allem der Elementarvorgang selbst), andere wieder erst durch mehrfache Zwischenstufen und mit vieler Mühe auf kompliziertere Weise. Nun haben wir das Newtonsche Gesetz als Elementarvorgang gewählt. In der Tat sind einige Vorgänge zufällig fast unmittelbar aus diesem Gesetze darstellbar (der freie Fall, die Bewegungen der Himmelskörper usw.). Dagegen sind naturgemäß die meisten Vorgänge erst nach sehr langer Arbeit und nur in sehr zusammengesetzter Weise aus dem gleichen Elementarvorgang erklärbar. Wir scheinen zurzeit auf dem Wege zu sein, hier einen beträchtlichen Fortschritt zu machen (Atomtheorie).

Nun ist die Mach-Kirchhoffsche Anschauung, daß die Funktion der Wissenschaft in einem „Beschreiben" derselben bestehe, jetzt beinahe allgemein angenommen. Diese liegt auch der vorstehenden Darlegung über die Bausteine zugrunde, nur ist die letztere eine weitere Ausführung der Machschen Anschauung. Auf Grund der allgemeinen Annahme der „Beschreibungstheorie" hat sich jetzt vielfach die Auffassung gebildet, daß man zur Beschreibung dasjenige Schema wählen müsse, welches die „gegebenen Realitäten am einfachsten darstelle". Diese Auffassung hätte nun einen gewissen Zweck, wenn uns tatsächlich nur eine ganz begrenzte Fülle von absolut dauernden realen Erscheinungen als Umgebung vorgelegt wären. Dies ist nun aber nicht der Fall. Abgesehen davon, daß schon im Groben die Verhältnisse unserer Umgebung sich jeden Augenblick stark verschieben können und dies auch oft tun, kann insbesondere über das, was sich uns auf dem Gebiete des Unerforschten im Untersinnlichen noch offenbaren wird, gar nichts gesagt werden. Also wäre es ein denkbar unkluges und unökonomisches Verfahren, wenn wir unser Erklärungsschema einem rein zufälligen momentanen Zustande anpassen wollten auf die Gefahr hin, jeden Augenblick zu einem radikalen Wechsel der ganzen Physik und ihrer Grundlagen gezwungen zu sein. Dies wäre um so mehr unklug, als wir ja hier sehen, daß die Möglichkeit besteht, ein Erklärungsschema aufzustellen und zu benutzen, das von allen solchen zufälligen Umständen völlig unabhängig ist. Dieses ist aber die reine Synthese.

Natürlich kommt es dann gelegentlich vor, daß bei der verwendeten Universalform des Bausteins irgendein Vorgang oder Gebiet komplizierter dargestellt erscheint, als wenn man eine andere Form des Bausteins gewählt hätte. Aber die Wahl dieser Form wurde ja im Blick auf das Ganze vollzogen, und nur vom Ganzen aus betrachtet darf dann auch die „Einfachheit" beurteilt werden. Diese Einfachheit, die vom Ganzen aus zu beurteilen ist, ist dann auch unabhängig von jedem Einzelvorgang, der dargestellt werden soll, sie ist allein logisch bestimmt (ihre Formulierungen wurden im I. Teil abgeleitet). Ich habe sie deshalb als „innenbestimmte Einfachstheit" bezeichnet[1], während diejenige Einfachstheit, die sich durch die zufällig gegebenen darzustellenden realen Vorgänge bestimmen läßt, als „außenbestimmte" bezeichnet wurde. Es ist nach dem eben Gesagten gar keine Frage, daß für unsere reine Synthese nur die erstere in Betracht kommen kann.

Dies also ist die Idee der reinen Synthese ihrem äußeren Ansehen nach. Natürlich sind bei ihr die Bausteine nicht geometrisch geformte Körper, sondern „Vorgänge", d. h. Abhängigkeiten, und die Zusammensetzung, der Aufbau, erfolgt im Allgemeinen nicht wirklich, sondern ich betrachte die mir gegebenen Erscheinungen der Realität so, „als ob" sie so aufgebaut wären (ich könnte sie mir, wie wir sahen, ebensogut anders aufgebaut denken), und ist es mir gelungen, sie wirklich so zu denken, dann sind sie für mich erklärt, und zwar restlos. Dabei besteht folgendes Verhältnis in bezug auf das stellenweise „direkt Sichtbarwerden" dieser angenommenen Elementarvorgänge. Wenn ich auch in den meisten Fällen darauf angewiesen sein werde, dieses „Erklären" in die Erscheinungen hineinzutragen, ohne daß direkt etwas von diesen Elementarvorgängen sichtbar wird, indem ich eben die einzelnen Seiten und Eigenheiten der Erscheinung aus diesen Elementarvorgängen erkläre, so kann es dennoch dann und wann vorkommen, daß gewisse Eigenheiten der Erscheinung in Analogie zu den oben geschilderten Fällen, wo nur eine kleine Zahl von Würfeln zum Aufbau nötig ist, eine beinahe direkte Interpretation von durch den Elementarvorgang (bei uns also das Newtonsche Gesetz, d. h. Attraktionsvorgänge von Körpern) gestatten. Das sind die Fälle, in denen der Praktiker sagen wird: „Hier sieht man direkt, was da im Innern, im Feinen vor sich geht". Es ist auch gegen diese Ausdrucksweise nicht das geringste einzuwenden, nur wird sich derjenige,

---

[1] „Relativitätsprinzip und Ökonomieprinzip". Teil I.

der in diesen Dingen volle Klarheit erlangt hat, immer gegenwärtig halten, daß, falls ich irgendeinen anderen Vorgang als Elementarvorgang gewählt haben würde, ich auch bei diesem Fälle gefunden haben würde, „wo nur wenige Würfel zum Aufbau nötig sind", d. h. wo ich „beinahe direkt das Walten dieser Elementarvorgänge im Innern der Erscheinung zu sehen vermeint hätte".

Betrachten wir z. B. die Molekulartheorie, d. h. die Ansicht, daß viele Vorgänge durch statistisches Zusammenwirken großer Mengen von kleinen Massekörperchen zustande kommen[1], so können wir die eben theoretisch geschilderte wissenschaftstheoretische Erscheinung in praxi sehr schön beobachten. Wenn auch in den meisten Fällen der groben Wahrnehmung nichts von den molekularen Vorgängen zugänglich ist, so gibt es doch Fälle, wie z. B. die Brownsche Bewegung oder das Szintillieren, wo eine beinahe unmittelbare Wahrnehmbarkeit auftritt. Wichtig ist hier das stets hinzuzufügende Wort „beinahe", denn, wie wir sahen, ist eine wirkliche direkte Wahrnehmung mit den groben Sinnen ohne Zuhilfenahme einer Interpretation der Natur der Sache nach ausgeschlossen.

Nun ist leicht einzusehen, wie die geschilderten Verhältnisse, wenn sie in ihrer wahren Natur noch nicht durchschaut sind, zu gewissen Mißverständnissen führen können und beinahe müssen. Bekanntlich hat noch vor nicht allzulanger Zeit die Korpuskulartheorie recht heftigen Widerstand gefunden (ich erinnere nur an einen so tiefgründigen Forscher wie Ernst Mach, der aus einem noch näher zu besprechenden Zusammenhange heraus gerade auf Grund seiner tieferen Einsicht zu solchem Widerstande kam; auch Wilh. Ostwald hat lange diese Stellung eingenommen). Manche bzw. viele wurden aber überzeugt, als sie Experimente wie das Szintillieren, die Bahnen der α-Teilchen in Wasserdampf und anderes sahen. Hier glaubten sie direkt diese Dinge zu sehen, und waren damit überzeugt. Die obigen Überlegungen zeigen uns aber, daß von einem wirklich kritischen Standpunkte aus diese Experimente nicht das zu leisten vermögen, was so viele zu der allerdings sehr verzeihlichen Täuschung veranlaßte, daß sie hier den augenscheinlichen „Beweis" dafür vor sich hätten, daß nun die Korpuskeln „wirk-

---

[1] Die ja, wie wir sehen, ebenfalls der reinen Synthese angehört.

lich existierten" (gemeint ist „die einzig mögliche Art der Erklärung der Erscheinungen darstellten"). Gerade dies zeigen diese Experimente nicht, sondern diese sind nur diejenigen Stellen sozusagen, an denen zufällig die nat. Form der Realität mit der von uns als Elementarvorgang frei gewählten Erklärungsform in einer besonders einfachen Beziehung steht.

Wer den „naiven Realismus" als philosophische Grundansicht bewußt oder unbewußt seinen Anschauungen zugrunde legt, für den ergeben sich gewisse Schwierigkeiten des Verständnisses. Man meint unmittelbar zu „sehen", daß die eine Billardkugel in ihrer Bewegung (ihr „Stoß") die „Ursache" der Bewegung der anderen ist. Daß man aber aus dem „Sehen" überhaupt nichts schließen kann, dies lehren die ungezählten Möglichkeiten von Täuschungsvorrichtungen. So kann eine unsichtbare Vorrichtung die stoßende Kugel gerade im Moment vor der Berührung mit der gestoßenen festhalten, während gleichzeitig die zu stoßende „aus anderer Ursache" eine Bewegung in gleicher Richtung und Stärke erhält, wie sie „durch" den Stoß gekommen wäre. Dann bietet der Vorgang genau das gleiche Bild, ohne daß die eine Kugel die Ursache der Bewegung der anderen durch Stoß ist.

Auf genau analoge Weise kann jede scheinbar unmittelbar „sichtbare" kausale Abhängigkeit durch Täuschung vorgespiegelt werden. Das Prinzipielle dabei ist dann immer das, daß die äußere Erscheinung gar nichts Bestimmtes über das Kausalverhältnis aussagen kann, sowie daß immer schon wieder andere Kausalverknüpfungen nötig sind, um bei einem solchen Täuschungsversuch die andere Art der Kausalität selbst wieder zu erklären. Da aber für diese letzteren Kausalitäten genau das Gleiche gilt wie für die ersten, so zeigt sich, daß aus der unmittelbaren Wahrnehmung keinerlei allgemeines Gesetz einer Kausalität überhaupt zwingend entnommen werden kann.

Gehen wir der Aufstellung allgemeingültiger Kausalitäten noch etwas weiter nach. Nach unseren logischen Regeln, die wir im Abschnitt über Logik gegeben haben, können wir Folgendes sagen. Sollen aus gewissen Sätzen weitere (also etwa ein „Vorgang") logisch abgeleitet werden, dann handelt es sich darum, daß die unabhängigen Bestimmungen gegeben sein müssen, aus denen dann die übrigen logisch abgeleitet werden. Nun fragen wir nach der Art von Sätzen, aus denen etwa kausale Abhängigkeiten abgeleitet werden können. Kausale Abhängigkeiten sind Aussagen darüber, daß, wenn die und die Bestimmungen gegeben sind, andere „daraus folgen", d. h. gleichzeitig vorhanden sein werden. Dies wäre nun schon bei starren Beziehungen der Fall. Nun haben aber die eigentlichen kausalen Beziehungen noch ein besonderes Charakteristikum. Dies besteht darin, daß die „Folgen" nicht etwa etwas Konstantes aussagen, sondern eine Veränderung. Solcherlei Abhängigkeiten haben wir schon in der Kinematik. Wenn ich dort ein Stück eines Gelenkmechanismus in bestimmter Weise bewege, so bewegt sich ein anderes Stück ebenfalls in bestimmter Weise. Aber hier sind die einzelnen Stücke durch starre Verbindungen verbunden, und es ist die Bewegung des ersten Stückes einfach vorausgesetzt, und wird als etwa durch uns ausgeführt angenommen. In der Realität kommen aber viele Bewegungen und Veränderungen vor, die nicht wir ausführen. Es wird also eine jede Physik von Bewegungen und Veränderungen zu handeln haben, die nicht durch uns bewirkt werden, sondern „naturbewirkt" sind.

Nun sagt uns einer unserer prinzipiellsten logischen Sätze, daß es nicht möglich ist, durch Anwendung logischer Regeln einen neuen Begriff, einen neuen Terminus abzuleiten, der noch nicht selbst in den Voraussetzungen (Axiomen und Definitionen) enthalten ist. Daraus ergibt sich in unserem Falle unmittelbar, daß wir niemals aus einer Gruppe von Sätzen einen solchen auf logischem Wege werden ableiten können, der von Bewegung oder Veränderung spricht, wenn nicht schon in den Voraussetzungen diese Begriffe vorgekommen sind. Daraus folgt: Soll aus einer Satzgruppe eine Kausalbeziehung abgeleitet werden, so muß diese selbst den Begriff der Bewegung oder Veränderung schon wesentlich enthalten. Es muß also jedes deduktive Gebäude der Physik mindestens einen Grundsatz folgender Art enthalten: Wenn die und die Bedingungen erfüllt sind, so entsteht die und die Veränderung.

Betrachten wir nun diesen Satz auf seinen Geltungsgrund etwas näher. Das eine können wir mit Gewißheit sagen: Solcher Satz kann nicht empirischer Provenienz sein. Wie wir gesehen haben, ist es unmöglich, aus der Realität eine Kausalbeziehung (und nichts anderes enthält dieser Satz) mit absoluter Geltung zu entnehmen. Soll also dieser Satz eine solche Geltung beanspruchen, dann muß er anderweitiger Provenienz sein.

Man kann aber noch mehr über die nähere Art dieses Satzes aussagen. Da es sich nicht, wie in der Kinematik, nur um Folgen von gegebenen Veränderungen (Bewegungen) handelt, sondern als am ersten Anfange der Physik, wo ja dieser Satz seinen Platz haben soll, stehende Aussagen, so folgt, daß er einen Ausspruch enthalten muß, der enthält, daß aus bestimmten konstanten Bedingungen (die also selbst noch keine Bewegung oder Veränderung enthalten) eine Veränderung oder Bewegung folgt. Gerade von dieser Art ist aber das Newtonsche Gravitationsgesetz.

Wir erinnern uns nun daran, daß wir allgemeingültige (also absolut und dauernd geltende) Kausalsätze haben wollen für unser System der reinen Synthese. Andererseits aber geht aus dem Gesagten hervor, daß wir auch solche brauchen. Ist es doch unsere aus dem Zweckprinzipe folgende Absicht, die Veränderungen, die wir in der Realität vorfinden, in allgemeingültigen Allgemeinaussagen (Gesetzen) zu fassen. Damit aber ist die Notwendigkeit von „Kausalbeziehungen“ (in unserem Sinne) schon ausgesprochen.

Wie das nun zu geschehen habe, dazu werden die ersten Grundlagen gelegt in dem Teil der Physik, den man als Mechanik bezeichnet. Diesem wollen wir uns nunmehr zuwenden.

III. Teil.

Die Mechanik und der weitere Aufbau.

1. Kapitel. **Die Grundlagen der synthetischen Mechanik.**

§ 1. **Die ersten Schritte der Mechanik.**

Im Vorstehenden wurde aus der Forderung der „Einfachstheit" unter der Voraussetzung, daß unser Erklärungssystem der Realität sich der einfachsten Arten von Raum und Zeit und ferner konstanter Körper als Elemente bedienen soll, welche aufeinander eine Bewegung erzeugende Wirkung ausüben, das Newtonsche Gesetz als elementares Wirkungsgesetz abgeleitet. Es gilt nun, von hier ausgehend, die ersten Teile der Physik unter dauernder Anknüpfung an die Realität aufzustellen.

Wir hatten oben die einfachste Geometrie und Zeit aufgestellt auf rein logischem Wege, und deren Einführung in die Empirie genau vorgeführt. Wir sind, wie wir sahen, in der Lage, uns Körper herzustellen, welche der euklidischen Geometrie mit beliebiger Genauigkeit gehorchen (starre Körper).

Nun aber gilt es, auch bei veränderlichen Vorgängen Abhängigkeiten und Erklärungen solcher einzuführen.

Wir haben die Einwirkung einer Kugel auf eine andere nach dem Newtonschen Gesetz als „Kraft" bezeichnet, und die Forderung der Einfachstheit lieferte die Kraft zahlenmäßig als das Produkt aus der der anderen Kugel erteilten Beschleunigung in eine für diese Kugel charakteristische Konstante m.

Um diese bisher rein gedachten, phantasiemäßigen Denkformen in die Wirklichkeit einzuführen, die logischen Hohlformen mit einem realen Inhalt zu erfüllen, müssen wir eine solche Wirkung irgendwo annehmen in der Wirklichkeit. Dies geschieht nun, indem wir sagen, der sog. „Fall" der Körper sei eine solche Wirkung.

Dies ist natürlich an sich vollkommen willkürlich, und nur die Tatsache, daß die Menschheit zufällig (d. h. von unbewußten Instinkten in Richtung des Einfachsten geleitet) schon den Fall seit Newton der Gravitation zuschreibt, legt es uns vielleicht nahe, gerade hier zu beginnen. Denn so werden wir mit unserer reinen Synthese in möglichstem Anschluß an gewohnte Vorstellungen sein. In diesem ersten Schritt der Verknüpfung zwischen synthetischer Theorie und Erfahrung sind wir aber vollkommen frei.

Aber schon mit der Auffassung vom „Fall" der Körper müssen wir kritisch sein. Es ist zunächst (d. h. vor jeder vorgefaßten Meinung, wir wollen kurz sagen: phänomenologisch) gar nicht wahr, daß „die" Körper fallen. Es gibt Gegenstände, die fallen, aber auch solche, die steigen, und solche, die sich ganz beliebig bewegen. Wer befiehlt mir, gerade die fallenden als besonders naheliegend zu betrachten? Vielleicht der Zufall unserer Konstitution, die selbst viel mit Fallendem behaftet ist (Glieder usw.) und viel mit fallenden Gegenständen zu tun hat. Aber man muß sich erinnern, jede spontane Einzeltatsache, jedes „hic et nunc" ist ein „Zufall", d. h. ist keine allgemeine Tatsache, die etwas Prinzipielles und Allgemeines aussagen ließe. Es könnte auch ganz anders, gerade umgekehrt oder sonstwie sein. Ich werde aber sicher sagen können: einige Dinge fallen. (Aber auch dies wäre keine notwendige Voraussetzung für die Anwendung unseres logischen Schemas der Anziehung.)

Nun, unser Schema verlangt, daß sich zwei Körper anziehen. (Wir haben schon oben bei der Geometrie gesehen, daß der Begriff der „Körpers" auch phänomenologisch schon eine Auswahl bedeutet.) Der anziehende Körper ist hier das Feste unter unseren Füßen. Wir bemerken, daß dieser „Körper" eine sehr große Ausdehnung hat, soweit unsere Blicke reichen. Weiter wissen wir phänomenologisch auf unserer Stufe nichts. Immerhin, dieser große Körper, den wir vorläufig das „Feste" nennen, soll also anziehen. Dies ist unsere Festsetzung. Und zwar soll er nach dem Newtonschen Gesetz anziehen.

Da das Newtonsche Gesetz (N-Gesetz) universal sein soll, so ist festgesetzt, daß alle Körper sich nach ihm anziehen. Nur haben wir auf Grund der Festsetzung, daß der „Fall" von Dingen eine direkte Wirkung dieser Anziehung sein soll, jetzt schon ein sichtbares Beispiel für unsere Festsetzung.

Da nun nach dem N-Gesetz die Kraft $P = f \cdot m_1 m_2 / r^2$, wobei m_1 eine Konstante des angezogenen Körpers, $m_2 f / r^2$ die diesem erteilte Beschleunigung ist, so ist klar, daß, falls der anziehende Körper immer der gleiche ist, auch die allen angezogenen Körpern erteilte Beschleunigung, wenn sie sich nur im gleichen Abstande befinden, dieselbe sein muß.

Bevor wir nun weitergehen, haben wir noch weitere synthetische Kenntnisse über die Gravitation aufzustellen. (Eigentlich sollten wir zunächst noch statt Gravitation einfach „synthetische Urkraft" sagen, da sie ja zuerst nur ein rein logisches Gebilde war. Aber, da wir ja schon den Fall dieser Urkraft direkt untergeordnet haben, können wir uns auch des anschaulicheren Begriffs „Gravitation" bedienen. Dabei möge der Leser aber von allen sonstigen Theorien über diese Kraft, deren es ja zurzeit so viele gibt, völlig absehen. Ich meine mit dem Worte „Gravitation" einzig und allein das, was eben präzisiert wurde.)

Wir haben festgesetzt, daß irgend zwei Körper sich nach dem N-Gesetz anziehen. Darin liegt schon, daß diese Wirkungen, welche verschiedene Körper auf einen anderen ausüben, ganz unabhängig voneinander sein sollen. D. h., daß ein Körper, der von zwei fernen Richtungen aus attrahiert wird, zugleich die beiden ihm erteilten Beschleunigungen nach den beiden Richtungen erfährt. Sind die anziehenden Körper so ferne, daß auf kleinere Bereiche die Richtungen nach jedem von ihnen als parallel angesehen werden dürfen, so liefert diese Festsetzung, die zugleich die einfachste ist (da sie keine neuen näheren Bestimmungen über die Art der Zusammensetzung der beiden Kräfte nötig macht), das Gesetz der Kräfteaddition für Gravitationswirkungen.

Wir ziehen ferner nur eine Konsequenz unserer allgemeinen ersten Prinzipien, wenn wir sagen und damit festsetzen: Zwei Körper, die sich in nichts unterscheiden (außer räumlicher Lage), sollen sich bei konstantem Gegenkörper und am gleichen Ort auch nicht in ihrer Gravitationswirkung unterscheiden. Dies folgt aus dem Prinzip der Eindeutigkeit, speziell dem vom zureichenden Grund. Wir haben also das Prinzip der Unabhängigkeit und Identität der Gravitationswirkungen festgesetzt.

Damit haben wir die grundlegenden Voraussetzungen der

sog. Potentialtheorie gewonnen, die sich nun rein synthetisch-mathematisch aufbauen läßt. Darin wird bewiesen, daß man von jedem beliebigen attrahierenden Körper die Linien bestimmen kann, längs deren die Anziehung erfolgt.

Nun fallen aber rein phänomenologisch, wenn wir uns auf die wirklich fallenden Körper beschränken, diese ganz verschieden schnell, ja nicht einmal geradlinig. Um nun zu wissen, was an allen diesen verschiedenen Vorgängen Wirkung der „Erde“, was Wirkung anderer Umstände ist, müssen wir die Wirkung der Erde feststellen.

Nun muß man sorgfältig unterscheiden. Wenn wir die Wirkung der Erde suchen, so suchen wir nicht ein allgemeines Naturgesetz (wie etwa das N-Gesetz oder die Addition von Kräften usw.), sondern bestimmte Eigenschaften eines einzelnen bestimmten Naturkörpers, eines „Individuums“. Insoferne ist die Erde genau so ein individueller Naturkörper wie irgendein bestimmtes Stück Bergkristall oder mein Hund. Sämtliche allgemeinen Naturgesetze der Welt können mir nicht sagen, welches Gewicht mein Stück Bergkristall hat, oder wie alt mein Hund ist. Ebenso kann mir kein allgemeines Naturgesetz sagen, welche Gestalt und Schwere der Körper „Erde“ hat.

Und wie wir historisch eine allmähliche Entwicklung der allgemeinen Naturgesetze vorfinden, solange noch nicht die allgemeine Synthese ein systematisches Prinzip der Aufstellung und Ordnung derselben darbietet, so haben wir andererseits, vielfach damit parallel gehend, eine allmähliche Entwicklung der Erkenntnis und systematischen Erklärung und logischen Ordnung unserer Umwelt. Unsere Umwelt ist nämlich etwas Individuelles, ja in gewissem Sinne Zufälliges; jedenfalls nichts allgemeines. (Es ist eine individuelle Tatsache, wie meine nähere Umgebung aussieht, auf welchem Stern ich lebe, welchem größeren Sternsystem dieser angehört usw.)

Es war erst Galilei, der auf die Idee kam, daß ein einheitliches meßbares Verhalten alle Fallbewegungen beherrsche. Erst mit diesem Gedanken erhält man einen Leitfaden in dem Labyrinth der wahrgenommenen Bewegungen der Gegenstände. Nun kam ja hinzu, daß viele solche Bewegungen „durch Bewegungen der Luft erklärt“ werden mußten. Die „Tatsache“, daß Dinge „durch“ die Bewegung der Luft bewegt werden, ist eine von den „Erfahrungen“, die rein qualitativ gemacht werden, sobald überhaupt ein primitiver Ursachebegriff sich gebildet hat. Natürlich kann diese „Erfahrung“ niemals für ein theoretisches Gesetz maßgebend sein.

Eine Trennung nun zwischen der Einwirkung der Erde und der Luftbewegung kann durch den Umstand erfolgen, daß die Konstanz der „Erde“, die wir bemerken, auch eine entsprechende Konstanz ihrer Wirkung bedingt (nach dem Prinzip vom zureichenden Grunde). Wird also derselbe Gegenstand an der gleichen Stelle bei verschiedenen Fallversuchen auf verschiedene Weise fallen, so ist klar, daß hier störende Umstände mitwirken müssen (ohne zunächst zu untersuchen, welche und wie). Haben wir also Fälle, wo an der gleichen Stelle, aber unter vielfach wechselnden Nebenumständen alle Fallversuche gleich ausfallen, dann können wir annehmen, daß hier die Einwirkung störender Umstände gering ist und nur die konstante Wirkung der Erde vorliegt. Es sind das die Fälle, wo wir, wie wir später sagen, Körper von großem spezifischen Gewicht und nicht zu geringer Größe fallen lassen.

An solchen Fällen können wir nun durch das Experiment zweierlei feststellen:

1. Daß eine ziemlich reine beschleunigte Bewegung vorliegt,

2. daß diese ziemlich unabhängig von den uns praktisch zugänglichen Höhenunterschieden über dem Erdboden ist,

3. welches der Wert dieser Beschleunigung an einer bestimmten Stelle der Erdoberfläche ist und daß derselbe dort auch im kleinen Bereich nicht sehr verschieden ist. Dies sind rein individuelle Eigenschaften bestimmter Orte des Erdbodens und diese lassen sich daher nur durch das Experiment feststellen.

Daraus kann man nun sagen: Aus 2. ergibt sich gemäß der Formel des N-Gesetzes, daß darin r als groß gegenüber den uns praktisch zugänglichen Höhendifferenzen gesetzt werden muß. Ferner kann man nun bei Körpern, die an einem bestimmten Orte nicht die dort gefundene Beschleunigung zeigen, durch Variation der sonstigen Umstände feststellen, welche davon diese Beschleunigung beeinflussen. Es zeigt sich, daß die Anwesenheit oder noch mehr die Bewegung der Luft hier hauptsächlich in Frage kommen. Man hat nun in der Größe der Veränderung der Beschleunigung ein Maß für die Einwirkung der Luft. Man wird die Luft nach Möglichkeit ganz entfernen und so noch einen genaueren Wert der Beschleunigung erhalten.

Damit haben wir die erste Anknüpfung unseres logischen Gebäudes der reinen Synthese an die Realität erreicht. Wir haben einen Vorgang der Realität, eben den sog. freien Fall, damit restlos und für alle Zeiten „erklärt".

Nun handelt es sich darum unser Elementarurgesetz, das N-Gesetz, immer tiefer und weiter in die Realität einzuführen.

An der ersten Stelle, wo wir also ein „Naturgesetz" rein aus logischen Gründen „festsetzen", und dessen Durchführung durch „Exhaustion" behaupten, ist es sicherlich am Platze, ausführlicher zu der Meinung Stellung zu nehmen, daß dieses Naturgesetz „experimentell" gefunden und bewiesen werde.

In der Tat, wenn jemand die „Gesetze des freien Falles" experimentell finden wollte, so könnte er, da er ja völlig unvoreingenommen an die Natur herantreten soll, nicht wissen, ob die nach oben steigenden oder die fallenden, oder irgendwie sonst sich bewegenden Körper den reinen Fall repräsentieren. Er wird nun, da ja die Geometrie und der starre Körper feststeht, in der Lage sein, rein objektive Abhängigkeitstabellen des Falles von verschiedenen Umständen, die er variieren kann, festzustellen. Aber er würde niemals in der Lage sein festzustellen durch das Experiment, ob dieser Vorgang des freien Falles selbst wieder folgende Eigenschaften aufweist:

1. Ob nicht der von uns durch Ausschaltung aller uns zugänglichen störenden Umstände (die selbst wieder durch Variation aller uns zugänglichen Umstände gefunden und festgestellt wurden) gefundene „freie Fall" selbst noch verfälscht ist in seinem Gesetze durch uns noch unzugängliche Umstände (d. h. welches das genaue Gesetz ist);

2. ob der Vorgang des freien Falles nicht selbst wieder aus anderen Vorgängen erklärt werden muß;

3. ob das gefundene Gesetz auch in Fällen gilt, wo es nicht gemessen wurde, d. h. an anderen Orten der Erde, der anderen Weltkörper usw. und auch zu anderer Zeit, als ich es gemessen habe, falls inzwischen Veränderungen der betr. Gegend vor sich gegangen sind.

Trotz aller seiner empirischen Messungen wird er aus dem Experiment über diese Dinge niemals etwas ermitteln können. Dies ist leicht einzusehen:

1. Da das Experiment immer nur eine endliche Genauigkeit in seinen Resultaten haben kann, wegen der nur endlichen Beobachtungsgenauigkeit, so ist auf experimentellem Wege niemals etwas darüber auszumachen, welches das genaue Gesetz des reinen Falles ist.

2. Was wir experimentell beobachten können, sind lediglich Abhängigkeitstabellen. Daß aber aus denen nicht darüber entschieden werden kann, welchen Vorgang ich als selbst außerhalb der Erklärung stehenden Fundamentalvorgang wähle, dies habe ich in „Physik und Hypothese" ausführlich gezeigt.

3. Daß aus einem Experiment nicht bündig auf ein solches an anderem Orte geschlossen werden kann, dies geht daraus hervor, daß es keinerlei experimentellen Grund für einen solchen Schluß gibt, noch geben kann. Denn die sog. Induktion ist kein solcher, sondern nur ein Wort für etwas Unbekanntes.

Damit aber ist gezeigt, daß diese drei Punkte (die sehr Wesentliches umfassen) nicht experimentell erledigt werden können. Also kann zwar die Art, wie irgendein Körper an irgendeinem Orte fällt, jederzeit mit der momentanen Genauigkeit festgestellt werden, aber die vorstehenden allgemeinen Aussagen können nicht experimentell bewiesen werden.

Actio und reactio.

Wenden wir das Prinzip von der Addition der Kräfte auf solche an, welche in einem Winkel von 180° gegeneinander wirken, dann erkennen wir, daß die „Resultierende" nur gleich der Differenz der beiden Kräfte sein kann. Sind die beiden gegeneinander wirkenden Kräfte gleich, dann heben sie sich gegenseitig auf. All dies gilt bisher nur von Gravitationskräften.

Nun haben wir festgesetzt, daß die Gravitation absolut universal sein soll. Ich bemerke in Parenthese, daß sie in ihrer Eigenschaft als erste Kraft der Synthese selbst nicht aus anderen natürlichen Vorgängen erklärt, zusammengesetzt werden kann. Sie hat auch keine „Fortpflanzungsgeschwindigkeit", wie sie so oft gesucht wurde, denn es wird an der Bewegung jedes Körpers die aus Einwirkung der Nachbarkörper durch Gravitation herrührende Bewegung immer von vornherein sofort „exhauriert", wodurch das dauernde Vorhandensein dieser

Wirkung gewährleistet ist. Auch gibt es keinerlei Mittel, die Gravitationswirkung zu schwächen oder zu stärken (Schirmwirkung usw.), denn nach unseren Festsetzungen wird die Gravitationswirkung jedes in nennenswerter Nähe befindlichen Körpers bei der Exhaustion in Rechnung gestellt, ganz unabhängig davon, was sonst in der Nähe passiert, was zwischen den beiden Körpern ist, usw.

Wenn also die Gravitation in dieser Weise universal ist, dann muß sie auch auf solche Körper als wirkend angenommen werden, welche irgendwie ruhig liegen, ihre Wirkung muß bei diesen sozusagen gewaltsam (entgegen dem Augenschein), d. h. durch Exhaustion eingeführt werden. Dann aber sagt unsere Festsetzung, daß sie eine Beschleunigung nach der Erde zu erhalten. Dann aber muß erklärt werden, „warum" sie dieser nicht Folge leisten. Dies kann nun wiederum nur durch eine beschleunigungserteilende „Ursache" geschehen, d. h. eine Kraft, die wir supponieren, denn naturgemäß kann eine Beschleunigung nur durch eine Gegenbeschleunigung aufgehoben werden, zum mindesten ist es die einfachste und nächstliegende Festsetzung. Nun sind aber die auf diese Weise anzunehmenden Anziehungskräfte bei ruhenden Körpern voraussichtlich sehr verschieden. Wir haben ruhende Gegenstände: Körnchen, Tische, Häuser, Berge. Wir machen nun die Festsetzung, daß die Gegenkräfte, die ja offenbar keine Gravitationskräfte sind, sich in gleicher Weise mit der Gravitationskraft zusammensetzen, addieren usw. lassen, wie die Gravitationskräfte selbst. Diese Festsetzung ist ja teilweise schon deshalb nötig, weil die Gegenkräfte gerade die Gravitationskraft aufheben sollen, um die Ruhelage des angezogenen Körpers zu erklären. Nehmen wir nun an, diese Gegenkraft wäre kleiner als die Attraktionskraft, dann würde der betr. Gegenstand nach der Erde zu sinken, gegen die Voraussetzung, daß er ruht. Wäre sie größer, so würde er gehoben werden gegen die Voraussetzung, daß er ruht. Also befriedigt nur die Annahme der Gleichheit.

Wir finden also die Festsetzung als erwünscht, daß jede Kraft, soweit sie nicht zur Wirkung (nämlich der beschleunigungsbestimmenden) zu kommen vermag, eine gleich große, entgegengesetzt gerichtete Gegenkraft auslöst. Dieses Gesetz führen wir wieder in voller Allgemeinheit durch Exhaustion durch. Diese Festsetzung ist ja auch die einfachste,[1] denn wäre die Reaktionskraft nicht gleich, so müßte entweder die Art der Addition der Kräfte geändert werden, was komplizierende Zusatzbestimmungen bedingte, oder man müßte weitere Festsetzungen machen, um zu erklären, warum der Körper trotz der nach einer Richtung überschüssigen Kraftdifferenz doch in Ruhe bleibt. Damit haben wir das Prinzip von actio und reactio aufgestellt.

Nahkräfte.

Wir waren nun zum ersten Male genötigt, neben der Gravitationskraft noch weitere Kräfte einzuführen. Da sie in unmittelbarer Wechselwirkung mit der Gravitation stehen, ja zunächst zu diesem Zwecke eingeführt werden, so muß die Art dieser Wechselwirkung festgesetzt werden.

Da ist nun die einfachste Annahme, daß die durch eine Gravitationswirkung ausgelöste Gegenkraft, wie wir schon sahen, dieser einfach gleich ist. Wir werden auch diese Gegenkraft, wie sich schon ergab, als beschleunigungsbestimmend festsetzen und ihre Größe also darstellen als das Produkt aus der erteilten Beschleunigung in eine für den Körper charakteristische Konstante (M).

Wenn aber zwei Kräfte gleich sind, dann brauchen noch nicht die Beschleunigungen, die sie dem Körper erteilen, und die für den Körper charakteristischen Konstanten (M) gleich zu sein. Nur das Produkt der beiden Faktoren muß jeweils gleich sein. Aber es ist offenbar die einfachste und nächstliegende (weil neue Bestimmungen ersparende) Festsetzung, daß bei Kraft und Gegenkraft auch die Konstanten (M) der beiden Kräfte und daher auch die erteilten Beschleunigungen einander gleich sind.

Wir können jetzt aussprechen: Überall, wo ein Körper der Wirkung der Gravitation nicht folgt, sondern in Ruhe bleibt, wirkt eine Gegenkraft, welche ihm die gleiche Beschleunigung, die ihm die Gravitation nach der einen Seite erteilt, nach der

---

[1] Mach würde sagen, sie ist die einzige, welche ohne weitere Zusatzbestimmungen den Vorgang eindeutig bestimmt (an vielen Orten der „Mechanik" usw.). Auf den Zusammenhang zwischen Einfachstheit und Eindeutigkeit haben wir ja ausführlich hingewiesen.

entgegengerichteten Seite verleiht. Die für den Körper charakteristische Konstante M ist dabei stets die gleiche.

Um nun alle beschleunigungsbestimmenden Wirkungen miteinander vergleichen zu können, setzen wir fest, daß jede Kraft, die auf den Körper wirkt, gemessen werden soll durch das Produkt aus der ihm erteilten Beschleunigung in die Konstante M. Die Konstante M heiße die Masse des Körpers.

Bei einem ruhenden Körper bezeichnen wir die der Gravitation entgegengerichtete Gegenkraft, falls der Körper durch solche zwischen ihm und der Erde am Fallen verhindert ist, als „Druck" (auf die „Unterlage"), falls er durch solche über sich am Fallen verhindert ist, als „Zug".

Nun sahen wir schon, aus welchen theoretischen Gründen die „synthetische Urkraft" eine „Fernkraft" sein muß. Die erste Kraft nämlich, mit der wir zur „Erklärung" der Realität an diese herantreten, darf offenbar noch nicht von irgendwelchen anderen Faktoren abhängig sein als von geometrischen. Denn wie sollten wir diese bestimmen, wo außer der Geometrie überhaupt noch nichts bestimmt ist. Jede Wirkung, die eine Berührung von Körpern enthält, ist aber notwendig von einer sehr großen Anzahl weiterer Umstände beeinflußt. Es stellt sich die Berührung ganz verschieden dar, je nach innerer und sonstiger Beschaffenheit der beiden Körper. Dies alles wird vermieden, wenn die beiden Körper ohne Berührung aufeinander wirken. Noch klarer wird diese Überlegung, wenn wir die einfachsten Verhältnisse wählen, wie wir dies bei der Betrachtung des Stoßes alsbald tun werden.

Wir sind uns nun klar, unseren Prinzipien gemäß, daß dem Ideal nach alles nur nach dem Newtonschen Gesetz, unserer „Entwicklungsfunktion" entwickelt werden sollte. Aber dies ist z. B. dort nicht unmittelbar möglich, wo Nahwirkungen, wie Stoß, Schub, Zug usw. eintreten. Denn dort ist eben nach Voraussetzung eine Fernwirkung nicht unmittelbar zu bemerken. Nun bleibt natürlich die Forderung bestehen, diese Vorgänge der Nahwirkung später in Newtonsche Wirkungen (N-Wirkungen) aufzulösen. Aber diesen langwierigen wissenschaftlichen Prozeß können wir nicht abwarten, ehe wir in unserem wissenschaftlichen Aufbau weitergehen, auch macht er selbst schon gewisse vorläufige Begriffsbildungen zu seiner Entwicklung nötig. Wir werden also gewisse unmittelbare

Nahwirkungen alsbald gesondert behandeln, wobei wir uns bewußt bleiben, daß sie als solche nur vorläufig sein sollen in gewissem Sinne, und der Idee nach später durch *N*-Wirkungen abgelöst werden müssen.

Irgendeine Nahkraft P wird also einem gegebenen Körper K von der Masse M eine Beschleunigung von der Größe $P:M$ erteilen, nach unseren Festsetzungen, wenn sie vollständig zur Wirkung kommt. Diese Folge unserer Festsetzungen ist durch Exhaustion festzuhalten, d. h. alle Abweichungen von der hierdurch verlangten Beschleunigung sind durch andere Umstände zu erklären. Solche Umstände aber haben wir bei Nahkraft immer, denn hier sind Deformationen, Erwärmungen usw. durch die faktische Berührung stets gegeben.

Schon hier zeigt sich, wie die synthetische Erklärung sich durch die systematische Anwendung, die wir ihr geben, sozusagen immer weiter in die Realität hineinfrißt, um diese darzustellen.

Eine durch kurze Nahwirkung erzeugte Beschleunigungserteilung an einen Körper heiße ein Stoß. Bevor wir aber uns der Messung des Stoßes zuwenden, sind einige andere Aufgaben zu erledigen.

Messung der Gravitationsmasse.

Wir haben nun unter der Voraussetzung eines Zeitmaßes die Möglichkeit erlangt, die Beschleunigung zu messen, welche die Schwerkraft den Körpern an der Erdoberfläche erteilt. Die Konstante M, die wir als Masse bezeichneten und die unterdessen eine sehr weitgehende Bedeutung erlangt hat, hat noch keinerlei Beziehung zur Realität. Dies soll auf folgendem Wege erreicht werden.

Wir denken uns eine ganz homogene, unbiegbare, sehr dünne Stange. Unterstützen wir diese in der Mitte, dann kann nach dem Grundsatz vom zureichenden Grunde keine Seite sinken, denn mit dem gleichen Grunde müßte auch die andere Seite sinken. So ist an sich der Stab im sog. indifferenten Gleichgewicht und muß theoretisch in jeder Lage bleiben, die man ihm gibt. (Natürlich hängt das ab im Detail von der Lage des Schwerpunktes des Stabes zur Drehkante, die beim unendlich dünnen Stab theoretisch zusammenfallen.) Geben wir dann dem Stabe eine horizontale Lage, so könnten allerdings, da wir noch gar nichts darüber festgesetzt haben, die Schwerkraftwirkungen (*S*-Wirkungen) auf die beiden Stabhälften verschieden sein, ohne daß diese deshalb das Gleichgewicht verlieren. Es liegt das einfach daran, wann wir *S*-Wirkungen als gleich definieren, und eine solche Definition haben wir noch nicht formuliert.

Kann diese Definition eine rein logische sein? Deshalb nicht, weil ja die Gravitationswirkung gleich Masse mal Beschleunigung ist. Da aber die Beschleunigung am Erdboden überall die gleiche, so hängt die *S*-Wirkung nur von der Masse ab. Logisch also würden wir einfach sagen müssen: *S*-Wirkungen in Erdnähe sind gleich, wenn die Massen gleich sind. Aber eben diese wissen wir ja noch gar nicht zu messen. Es zeigt sich daraus, daß die Gleichheit von *S*-Wirkungen irgendwie durch ein empirisches Verfahren definiert werden muß. Dieses Verfahren ist an sich völlig willkürlich, denn es gibt ja, wie wir sahen, nichts, was uns von der Seite der Logik her zwingen könnte, ein bestimmtes zu wählen. Bei der Art unseres Vorgehens, die ja eine nach logischen Prinzipien geschaffene Hohlform in die Realität hineinträgt, ist es andererseits klar, daß auch die Realität keinen solchen Zwang auszuüben vermag. Andererseits aber wirken doch unsere Prinzipien dahin zusammen, eine bestimmte empirische Definition als besonders geeignet erscheinen zu lassen.

Als besonders geeignet muß natürlich eine Anordnung erscheinen, wo nicht von vornherein schon ein Grund vorliegt, eine Verschiedenheit der beiden *S*-Wirkungen anzunehmen. Wir werden also eine Vorrichtung wählen, wo alle sonstigen Umstände für beide zu vergleichende *S*-Wirkungen völlig gleich sind. Dies ist nun der Fall, wenn wir zwei in bezug auf ihre *S*-Wirkung zu vergleichende Körper an den beiden Enden unseres oben betrachteten Stabes in gleicher Weise aufhängen. Bleibt dann das Gleichgewicht der Vorrichtung, die wir als „Wage“ bezeichnen, bestehen, dann nennen wir die *S*-Wirkung der beiden Körper gleich. Sagen wir statt „*S*-Wirkung“: Gewicht, dann haben wir damit die Gleichheit von Gewichten definiert.

Man erkennt nun, daß diese Eigenschaft der Wage, gleiche Gewichte zu bestimmen, im systematischen Aufbau (der ja unbewußt auch immer schon der historischen Entwicklung zugrunde liegt) nicht irgendwie bewiesen oder abgeleitet werden kann, sondern einfach Definition ist.

Damit ist die Basis gewonnen, ein Maß des Gewichtes einzuführen. Wir bestimmen irgendeinen möglichst konstanten Körper als Gewichtseinheit. Wenn er nämlich keinerlei merkbare Veränderungen zeigt, so ist vorläufig anzunehmen, daß er auch keine Gewichtsänderung zeigen wird nach dem Prinzip vom zureichenden Grunde. Legen wir dann zwei ihm gleiche Körper in eine Wagschale, dann haben wir einen Körper doppelten Gewichtes. Probieren wir eine solche Teilung desselben aus, daß die beiden Teile sich die Wage halten, dann haben wir Körper von der Hälfte der Gewichtseinheit. Auf diese Weise, die sich bei jeder Einführung einer Messung für eine empirische Eigenschaft, der wir Größencharakter auferlegen wollen, wiederholt, und die wir nur hier, wo es das erste Mal uns vorkommt, näher erläuterten, wird nun das Gewicht eine „meßbare Größe". Natürlich hängt die „Genauigkeit" dieser Messung von der Genauigkeit der Ausschaltung aller störenden Umstände an der Wage ab. Diese letztere aber wieder von der sonst vorhandenen Arbeits- und Beobachtungsgenauigkeit, von der wir sahen, daß sie zuletzt vom starren Körper als letztem Vergleichs- und Referenzobjekt abhängt. Natürlich kann dabei rein zahlenmäßig die prozentuale Genauigkeit größer werden als etwa die bei gewissen Längenmessungen. Dennoch hängt die Meßgenauigkeit des Gewichtes ebenso wie alle anderen solchen in letzter Linie vom starren Körper ab, wobei eine Verschiedenheit der Genauigkeitsprozente bei Wage und Längenmessung deshalb nichts Wunderbares ist, weil ja die Maßeinheit des Gewichtes und die der Länge an sich gar nichts miteinander zu tun haben.

Nun braucht aber die Gleichheit der Gewichte an der Wage festgestellt, noch nicht die Gleichheit der Massen zu garantieren. Dies ist nur dann der Fall, wenn auch die Beschleunigungen, welche beiden Körpern erteilt werden, an den Enden des Wagebalkens gleich sind. Ist dies der Fall, was durch eigene Versuche festgestellt werden müßte, so ist die Wage auch ein Instrument zur Massenvergleichung. Beschleunigungen konnten wir aber (theoretisch) messen, ohne den Massenbegriff dabei schon zu verwenden.

§ 2. Über das allgemeine Hebelgesetz.

1.) Nichts kann wohl der wirklichen Erkenntnis der grundlegenden Prinzipien der physikalischen Forschung so förderlich sein, als eine bis ins kleinste genaue Analyse der Grundlagen einiger „Naturgesetze", Als Bahnbrecher in dieser Richtung ist Ernst Mach vorgegangen. In seinem klassischen Werke „Die Mechanik in ihrer Entwickelung" hat dieser Forscher eine solche Analyse für die Prinzipien der Mechanik durchzuführen unternommen und noch heute ist dieses Werk eine wahre Fundgrube tiefster Einsichten und Bemerkungen in dieser Richtung. Es wird daher auch im Rahmen unserer jetzigen Betrachtungen liegen, wenn ich hier eine eingehendere Untersuchung des allgemeinen Hebelgesetzes folgen lasse, die manche Gesichtspunkte der allgemeinen Synthese dem Leser von einem mehr analytischen Standpunkte aus vielleicht näher bringt.

Wir werden sehen, daß wir bei dieser Analyse zu genau dem gleichen Resultate geführt werden, das uns die reine Synthese lieferte.

Archimedes hat in seinen zwei Büchern „*Ἐπιπέδων ἰσορροπιῶν ἢ κέντρα βαρῶν ἐπιπέδων α' κ. β'*" „Über das Gleichgewicht der ebenen Figuren" (ed. Heiberg, vol. II, p. 142f.) wohl zuerst von der im wesentlichen von ihm erfundenen Methode Gebrauch gemacht, Gleichgewichtsbetrachtungen zu einer Art von Integralrechnung auszubauen. Er mußte dabei zunächst den Satz vom ungleicharmigen Hebel gewinnen. Archimedes huldigt der „Euklidischen Methode" (= axiomatische Methode), welche den Griechen zur exaktwissenschaftlichen Methode überhaupt geworden war, da diese allein unvergängliche Resultate zu geben vermochte und die Wissenschaft aus dem Streit unbewiesener und voreingenommener Meinungen heraushob auf die Höhe der Exaktheit. Er stellt also Axiome auf und versucht aus ihnen den Hebelsatz zu beweisen.[1] Die für uns in Betracht kommenden Axiome lauten inhaltlich:

Ia) Gleiche Gewichte an gleichen Armen aufgehängt, halten Gleichgewicht.

b) An ungleichen Armen angehängt, nicht, sondern neigen sich nach dem längeren Arm.

---

[1] Zur späteren histor. Entwicklung s. auch F. Buchner: „Die Schrift über den Qarastun von Thabit Ben Qurra". Erlanger Societät Bd. 52, 53. 1920.

II. Sind zwei Gewichte irgendwie im Gleichgewicht, und wird einem der Gewichte etwas hinzugefügt, so neigen sie sich nach der Seite des letzteren.

III. Wird von einem der Gewichte etwas weggenommen, so neigen sie sich nach der Seite des anderen.

Aus diesen Axiomen nun will Archimedes den allgemeinen Hebelsatz ableiten. Nun ist es der Kritik Ernst Machs (Mechanik[7], S. 10—24) gelungen, nachzuweisen, daß dies nicht möglich ist, daß vielmehr der Beweis erst gelingt auf Grund einer weiteren Voraussetzung, welche Archimedes stillschweigend einführt. Mach hat diese stillschweigende Annahme selbst (a. a. O., S. 14) und den Ort ihrer ersten Benutzung anzugeben vermocht (S. 20). Mach geht dabei nicht im eigentlichen Sinne axiomatisch vor (etwa im Sinne neuerer Untersuchungen in der Mathematik), sondern mehr in anschaulicher Weise durch eine genaue Analyse der Vorstellungen des Archimedischen Beweises. Dennoch ist seine ganze Untersuchung eine typisch axiomatische (schon 1883).

Machs Gesichtspunkt ist der erkenntniskritische, methodologische, im eigentlichen Sinne philosophische. Er fragt: woher haben wir das Hebelgesetz, aus welcher Quelle fließt uns seine Gewißheit oder Richtigkeit? Das ist ja Machs große Leistung, diese Fragen, welche die Philosophen allgemein schon seit Plato und Aristoteles stellten, systematisch in allen Teilen der Physik sowohl gestellt, als auch in überaus klärender Weise behandelt zu haben. Er erkennt durch seine Analyse, daß für das Hebelgesetz zunächst einmal nötig sei die Erkenntnis von der Wesentlichkeit des Gewichtes und der Länge des Hebelarms. Mach sieht in dieser Erkenntnis ein Resultat empirischer Erfahrung, welche aus der Fülle der an einem Hebelexperiment beobachtbaren Erscheinungen gerade diese beiden als wesentlich heraushebt. Den Sinn der Archimedischen Ableitung sieht Mach dann darin, den Fall des ungleicharmigen (unsymmetrischen) Hebels auf den des gleicharmigen (symmetrischen) zurückzuführen.

Der Grundsatz nun, welchen, wie Mach nachweist, Archimedes stillschweigend außer den oben genannten Grundsätzen noch benutzt, kann so etwa ausgesprochen werden:

IV. An einem mit Gewichten versehenen, im Gleichgewicht befindlichen Hebel dürfen irgend zwei gleiche Gewichte stets so gleichzeitig verschoben werden, daß der Dreharm des einen um ebensoviel algebraisch verlängert, als der des anderen algebraisch verkürzt wird — ohne daß das Gleichgewicht dadurch gestört wird.

Seien dann die Gewichte P und Q an den Armen p und q miteinander im Gleichgewicht, wobei p und q kommensurabel. Dann sei ferner: $p = K \cdot q$, wo $K = \frac{g_1}{g_2}$ und g_1 und g_2 kleinste ganze Zahlen. Dann ist: $\frac{p}{g_1} = \frac{q}{g_2} = \varepsilon$. Es wird dann die ganze Länge zwischen den beiden Aufhängungspunkten von P und Q in $g_1 + g_2$ gleiche Teile je von der Länge ε geteilt. Ebenso teile ich von P aus nach der anderen Seite noch g_2, von Q aus ebenfalls nach der anderen Seite noch g_1 gleiche Teile der Länge ε auf den nach außen verlängerten Hebelarmen ab. Dann sind jetzt offenbar rechts und links vom Aufhängungspunkt beiderseits je gleichviel, nämlich $g_1 + g_2$ Teile auf den Hebelarmen abgetragen.

Teilt man nun das Gewicht P in $2 \cdot g_2$ gleiche Teile und verteilt diese auf die ebensovielen Teilstücke des Hebels, welche symmetrisch zu P und unmittelbar an ihm liegen, so kann sich dadurch nach IV. das Gleichgewicht nicht ändern (es werden die Teilgewichte jeweils in der Mitte der Teilstrecken aufgehängt, der Verteilungsvorgang wird dabei so geschehen, daß etwa 2 Teilgewichte von P nach den beiden äußersten Teilstrecken, zwei weitere nach den nächstfolgenden usw. verschoben werden).

Nun sind gerade noch 2 g_1 unbesetzte Teilstrecken übrig, welche symmetrisch sich an Q „rechts und links je g_1“ anschließen. Würden diese ebenfalls je in der Mitte mit einem Gewichte der Größe $\frac{P}{2g_2}$ besetzt sein, so bestünde nach dem symmetrischen Hebelfalle (I[a]) Gleichgewicht. Nach IV. können aber diese letzteren Gewichte alle zu einem Gewichte der Größe $2\,g_1 \cdot \frac{P}{2g_2} = P \cdot \frac{g_1}{g_2}$ in Q vereinigt werden, wobei wiederum Gleichgewicht stattfindet.

Wäre nun $Q > P \cdot \frac{g_1}{g_2}$, so hätten wir den Fall, daß bei Gleichgewicht zu dem einen Gewicht $\left(P \frac{g_1}{g_2}\right)$ etwas $\left(\text{nämlich}\, Q - P \frac{g_1}{g_2}\right)$ hinzugefügt wäre, dann konnte aber nach II. kein Gleichgewicht bestehen. Da dies aber nach Voraussetzung bestehen soll, so kann nicht $Q > P \frac{g_1}{g_2}$ sein.

Ebenso zeigt man aus III., daß die Voraussetzung $Q < P \frac{g_1}{g_2}$ nicht bestehen kann. Somit besteht die Beziehung: $Q = P \frac{g_1}{g_2}$, also: $Q\, g_2 \cdot \varepsilon = P\, g_1 \cdot \varepsilon$ und $Q \cdot g = P \cdot p$, womit der allgemeine Hebelsatz für den Fall kommensurabler Hebelarmlängen abgeleitet ist.

Man bemerkt, daß hierbei von den Axiomen II und III nur insoweit Gebrauch gemacht ist, als diese aussagen, daß unter den darin genannten Umständen kein Gleichgewicht besteht. In welcher Richtung es gestört wird, ist hier nicht von Belang. Ebenso wurde von Axiom I^b kein Gebrauch gemacht. Wir werden darauf zurückkommen.

Dies war nun der Fall des allgemeinen Hebelgesetzes, wo die Arme p und q kommensurabel sind. Ich habe diesen Fall behandelt, um in den Archimedischen Gedankengang einzuführen. Es ist leicht zu sehen, wie sich nun ein sog. Exhaustionsbeweis für den inkommensurablen Fall anschließen und durchführen ließe.

2.) Das rein logisch-mathematische Problem ist erledigt, wenn wir wissen, daß der gesuchte Satz aus den aufgestellten Axiomen wirklich folgt. Prinzipiell hiervon verschieden ist jedoch die Frage „der Geltung dieses Satzes." Wir wollen, um unser Problem nicht allzusehr zu erweitern, für das Weitere folgenden Satz anerkennen: Gelten irgendwelche Sätze in der Wirklichkeit, dann gelten auch alle wirklichen logischen Konsequenzen dieser Sätze in der Wirklichkeit in derselben Weise wie die Sätze selbst dort gelten. (Warum dies der Fall sein muß, dies folgt aus dem, was ich oben gelegentlich der Behandlung der „übergreifenden Begriffsbildung" ausgeführt habe.)

Dies vorausgesetzt, hängt diese „Geltung" des Hebelgesetzes allein ab von der Geltung der Axiome, aus denen es abgeleitet wird, und mit dieser also haben wir uns nun zu beschäftigen.

Die ersten drei Axiome enthalten, wie Ernst Mach, a. a. O. S. 11 darlegt, hauptsächlich folgende Dinge:

a) Die Aussage, daß Gewicht und Armlänge die einzigen wesentlichen Umstände beim Hebelvorgang sind.

b) Die Aussage vom symmetrischen Hebel.

c) Nähere Bestimmungen, wie sich qualitative Änderungen der wesentlichen Umstände auswirken.

Ernst Mach findet, daß die Erkenntnis a) nur auf empirischem Wege gewonnen sein kann. Es ist das außerordentliche Verdienst Machs, diese Fragen, die früher als philosophische ganz außer der Physik zu liegen schienen, in ihrer grundlegenden Wichtigkeit für diese erkannt und einen energischen Schritt zu ihrer Behandlung getan zu haben. Wir stehen auf seinen Schultern, und verdanken ihm einen weiteren Gesichtskreis. So wollen wir versuchen, mit unseren neuen Mitteln seine Analyse weiterzuführen.

Kann ich in der Tat empirisch die Abhängigkeit des Hebels von seiner Länge nachweisen? Glauben wir an die sog. Induktion, d. h., daß man durch den stets gleichen Ausfall einer Reihe von Experimenten auf eine allgemeine Gültigkeit des betr. Satzes schließen könne, dann müßte ein solches ausnahmsloses Zutreffen vorhanden sein. Aber schon dies ist nicht der Fall. Ich kann mir folgenden Fall denken: An einem zweiarmigen Hebel herrsche Gleichgewicht. Ich schiebe das eine Gewicht weiter, verlängere den Hebelarm. Dennoch bleibt Gleichgewicht in jeder Lage. Es ist nämlich etwa ein Medium da, dessen Dichte gerade so angeordnet ist, daß das Drehmoment des Gewichtes durch Gewichtsverlust immer das gleiche bleibt. (So können wir natürlich nur sagen, wenn wir die gewöhnliche Anschauung schon angenommen haben.) Es gäbe übrigens viele Dutzende von Möglichkeiten, dies zu bewirken. Diese einfache Überlegung zeigt, daß die Abhängigkeit des Hebels von seiner Länge keine empirische Erfahrung sein kann.

Hierüber ist natürlich noch einiges zu sagen. Denn gar mancher Leser wird sich denken: „so kann man alles machen und dies beweist nichts, denn wenn ich ein Hebelexperiment mache, dann sehe ich eben zu, daß kein solches Medium oder eine der vielen Dutzend Möglichkeiten da ist, die das bewirken könnten.“ Dieser Einwurf bringt uns sofort um ein gutes Stück weiter. Man sagt nämlich so: Wenn man zuerst alle Umstände, welche bewirken könnten, daß der Hebelvorgang unabhängig von der Armlänge des Hebels sei, entfernt, wundert man sich dann noch, daß man schließlich eine solche Abhängigkeit findet? Und dann frage ich, hat man mit solchem Vorgehen ein „Naturgesetz“ empirisch festgestellt, welches unabhängig von uns in der Natur gelegen war? oder hat man nicht vielmehr eine Wahl getroffen, sich (allerdings, wie die obige Frage zeigt, vielleicht unbewußt, aber doch der Tatsache nach) entschieden dafür, daß man nur solche Hebelvorgänge als solche betrachten wolle, bei denen eine Abhängigkeit von der Hebellänge besteht?

Man kann noch Folgendes dem Gesagten hinzufügen.

Natürlich kann diese „Wahl“ neben ihrer Unbewußtheit auch eine Unfreiwilligkeit enthalten, dann nämlich, wenn in unserer Umgebung sich zufällig stets Bedingungen einer bestimmten Art vorfinden (wie etwa die Dünne der Luft, die keine grob merkbare Gewichtsveränderung durch verschiedene Dichte bewirkt). Aber der Philosoph und der wahre Naturforscher dürfen sich nicht durch zufällige Umstände leiten lassen. Dann aber haben die beschriebenen Fälle, wo der Hebelvorgang nicht von der Armlänge abhängig ist, genau das gleiche Recht wie die anderen.

Innerhalb der reinen Synthese ergibt sich natürlich aus den Prinzipien von selbst, daß hier Wahlen vorgenommen werden müssen. Hier aber möchte ich zeigen, daß auch vom gewöhnlichen, bisherigen Standpunkte aus, der ja glaubt, daß alles rein empirisch gegeben sei, sich zeigen läßt, daß in der Tat hier schon überall Wahlen vorliegen.

Ich überlasse es dem Leser — um den Faden wieder aufzunehmen —, sich eine analoge Anordnung auszudenken, welche zeigt, daß auch die Abhängigkeit des Hebelvorganges vom Gewicht nicht auf einer experimentellen Erfahrung zuletzt beruhen kann, sondern ebenfalls auf einer Wahl.

Eine entsprechende Überlegung wollen wir für die Axiome II und III anstellen. Denken wir uns, wir hängen als Gewichte zwei mit Wasserstoffgas gefüllte Ballons an unseren Hebel. Nehmen wir dann von dem einen Gewicht etwas weg, dann steigt es nicht, sondern sinkt, fügen wir etwas H_2-Gas hinzu, so sinkt es nicht, sondern steigt. Beides im Gegensatz zu den „Axiomen“. Wir sehen also auch hier: diese „Axiome“ stellen nicht auf irgendeinem mystischen Wege selbstevidente Wahrheiten dar, sondern den Ausdruck eines Entschlusses, hier nämlich des Entschlusses, nur solche Gegenstände als Gewichte zu bezeichnen, welche schwerer als das umgebende Medium sind (wie wir in der gewohnten Ausdrucksweise sagen können, bei der dieser Entschluß im Begriffe „schwer" implizite ebenfalls schon enthalten ist).

Hat man einmal diesen Gesichtspunkt gewonnen, so ist auch leicht zu sehen, wie die Ansicht sich als unrichtig erweist, diese Sätze seien „Axiome" im alten Sinne, d. h. einerseits irgendwie selbstevidenter Natur, ihrer Provenienz nach aber entweder a priori auf eine nicht näher erkennbare Weise oder aber irgendwie mit Allgemeingültigkeit behaftet aus der Erfahrung entnommen.

Der Umstand nämlich, daß wir in sehr konstanten Verhältnissen leben, die im allgemeinen von physikalischer Seite wenig Überraschungen zu bieten pflegen, erzeugt bei vielen die unphilosophische Meinung, daß diese Verhältnisse auf irgendeine Weise das „Normale" seien, oder daß man sie wenigstens mit dem Worte „für gewöhnlich" oder „meistens" charakterisieren könne.

Allerdings ist bei uns „für gewöhnlich" die Atmosphäre im Bereiche der Merkbarkeit homogen. Aber muß dies so sein? Hat dieser Umstand, an sich betrachtet, irgendeine größere Wahrscheinlichkeit als irgendein anderer? Von Wahrscheinlichkeit kann man hier überhaupt nicht sprechen. Es gibt keinen angebbaren Grund, der a priori irgendeine Möglichkeit hier bevorzugen würde. Damit aber zeigt sich, daß ich niemals ohne weiteres mit den vorgefundenen empirischen Verhältnissen rechnen darf als mit absolut und einzigartig gegebenen. Solange aber dies nicht der Fall ist, kann ich auch niemals ein hier empirisch vorgefundenes Verhältnis irgendwie als mit Allgemeingültigkeit behaftet ansehen. Immer lassen sich in der Wirklichkeit Fälle realisieren, wo das betr. Verhältnis nicht besteht. Sollte nämlich ein solcher Satz ein Axiom sein, so müßte er unbedingt und überall Geltung haben. Diese hat er aber nicht, wenn es Fälle gibt, wo er nicht gilt. Antwortet man mir auf diesen Einwand: Ja, solche Fälle, wie der angeführte sind natürlich ausgeschlossen, so zeigt sich aus dieser Antwort, daß eben der Wortlaut des Axioms nicht den ganzen Bedeutungsgehalt des Axioms enthalten kann, sondern daß noch stillschweigende Nebenbedingungen und Einschränkungen dazugehören. Dann ist es aber notwendig zur Klarheit und Wahrheit, diesen Einschränkungen nachzugehen. Da muß man denn zunächst eine exakte Definition und Umschreibung des Begriffs „solche Fälle" verlangen, d. h. derjenigen Fälle, in denen das Axiom „selbstverständlich" von seiner Geltungsverpflichtung entlastet werden soll. Läßt man sich hier nun nicht mit halben Wendungen abspeisen, sondern geht ohne Zugeständnisse und Kompromisse den Dingen wirklich bis auf ihren letzten Grund nach, dann findet man, daß die Gesamtheit dieser Ausnahmefälle gerade umschrieben wird durch die Aussage: „wenn das Axiom nicht gilt." Danach aber können wir jetzt das Axiom in seiner vollen Ausdehnung, ohne stillschweigende Vorbehalte und Einschränkungen so aussprechen: Das Axiom gilt in allen Fällen, außer in denen, wo es nicht gilt (wo seine Geltung also durch irgendwelche Umstände gestört ist, denn alle Vorgänge, wozu auch solche Störung gehört, beruhen auf „Umständen"). Damit ist klar, daß das Axiom nicht mehr in einem empirischen Tatbestand, der irgendwie transzendental fundiert ist, wurzelt, sondern eine reine Tautologie darstellt, wodurch es aber keineswegs, wie Kurzsichtige immer meinen, trivial wird. Vielmehr stellt es einen notwendigen Baustein unserer begrifflichen Verarbeitung der Realität dar und gewinnt durch diese Eigenschaft der Tautologie erst das, was ihm sonst auf keine andere Weise erreichbar gewesen war, seine absolute und allgemeine Gültigkeit.

Die obige tautologische Form des Axioms aber war lediglich daher gekommen, daß wir dem Wortlaut, wie er stets formuliert zu werden pflegt, seine notwendige Ergänzung gaben. Dadurch freilich verliert das Axiom in dieser Forms eine praktische Verwendbarkeit. Diese erlangt es aber sofort wieder, wenn wir uns darauf besinnen, was wir denn nun als den eigentlichen Sinn des Axioms in Hinsicht seiner Geltung in der Realität erkannt haben und dem auch in dem Wortlaute des Axioms Ausdruck geben. Wir fanden: Das Axiom kann nicht die adäquate Wiedergabe in Worten eines in der Realität vorgefundenen, in seiner Allgemeingültigkeit transcendental fundierten Tatbestandes sein, sondern es stellt den Ausdruck einer Wahl dar, in der ich die Richtung meines Interesses festlege.

Eine Wahl aber stellt den Ausdruck meines Willens dar. Und somit zeigt sich, daß der letzte Geltungsgrund des

Axioms in meinem Willen[1] liegt. Will man dieses Verhältnis durch das Wort „Festsetzung" wiedergeben, wie dies ja dem Sprachgebrauche entspricht, so kann man aussprechen: Das Axiom ist eine Festsetzung von mir.

Das Wort Festsetzung erzeugt nun immer noch bei vielen ein starkes Unbehagen. Der Gedankengang, welcher trotz allem Anschein zeigt, daß mit diesen Festsetzungen genau das gleiche und in der Sicherheit sehr viel mehr zu erreichen ist, wie mit jenen vermeintlichen selbstevidenten Axiomen, ist ein wenig schwierig, wie ich ohne weiteres zugeben will, und bedarf vor allem einer klaren Anschauung von der Art, wie der Physiker (meist ohne sich selbst darüber ganz klar zu sein) mit der Realität verkehrt. Dennoch aber ist dieser Gedankengang ebenso völlig geschlossen und beweisend, wie irgendein mathematischer. Er wäre dem Vorstehenden schon völlig zu entnehmen, dennoch wollen wir wegen seiner Schwierigkeit das Meritorische dieser Festsetzungen noch besonders hervorheben.

Was diese Festsetzungen leisten, ist Folgendes: Sie heben unter dem mehrfachen Kontinuum aller möglichen Fälle einen bestimmten heraus, indem sie seine Eigenheiten charakterisieren. Ihre Funktion ist also eine definierende im eigentlichen Sinne des Wortes und nicht die, irgendwelche „Wahrheiten" auszusprechen. Was aber kann dann das Hebelprinzip uns helfen zur Erklärung und Bewältigung der Wirklichkeit? Wie jeder solche Satz, kann es hier in zweierlei Richtung etwas leisten.

a) Finde ich die Axiome und damit das Hebelgesetz irgendwo erfüllt, dann erfahre ich dadurch, daß keine der angeführten Hinderungsgründe vorhanden sind, welche ihre oder seine Geltung vereiteln.

b) Weiß ich andererseits irgendwoher (etwa durch Anwendung von a), daß an einer Stelle keine Hinderungsgründe für das Hebelprinzip bzw. seine Axiome vorliegen, dann kann ich es benutzen, um Massen zu vergleichen (Wage) und gleiche Massen zu definieren.

Man sieht, das ist genau das gleiche, was ich mit dem metaphysisch begründeten Hebelprinzip auch machen kann und noch viel mehr dazu. Denn der Punkt a) wird bisher nur tastend und zögernd verwendet (wofür bei empirischer Begründung

[1] Die Bedeutung dieses Begriffes für uns wurde im 1. Teil dargelegt.

die Ursachen auf der Hand liegen), ferner aber tue ich jetzt alles mit wirklicher Sicherheit.

Man erkennt also an diesem Spezialfall wiederum das oben Gesagte, daß die reinen Festsetzungen in unserem Sinne genau das gleiche und noch viel mehr leisten als die vermeintlichen transzendenten Naturgesetze. Dieser Punkt macht erfahrungsgemäß dem Leser die meisten Schwierigkeiten. Es empfiehlt sich daher, ihn an Hand unseres Beispiels mehrmals genau durchzudenken.

3.) Wir wollen uns nun auch den übrigen Axiomen noch etwas zuwenden, nachdem wir diejenigen Aussagen, welche Ernst Mach besonders als aus der Erfahrung entnommen bezeichnet, als wohl vielleicht aus dieser Quelle fließend, nicht aber aus ihr beweisbar nachgewiesen haben. Hier ist nun in erster Linie der Fall des symmetrischen Hebels zu betrachten, bei dem nämlich zu seiner Erkenntnis, worauf ebenfalls Mach hinweist, noch keine Kenntnis über das Gesetz, das Last mit Lastarm verbindet, ja nicht einmal darüber, welche Gesichtspunkte beim Hebelvorgang „wesentlich" sind, nötig ist.

Der Fall des sog. gleicharmigen oder allgemeiner symmetrischen Hebels leitet sich aus einem einzigen Prinzipe ab, dem des „zureichenden Grundes". In der Tat ist ein Grund, warum ein völlig symmetrischer Hebel nach der einen Seite ausschlagen sollte, nicht angebbar. Es sind hier zwei Gesichtspunkte zu beachten.

Nehmen wir an, wir machten beide Seiten eines solchen Hebels mit aller möglichen Genauigkeit symmetrisch. Wir richten ihn auf und — finden einen Ausschlag nach der einen Seite. Gilt nun das Prinzip vom zureichenden Grunde nicht, ist dieses damit experimentell widerlegt? Kein vernünftiger Mensch wird das zugeben. Dennoch aber ist der Vorgang dabei kein anderer, als bei der experimentellen Widerlegung einer anderen Hypothese. Es steht also so: Wir finden in der Literatur vielfach die Behauptung, alle Hypothesen seien gleichartig, seien empirisch zu beweisen oder zu widerlegen; in unserer praktischen Ausführung aber handeln wir so, als ob wir zwei verschiedene Arten hätten: eine nämlich, die durch Erfahrung widerlegbar ist, eine andere, bei der wir alles versuchen, ehe wir eine solche experimentelle Widerlegung zugeben würden. Zu den letzteren also scheint das Prinzip vom zureichenden Grunde zu gehören.

Wenn nun ein Experiment dieses Prinzip widerlegen sollte, so müßte dadurch ein zureichender Grund gefunden sein, daß in diesem Falle kein zureichender Grund vorhanden ist. Wie sollten wir den erkennen? Man könnte auf diesem rein logischen Wege schon diese Möglichkeit ad absurdum führen.

Ernst Mach nun läßt das „Symmetrieprinzip" völlig gelten, aus welchem sofort der Satz vom gleicharmigen Hebel fließt, vorausgesetzt, daß die Belastungen auch in allem übrigen (neben dem Gewicht) gleich sind, also beide Seiten des Vorganges wirklich vertauschbar. Er zeigt, daß dieser Satz in dieser Form auf dieses Prinzip, bzw. das vom zureichenden Grunde zurückgeht. So ergeht es ja Mach immer, wenn man seine Mechanik genau studiert. Es geht ihm wie Saul, er zieht aus, um die empirische Grundlage der mechanischen Sätze zu finden und findet — die apriorischen Prinzipien, auf denen sie beruhen. Die Herkunft dieser Prinzipien bezeichnet er als „aus dem Instinkte kommend", was in der unmittelbaren Wirkung ja gleichwertig ist mit a priori, zur Unterscheidung aber noch weitergehender erkenntnistheoretischer Untersuchungen bedarf, die aber Mach ferner liegen. Ihm kommt es stets hauptsächlich darauf an, die mechanischen Gesetze auf ihre Wurzeln zurückzuführen und die große, selbstverleugnende und unbestechliche Arbeit Machs in dieser Richtung hat überall die Wege bereitet, auf denen wir jetzt gehen können.

Trotzdem Mach nun von selbst auf die a priorischen Prinzipien geführt wird, insbesondere beim Falle des gleicharmigen Hebels, fühlt er sich doch gedrängt, auszusprechen (a. a. O., S. 20), daß sein Buch den Zweck verfolge, zu zeigen, daß Eigenschaften der Natur nicht aus selbstverständlichen Annahmen entnommen werden können, sondern aus der Erfahrung fließen müssen. Hierin bestärkt ihn der Fehler des Archimedes[1]. Dieser meinte, er könne das allgemeine Hebelgesetz aus dem Satze vom gleicharmigen Hebel allein nachweisen. Mach zeigt, daß er irrt. Es muß noch eine Annahme hinzukommen (siehe oben), von der aber sagt Mach (a. a. O., S. 20): „Als a priori

[1] Da das betr. Buch des Archimedes in sehr überarbeiteter Gestalt auf uns gekommen ist, kann es auch ein Fehler eines Bearbeiters sein.

einleuchtend kann aber ein solcher Satz gewiß nicht gelten." Mach führt hier implizit die Hypothese ein, daß der einzige Geltungsgrund für die Prinzipien das „Einleuchten", d. h. die Evidenz sei. Wäre dies der Fall, so wären seine Schlüsse bündig. Wenden wir aber auch hier wieder den Gedanken der „Wahl" an, um die, wie wir sahen, wir doch nie herumkommen, so braucht das neue Axiom keineswegs evident zu sein, es genügt, wenn es „geeignet" gewählt ist, wenn es „praktisch" ist. Dies aber ist es, wie wir wissen, wenn es in seinem Bereiche „einfachst", und zwar das logisch einfachste ist. Man kommt also hier zu einer Art von pragmatistischer Auffassung (wie sie ja auch der Vaihingerschen Philosophie naheliegt) — nur, daß der Pragmatismus dabei insofern nicht der gewöhnliche ist, als die Möglichkeit zur praktischsten Wahl nur an einer ganz beschränkten Zahl von Stellen vorliegt. Alles andere unterliegt dann beim Aufbau der exakten Wissenschaft keiner neuen Wahl mehr (siehe auch „Das Geltungsproblem", Teil I, Kap. 2).

Daß nun aber auch dieses neue Axiom einfach aus dem Prinzip der Eindeutigkeit und Ökonomie fließt, das zeigt sofort eine nähere Betrachtung. Ist doch sein Inhalt kein anderer als die Aussage, daß der Satz vom gleichseitigen Hebel auch gilt, wenn der Hebel selbst als Gewicht aufgehängt ist, und daß die Gesamtanziehung auf einige Körper durch die Art ihrer Aufhängung nicht geändert wird. Es ist klar, daß eine Annahme, daß das Axiom nicht gelte, mehr neuer Bestimmungen bedürfte, als sie das Axiom selbst enthält, womit seine Einfachstheit gezeigt ist.

§ 3. Isaak Newton und der absolute Raum.

Es ist von Interesse, das Problem des absoluten Raumes, das ja heute einige Aktualität besitzt, an den Quellen zu verfolgen. Diesen Weg hat uns hauptsächlich Ernst Mach gezeigt. Ehe wir uns aber zu Newton selbst wenden, sei die neuere Entwicklung betrachtet; danach werden wir Newton um so besser verstehen.

Selbst wenn man der Ansicht wäre, daß es einen absoluten Raum als solchen „gäbe", könnte dieser niemals anders von uns benutzt werden als durch Vermittlung eines Koordinatensystems. Wir würden dann ein in diesem Raume festes Koordinatensystem als „Hauptkoordinatensystem oder Fundamentalkoordinatensystem"[1] benutzen, indem wir alle Vorgänge im Raume auf dasselbe bezögen. Daher kommt es, daß das Problem des absoluten Raumes zusammenfällt mit dem Problem eines absoluten „Fundamentalkoordinatensystems" (F.K.S.).

Wann könnte man nun ein Koordinatensystem „absolut" nennen? Der Gegenbegriff „relativ" kommt vom lateinischen relatum, zurückbezogen oder einfach „bezogen". „Absolut" dagegen kommt von absolutum, abgelöst in der Meinung: abgelöst von allem, auf was es zu beziehen wäre.

Wann aber nennen wir ein Koordinatensystem ein „fundamentales"? Offenbar, wenn wir bestimmt haben, daß alles räumliche Geschehen zuletzt auf dieses Koordinatensystem bezogen werden soll. Alle Koordinatensysteme sind ja Hilfskonstruktionen für unsere Begriffsbildungen und Messungen und unterstehen als solche natürlich unserer freien Wahl. Ebenso ist es selbstverständlich, daß wir bei dieser Wahl uns leiten lassen von dem Gesichtspunkte der Ökonomie, und das am meisten praktische Fundamentalkoordinatensystem wählen. Welches K.S. (Koordinatensystem) ist nun das praktischste, welche Eigenschaften sind da maßgebend?

Ich könnte natürlich mein F.K.S. (Fundamentalkoordinatensystem) in jeden Stein verankern. Aber, welche Komplikationen für alle Bewegungen träten ein, wenn jemand den Stein verschöbe? Im ganzen Weltall sozusagen würde man (bildlich gesprochen) diese Verschiebung spüren, denn alle Sternlagen erlitten eine Veränderung. Durch solche Überlegung schon wird uns klar, daß wir ein möglichst „ruhendes" F.K.S. ein möglichst allen näheren Einflüssen und Zufälligkeiten entzogenes wünschen werden. Da wir aber Bewegung überhaupt endgültig erst relativ zu diesem F.K.S. definieren können, so kann dieses „ruhend" jetzt noch keinen exakten Sinn haben, sondern nur sozusagen einen instinktiven, populären Sinn. Wir müssen das Prinzip, das darin steckt, zu formulieren suchen.

Einen Fingerzeig, in welcher Richtung wir das F.K.S. zu suchen haben werden, gibt uns schon folgende Überlegung. Nehmen wir an, wir hätten sichtbare Körper, welche eine ge-

[1] Der Ausdruck findet sich bei E. Cassirer.

wisse Bewegungsgröße gegenüber dem benutzten K.S. nicht überschreiten und bei denen diese nach dem Zufall verteilt ist. Dann werden i. allg. diejenigen Körper in bezug auf dieses K.S. als am meisten „ruhend“ erscheinen, welche am weitesten von dem Beobachter, der ebenfalls an die genannte Grenze der Bewegungsgröße gebunden sei, entfernt sind. Denn je größer die Entfernung, desto geringer die scheinbare Bewegung gegen das K.S., da die scheinbare Bewegung vom Gesichtswinkel abhängt.

Daraus folgt für die Praxis, daß Richtungen nach den entferntesten Sternen zugleich Richtungen sein werden, deren Bewegung gegen das F.K.S. am geringsten ist.

Nun kann man leicht zeigen, daß der Begriff des leeren absoluten Raumes tatsächlich die Ablehnung verdient, die ihm insbesondere von E. Mach und vielen anderen entgegengebracht wurde. Dieser Begriff ist nämlich ein in sich widerspruchsvoller. In der Tat ist ein solcher leerer Raum ein Raum, der nichts mehr in sich hat, auf das etwas bezogen werden könnte. Als absoluter Raum soll er aber gerade derjenige sein, auf den alles bezogen wird. Damit ist er als widerspruchsvoll nachgewiesen.

Es folgt aber, daß wir nicht nach dem leeren absoluten Raum suchen dürfen, wenn wir das F.K.S. suchen. Ein K.S. in einem leeren Raume hat ja keinen Sinn, es kann nicht festgelegt werden, dazu sind stets Körper nötig, auf die es selbst bezogen wird (ohne daß es direkt in ihnen verankert zu sein braucht). Das nun, daß ein F.K.S. nur gegen Körper und nicht im leeren Raume orientiert werden konnte, bezeichnete man früher als das „Prinzip der Relativität“. Dies ist der ursprüngliche Sinn dieser Bezeichnung bei allen Forschern, die hier arbeiteten.

Nun hat Newton nur die Alternative zwischen der Möglichkeit, das F.K.S. in einem einzigen Körper zu verankern, dann hat er ein relatives K.S., oder in gar keinem Körper, dann müßte der sog. „absolute Raum“ bestehen, den E. Mach mit Recht als metaphysisches Monstrum bezeichnet, und den wir oben als widerspruchsvoll erkannten. Es gibt aber noch eine dritte Möglichkeit, die Newton übersehen hat, das ist die Verankerung nicht in keinem oder einem Körper, sondern in vielen Körpern, nämlich allen Körpern des uns zugänglichen Weltalls.

Dieses F.K.S. wollen wir das „astronomische F.K.S." nennen. Näheres über seine Einführung siehe meine Arbeit „Das Problem des absoluten Raumes. In historisch-kritischer Behandlung".[1]

Aber die Aufsuchung des F.K.S. hing nicht von diesem Gesichtspunkte allein ab, sonst hätte sich wohl kaum so viel Streit darüber erhoben. Die Hauptschwierigkeit bestand darin, daß eine innigste Beziehung zwischen dem F.K.S. und dem Galileischen Trägheitsprinzip vorzuliegen schien. Dies sagte aus, daß ein unbeeinflußter Körper sich geradlinig und gleichförmig mit der gleichen Geschwindigkeit und Richtung, die er bei der letzten auf ihn ausgeübten Wirkung erhalten, sich fortbewege. Nur eine „Kraft" könne diesen Zustand wieder ändern.

Beachtete man nun, daß die Bahn und die Geschwindigkeit eines Körpers völlig von dem Koordinatensystem abhängt, auf welches der Körper bezogen und in bezug auf welches er als bewegt betrachtet wird, und überlegt man, daß nur dann sich auf einheitliche Weise bewegte und nicht bewegte Körper unterscheiden lassen, wenn alle Körper auf ein einziges K.S., also auf ein F.K.S. bezogen werden, dann erkennt man, wie streng F.K.S. und Trägheitsprinzip aneinander gekettet erscheinen.

In der Tat, wenn wir irgend ein F.K.S. definieren, und sei es das „ruhigste", wer garantiert uns, daß nun auch alle unbeeinflußt sich bewegenden Körper sich relativ zu diesem nach dem Galileischen Trägheitsgesetz bewegen? Wer garantiert uns, daß es überhaupt ein solches K.S. gibt, wer garantiert uns also, daß überhaupt das Galileische Trägheitsprinzip zu Recht besteht? Und wenn bisher alles noch gut gegangen sein sollte, wer sagt uns, ob sich nicht morgen ein gänzlich unbeeinflußter Körper findet, der sich nicht in einer Geraden relativ zu dem gewählten F.K.S. bewegt? Nichts und niemand kann uns dies garantieren. Damit sind wir zu einer wirklich tiefliegenden Schwierigkeit gelangt. Hiernach müßten wir jeden Augenblick gewärtig sein, daß unser ganzes wissenschaftliches System in seiner ersten Grundlage, nämlich dem F.K.S. oder dem Trägheitsprinzip, umgeworfen werden muß.

[1] Hirzel, Leipzig 1923 = Jahrbuch der Radioaktivität und Elektronik. XIX. 1923. S. 165—214.

Dieser Schwierigkeit zu entgehen, ist nun zum ersten Male F. Poske gelungen („Der empirische Ursprung und die Allgemeingültigkeit des Beharrungsgesetzes" mit Nachwort von W. Wundt, Vierteljahrsschr. wissensch. Philos. VIII. [1884]). Dieser gewann die Auffassung, daß das Trägheitsgesetz gar nicht empirisch bewiesen oder widerlegt werden könne, da es einfach eine „Norm", eine „Maxime" (a. a. O., S. 399) sei, mit der wir an die Bewegungsvorgänge herantreten. Er zeigt, daß nur so eine absolute Geltung des Gesetzes gewährleistet werden könne, denn ich sage dann: die Geltung des Gesetzes in einem bestimmten Falle der Wirklichkeit ist nur das Kennzeichen dafür, daß hier keine Kraft auf den Körper wirkt (die nicht etwa durch eine andere äquilibriert wäre). Gilt das Gesetz in einem bestimmten Falle der Wirklichkeit nicht, so ist dies das Kennzeichen dafür. daß hier eine Kraft auf den Körper wirkt. Dies war sicherlich ein bedeutender Fortschritt, der leider nicht genügend beachtet wurde. Er hat aber eine Schwierigkeit.

Hätte man nämlich das geniale Apperçu Poskes weiter verfolgt, dann wäre man alsbald zu der Frage gelangt: Wann darf ich nun von einem Körper sagen, daß er dem Galileischen Trägheitsprinzipe gehorcht? Und man hätte gesehen, daß auch in diesem Falle alles nur einen bestimmten Sinn gewinnt, wenn ein F.K.S. festgelegt ist. Aber es wäre ein großer Fortschritt erreicht gewesen. Während nach der obigen Anschauung ich aus dem Experiment entnehmen mußte, welches Koordinatensystem ich wählen müßte (wie wenn man z. B. aus dem Experiment entnehmen müßte, welchen Nullpunkt ich als Thermometernullpunkt wählen soll) und stets gewärtig sein müßte, daß eine kommende Beobachtung alles umwirft, gibt die Poskesche Anschauung die Möglichkeit, ein für allemal ein F.K.S. zu wählen und zu bestimmen, daß nur solche Körper als sich nach dem Galileischen Trägheitsprinzip bewegend betrachtet werden sollen, die relativ zu diesem K.S. sich danach verhalten. Damit wäre jede Unsicherheit ein für allemal entfernt gewesen. Doch, wie gesagt, ging die Entwicklung nicht diesen Weg.

Vielmehr führte der innere Zusammenhang, der, wie wir sahen, zwischen F.K.S. und Trägheitsprinzip (und dadurch mit der ganzen Mechanik, Kraftbegriff usw.) bestand, dazu, einen Versuch zu machen, diese beiden Dinge von vornherein zu vereinigen. In dieser Hinsicht gaben die Arbeiten von L. Lange und H. v. Seeliger das Mögliche, das in dieser Richtung zu erreichen war, das, wie wir sehen werden, bei letzterem Autor schon in die eigentliche Lösung des Problems einmündet.

Bezeichnet man also ein K.S., in bezug auf das „das Galileische Trägheitsgesetz gilt", mit dem Worte „Inertialsystem", so können wir unser jetziges Problem nicht besser formulieren als mit den Worten H. v. Seeligers („Über die sog. absolute Bewegung", Ber. d. bayr. Akad. d. W., math.-phys. Kl., 1906, S. 89): „Wie ist das Newtonsche Inertialsystem vom Standpunkt der Relativität aus zu definieren?" (Relativität im obigen Sinne).

Hier hat nun den ersten Versuch Ludwig Lange gemacht, nachdem die Diskussion durch C. Neumanns Antrittsvorlesung „Über die Prinzipien der Galilei-Newtonschen Theorie" (Leipzig 1870) in Zug gekommen und durch Streintz, „Die physikalischen Grundlagen der Mechanik" (Leipzig 1883) und Ernst Machs „Die Mechanik in ihrer Entwicklung" (1. Aufl., Leipzig 1883) weitergeführt worden war.

Lange bestimmt ein sog. Inertialsystem durch drei unbeeinflußte Körper. Es ist klar, daß man durch sie stets ein K.S. gegeben hat, wenn man etwa einen davon zum Koordinatenanfang wählt und die beiden anderen zwei Achsen bestimmen läßt (Seeliger), allerdings unter der Voraussetzung, daß diese 3 Körper dem Trägheitsprinzip gehorchen.

Es ist klar, daß die Langesche Betrachtungsweise ganz auf dem empiristischen Standpunkt steht (also von der Poskeschen Anschauung noch unberührt ist), und daß damit alle jene Schwierigkeiten bestehen bleiben, die wir oben für diesen fanden. Es gibt insbesondere keinerlei Garantie, ob nicht morgen eine kräftefreie Bewegung gefunden wird, die in bezug auf ein solches Inertialsystem dennoch nicht dem Trägheitsprinzip gehorcht. Von den Schwierigkeiten, auf rein empiristischem Wege zu bestimmen, wann eine „Kraft" auf den Körper wirkt, gar nicht zu reden.

H. v. Seeliger nun war es vorbehalten (a. a. O.), zu erreichen, daß die Langesche Betrachtung erst den Anschluß an das Bedürfnis nach einem F.K.S. gewinnt. Er erkannte, daß es das beste sein werde, das Inertialsystem in den fernsten, d. h. den „ruhigsten“ Sternen zu verankern, indem man etwa zwei solcher Sterne zu zwei Körpern des Langeschen Inertialsystems wähle, während als der dritte Körper der Schwerpunkt des Sonnensystems gewählt werden könne.

Wenn wir uns also jetzt wiederum der Frage nach dem F.K.S. zuwenden, so sehen wir, mit welcher Klarheit schon Newton die eigentliche Schwierigkeit erkannt hat. Daß wir jetzt Sterne haben, von denen bisher mit keinen Mitteln eine scheinbare Bewegung festgestellt werden konnte, ist sicher. Solche also könnten wir für jetzt zur Definition unseres F.K.S. verwenden. Daß es aber Sterne gebe, die für alle Zeiten und jeden möglichen Grad der Genauigkeit diese Bedingung erfüllen, dies ist nicht sicher und äußerst unwahrscheinlich. Wir wollen aber doch unser F.K.S. womöglich so definieren, daß diese Definition dauernd gültig ist, und die Definition selbst nicht mit jedem Fortschritt in wissenschaftlicher Genauigkeit wieder in ihrem theoretischen Sinne geändert werden muß, wenn auch ihre Anwendung mit wachsender Genauigkeit stets kleine Änderungen erfahren muß! So zeigt sich, daß eine solche Definition nicht an irgendein bestimmtes Objekt angeschlossen werden kann und irgendwie in logischen Bestimmungen bestehen muß.

Betrachten wir nun das konkrete Vorgehen der Astronomen, so werden wir alsbald zu einer Definition dieser Art geführt. Wie stellen die Astronomen die Bewegungen von Sternen der Fixsternsphäre fest?

Man sucht Sterne mit Eigenbewegung, indem man (grob gesprochen) die gleiche Gegend des Himmels in längerem Zeitabstand zweimal photographiert und nun die Platten miteinander vergleicht, daraufhin, welche Sterne sich verschoben haben. Da aber jede Verschiebung nur einen Sinn hat, wenn sie relativ zu etwas anderem („festem“) erfolgt, so ist anzugeben, was hier das Feste ist. Das wird am anschaulichsten, wenn man sich denkt, die beiden Platten werden als die beiden Bilder eines Stereogrammes aufgefaßt, so daß das linke Auge die eine Platte, das rechte Auge die andere Platte allein sieht (etwa im Stereokomparator). Sind dann die beiden Platten genau parallel orientiert, und seien etwa beide genau kongruent, dann vereinigt das Gehirn die beiden Bilder zu einem (genau wie im Stereoskop) und man sieht die sämtlichen Sterne auf einer einzigen Ebene. Hat sich aber ein Stern bis zur zweiten Aufnahme verschoben gegenüber den übrigen, dann bietet er beiden Augen einen verschiedenen Anblick und er tritt aus der Ebene der übrigen deutlich sichtbar mehr oder weniger heraus, je nach der Größe der Verschiebung. Wir sehen, es ist die Mehrzahl der übrigen, welche die „Referenzfläche" bildet. Derart können es natürlich viele Sterne sein, welche aus der Referenzfläche heraustreten.

Die Wissenschaft steht nun vor der Aufgabe, die sehr mannigfaltigen, hier auftretenden Erscheinungen zu erklären. Es ist das genau der gleiche Ausschöpfungsprozeß, den man in der Anwendung der Theorie auf wirkliche Verhältnisse immer wieder findet, und der ganz analog der Entwicklung einer Funktion in eine Reihe verläuft.[1] Findet man am ganzen Himmel eine überwiegende Menge von Sternen, die sich alle in der gleichen Richtung verschoben haben, so zeigt uns dies einen „Sternstrom" in dieser Richtung, und zwar derart, daß wir selbst mitten in diesem Sternstrom stehen. Dann kommt die Frage der absoluten Bewegung: Bewegen wir uns, oder der Sternstrom? Da wird zum einfacheren gegriffen und (wenn nicht sonstige Umstände dagegen sind) gesagt, die Erde bewegt sich dem Sternstrom entgegen. Wir haben dann eine Bewegung der Erde (Sonnensystem) festgestellt, und die Verschiebungen der Sterne dieses Sternstroms heißen „parallaktische". Dann legen wir diese Erdbewegung zugrunde und ziehen diese von jeder sonstigen Verschiebung eines Sternes (soweit möglich) ab, um nun die Bewegung desselben relativ zu den übrigen Sternen des Stromes festzustellen. Andere Ströme wieder, die nicht durch uns hindurchgehen, betrachten wir als nicht parallaktisch, sondern als Eigenbewegungen der Sterne. Es ist natürlich ganz unmöglich, hier eine völlige Darstellung dieses schwierigen und komplizierten Themas zu geben. Mir kommt es hier auf das Prinzipielle an. Was es uns lehrt, ist das, daß zwar an sich alle Bewegungen relativ sind und als solche, ohne unsere Gedankenzutaten nicht erkennen ließen, welche Bedeutung ihnen zukommt; daß aber wir durch unsere Erklärungsart in der Lage sind, eine eindeutige Darstellung von ihnen zu

[1] Siehe „Die Grundlagen der angewandten Geometrie". Leipzig 1911.

geben. Praktisch findet diese ganze Betrachtungsart ihre Verwirklichung in der Astronomie, wo genau auf diese Weise mit stetig wachsender Genauigkeit eine eindeutige Bewegung der Erde (des Sonnensystems usw.) im Raume festgestellt wird. Eine solche ist aber nur möglich relativ zu einem ebenso eindeutigen K.S. Und daraus sehen wir, daß die Astronomie fortwährend praktisch damit beschäftigt ist, das F.K.S. immer genauer herauszuarbeiten.

Wir stehen also vor folgender Erkenntnis: Entweder das Trägheitsprinzip muß experimentell festgestellt werden, dann ist nicht abzusehen, ob es gilt. Ernst Mach ist sich über die Schwierigkeit einer solchen Annahme völlig klar. So sagt er („Mechanik", 4. Aufl., S. 251, 252): „Daß in bezug auf ein solches (nämlich K.S.) auch noch ein vierter und ein beliebiger weiterer, sich selbst überlassener materieller Punkt in einer Geraden fortschreitet, und daß die Wegstrecken der verschiedenen Punkte einander proportional bleiben, sind Forschungsergebnisse." Er meint damit, daß von seinem (empiristischen) Standpunkte aus ein logischer Beweis hierfür nicht geführt werden kann. Dann aber sind die oben angedeuteten Überraschungen stets möglich, und es ist unmöglich, etwas Allgemeines auszusagen. „Es scheint sehr fraglich, ob ein vierter, sich selbst überlassener materieller Punkt in bezug auf ein Langesches „Inertialsystem" eine Gerade (gleichförmig) durchlaufen würde, sobald der Fixsternhimmel nicht vorhanden, oder nicht unveränderlich, oder nur nicht mit genügender Genauigkeit als unveränderlich anzusehen wäre." Diese Bemerkung entspricht der spezifisch Machschen Auffassung von der Relativität gegenüber dem Fixsternsystem. Beide Bemerkungen fehlen mit dem ganzen Abschnitte, dem sie angehören, in der 7. Auflage, zeigen aber, wie klar Mach diesen wichtigen Punkt erkannt hat und und wie er ihm immer wieder zum Problem wurde.

Oder aber, das Trägheitsprinzip bedarf keines experimentellen Nachweises, sondern ist im Poskeschen Sinne ein Kriterium der Kräftefreiheit, dann ist auch „Kraft" von unserer Definition abhängig und wir haben im Trägheitsprinzip einfach den ersten Schritt einer stufenweisen Ausschöpfung aller Bewegungsvorgänge vor uns, der natürlich von einer Basis ausgehen muß, um eindeutig zu sein, von einem allem zugrunde liegenden F.K.S. (Folgerungen, die übrigens Poske nicht zog).

Eine Entscheidung in diesem Zwiespalt kann nur die Frage bringen: Wäre eine rein experimentelle Feststellung, wie sie im ersten Falle angenommen wurde, überhaupt möglich? Und damit geraten wir recht tief in die grundlegendsten Fragen der physikalischen und philosophischen Fundamente der exakten Wissenschaften hinein. Aber alles hängt daran, daß wir in diesen Punkten Klarheit erhalten, sonst ist kein Ende der Schwierigkeiten abzusehen.

Da überlegt man sich denn folgendes. Soll das Trägheitsprinzip experimentell feststellbar sein, so muß von anderer Seite her völlig festgelegt sein, was Kraft ist und wann eine solche wirkt. Dann kann man rein experimentell sagen, auf diesen materiellen Punkt wirkt (innerhalb der Genauigkeit) keine Kraft, und kann dann zusehen, ob er gegenüber einem Inertialsystem dem Trägheitsprinzip gehorcht. Wie ist nun eine Kraft sonst definierbar? Man meint vielleicht durch ihre „Ursache". Aber woher wissen wir denn, welche Umstände die Ursache einer Kraft sind? Wir wissen es nur im voraus bei gewissen, uns schon als feststehend erscheinenden Vorgängen, bei denen übrigens früher einmal auch ihre Ursacheneigenschaft aus ihrer Wirkung auf andere Körper festgestellt wurde. Aber bei allen übrigen Arten von Verhältnissen wissen wir nichts darüber, und es gibt keinerlei Mittel, etwas darüber zu erfahren, als aus der Wirkung auf die Ursache und ihre Größe zu schließen (nämlich auf Grund der Kraftdefinition: $P = m \cdot \frac{d^2 s}{dt^2}$). Damit aber fällt die Möglichkeit, das Trägheitsprinzip experimentell zu bestimmen, völlig weg und es folgen die oben angegebenen Konsequenzen, denn in der Kraftdefinition als Produkt von Masse und Beschleunigung ist das Trägheitsprinzip bereits enthalten.

Es ist eben, wie Ernst Mach es gemeint hat, wenn ihm auch der beste Ausdruck noch nicht gelang: die Aufgabe unserer Wissenschaft ist, die Vorgänge der Wirklichkeit auf einfachste Weise zu beschreiben. Diese Beschreibung ist (und das hat Mach noch nicht ganz erkannt) eine geistige Zerlegung der Wirklichkeit nach einfachsten logischen Formen. Und zwar muß die Aufgabe der Physik als Ganzes so aufgefaßt werden. Es kann also nicht irgendein spezielles Detailexperiment den Ausschlag geben, welche Beschreibungsart von zweien etwa die einfachere sei, sondern die Einfachstheit ist eine rein logische Eigenschaft, die von vornherein und ohne Rücksicht auf irgendeine Anwendung auf die Wirklichkeit den beschreibenden logischen Systemen selbst anhaftet.[1]

So erkennen wir, daß notwendig ein F.K.S. gewählt werden muß, und daß dieses völlig unabhängig vom Trägheitsprinzip gewählt werden kann. Denn erst durch diese Wahl erhält das Trägheitsprinzip und der Kraftbegriff einen wirklichen Sinn und Boden, ohne eine solche ist er sinnlos und schwebt völlig in der Luft. Eine rein empirische Feststellung der letzteren beiden aus der Wirklichkeit auf experimentellem Wege erkannten wir als unmöglich. Dies ist ja auch selbstverständlich, sobald man eingesehen hat, daß eine experimentelle Erforschung der Wirklichkeit ohne Anfangs- oder Nullpunkt, d. h. hier ohne F.K.S. sinnlos ist und dem Versuche gleichkäme, mit einer Skala zu messen, die keinen Nullpunkt hat.

Wir sehen also, daß es gelingt, in die Gesamtheit der uns zugänglichen Welt ein F.K.S. einzubauen, und daß die Astronomie dies tatsächlich fortwährend ausführt. Nun besteht noch die Möglichkeit, daß diese Gesamtheit, die ich a. a. O. den „Festraum" genannt habe, für sich eine Bewegung vollführt. Da ist denn zu sagen, daß irgendeine geradlinige Bewegung nicht, dagegen wohl eine Drehung desselben experimentell nachgewiesen werden könnte. Dann aber läßt sich eine Korrektur an dem F.K.S. so anbringen, daß auch diese Drehung wegfällt, und wir haben dann tatsächlich jeweils wiederum ein F.K.S., dem gegenüber alle Bewegungen stattfinden.[2]

Vergleichen wir nun unser Resultat mit Newtons absolutem Raum. Wir können jetzt das, was er mit seiner Formulierung „gemeint" hat, deutlich erkennen. Wir müssen annehmen, daß dieser widerspruchsvolle Begriff des leeren absoluten Raumes bei Newton wohl auch auf irgendeine vernünftige Weise entstanden sei, ohne daß es ihm aber gelang, diesen Prozeß begrifflich klar zu formulieren. Ihm stand sicherlich zunächst nicht eine Überlegung über den „Raum" an Wichtigkeit vor allem, sondern er hatte von

---

[1] Siehe unsere obigen Ausführungen über „Der Begriff der Einfachstheit" sowie „Relativitätstheorie u. Ökonomieprinzip", Leipzig 1922.

[2] Für eine eingehende Darlegung aller dieser Verhältnisse muß ich hierauf meine Abhandlung „Das Problem des absoluten Raumes" (Leipzig 1923) verweisen.

seinen astronomischen Studien her die instinktive Vorstellung von dem, was wir das F.K.S. genannt haben, und dessen Möglichkeit war ihm selbstverständlich. Als er dann seine Principia schrieb, hatte er das Bedürfnis, seine Formulierungen in möglichst exakter Weise zu geben, und als solche schwebte ihm nach griechischem Vorbild die rein abstrakt mathematische Form vor. Die empirische Festlegung des F.K.S. war ihm in unserem Sinne noch nicht zugänglich, wohl auch, weil damals noch keine Eigenbewegungen von Fixsternen festgestellt waren, er idealisierte vielmehr die in ihm befindliche Grundvorstellung des F.K.S. zu einem mathematischen „Raumbegriff", der dann natürlich alle Eigenschaften des F.S.K. einzeln aufwies, wovon man sich durch die Lektüre der Ausführungen Newtons überzeugen kann.[1]

§ 4. Das Fundamentalkoordinatensystem.

In der reinen Synthese gehen wir aus von der Elementarkausalität, der einfachsten synthetischen Kausalverknüpfung, dem Newtonschen Gesetz. Dieses definierte uns den Begriff der Masse. Ferner den Begriff der „Kraft" durch eine Verallgemeinerung dessen, was sich beim Newtonschen Gesetz ergeben hatte.

Da diese sich so als beschleunigungsbestimmender Faktor fand, so ergibt sich unmittelbar, daß eine Bewegung, auf die keine Kraft wirkte, eine geradlinig gleichförmige war, denn nur bei einer solchen ist $\frac{d^2x}{dt^2} = \frac{d^2y}{dt^2} = \frac{d^2z}{dt^2} = 0$. Damit hatten wir für die reine Synthese das Galileische Trägheitsprinzip erhalten. Damit aber erhob sich die alte hier vorliegende Schwierigkeit, die lag in der Frage nach dem Koordinatensystem, in welchem dieses Trägheitsprinzip gelten sollte. Darüber hat uns der vorstehende Abschnitt Aufschluß gegeben.

Die Einführung des F.K.S.

Wir müssen uns nun überlegen, in welcher Weise das F.K.S. von dem wir im vorigen Paragraphen hörten, in der Realität zur Einführung kommt. Es ist dabei folgende Unterscheidung

---

[1] In „Das Problem des absoluten Raumes", I. Teil, habe ich das näher gezeigt.

mit Sorgfalt festzuhalten: nämlich der historische Gang dieser Einführung und der theoretische. Unter letzterem verstehe ich die Überlegung, wie unter der Annahme, daß wir die Physik gänzlich von neuem aufzubauen hätten, diesmal aber lediglich und genau nach den Prinzipien der reinen Synthese, das F.K.S. in die Wirklichkeit eingeführt werden würde. Der historische Gang dieser Einführung besteht in dem tatsächlichen Verfahren, das im Verlaufe der historischen Entwicklung befolgt wurde. Der letztere Weg ist offenbar von einer Menge historischer Zufälle abhängig und wird manche Umwege und Sackgassen aufweisen. Dennoch wird man auch aus ihm manchen Fingerzeig und vor allem manche hübsche (wenn auch nicht zum Beweis notwendige) Bestätigung des Prinzipiellen entnehmen können. Dieses Verfahren hat ja Ernst Mach in allen Teilen der Physik mit großem Erfolge angewandt. Wir haben uns, nachdem wir hier unter dem Gesichtspunkte der reinen Synthese arbeiten, in erster Linie mit dem theoretischen Gang zu beschäftigen, nachdem übrigens der historische schon gestreift wurde.

Nachdem also das Galileische Trägheitsgesetz als notwendige Form im Rahmen der reinen Synthese erkannt ist, wird es zunächst in der näheren Umgebung zur Anwendung gebracht und vor allem als Kriterium des „Vorhandenseins“ einer Kraft benutzt, wie das ja dem Exhaustionsprozeß entspricht.

Historisch ist es so, daß man zuerst das Trägheitsprinzip in der gewohnten Umgebung benutzt, d. h. also, für die Erdoberfläche. Hier hat man nun die Möglichkeit, den Fall des Trägheitsgesetztes einigermaßen zu realisieren, wie sich bei Galilei und späteren gezeigt hat. Man kann Vorgänge herstellen, bei denen ein angestoßener Körper sich für unsere Verhältnisse in gerader Linie lange fast gleichförmig fortbewegt. Daß das nun, wie man gemeint hat, ein „experimenteller Nachweis“ des Trägheitsgesetzes wäre, wird niemand behaupten, der sich die Sache ernstlich überlegt. Woher weiß man denn, ob die Bewegung „kräftefrei“ erfolgt? Es kommt also auf die „Kraftdefinition“ an. Wer aber kann eine solche geben, die für alle Fälle reicht, der nicht auf unserem Wege geht? Jede genaue Analyse der einzelnen Fälle, wo eine Kraft angenommen wird, würde zeigen, daß man nur daher von ihr weiß, weil man im

Stillen und unbewußt schon das Galileische Trägheitsprinzip zugrunde legt. Man erkennt eben das Vorhandensein einer „Kraft“ daran, daß das Trägheitsprinzip irgendwie gestört ist. Das heißt aber nichts anderes, als daß das Trägheitsprinzip durch Exhaustion aufrecht erhalten und garantiert wird. Es ist immer wieder derselbe Tatbestand, den wir in diesen Dingen vorfinden, wie wir ihn in diesem Buche schon so vielfach an Beispielen illustriert haben.

Natürlich gibt es einige Fälle, wo man die „Ursache der Kraft“ ganz unmittelbar zu erkennen glaubt. Etwa wenn eine Attraktion von einem Zentralkörper stattfindet oder der bewegte Körper mit einem anderen zusammenstößt. Aber unsere früheren Überlegungen zeigen, daß auch in diesen scheinbar eklatanten Fällen eine Interpretation von unserer Seite gerade in dem gewünschten Sinne vorliegt. Denn daß der Zentralkörper unsern Probekörper überhaupt anzieht, erkennen wir eben aus dessen Abweichung vom Trägheitsprinzip, und daß der stoßende Körper überhaupt auf ihn wirkt, erkennen wir ebenfalls daran. Denn auch wenn wir von vorher schon wüßten, daß der stoßende Körper „überhaupt“, d. h. nämlich auf andere Körper so wirkte, dann ist es immer noch eine Adstruktion von uns, daß er nun auch auf unseren Probekörper, und zwar gerade in diesem Momente auch so wirkte.[1]

Aber in den allermeisten Fällen sind uns nicht solche eklatante Ursachen gegeben, sondern da schließen wir aus den Abweichungen vom Trägheitsprinzip auf störende Ursachen. Wenn wir jedesmal, wo nicht eine eklatante Ursache direkt wahrnehmbar erscheint, eine Änderung des Trägheitsprinzipes annehmen müßten? Welch unübersehbares Durcheinander, das völlig gesetzlos werden würde und nur noch Individualfälle zu behandeln erlaubte!

Die Tatsache (die ein „Gegebenheitszufall“ ist), daß die Erdbewegung gegen das F.K.S. eine solche ist, daß sie für kleinere Zeiten als geradlinig betrachtet werden kann, bewirkt,

---

[1] Es sind das Annahmen, welche von E. Becher als Regelmäßigkeitsvoraussetzungen bezeichnet werden: „Geisteswissenschaften und Naturwissenschaften“, München u. Leipzig 1921 (bes. S. 226). B. erkennt sehr scharf, daß sie nicht irgendwie selbstevident sind. — Bei uns ergeben sie sich als Folgen des Zweckprinzips und werden durch Exhaustion aufrecht erhalten.

daß die die Erdbewegung auch gegenüber dem F.K.S. für kleinere Verhältnisse als Inertialbewegung erscheint, und daß somit die zunächst auf der Erde empirisch gefundenen Verhältnisse dem F.K.S. gegenüber meist nicht falsch werden.

Bei längeren Bewegungen macht sich allerdings geltend. daß die Erdbewegung keine Inertialbewegung ist. Das bekannteste Beispiel ist hier das sog. Foucaultsche Pendel, das die Erdrotation widerspiegelt, und die Abweichungen beim freien Fall. Was hierzu von unserem Standpunkte aus zu sagen ist, sei jetzt behandelt.

Wie wir sahen, wird in der Astronomie das F.K.S. sozusagen automatisch herausgearbeitet. Dieses F.K.S. definiert also mit der jeweiligen Genauigkeit (die Herausarbeitung des F.K.S. gehorcht ja selbst dem Prinzip der Genauigkeitsschichten) das Bezugssystem, auf das alle Bewegungen, die wir betrachten, zuletzt bezogen werden. Es definiert also, da es selbst nicht mehr in gleicher Weise auf etwas anderes bezogen wird, ein nicht bezogenes Bezugssystem, ein nicht relatives Bezugssystem, also im eigentlichen Sinne ein „absolutes Bezugssystem“, wobei durch unsere Definition Sicherheit geboten ist, daß es nicht mit dem „absolutem Raum“ im „metaphysischen Sinne“ (nach Mach) verwechselt werden kann, den wir ja oben als widerspruchsvoll aufwiesen.

Dieses F.K.S. muß nun also auch alle Bewegungen in ihrer vollen Genauigkeit erst definieren. Erst die Bewegung der Erde relativ zum F.K.S. ist das, was wir mit Fug im vorstehenden Sinne als die „wahre Bewegung“ derselben (innerhalb der momentanen Genauigkeit) bezeichnen können.

Nun besteht die Tatsache, daß aus der Newtonschen Mechanik, dem Trägheitsprinzip in Verbindung mit dem Satz vom zureichenden Grunde folgt, daß ein Pendel, auf das sonst keinerlei Kräfte wirken, dauernd in einer „absolut“ sich selbst parallel bleibenden Ebene schwingen wird. Aus der Begründung dieses Satzes geht schon hervor, daß er auch in der reinen Synthese gelten wird. Das Wort „absolut“ heißt aber hier soviel als „relativ zum F.K.S.“ Der Satz lautet also in der reinen Synthese: Ein sonst kräftefreies Pendel wird in einer Ebene schwingen, die sich relativ zum F.K.S. dauernd selbst parallel bleibt.

Dies also bildet auch für die praktische Darstellung und Erklärung eines solchen Vorganges in der reinen Synthese den

Ausgangspunkt, nämlich den Ausgangspunkt für die Exhaustion. Schwingt das Pendel, so wie es der Satz sagt, dann ist es kräftefrei. Schwingt es nicht so, dann gibt das Maß der Abweichung die Größe der störenden Kräfte direkt oder indirekt an.

Dies gibt nun auch die Möglichkeit der Beurteilung anderer Anwendungsfälle. Man sagt, das Foucaultsche Pendel zeigt die tägliche Rotation der Erde. Es muß ebenso die jährliche Umdrehung zeigen. Es müßte schließlich auch eine Umdrehung des ganzen Sonnensystems zeigen,[1] und so fort alle Umdrehungen, die überhaupt relativ zum F.K.S. vorhanden sind.

Natürlich gilt das Analoge für alle Vorrichtungen, von denen ein entsprechender Satz ausgesagt werden kann wie vom Pendel.

Nun gelten aber diese Beziehungen nur, wenn das Foucaultsche Pendel wirklich kräftefrei ist. Woran aber soll ich das erkennen? Wir wissen ja, daß „Kräfte" Substruktionen von unserer Seite sind. Solche kann ich also nicht objektiv finden, solange sie nicht definiert sind. Dagegen kann ich sozusagen rein phoronomisch das F.K.S. festlegen. Und durch dieses ist nun nicht allein erklärt, welche Translation kräftefrei erfolgt, sondern auch, welches Foucaultsche Pendel ein wirklich kräftefreies ist. Wir können also jetzt definieren:

Eine Bewegung erfolgt kräftefrei, wenn sie relativ zum F.K.S. gleichförmig und geradlinig verläuft.

Von hier aus müssen wir nun weiter schließen: Nur dann vollführt ein Körper eine „wahre Rotation" (allgemein „wahre Bewegung"), wenn er eine solche relativ zum F.K.S. vollführt.

Also können auch irgendwelche andere Erscheinungen nur insoweit Folgen solcher Bewegungen sein, als diese Bewegungen selbst im obigen Sinne „wahre" sind. So werden z. B. Abplattungen an plastischen Weltkörpern nur insoweit auf Rotation zurückgeführt werden dürfen, als eben eine solche wahre Rotation wirklich vorhanden ist. Man kann also nicht ohne weiteres aus der Abplattung auf Rotation schließen.

Diese Frage der Rotation ist in der letzten Entwicklung von großer Wichtigkeit geworden. Wie wir schon sahen, hatte

---

[1] Siehe mein „Das Problem des absoluten Raumes" (Leipzig 1923), „Nachtrag", wo ich auf eine solche hingewiesen habe.

Newton vom absoluten Raume gesprochen. Ein Hauptbeweis für dessen Existenz war ihm das Experiment mit dem rotierenden Eimer mit Wasser gewesen. Wenn man nämlich einen solchen an einer Schnur aufhängt, und die Schnur dann drillt und schließlich losläßt, dann dreht sich zuerst der Eimer immer schneller, aber das Wasser bleibt vorerst ruhig. Nach und nach kommt auch das Wasser in Rotation, und wenn der Eimer seine volle Rotation erlangt hat, ist die Rotation des Wassers am bedeutendsten. Das Wasser steigt dann in Wirkung der Zentrifugalkraft an den Wänden des Eimers rings empor. Newton will damit zeigen, daß nicht die relative Rotation zwischen Eimer und Wasser (die ja am Anfang bald am größten ist), sondern die „absolute" Rotation des Wassers die Zentrifugalerscheinung hervorruft zu einer Zeit, wo die relative Rotation ziemlich gering ist. Es ist dieses Experiment für Newton eine starke Stütze seiner Annahme eines „absoluten Raumes". In der Tat ist von der gewohnten, ungeklärten Anschauung aus hier ein sehr schwieriger Punkt. Ernst Mach, der in seiner „Mechanik" sich eingehend mit diesen Fragen befaßt, war diese Überlegung so eindrucksvoll, daß er sich zu folgender Aussage veranlaßt sieht (Mechanik, 7 Aufl., S. 226): „Der Versuch Newtons mit dem rotierenden Wassergefäß lehrt nur, daß die Relativdrehung des Wassers gegen die Gefäßwände keine merklichen Zentrifugalkräfte weckt, daß dieselben aber durch die Relativdrehung gegen die Masse der Erde und die übrigen Himmelskörper geweckt werden. Niemand kann sagen, wie der Versuch quantitativ und qualitativ verlaufen würde, wenn die Gefäßwände immer dicker und massiger, zuletzt mehrere Meilen dick würden."

Diese Überlegung Machs hat bekanntlich den Anstoß zu der weiteren Entwicklung der Relativitätstheorie gegeben.

Was ist nun vom Standpunkte der reinen Synthese zu diesem Experiment zu sagen? Zunächst ist klar, daß die „Erklärung" des Experimentes in weitem Maße, und wenn man bis auf den Grund geht, sogar ganz von uns abhängt. Daß es bei einer Rotation Zentrifugalerscheinungen gibt, das folgt aus den Grundannahmen der Newtonschen Mechanik, ohne daß dabei über das betr. Koordinatensystem mehr vorausgesetzt wird, als daß in ihm das Trägheitsprinzip gilt. Aber es würde zu einer systematischen Uneindeutigkeit führen, wenn man nicht für alle Rotationen das gleiche Koordinatensystem wählen würde. Und da wählt man natürlich dasjenige, in dem auch allein das Trägheitsprinzip gilt, also das F.K.S. Dieses definiert uns dann eindeutig erst, wie groß die Rotation ist und welche Wirkungen wir erst der Zentrifugalkraft zuschreiben dürfen. Sind die durch Messung gefundenen Wirkungen größer oder kleiner, so muß die Differenz eben durch andere Einflüsse erklärt werden.

Daß man unter unseren gewöhnlichen Umständen die Wirkungen meist ungefähr gerade so findet, wie es die Theorie verlangt, will gar nichts besagen. Ich benutze diese Gelegenheit, um diese Bemerkung zu unterstreichen. Man hört in diesen Zusammenhängen so oft in unkritischer Weise so sprechen, als ob hier irgendwie etwas wie Wahrscheinlichkeit eine Rolle spielen könne. Dies ist eine völlige Selbsttäuschung. Wenn unter den zufälligen Bedingungen, unter denen wir leben, und unter dem sehr kleinen Variationsbereich, unter dem wir überhaupt lebensfähig sind, und den wir uns seit Jahrtausenden in unserer näheren Umgebung nach unseren Zwecken und Wünschen eingerichtet und zurechtgerichtet haben, irgendeine natürliche Kombination von Umständen sich fast oder ganz ausnahmslos findet, so bedeutet das für die absolute Geltung dieser Kombination, d. h. für die Notwendigkeit ihres Zusammenbestehens gar nichts. Denn unter gewissen anderen Umständen könnte es sein, daß das Gegenteil dieser Kombination sich ebenfalls bei einer unbegrenzten Reihe von Experimenten ergäbe. S o k a n n a l s o d i e Z a h l d e r E x p e r i m e n t e g a r n i c h t s b e s a g e n , s o b a l d d i e M ö g l i c h k e i t v o r h a n d e n i s t , d a ß z u f ä l l i g e U m s t ä n d e d a b e i e i n e R o l l e s p i e l e n . Damit ist aber der unklare Begriff der „Induktion“ als unzulänglich erkannt zur wirklichen Erklärung dieser Verhältnisse.

So üben also auch irgendwelche Abplattungsmessungen gar keinen Zwang auf uns aus. Insbesondere kann man nicht absolut die Rotation etwa durch die Größe der Zentrifugalwirkung definieren, wie dies teilweise auch im Newtonschen Experimente darinnensteckt. Es kann sehr gut Abplattungen an Körpern geben, die nicht in wahrer Rotation sind. Solche müssen dann eben aus anderen Ursachen erklärt werden. Natürlich kann man unter erprobten Verhältnissen, wenn man weiß aus früheren Versuchen und (unbewußten) Vergleichen mit den Verhältnissen bei wahren Rotationen, daß die störenden Umstände sehr gering sind, von vornherein oft annehmen, daß die Zentrifugalwirkungen ziemlich genau den wirklichen Abplattungen usw. entsprechen. In solchen Fällen kann man dann direkt aus der Abplattung auf die Stärke der Rotation schließen. Dies ist aber nur möglich auf Grund (unbewußter oder bewußter) Benutzung früherer Erfahrungen in der betr. Umgebung und der Annahme von deren Konstanz. Diese letztere ist aber kein absolutes Naturgesetz, sondern „Gegebenheitszufall".

In dieser Weise kann man z. B. auch unter unseren Verhältnissen das Foucaultsche Pendel zur Definition des F.K.S. verwenden[1], da wir eine genaue Kenntnis der störenden Umstände beim Pendel im Bereich der Genauigkeit haben und diese daher ausschalten können. Doch ist das immer nur eine unstrenge Auffassung. Die reine Synthese kann sich konsequent nur der obigen bedienen.

Wie fast kein anderes Beispiel vermag das F.K.S. eine anschauliche Vorstellung von der Art und Bedeutung de^ „Prinzips der Genauigkeitsschichten" zu geben, wie ich es genannt habe. Das F.K.S., diese Grundlage, von der alle übrigen Kausalbestimmungen irgendwie abhängen, ist selbst das Resultat eines immer fortschreitenden Verfeinerungsprozesses, wenn wir uns den Sternenhimmel als rein phänomenologisches Objekt betrachten. Dies letztere aber müssen wir, wenn wir den realen Verhältnissen Rechnung tragen sollen. Stellen wir uns den Raum abstrakt geometrisch vor, mit seinen Sternen und Sternströmen, dann sind diese Bemühungen, von der kleinen Erde aus feste Richtungen und Abstände nach entfernten Sternen festzulegen, zunächst vielleichr etwas problematisch erscheinend. Nähere Überlegung zeigt aber, daß tatsächlich die Richtungsschwankungen von der Erde aus, und auf diese kommt es an, automatisch immer kleiner werden. So wird in der oben geschilderten Weise ein immer genaueres F.K.S. erreicht.

Nun hängt aber, wie wir sahen, das, was wir kraftfreie (träge) Bewegung nennen, vom F.K.S. ab. Da aber von dem,

---

[1] In dieser Weise bin ich z. B. der Kürze wegen in meinem Nauheimer Vortrag („Kritische Bemerkungen usw.)" und in „Physik und Hypothese" verfahren. Im strengen Sinne ist aber die obige ausführliche Darstellung die richtige.

was wir träge Bewegung nennen, wieder alle die Effekte in ihrer genauen Abgrenzung abhängen, die wir als Kraft bezeichnen, so erkennt man, daß diese letzteren Bestimmungen ebenfalls erst durch das F.K.S. genau gegeben sind, und erst mit dessen wachsender Genauigkeit selbst wieder in dieser Richtung an solcher zunehmen.

Dies gibt gleichzeitig wieder ein starkes Beispiel, wie in diesen Dingen nur der systematische Aufbau zur wirklichen Ordnung führt. Nur er zeigt, welche Begriffe von welchen abhängig sind. In der bisherigen traditionellen Auffassung ist dies nur innerhalb des Logischen der Fall gewesen. Nie aber innerhalb des Praktischen, in der „praktischen Physik". Hier hat man an solches überhaupt nicht gedacht. Es ist dies „voneinander abhängig sein" in der praktischen Physik ein Gesichtspunkt, der im Kapitel über praktische Physik und sonst noch näher zu behandeln ist.

§ 5. **Die freie Kraft.**

Um nun noch einige für das Weitere benötigte Begriffsbildungen zu haben, betrachten wir zunächst den theoretischen Fall, wo auf einen Körper (im Elementarfall: Massenpunkt) eine Kraft wirkt, die einerseits eine Fernkraft ist, und wobei andererseits keinerlei störende Umstände die durch die Kraft erzeugte Bewegung des Probekörpers hemmen. Wir wollen einen solchen Fall von Kraft kurz eine „freie Kraft" nennen.

Wir bezeichnen die Maßzahl der Kraft mit p, die (Gravitations-)masse des Probekörpers sei m, die durch die Kraft erzeugte Beschleunigung sei (im Elementarfalle) konstant und heiße γ. Dann gilt nach Definition von Kraft (S. 112, 113):

$$1.\ p = m \cdot \gamma.$$

Da nun die Beschleunigung der Geschwindigkeitszuwachs des Körpers in der Richtung der Zentrale der beiden Massenpunkte (des anziehenden und des angezogenen) innerhalb einer Sekunde ist, so folgt, falls die Geschwindigkeit des Körpers zur Zeit t_0 mit v_0 bezeichnet wird, dessen Geschwindigkeit zur Zeit t_1 mit v_1 (wenn von der Zeit 0 ab keine andere Kraft auf m wirkte):

$$2.\ v_1 = \gamma \cdot t_1, \quad v_0 = \gamma \cdot t_0 .$$

Da nun aber der in der Zeit dt von einem Körper mit der Geschwindigkeit v zurückgelegte Weg ds gleich:

$$ds = v \cdot dt$$

ist, so folgt für den in der Zeit $(t_1 - t_0)$ zurückgelegten Weg $(s_1 - s_0)$ längs der Zentrale:

$$3. \quad s_1 - s_0 = \tfrac{1}{2}\gamma\,(t_1^2 - t_0^2)\,.$$

Lassen wir den Vorgang ausgehen von der Ruhelage von m und von der Zeit $t_0 = 0$, so ist $s_0 = 0$, $v_0 = 0$, und wir erhalten:

$$p = m \cdot \gamma$$
$$v = \gamma \cdot t$$
$$s = \tfrac{1}{2}\gamma \cdot t^2.$$

Eliminieren wir hier γ und t, so ergibt sich:

$$s \cdot p = \tfrac{1}{2}\,m\,v^2,$$

oder im obigen Beispiel:

$$p\,(s_1 - s_0) = \tfrac{1}{2}\,m\,(v_1^2 - v_0^2)\,.$$

Wir bezeichnen nun das Produkt:

$$p\,(s_1 - s_0)$$

als die von der freien Kraft in der Zeit $(t_1 - t_0)$ auf den Körper m geleistete Arbeit. Ferner bezeichnen wir das Produkt $\frac{1}{2}\,m\,(v_1^2 - v_0^2)$ als die dem Körper durch diese Arbeit mitgeteilte lebendige Kraft. Die letzte Gleichung läßt sich dann so aussprechen:

Die von einer freien Kraft einem Körper m in der Zeit $(t_1 - t_0)$ erteilte lebendige Kraft ist gleich der von ihr auf den Körper geleisteten Arbeit.

Nun gilt folgende Überlegung:

Nehmen wir den Fall, wo die wirkende Kraft nicht eine „freie Kraft" ist, insofern, als der angezogene Körper nicht ohne Gegenkräfte der Anziehung Folge leistet. Dann erleidet er durch andere Kräfte (Reibung usw.) Beschleunigungen, welche entgegen γ gerichtet sind. Betrachten wir dann die Gleichung:

$$p\,(s_1 - s_0) = \tfrac{1}{2}\,m\,(v_1^2 - v_0^2)\,,$$

dann bemerken wir, daß diese nicht mehr richtig sein kann. Lassen wir unter diesen Umständen den Körper m wieder den Weg $(s_1 - s_0)$ durchlaufen, so ist zwar die linke Seite der Gleichung dieselbe geblieben, die rechte Seite aber muß deshalb kleiner geworden sein, weil ja der Körper jetzt nicht mehr die

Endgeschwindigkeit v_1, sondern der Gegenkräfte wegen eine kleinere v_1' haben muß, wo:

$$v_1 > v_1' \geqq v_0 .$$

Wir können dann die obige Gleichung so schreiben:

$$p(s_1 - s_0) = \tfrac{1}{2} m (v_1^2 - v_1^{2\prime}) + \tfrac{1}{2} m (v_1^{2\prime} - v_0^2),$$

oder:

$$A = V + L .$$

Wir bemerken, daß das zweite Glied rechts tatsächlich den eingetretenen Zuwachs an lebendiger Kraft angibt (der auch Null sein kann). Wir bezeichnen es mit L. Das erste Glied rechts gibt dagegen den Fehlbetrag an lebendiger Kraft gegenüber dem Fall der freien Kraft an. Wir bezeichnen diesen Teil als „verlorene Arbeit" $= V$. Die Betrachtung erweitert sich leicht auch für den Fall: $v_1' < v_0$. Dann wird L negativ.

Nun zwingt uns aber das Prinzip der Eindeutigkeit, festzusetzen, daß auch in diesem Falle die Arbeit der Kraft längs des gleichen Weges die gleiche geblieben sei, denn Kraft und Weg sind sich gleich geblieben; es hat nämlich die Kraft in diesem Falle zuletzt das gleiche geleistet wie vorher, aber es ist nur eine geringere Wirkung in Gestalt von lebendiger Kraft zutage getreten. So würde also einmal mit dem gleichen Endeffekt der Kraft eine größere, einmal eine geringere Wirkung verbunden sein, was der Eindeutigkeit widerspricht.

Wir setzen daher zur Erhaltung der Eindeutigkeit fest, daß die „Wirkung" einer Kraft auf einen Körper dargestellt werde durch die erreichte Verschiebung des bewirkten Körpers. Daß aber dieser Wirkung in allen gleichen Fällen auch ein gleicher Aufwand an Arbeit entspricht. Die Wirkung der Arbeit ist im Falle der freien Kraft die erreichte lebendige Kraft. Im Falle einer nicht freien Kraft, wo die erzielte lebendige Kraft geringer ist, muß aber die gleiche Arbeit geleistet sein, es muß also dem nicht in lebendiger Kraft zum Ausdruck kommenden Teil der Arbeit, der „verlorenen Arbeit", eine andere Wirkungsweise zugeteilt werden, und diese wird zu L als „äquivalent" bezeichnet.

Es werden also Wirkungen (Veränderungen) irgendeiner Art, welche bei nicht freier Kraftwirkung zutage treten (Deformationen, Wärme, Elektrizität usw.) als äquivalent zu der dabei verlorenen Arbeit in Frage kommen, bzw. ob uns sofort solche Wirkungen entgegentreten oder nicht, wir müssen eine solche wahrnehmbare oder „vorläufig“ noch nicht wahrnehmbare Wirkung jedenfalls durch Substruktion einführen.

Nun ist es aber ferner klar, daß diese Wirkungen, welche einer gewissen lebendigen Kraft äquivalent sind, dies auch dauernd bleiben müssen. Dies ist zunächst die einfachste Festsetzung. Denn jeder Fall einer Änderung der Äquivalenz bedürfte umständlicher neuer Bestimmungen, die bei den unbekannten oder noch nicht näher bekannten Wirkungen nicht zu geben sind. Ebenso zeigt sich, daß das Prinzip der Eindeutigkeit diese Festsetzung fordert.

Diese einfachste Festsetzung ist damit zugleich die einzige welche keine weiteren Bestimmungen nötig macht, zu welchen gar keine hinreichenden Gründe vorliegen, da unsere Festsetzungen in diesem Falle keinerlei Einschränkung unterliegen.

Damit aber haben wir den wesentlichen Teil dessen festgesetzt, was man sonst als das Gesetz der Erhaltung der Energie zu bezeichnen pflegt.

Wenn nämlich aus diesem Anlaß dann verschiedene Erscheinungen als mit einer gewissen lebendigen Kraft äquivalent festgelegt sind, so bleiben sie naturgemäß auch unter sich äquivalent, und so wird sich diese Aichung der Naturerscheinungen bei der gegenseitigen Abhängigkeit durch immer weitere Gebiete der Physik erstrecken.

§ 6. **Fern- und Nahwirkung. Der Stoß.**

Betrachten wir das Verhältnis von „Fern- und Nahkräften“ allgemein. Nur bei Fernkräften ist deren Wirkung ganz rein, d. h. nur bei Fernkraft haben wir die ganz reine Wirkung der Gravitation (wenn sonstige störende Umstände ausgeschaltet sind). Sowie dagegen eine Nahkraft betrachtet wird, haben wir niemals diese Kraft allein, sondern das Wort Nahkraft, welches ausdrücken soll, daß die Kraft durch Berührung ausgeübt wird, zeigt, daß hier die Wirkung der Berührung stets zu berücksichtigen ist. Diese Wirkung hängt aber nicht allein von der Kraft selbst (Stoß, Druck, Zug, Schub usw.) ab, sondern noch von der Beschaffenheit der Körper, welche der Kraft unterliegen und sich berühren, selbst. Will ich also innerhalb der reinen Synthese das Gesetz für die Nahkraft aufstellen, so kann ich das auf keinem anderen Wege tun, als indem ich

Elementarfälle konstruiere, welche diesem Umstande Rechnung tragen. Dies geschieht, indem ich das Gesetz dieser Elementarfälle angebe. Dabei muß ich dann also auch die einfachste Annahme über die Eigenschaften der Körper machen, welche bei der Berührung ihr Verhalten näher bestimmen. An sich können ja zwei Körper wie zwei Gaskugeln sich völlig durchdringen und vereinigen. Das sog. „Grundgesetz der Undurchdringlichkeit der Materie", das am Eingange unserer Physikbücher figuriert, ist nichts anderes als eine teilweise Definition des festen Körpers. Und zwischen dem Fall zweier Gaskugeln und dem Fall zweier absolut starrer Körper gibt es in verschiedener Hinsicht jeden Grad des Überganges.

Nehmen wir den Fall des Stoßes. Hier haben wir die verschiedenen Möglichkeiten, daß die beiden Körper (ihre Undurchdringlichkeit vorausgesetzt), die wir als gleich annehmen wollen, mehr oder weniger der gegenseitigen Bewirkung nachgeben.

Wir betrachten den Elementarfall des Stoßes. Als einfachste Gestalt nehmen wir die Kugel. Wir lassen also zwei homogene Kugeln von den Gravitationsmassen m_1 und m_2 auf einer Geraden, welche die beiden Mittelpunkte verbindet, gegeneinander laufen Von der Materie der Kugeln sei nur vorausgesetzt, daß dieselben undurchdringlich seien (auch nicht zertrümmert oder zerrissen werden) und daß die Materie homogen sei, so daß sich keine Kräfte geltend machen, welche aus der Zentrale herausführen Wir sprechen dann vom „zentralen Stoß zweier Kugeln".

Dann kann man (nach Huyghens) durch eine einfache translatorische Bewegung des Koordinatensystems erreichen, daß die beiden Kugeln in entgegengesetzter Richtung sich vor dem Stoße nähern. Da wegen der Undurchdringlichkeit die beiden Kugeln ihren Weg nicht fortsetzen können, so bleibt nur übrig, daß sie entweder beide ihre Richtung umkehren oder eine von ihnen. Im letzteren Falle geht die andere entweder in der gleichen Richtung weiter oder bleibt in Ruhe. Auf jeden Fall kann man das sagen, daß nach dem Stoße der Abstand der beiden Kugeln sich wieder vergrößert oder Null bleibt.

Lassen wir also zwei homogene Kugeln von den Massen m_1 und m_2 mit den Geschwindigkeiten c_1 und c_2 zentral aufeinander stoßen, so ergibt sich folgendes: Sind die Kugeln undurchdringlich vorausgesetzt, so heißt das, daß sie sich nicht in der gleichen Weise weiterbewegen. Sie erhalten also eine Bewegungsänderung, d. h. im Stoße wirkt auf die beiden Kugeln eine Kraft. Ist diese P, so wirkt sie offenbar, bis die beiden Kugeln keine Bewegungsänderung mehr erleiden, was wegen der Gleichheit von actio und reactio die gleiche Zeit dauert. Nun war aber vorhin $P \cdot t = m \cdot v$, d. h. Änderungen, welche $m_1 \cdot v_1$ und $m_2 \cdot v_2$ durch den Stoß erleiden, sind gleich. Da aber diese Änderungen an beiden Kugeln in entgegengesetztem Sinne erfolgen, so gilt, wenn wir das Produkt $m \cdot v$ als Bewegungsgröße bezeichnen, der Satz:

Die Summe der Bewegungsgrößen beider Kugeln vor und nach dem Stoße ist gleich:

$$m_1 v_1 + m_2 v_2 = m_1 c_1 + m_2 c_2 ,$$

wo v_1 und v_2 die Geschwindigkeiten nach dem Stoße bedeuten.

Hieraus aber lassen sich, wie bekannt, leicht die Stoßgesetze ableiten.

Es ergibt sich nämlich, daß ein Moment dagewesen sein muß, wo die beiden Kugeln sich am nächsten waren (die mathematische „Existenz" dieses Minimums ist schon dadurch gewährleistet, daß wir stets für unsere Festsetzungen die einfachsten Annahmen machen und sich daher im mathematischen Ausdruck die einfachsten Funktionen ergeben). Wir wollen diesen Moment als den „Höhepunkt des Stoßes" bezeichnen. Diesen Höhepunkt nehmen wir zum Ausgang für unsere Betrachtung der Bewegung der Kugeln „nach" dem Stoße. Da im Höhepunkt beide Kugeln aufgehört haben sich zu nähern, so tritt hier der Wechsel ein, daß beide sich von jetzt ab wieder entfernen. Wir denken uns das Koordinatensystem in der Richtung der Zentrale derartig bewegt, daß im Höhepunkt des Stoßes die beiden Kugeln gerade sich in Ruhe befinden. Dann erhalten beide jetzt Beschleunigungen, welche entgegen ihrer bisherigen Bewegung gerichtet sind, d. h. es wirken Kräfte auf beide, welche beiden Kugeln entgegengesetzte Beschleunigung erteilen.

Da die Kraft, welche hierbei auf eine der beiden Kugeln wirkt, eine Nahkraft ist, welche durch Berührung wirkt, so muß, damit die andere Kugel dieselbe Kraft ausüben kann, auf diese eine gleich große entgegengesetzt gerichtete Kraft wirken.

Daß die beiden Kräfte für beide Kugeln als gleich festgesetzt werden müssen, der Eindeutigkeit halber, geht aus der Überlegung hervor, daß jede der beiden Kräfte als von beiden Kugeln erzeugt betrachtet werden kann. Denn einmal wird diese Kraft verursacht durch den Stoß der ersten Kugel auf die zweite, ebenso aber durch den Stoß der zweiten Kugel auf die erste.

Und nun können wir die spezielle Beschaffenheit der stoßenden Körper einführen in unsere Überlegung. Nehmen wir den Fall, daß die beiden Körper nach dem Stoße zusammen bleiben. Wir bezeichnen diese Art des Stoßes als den „unelastischen". Seien c_1, c_2 die Geschwindigkeiten vor dem Stoße, so ist hier $v_1 = v_2 = v$, und es kommt wegen der Konstanz der Summe der Bewegungsgrößen:

$$v\,(m_1 + m_2) = m_1 c_1 + m_2 c_2\,,$$

$$v = \frac{m_1 c_1 + m_2 c_2}{m_1 + m_2}\,.$$

In unserem speziellen Koordinatensystem blieben die Körper in Ruhe. Bleiben die Körper nicht zusammen, so sollen sie sich etwa voneinander entfernen mit der Geschwindigkeit q. Dann ist offenbar:

$$q = v_1 + v_2\,.$$

Ferner haben wir die Gleichung:

$$m_1 v_1 + m_2 v_2 = m_1 c_1 + m_2 c_2\,.$$

In diesen beiden Gleichungen sind v_1 und v_2 die Unbekannten, welche allgemein bestimmt werden können. Mißt man andererseits etwa v_1, dann kann man q und v_2 bestimmen. Mißt man beide Geschwindigkeiten, so kann man q und das Verhältnis der Massen $m_1 : m_2$ bestimmen.

Man sieht also: Wenn ich etwa auf den Gedanken käme, die Stoßgesetze „experimentell" zu prüfen, so würde ich — wenn beide Körper aus der gleichen Materie bestehen — höchstens die für die Natur der Körpermaterie charakteristische Konstante q bestimmen können — also niemals ein „Gesetz".

Die Konstante q charakterisiert in einer gewissen Hinsicht die Art der Materie, aus der beide Kugeln sind (wenn beide aus der gleichen). Man kann durch sie also eine „Eigenschaft" dieser Kugeln charakterisieren. Wir nennen diese etwa die

„Stoßelastizität" und gehen mit bekannten Formulierungen konform, wenn wir folgende Fälle unterscheiden:

$q = 0$ der unelastische Stoß,
$q = +(c_1 + c_2)$ der rein elastische Stoß,
q zwischen diesen: der unterelastische Stoß,
$q > (c_1 + c_2)$ der überelastische Stoß.

Man zeigt leicht, daß der letzte Fall nur bei dem Hinzutritt neuer Kräfte möglich ist. Der erste und zweite sind Extremfälle.

§ 7. **Die schwere und die träge Masse.**

Von besonderem Interesse ist auch das Problem der Übereinstimmung der schweren und der trägen Masse. Diese beiden werden in der reinen Synthese in ihrer Maßzahl automatisch identisch auf dem Wege der Exhaustion.[1]

Wir haben uns zwar schon oben überzeugt, daß und wie die Gleichheit von träger und schwerer Masse in der reinen Synthese automatisch und ohne weiteres stets zustande kommen muß. Trotzdem sei das Thema speziell von der Seite der Experimentalphysik hier nochmals behandelt.[2]

Ganz ohne Zweifel ist die Tatsache, daß wir die an der Hebelwage gemessene schwere Masse gleich finden mit der etwa auf dem Wege von Stoßversuchen gefundenen „trägen Masse", zunächst etwas sehr merkwürdiges, und die Mechanik und Methodologie Newtons vermag davon nur auf experimentellem Wege Rechenschaft zu geben, wobei nur das „Daß" der Übereinstimmung, niemals aber das „Warum" derselben festgestellt werden kann. Es ist seltsam, daß gerade dies aber der Newtonschen Mechanik von der Relativitätstheorie zum Vorwurfe gemacht wird, die doch, seit sie von prinzipieller Seite her an-

---

[1] Ich habe in der vorigen Auflage diese Festsetzung auch in einer Fassung zu geben versucht, die sich direkt auf die Hebelwage bezog. H. Reichenbach hat sich in seinem Aufsatze „Erwiderung auf H. Dinglers Kritik an der Relativitätstheorie", Physik. Zeitschr. 22 (1921), S. 379 u. a. gegen diese Fassung gewandt. Ich gebe diese Fassung gerne preis, aber ich habe in der 1. Auflage daneben ausdrücklich darauf hingewiesen, daß die Äquivalenz der schweren und trägen Masse „nur durch Exhaustion" (l. c., S. 95) zustande kommt.

[2] Siehe die ausführliche Behandlung der Frage in „Das Problem des absoluten Raumes". Leipzig, Hirzel, 1923.

gegriffen wurde, die rein experimentelle Natur ihrer Grundlagen stets besonders betont. Die Relativitätstheorie sucht statt dessen dieses Verhältnis durch eine Art apriorischer Konstruktion abzuleiten. Ich erwähne das nur, um ein weiteres Beispiel für das Vielerlei an Prinzipien zu geben, das wir heute vorfinden. Doch zur Sache. Diese Gleichheit von schwerer und träger Masse gilt also als eine experimentelle Tatsache. Dieser Ausdruck will offenbar besagen, daß uns hier durch das Experiment Kunde wird von einer gewissen, im Wesen der Dinge unabhängig von uns liegenden quantitativen Beziehung, die nebenbei die Eigenschaft hat, von universeller Gültigkeit zu sein, trotzdem wir das Experiment nur an ganz wenigen Fällen wirklich durchführen können. Bei dieser Auffassung pflegt man sich zu beruhigen. Sieht man aber genauer zu, so erkennt man, daß in dieser Auffassung der seltsamste Aberglaube steckt, der uns nur deshalb meist nicht mehr auffällt, weil wir so sehr daran gewöhnt sind. Jeden Physiker, der den Dingen auf ihren letzten Grund kommen möchte, müßte aber solche Seltsamkeit doch an sich schon zur Aufklärung reizen, wenn nicht, wie es jetzt gekommen ist, die ganze Entwicklung der Physik sich so zugespitzt hätte, daß sie ohne eine wirkliche Lösung dieser Probleme nicht mehr aus den momentanen Schwierigkeiten endgültig herauszufinden vermöchte. Die landläufige Anschauung, daß man das so hinnehmen müsse, darf davon nicht abhalten.

Wenn ich nun wissen möchte, wie die experimentelle Erfahrung dieser Äquivalenz zustande kommt, die ja von der Relativitätstheorie in der bekannten Weise erklärt wird, dann wäre es doch der näherliegende Weg, statt auf dem rein zahlenmäßigen Resultate der Messung eine rein logische Theorie aufzubauen, zunächst das Zustandekommen dieser Erfahrung selbst einmal denkend zu betrachten. Letzterer Weg ist, wenn man sich die Sache überlegt, sicherlich derjenige, welcher in erster Linie begangen werden müßte. Ich will hier das Resultat dieses Weges, soweit das an einem einzelnen Beispiel möglich ist, darzustellen versuchen. Der erste, welcher auf Grund physikalischer Überlegungen die Unabhängigkeit größerer Teile der Mechanik vom Experiment behauptete, und dafür auch detaillierte Überlegungen beizubringen versuchte, war Henri Poincaré in „Wissenschaft und Hypothese", deutsch von v. Lindemann, 1904.

Doch mangelte ihm noch eine „Genauigkeitstheorie", welche erst die scheinbar objektive, experimentelle Geltung von P'.s „Definitionen" in der Wirklichkeit, d. h. die Möglichkeit von Voraussagen auf Grund derselben, zu erklären vermag. Das oben behandelte „Äquivalenzprinzip" (zwischen schwerer und träger Masse) scheint jedoch Poincaré nicht unmittelbar zu seinen Definitionen gerechnet zu haben.

In dem vorliegenden Werke habe ich ein System der Physik in seinen Grundlagen skizziert, das ich die „reine Synthese" genannt habe. Es werden dort gewisse erste Prinzipien durch freiwillige Festsetzungen erhalten, und aus diesen weitere Teile des logischen Gebäudes der Physik logisch abgeleitet. Dieser im Prinzip nicht einmal neue Gedanke wäre aber bei mir ebenso basislos, wie er es in anderen Versuchen dieser Art notwendig bleiben mußte, wenn ich nicht in der Lage wäre, genau anzugeben und praktisch aufzuzeigen, daß und warum diesem künstlich aufgebauten Systeme auch die Realität gehorcht. Dies ist also der Punkt, an dem jede Kritik meiner Aufstellungen angreifen muß, wenn sie wirklich treffen will. Der Kern dieses Verfahrens ist das, was ich mir mit dem Worte „Exhaustion" zu benennen gestatte. Dies Alles gewinnt aber erst seine volle Bedeutung durch den Umstand, daß es sich zeigt, daß das Verfahren der Exhaustion das einzig Mögliche in der praktischen Naturbeherrschung ist, und daß es unbewußt schon fortwährend in der Praxis der Physik geübt wird.

Das Verhältnis von schwerer und träger Masse in der reinen Synthese ist nun ganz einfach festzustellen. Wie ich (siehe oben S. 112) gezeigt habe, ergibt sich bei der Aufstellung des Newtonschen Gesetzes ein Kraftbegriff, der definiert wird als das Produkt der von der Kraft erzeugten Beschleunigung in eine bestimmte Eigenschaft des betreffenden Dinges, die wir vorläufig als M bezeichnen wollen. Die Verbindung dieser einstweilen ganz leeren logischen Formen mit der Realität geschieht nun, indem ich die „Anziehung" von Körpern gegen die Erde als Wirkung einer Kraft auffasse. Dies legt die Definition nahe, von zwei Körpern, die am gleicharmigen Hebel sich das Gleichgewicht halten, zu sagen, daß die auf sie ausgeübte Anziehungskraft gleich sei. Wird dann angenommen, daß die auf die beiden Körper ausgeübten Beschleunigungen gleich sind, was auf der Erde bei kurzen Hebelarmen mit äußerster Genauigkeit zutrifft, dann muß auch ihre Eigenschaft *M* gleich sein. Wir sagen dann, die Körper haben gleiches Gewicht. Nach den synthetischen Prinzipien werden wir dann weiterhin jede Kraft als beschleunigungsbestimmend in geeigneter Weise definieren. Die reine Synthese muß dann noch eine andere Art von Kräften einführen, die man als mechanische Nahkräfte bezeichnen kann: Stoß, Druck, Zug usw. Da es Nahkräfte sind, kann ihre Wirkung experimentell niemals rein gegeben sein, da stets irgendwelche Nebenwirkungen vorhanden sein müssen, nämlich durch die Berührungen, deren Einfluß nicht ohne weiteres von der reinen Kraftwirkung gesondert werden kann. Ich habe daher die Möglichkeit (und auch die Notwendigkeit), über die reine Kraftwirkung gewisse Festsetzungen zu treffen. Diese Festsetzung geschieht vom Standpunkte der reinen Synthese am einfachsten, indem ich bestimme, daß der bei der Nahkraft einzuführende „Massenfaktor" der gleiche sein soll wie bei der Gravitation. Alles, was dann beim Experiment zunächst als eine Abweichung von dieser Festsetzung erscheint, liefert ein Maß für die hier stets hereinspielenden Materialeigenschaften und sonstige störende Umstände. Es muß aber hierbei stets im Auge behalten werden, daß dieses Verfahren ausschließlich einen Sinn innerhalb des Systems hat, daß es nicht sozusagen freihändig an jeder beliebigen Stelle angewandt werden kann. Man kann daher dieses Verfahren nicht dadurch widerlegen, wie das H. Reichenbach a. a. O.[1] tut, daß man irgendein Experiment (z. B. zum Mariotteschen Gesetz) mitten aus der Physik auswählt und zeigt, daß das zu einem eindeutigen Resultate führt. Nur wenn man ganz systematisch die ganze Physik von den ersten Meßinstrumenten an in Gedanken nachbaut, wie das die reine Synthese versucht, erkennt man die hier obwaltenden Zusammenhänge, und sieht, daß man am Anfange dieses Gebäudes die von mir behauptete Freiheit hat, später aber gebunden ist. Man kann nicht die im Experimente gewonnenen Zahlen ohne weiteres einfach als Zahlen nehmen, und diese dann durch Differentialgleichungen darstellen. Das Experiment soll ja nicht in rein phänomenologischem Sinne nur gemacht werden, sondern es soll logisch verarbeitet, einen, Beitrag zu meiner erklärenden Physik liefern. Dann aber sind

[1] „Relativitätstheorie und Erkenntnis a priori". Berlin 1921.

die materiellen Teile des Experimentes nicht mehr bloß beliebige materielle Stücke, sondern es sollen Vertreter bestimmter theoretischer Begriffe sein. Und nur, wenn sie diesen Begriffen wirklich unterstehen, kann das Resultat des Experimentes mit diesen in richtige Verbindung gebracht werden. An sich ist ein Stück Blei ein Stück Blei. Aber, wenn ich, um eine Eigenschaft desselben festzustellen, einen Maßstab einer bestimmten Genauigkeit benutzt habe, kann ich nicht umgekehrt wieder aus dieser Eigenschaft die Genauigkeit dieses Maßstabes prüfen. So hängt z. B. der wissenschaftliche Begriff „Blei vom Atomgewicht 207,2" ab von den bei der Atomgewichtsbestimmung benutzten Maßinstrumenten. Diese selbst wieder, d. h. iher Genauigkeit, hängt ab von den Verfahren, die bei ihrer Herstellung und Aichung verwendet wurden, letzten Endes also von der euklidischen Geometrie, welche, wie ich nachzuweisen vermochte, bei der Herstellung aller auf dem starren Körper beruhenden Meßinstrumente die führende Rolle spielt. Wer sich dessen nicht bewußt ist, der könnte auf die Idee kommen, mit unserem Blei 207,2 und Maßstäben als ganz voneinander unabhängigen Dingen zu experimentieren und zuletzt dann etwa die Dezimalen des Atomgewichts durch eine (nichteuklidische) Verzerrung des Maßstabes zu erklären.

Die Methode der Exhaustion ist die einzige, welche sowohl alles leistet, was man von einer systematischen Physik verlangen kann, als zugleich den Aberglauben der immanenten mathematischen Naturgesetze völlig erklärt. Es bliebe nun nur noch übrig, einige experimentelle Bestimmungen der trägen Masse einer gewissen kritischen Betrachtung zu unterziehen, um zuzeigen, daß sie einer Interpretation im Sinne der Exhaustionstheorie fähig sind.

Die Newtonschen Experimente mit Pendeln aus verschiedenem Material zeigen, in unserer Interpretation, daß in der Umgebung der Kugeln keine Kräfte vorhanden waren, welche auf die verschiedenen Materialien verschieden gewirkt hätten. Hätte z. B. die Fe-Kugel anders geschwungen als die anderen, dann hätte Newton dies auf eine auf das Fe spezifisch wirkende Kraft sicherlich zurückgeführt. — Analoges muß gesagt werden von dem Eötvösschen Verfahren mit seinem Gravitationsvariometer. Hier werden die Versuche so gerichtet, daß bei gleicher Substanz kein Ausschlag erfolgt. So ist der einzige neue Umstand die Verschiedenheit der Substanz, und das Ausbleiben von Ausschlägen zeigt, daß an dem Orte, wo sie gemacht wurden, keine Kräfte vorhanden sind, die auf die Substanzen verschieden wirken. Käme ein Ausschlag, so wäre erst die Frage aufgetreten, ob er der Trägheit oder einer anderen Kraft zuzuschreiben war. — Auch das Machsche Experiment mit dem Gleichgewicht eines Kugelpaares auf dem Rotationsapparat würde bei negativem Ausfall auf störende Umstände zurückgeführt werden. (Mechanik, 7. Aufl., S. 212.) Im übrigen kann durch eine Nahkraft, z. B. Stoß, die Masse nicht unabhängig gemessen werden, da hierbei jedesmal die spezifiscche Stoßelastizität des Materials mit hereinspielt, die zu ihrer Feststellung schon eines Massenbegriffes (eben des „schweren") bedarf (siehe vorstehend § 6).

Hier nur noch ein Wort zu der jetzt viel benutzten Ausdrucksweise, daß der Physiker nur Koinzidenzen beobachten könne. Rein wörtlich genommen ist der Satz richtig, wenn die messende Tätigkeit des Physikers in Betracht gezogen wird. Aber seine Anwendung in der physikalischen Grundlagenlehre ist gefährlich, weil unbewußt noch unausgesprochene Einschränkungen den Satz begleiten, die ihn falsch machen. Der Physiker wird nämlich im allgemeinen den Satz so verstehen, daß er die Koinzidenzen an irgendwelchen fest gegebenen Dingen feststelle, wo nichts seiner Wahl überlassen ist. Es bestehen aber folgende Möglichkeiten: Es kann für ein Experiment wesentlich sein (und ist es stets), daß die dabei verwendeten Materialien selbst durch ganze Serien von Koizidenzen erst ausgewählt und bestimmt wurden. Es brauchen ferner diese Koinzidenzen nicht immer passiv von uns hingenommen zu werden, sondern es könnte sein, daß wir gewisse Koinzidenzen vorschreiben, und nur Gegenstände suchen, welche sie erfüllen. Ich habe das Vorhandensein solcher Fälle nachgewiesen. Damit fällt aber auch das genannte Prinzip in dem Sinne, wie es immer verstanden wird.

2. Kapitel. Der weitere Aufbau der reinen Synthese.

§ 1. Das Newtonsche Gesetz.

Die Grundlagen der reinen Synthese, die wir zu wählen hatten, um die synthetische Wissenschaft von der Realität aufzustellen, waren die Darstellungsbasis (euklidischer Raum und Zeit) und die Elementarabhängigkeit (das Newtonsche Gesetz). Wir haben dann im vorigen Kapitel auf Grund der logischen Formulierungen und Resultate des I. und II. Teils weitere Begriffe abgeleitet und damit den eigentlichen Aufbau begonnen. Es war zunächst der Begriff der Kraft, den wir gewannen und den wir durch Festlegung des Bezugssystems auch in die Realität innerhalb der jeweiligen erreichten Genauigkeit eindeutig einzuführen vermochten. Es ergaben sich dabei die elementaren Gesetze der Mechanik, z. B. das Trägheits- und Energieprinzip, die Stoßgesetze. Nun wird der weitere Aufbau zu untersuchen sein.

Wir haben als elementares Abhängigkeitsgesetz das logisch einfachste gewählt. Es ist das sog. Newtonsche Gesetz. Nach unseren Prinzipien müssen wir versuchen, wenigstens theoretisch alle sonst als „kausal" bezeichneten Abhängigkeiten auf dieses Gesetz zurückzuführen. Daß das sich von unseren Grundlagen aus so ergibt, sei nochmals kurz rekapitulierend ins Gedächtnis gerufen.

Wir sahen zuerst, daß Allgemeinaussagen überhaupt nur dann mit dem Anspruch auf absolute und dauernde Geltung auftreten können, wenn sie auf Festsetzungen zurückgehen. Andererseits war unser Wille darauf gerichtet, die Wissenschaft von der Realität durch solche Allgemeinaussagen aufzubauen. Ob manche meinen, daß man auch auf anderem Wege Wissenschaft treiben kann, ist für unser jetziges Vorgehen ganz belanglos. Uns handelt es sich darum, ob man nicht die Wissenschaft in dieser vollendetsten Form, wie sie durch unsere Forderungen charakterisiert ist, doch tatsächlich treiben kann. Dann aber werden wir versuchen müssen, diese nach unseren Prinzipien aufzubauen. Die einzige Frage dabei ist, ob da nicht Hindernisse prinzipieller Art auftreten können. Meine Formulierungen zeigen, daß solche nicht auftreten können. Die Art unseres Vorgehens mit reiner Synthese und Realisierung derselben in der Realität mittels Exhaustion und Genauigkeitstheorie zeigt, daß die Realität uns niemals zwingen kann, von unserem Vorhaben abzustehen.

Daß auch aus einer rein analytischen Betrachtung der physikalischen Forschungsarbeit sich genau wieder unsere Prinzipien ergeben, habe ich in „Physik und Hypothese" gezeigt. Neuerdings nun scheint sich im Anschluß an die Betrachtungen der Relativitätstheorie die Erkenntnis zu verbreiten, daß an sich die Realität auf verschiedenste Weise darstellbar wäre, und daß es sich nur darum handelt, unter diesen verschiedenen Darstellungen die „einfachste" herauszusuchen. Es ist dies eine Erkenntnis, die durch die nichteuklidischen Geometrieen angebahnt, durch die Mach-Kirchhoffsche Auffassung vom „Beschreiben" der Realität zuerst implizite wirklich formuliert und durch die Einsteinsche Behandlungsart der Physik in erfreulichster Weise allmählig Eigentum weiterer Kreise zu werden scheint. Sie entspricht in erster Annäherung der Basis, die wir in unseren eigenen Darlegungen durch eine systematische Begründung gewonnen haben. Es handelt sich dann aber noch darum, welches die „einfachste" Darstellung ist. Hier nun habe ich in meiner Schrift „Relativitätstheorie und Ökonomieprinzip"[1] ausführlich gezeigt, was aus den vorstehenden Überlegungen von selbst wieder hervorgeht und auch im vorliegenden Buche da und dort behandelt wird, daß für uns nur die „innenbestimmte Einfachstheit" in Betracht kommen kann.

Auf dieser Basis also gilt es jetzt weiterzubauen. Die Durchführung der reinen Synthese im vorstehend geschilderten Sinne ist natürlich niemals fertig bis ins einzelne vorlegbar, wie das aus den Umständen hervorgeht, die ich im Prinzip der Genauigkeitsschichten zusammengefaßt habe.

In theoretischer Hinsicht können wir folgendes sagen:

Es folgt, daß nur eine einzige Fernkraft anzunehmen ist, die Gravitation. Es folgt ferner, daß diese Kraft wirkt zwischen irgend zwei „Körpern", so groß, so klein, so nah oder so fern sie sein mögen. Damit ergibt sich, daß in der reinen Synthese

---

[1] Leipzig, S. Hirzel, 1922.

als einzige wirkliche irreduzible Molekular-Fernkraft nur die Gravitation in Betracht kommt.[1]

Weiteres ist dagegen noch in sozusagen praktischer Richtung zu sagen.

Natürlich ist die Aufgabe, irgendeinen vorgelegten realen Vorgang auf Newtonsche Attraktion zurückzuführen, eine gegebenenfalls sehr schwierige, ja da und dort überhaupt in absehbarer Zeit nicht zu lösende, wenn auch niemals eine prinzipielle Lösungsunmöglichkeit vorliegt, vielmehr eine Lösung in irgendeiner endlichen Zeit immer findbar sein muß, wie sich durch theoretische Überlegung im einzelnen nachweisen ließe.[2]

---

[1] Ein Fall, wo im Empirischen eine durchsichtigere Realisierung durch Nichtvorhandensein störender Umstände von dem Gesagten vorliegen könnte, scheint mir der folgende zu sein. Zsigmondi (Göttingen), der bekannte Entdecker des Ultramikroskops, sieht sich in seinen Untersuchungen über kolloidale Lösungen („Über Koagulation und Teilchenattraktion", Göttinger Nachr. math.-phys. Klasse 1917, Heft 1) zu der Folgerung gezwungen, daß nur anziehende Molekularkräfte bei seinen Resultaten in Erscheinung treten.

Das Verhältnis von Experiment und Theorie ist hier nach unseren allgemeinen Prinzipien folgendes: Natürlich bedarf nach dem ganzen Aufbau unserer reinen Synthese, wie dem Leser klar sein wird, eine Aufstellung derselben nicht einer „empirischen Bestätigung" oder eines empirischen Nachweises. Dennoch aber kann es Fälle geben, wo man einen Satz der reinen Synthese glaubt empirisch finden zu können. Bei der ungeheuren Anzahl von verschiedenen möglichen empirischen Erscheinungen kann einmal der Fall eintreten, wo ein Satz der reinen Synthese fast ganz ohne störende Umstände realisiert erscheint. Wird dieser zufällig experimentell untersucht, so findet man diesen Satz. Hätte man den Satz ganz anders formuliert, so hätte man vielleicht auch einen anderen (2.) Fall gefunden, wo dessen Formulierung realisiert gewesen wäre. Entschließt man sich, eine der beiden Formulierungen als Allgemeinsatz gelten zu lassen, der also immer gelten soll, dann muß man den anderen Fall als durch „störende Umstände" hervorgebracht interpretieren, die dann eben gesucht werden müssen. In dem bisherigen unbewußten, dem „Takt" des Forschers überlassenen Zustand dieser Dinge griff man dann instinktiv nach der einfacheren der beiden Formulierungen und glaubte diese „durch das gemachte Experiment bewiesen" zu haben, während man in der Tat nur unbewußt eine Wahl vorgenommen hatte.

[2] Ich will hier nur einige Hinweise für eine solche Überlegung geben, die erst in einer systematisch-axiomatischen Behandlung solcher Fragen ihre volle Ausführung finden können. An jedem Vorgang sind es nur eine endliche Zahl von Seiten, Eigenschaften, Bestimmungen, die wir feststellen und die ihn charakterisieren. Es gibt dann in einer Universalerklärungs-

Deshalb sind wir darauf angewiesen, in der praktischen Betätigung der Wissenschaft mit vorläufigen Darstellungs- und Erklärungsformen uns zu behelfen, welche den Vorgang noch nicht oder nicht ganz auf Newton zurückführen.

In diesem Zusammenhang ergibt sich folgende Bemerkung. Da jede Erscheinung der Realität in der reinen Synthese erklärt, dargestellt werden soll, so gehört dazu auch die sog. „Konsistenz der Körper". Auch diese muß „erklärt" werden nebst allen Eigenschaften, welche die phänomenologisch gegebenen Körper aufweisen: Zusammenhalt, Festigkeit, nebst allen den auf komplizierteren Definitionen beruhenden spezifischen Eigenschaften und Konstanten. Da diese nach unseren allgemeinen Prinzipien aus dem Newtonschen Gesetze erklärt werden sollen, so müssen wir diese Erklärung erreichen, indem wir diese feinen Eigenschaften und Verschiedenheiten der Körper darstellen durch das Zusammenwirken kleinerer Körper, die alle jenseits der direkten grobsinnlichen Wahrnehmung liegen. Ich habe in „Physik und Hypothese" ausführlich auch analytisch gezeigt, daß wir nicht darum herum kommen, allem Geschehen irgendwelche konstante Körper zugrunde zu legen in unserer Erklärung. Dies haben wir in der reinen Synthese schon unmittelbar in die ersten Grundlagen aufgenommen.

Und zwar zeigt uns näheres Nachdenken, daß die Einführung dieser Körper im praktischen Verfahren folgendermaßen vorgenommen werden muß. Das Newtonsche Gesetz spricht von Körpern überhaupt, ohne sich um deren nähere Beschaffenheit außer einer einzigen Gesamtkonstanten, ihrer Masse zu kümmern. Eben dieser Umstand prädestiniert dieses Gesetz zu der allgemeinen Rolle, die ihm die reine Synthese zuweist. Die Aufgabe der Erklärung eines Vorganges nach diesem Gesetz verlangt, daß er so weit zerlegt, analysiert werde, bis er auf die Wirkung solcher Körper zurückgeführt ist. Da aber dann diese Körper trotz eventueller beliebiger Kleinheit einen Raum einnehmen, so ist bei ihren Bewegungen stets die Möglichkeit vorhanden, daß sie in direkte Berührung mit einander geraten, daß sie sich räumlich einmal gegenseitig in den

hypothese auch nur eine endliche (wenn auch sehr große) Anzahl von Möglichkeiten, die durchprobiert werden müssen, um diesen Vorgang dort einzupassen. Immer aber gibt es mindestens eine solche.

Weg kommen. Es wird daher stets zur Erklärung der Vorgänge nach der reinen Synthese neben der Newtonschen Fernwirkung auch die direkte Bewirkung herangezogen werden. Diese aber äußert sich in den Fällen, wo keine weitere Komplikationen eintreten, die Körper nach der Bewirkung erhalten bleiben, in den Stoßgesetzen.

Wir werden also sagen können, ein Vorgang sei nach den Prinzipien der reinen Synthese vollständig erklärt, wenn er auf Einzelvorgänge nach dem Newtonschen Gesetze und den Stoßgesetzen zurückgeführt ist.

Aus einer künftigen systematisch-axiomatischen Lehre von diesen Dingen wollen wir hier nur folgende Gedanken skizzieren, die uns einen näheren Einblick in das Technische dieser „Erklärungen" geben und die mit einigen Ausführungen in „Physik und Hypothese" parallel gehen.

Ist ein Vorgang in dieser Weise vollkommen erklärt, dann ist er durch Attraktionen und Stoßvorgänge völlig dargestellt, wie das etwa in gewissen Teilen der Gastheorie ungefähr der Fall ist. Treten nun irgendwelche Erscheinungen an dem Vorgange auf, wie dies bei der steigenden Genauigkeit unserer Beobachtungsmittel meist sehr wahrscheinlich ist, dann muß auch die betr. Erklärung dementsprechend verfeinert werden. Es müssen Zusatzerscheinungen eingeführt werden, die bei den Attraktionen und Stößen auftreten. Man wird etwa zu der Annahme kommen, daß nicht alle Stöße die getroffenen Körper unverändert lassen, sondern diese etwa zertrümmern. (Man vergleiche gewisse Teile der Theorieen über Dissoziation.) Stellt dann diese Annahme die neue Erscheinung dar, dann haben wir eine „Erklärung" derselben, die natürlich auch gegebenenfalls noch weiteren Bedingungen genügen muß, wenn sie nicht weiter differenziert oder ganz durch eine neue Erklärung ersetzt werden soll. Dies ist der Vorgang der praktischen Erforschung und Erklärung neuer Erscheinungen nach den Prinzipien der reinen Synthese. Durch solches Vorgehen werden wir naturgemäß dazu getrieben, den benutzten Teilchen selbst wieder gewisse Eigenschaften zuzuschreiben (z. B. Zertrümmerung), und zur Erklärung immer feinere Körperchen heranzuziehen.

Es sei noch bemerkt, daß wir das Zusammenwirken einer größeren Zahl gleichartiger Einzelvorgänge zur Erklärung einer phänomenologischen Erscheinung als eine „statistische Erklärung" bezeichnen wollen, diese Erscheinung als eine „statistische Erscheinung".

Weitere hierher gehörige allgemeine Überlegungen zur Atomistik werden wir noch im Kapitel über „Praktische Physik" anzustellen haben.

§ 2. **Materie und Kraft.**

Stellen wir eine kurze Betrachtung an über das Verhältnis von Kraft und Masse. Für unsere unmittelbare Wahrnehmung mit unbewaffnetem Auge ist z. B. ein fester Körper eine volle, raumerfüllende Materie. Diese Materie aber zeigt bei näherer Betrachtung und Untersuchung Beschaffenheiten, „Eigenschaften". Diese Eigenschaften aber müssen wiederum in unserem synthetischen Aufbau erklärt werden, d. h. sie müssen nach dem Newtonschen Gesetz und den Stoßgesetzen entwickelt werden. Wir sahen, daß es niemals möglich sein wird, alle Erscheinungen eines Körpers festzustellen, schon weil unsere Meßgenauigkeit immer nur eine endliche ist. Es wird daher in der Erkenntnis neuer Erscheinungen an einem Körper keine Grenze geben, und damit eröffnet sich in der reinen Synthese folgende Konsequenz: Es wird jedes Masseteilchen selbst wieder aufzufassen sein als aufgebaut aus kleineren Masseteilchen, welche durch das Newtonsche Gesetz zusammengehalten und in ihren Wirkungen dadurch bedingt werden.

Die Anzahl der Stufen zu immer feineren Masseteilchen ist unbegrenzt.

Es ist also ein unbegrenzt fortgehender Prozeß, daß in der reinen Synthese jedes „kleinste Körperchen" wegen der spezifischen Erscheinungen, die es aufweist, wieder dargestellt wird werden müssen als ein System von Massenteilchen, die durch ihre Größe und Art ihres Verhaltens nach dem Newtonschen Gesetze eben die Erscheinungen des Körperchens zustande bringen.

Zunächst sind uns die sog. grobsinnlichen Körper als eine Art von erster Stufe gegeben. Deren Erscheinungen erklären wir durch ein Zusammenwirken von „kleineren Massenteilchen", den „Atomen erster Art", wie wir sagen wollen. Es gelingt unter geeigneten Umständen, die Wirkungen dieser Atome sehr deutlich zu machen (z. B. Brownsche Bewegung), ja, diese einzeln in ihrer Wirkung sichtbar zu machen (Szintillieren).

Es ließen sich eine große Menge von interessanten Aussagen a priori über diese Atome und ihre Wirkungsweise machen, doch ist hier nicht der Platz dazu.

Bei weiterer Erforschung ergibt sich dann, daß diese Atome 1. Art wieder verschiedene Eigenschaften aufweisen. Es ist dies ganz selbstverständlich, denn sonst wäre ja alles restlos erklärt, das Prinzip der Genauigkeitsschichten sagt uns aber, daß dies niemals möglich ist, stets noch unerklärte Reste übrig bleiben, so weit wir auch gehen.

So werden die verschiedenen Erscheinungen an den Atomen 1. Art wieder durch einen feineren Bau derselben erklärt werden müssen, und dieser wird nach unseren Prinzipien wieder das Atom als aufgebaut zeigen aus kleineren Massenteilchen, den Atomen 2. Art. Ob nun diese so klein sein werden, daß das Atom 1. Art statistisch als ein Haufen von ihnen behandelt werden kann, oder ob sie gesetzmäßig in dieser Weise zusammentreten, oder ob es nur eine begrenzte Anzahl ist, wie beim Bohrschen Atommodell, dies wird von den einzelnen Fällen abhängen. Möglich und irgendwo realisierbar sind diese Fälle alle.

Aber auch damit sind wir noch nicht am Ende. Auch diese Atome 2. Art werden nach und nach wieder Verschiedenheiten und „Eigenschaften" zeigen. Und auch diese können nur wieder in der gleichen Weise erklärt werden wie bei den früheren Arten. Wir schreiten so fort zu Atomen 3. Art und so auf gleiche Weise in infinitum.

Diese Betrachtung nun ermöglicht uns auch einen interessanten Einblick in das Verhältnis von „Kraft und Materie", wie dieses sich uns innerhalb unserer Synthese darstellt.

Betrachtet man nämlich das räumliche Verhältnis von Masse zu den Zwischenräumen, so erkennt man, daß erstere nach und nach immer weniger Raum einnimmt und im Limes, wenn es einen solchen gäbe, tatsächlich zu „Massenpunkten" konvergieren würde. Diese sind dann die tatsächlichen „Atome", aber niemals natürlich durch die Forschung zu erreichen, denn sie sind lediglich die unerreichbaren Endglieder eines unendlichen logischen und Realisierungsprozesses. In Wirklichkeit bleibt für den Forscher, der eben eine neue Stufe von Atomen erkannt hat, das übrige ein völlig raumausfüllendes, undifferenziertes Kontinuum, so lange, bis man auch aus diesem wieder besondere Körperchen, die Korpuskeln der nächst niederen

Stufe herauszuheben gelernt hat. Für das dann restierende Kontinuum gilt dann wieder das gleiche und so in infinitum.

In dieser schönen und einfachen Weise lösen sich hier die vielen Widersprüche, welche seit Demokrit mit dem Begriffe des Atoms verbunden waren. Ebenso die Fragen bezüglich diskreter Verteilung der Materie und Kontinuum.

Die bekannten und seit dem Altertum immer wieder behandelten Schwierigkeiten der Atomistik hingen, wie sich hier zeigt, nicht an dieser, sondern an der unbewußt stets damit verbundenen ontologischen Einstellung. Sind die Korpuskeln als „Darstellungsformen" von uns erkannt — wobei, wie wir oben sahen, ihre „Realität" durchaus erhalten bleibt — und der dabei auftretende unendliche Prozeß erfaßt, dann ist sofort klar, daß wir über die „letzten" Korpuskeln (und nur aus diesen kamen ja die Schwierigkeiten der Atomistik) niemals etwas auszusagen haben werden, da diese niemals irgendeine Realität besitzen werden.

Auch das, was übrig bleibt im Rezipienten, wenn wir die Luft auspumpen, wird aus Atomen feinerer Art im vorstehenden Sinne bestehen, und wenn unsere Beobachtungsmittel fein genug geworden sein werden, werden wir sowohl diese, als auch bei ihnen wiederum Unterschiede und Eigenschaften bemerken.

§ 3. Das Prinzip der Eindeutigkeit.

Ein Prinzip, das schon bei der Aufstellung der Grundlagen der Synthese, viel mehr aber noch bei jenem vorbereitenden Stadium der rein synthetischen Wissenschaft, das wir als „vorläufige Synthese" bezeichnen, eine große Rolle spielt, ist das Prinzip der Eindeutigkeit. Wir bezeichnen so ein Prinzip, das insbesondere jenes „Prinzip des zureichenden Grundes" in sich faßt, das auch bisher schon eine etwas ungeklärte Rolle in der Physik gespielt hat.

Beispiele werden am besten zeigen, was ich meine. Wir schließen z. B.: Angenommen, wir haben einen Wagebalken, der genau symmetrisch, an dessen Endpunkten genau gleiche Gewichte hängen, und setzen diesen Apparat einem Schwerefeld aus, wo auf beide Gewichte genau die gleiche parallele Kraft wirkt: dann „ist kein (zureichender) Grund vorhanden", daß eine Seite der Wage sinkt. In anderer Ausdrucksweise können wir auch so sagen: soll dann eine Wagenseite sinken, so ist nicht festlegbar, welche es sein soll, d. h. es ist nicht eindeutig, welche es sein soll.

Weitere Beispiele beziehen sich direkt auf „Grund und Folge“, indem aus gleichen Vorbedingungen Gleiches folgen soll, aus ungleichen Vorbedingungen aber Ungleiches. Nicht soll aus gleichen Vorbedingungen Ungleiches folgen und aus ungleichen Vorbedingungen Gleiches. Würde eine dieser Vorschriften nicht eingehalten, so würde damit die „Eindeutigkeit“ unserer Naturerklärung unterbrochen sein.

Man kann das Prinzip des zureichenden Grundes leicht auf das Prinzip der Eindeutigkeit zurückführen. Nehmen wir nämlich an, wir fügten bei der Herstellung einer logisch-synthetischen Konstruktion eine Bestimmung an einer Stelle ein, wo für sie kein zureichender Grund da ist, so ist offenbar die Art dieser Hinzufügung nicht eindeutig, weil sie ja beliebig ist. Wenn wir z. B. festsetzen würden, daß das Gravitationsgesetz für Kugeln gelte, welche eine Verdichtung an einer Stelle haben, so wäre dies zunächst gegen die Ökonomie, dann aber auch gegen die Eindeutigkeit. Und wenn wir annehmen sollten, daß ohne zureichenden Grund der gleicharmige Hebel (Wage) nach einer Seite ausschlagen sollte, so wäre auch dies gegen die Eindeutigkeit.

Das Prinzip der Eindeutigkeit ist somit eines der wichtigsten Grundprinzipien der Synthese, ja, richtig formuliert, könnte es als einziges beim Aufbau zu verwendendes Prinzip gelten. Erst, wenn einmal die Ausbildung der Grundlagen der Synthese bis zur völligen axiomatischen Behandlung sich entwickelt haben wird, werden die Beziehungen der verschiedenen Prinzipien untereinander völlig exakt sich aussprechen lassen, und ihre Wirksamkeit bis in jede Einzelheit festgelegt werden können.

§ 4. Der leere Raum.

Was wir unter dem Begriff des „leeren Raumes“ uns vernünftigerweise vorstellen, ist lediglich das Schema derjenigen Veränderungen unserer Welt, die wir als räumliche bezeichnet haben. Wird irgendwie etwas Anschauliches dabei gedacht, so sind es wohl Erinnerungsbilder an größere Strecken durchsichtiger und durchleuchteter Stoffe, wie wir es am Tage in freier Luft oder am Himmelsraum erleben.

Die große Rolle, welche der „leere Raum" in den Vorstellungen spielt, datiert von älteren Anschauungen über die Grundlagen der Physik, wobei man die Konstruktionen und Schemata des konstruierenden Verstandes als Realitäten betrachtete. Es kommt so jenes trostlose Weltbild des Materialismus und ähnlicher Geistesrichtungen zustande, wo in einem unendlichen leeren Raum ein Gewimmel von sehr vielen kleinen Körperchen das Ganze des Seins ausmachen sollte. Wir hingegen wissen, auf Grund der Darlegungen der vorstehenden Abschnitte, daß auch die „Atome" Darstellungsformen der Realität durch uns sind. Wir sind dann nicht Atomhaufen in einem leeren Raum, sondern uns ist das Sein als solches sozusagen in seiner Fülle gegeben. Um dessen unnennbare Vielgestaltigkeit gedanklich und manuell zu bewältigen, machen wir uns gewisse geistige Schemata, mit denen wir unsere Welt behandeln und bearbeiten. Dabei dringen wir nur allmählich und mit endlichen Schritten in der Unausschöpfbarkeit des Seins vor, und soweit wir auch vordringen ins Kleine oder ins Weite, immer bleibt noch Unendliches vor uns. Die Aufgabe, die wir fortschreitend lösen, bleibt dennoch immer unendlich.

Hier ist keine Möglichkeit für einen „leeren Raum".

Überall, wohin ich greife, ist also nicht nur „Etwas", sondern unendliche Fülle, auch wenn wir zufällig noch nicht so weit sind, dieselbe schon irgendwie feststellen zu können. Es sind immer nur ein paar Schichten, die wir mit unserer wachsenden Genauigkeit durchdrungen haben, und unendlich viele liegen stets noch darunter.

Der Leser wird sich dessen erinnern, was ich weiter oben über das Verhältnis von Materie und Raum ausgeführt habe. In der Synthese, d. h. in der Konstruktion stellen sich die Dinge als bewegte Korpuskeln im leeren Raume allerdings dar. Wir aber wissen, daß dies niemals alles geben kann, sondern daß stets, soweit wir dabei auch vorgedrungen sind, ein Untergrund zurückbleibt, von dem sich die bereits behandelbaren Korpuskeln abheben, der von viel größerer Feinheit ist, aus dem bei weiterem Fortschritt auch wiederum Korpuskeln einer feineren Stufe sich abheben, der aber niemals völlig ausschöpfbar ist auf diese Weise, der immer gegenüber dem Erreichten noch von unendlicher Fülle und Möglichkeit des weiteren Erforschens ist. Vielleicht wird das Wort „unendlich" in der Mathematik und theoretischen Physik zurzeit so oft gebraucht, daß sich sein Sinn ein wenig abgestumpft hat. Die Feinheit des Seins ist tatsächlich unendlich und niemals durch eine noch so große und lange Arbeit irgendwie ausschöpfbar. Das, was unerforscht überbleibt, ist stets ebensoviel, wie es vorher war: unendlich.

Aber nicht nur für die „Feinheit" des Seins, für die Forschung ins Kleine hinein gilt dies, es gilt auch für die Forschung „ins Weite". Darüber weiterhin.

§ 5. Das Prinzip der Verstärkung der Wirkungen.

Daß uns das Gesagte im Feineren zunächst bei oberflächlichem Überlegen irgendwie weniger wesentlich dünken möchte, das kommt nur davon her, daß die ersten solchen Vorgänge, die wir in die Gewalt bekommen, im Vergleich zu uns oft sehr klein sind.

Dies kann sich aber sehr bald ändern. Erinnern wir an die Geschichte der Elektrizität. Der Anfang war, daß im Altertum Leute die mit Bernstein zu Schmuckzwecken zu tun hatten, bemerkten, daß er in geriebenem Zustande kleine Federchen usw. anzieht. Und heute gehört die Elektrizität zu den gewaltigsten Wirkungen, die uns zur Verfügung stehen. So wird es im Laufe der Menschheitsentwicklung immer wieder gehen. Irgendwo in feinen Experimenten macht sich eine kleine Störung, ein kleiner Fehler geltend, der momentan nicht erklärbar ist. Dies sind häufig die Ansätze zu großen Entwicklungen, die uns wieder ein Stück weiter hineinführen in das unausschöpfbare „Innere der Natur". Die Erscheinung wird dann studiert, nach allen ihren Wirkungen erforscht, wir bekommen sie mehr in die Hand, wir vergrößern die Wirkungen, die uns ganz neue Dinge und Effekte ermöglichen und, wenn es sich wirtschaftlich derart als wünschenswert erweist, dann arbeiten größere Gruppen von Menschen zusammen, um zuletzt beliebig große Äußerungen der neuen Erscheinung zu erhalten. Jedem, der die Entwicklung der modernen Physik kennt, sind Beispiele für solchen Gang der Dinge gegenwärtig.

Hinter diesen Entwicklungen stecken allgemeine wissenschaftstheoretische Prinzipien von Wichtigkeit. Ich möchte hier in hypothetischer Form kurz nur folgende andeuten:

Es besteht die Möglichkeit, jede Wirkung beliebig zu steigern (zu akkumulieren).

Man kann daraus z. B. rein formal den Schluß ziehen, daß mit allergrößter Sicherheit eine Zeit kommen wird, wo man im Weltenraume, d. h. etwa im Sonnensystem wird sich bewegen können. Es folgt aus unserer Synthese, daß die für uns zurzeit noch in ihrer Wirkung ganz unmerkbare Materie, welche übrig bleibt, wenn wir den Rezipienten leerpumpen, auch ihre Wirkungen hat, und zwar sogar mechanische Wirkungen.

Man kann es jetzt noch nicht sagen, aber vielleicht hat doch das Sonnensystem als solches auch eine Art von Atmosphäre, indem die Materie in seiner Nähe sich etwas verdickt durch die Gravitation im Vergleich zu den ungeheuren Weiten zwischen ihm und den nächsten Systemen. Mit größter Wahrscheinlichkeit kann man dies jedoch für jeden einzelnen Körper des Sonnensystems behaupten, sofern die Teile so beschaffen sind, daß sie zwar angezogen und mit getragen, aber nicht durch die Zentrifugalkraft und die Eigenbewegung abgeschleudert werden.

§ 6. **Das Weite.**

Das, was wir soeben für „das Feine“ ausführten, das gilt mit großer Ähnlichkeit und Analogie auch für „das Weite“.

Wir unterscheiden die immer feineren Details an einem Körper als das Feine. Wenn wir uns unseres Ausgangspunktes auf dem vorsynthetischen Standpunkt erinnern, so wissen wir, daß wir mittels unserer Prinzipien das erforschen sollen, was wir „meine Außenwelt“ nannten. Man möchte dabei zunächst wohl Materie und leeren Raum unterscheiden. Wir aber wissen, daß wir bloß in besonderem Maße wahrnehmbare Teile absondern zur wissenschaftlichen Erforschung, daß aber das, was übrig bleibt, deshalb keineswegs „Nichts“ ist, sondern daß es stets noch unendlich ist an Qualitäten, wenn diese auch vorerst unterhalb der momentanen Genauigkeit liegen. Deshalb wollen wir das, aus dem wir nach und nach die erklärbaren Vorgänge herausarbeiten, kurz als „das Sein“ bezeichnen. Wenn dann die räumlichen Vorstellungen einmal hineingetragen sind, dann werden wir unterscheiden können das Sein in der Nähe und das Sein in der Ferne. Ersteres wurde schon behandelt, letzterem wollen wir uns nun zuwenden.

Auch die Weltkörper, bzw. die Vorgänge an und mit ihnen werden nach dem Newtonschen Gesetz entwickelt, wie das ja in der Astronomie seit 200 Jahren, implizite schon seit Copernicus und Keppler geschieht. Dabei wird jeder Körper oder jede Körpergruppe durch andere in bezug auf alle Beschleunigungen bestimmt. So ist es denn ganz klar, daß ganz ebenso wie bei den Atomen ihre Erscheinungen durch solche von feinerer Art erklärt werden, auch hier zu jedem System es übergeordnete geben muß und wird. Und ebenso wie das eine ins Unendliche geht, so auch das andere.[1]

Auch hier also, und dies ist die wichtige Konsequenz unserer Überlegungen, ist eine Erschöpfung des Seins durch unsere synthetische Konstruktion ausgeschlossen, auch in der Weite ist die Entwicklung des Seins nach dem Newtonschen Gesetz eine unendliche, nie vollendbare Aufgabe. So weit wir jemals auch vorgedrungen sein werden, immer liegen noch unendlich viele Stufen unerforscht dahinter. Man kann mit jeder Sicherheit sagen, daß es im Weltraum Räume gibt, von jeder beliebig feinen Seinsart erfüllt, und nicht von höherer. Das alles ist viel grandioser und wirklicher unendlich, als wir es derzeit auf Grund allzu einfacher Anschauungen und einer allzu weitgehenden Ansicht über die Umfassendheit des schon von der Wissenschaft Gefundenen uns vorstellen. Es gilt diese Bemerkung für weite Teile der Naturwissenschaft ganz allgemein. Was wir haben, ist nicht zu verachten, aber mit dem Unendlichen soll man es nicht vergleichen.

In den geschilderten Verhältnissen, daß mancher von einer gewissen Seinsart erfüllte Raum an Räume grenzen mag, die von feinerer Seinsart erfüllt sind, liegen nun auch die natürlichen Stufen und zeitweiligen Grenzen unseres sowohl wissenschaftlichen als auch vielleicht einmal persönlichen Vordringens. Die Räume verschiedener Feinheit, wie wir kurz sagen wollen, werden auch nur dementsprechend feine Äußerungen sowohl entsenden als durchlassen. Und damit ist gegeben, daß wir von den weiteren Räumen erst überhaupt Kunde bekommen werden, wenn wir in unserer wissenschaftlichen Forschung bis

---

[1] Rein phänomenologisch fallen das Feine und das Weite zusammen, da beide durch solche Stellen unserer Wahrnehmung bestimmt sind, wo diese ihrem Schwellenwert sich nähert.

zu dem entsprechenden Grade von Genauigkeit und Feinheit vorgedrungen sein werden.

Wenn sich die Menschheit so lange hält, ist kein Grund abzusehen, daß weiterhin für sie nicht auch noch Grenzen höherer Stufe, d. h. zu Räumen noch feinerer Art, in Betracht kommen sollten.

Irgendein in der Sache liegendes Hindernis liegt ja, wie immer wieder betont werden muß, niemals vor. Es handelt sich stets um feine Unterschiede, die an und meist noch unter der Schwelle der jetzigen Genauigkeit liegen, die aber mit automatischer Sicherheit nach und nach erfaßt und dann allmählich zu beliebiger Höhe akkumuliert werden können und werden. In dieser Weise schreitet die Wissenschaft vorwärts, ohne eine Schranke zu finden als in der Unausschöpfbarkeit des Unendlichen.

§ 7. **Entwicklung im Weltall.**

Betrachtet man das Leben auf der Erde, so kommt man bekanntlich zu dem Gedanken der Entwicklung, der wie fast kein anderer unser heutiges Denken beherrscht. Nun liegt es nahe, insbesondere auf Grund der modernen Forschungen in der anorganischen Chemie, diese Gedankenlinie nach rückwärts zu verfolgen und zu fragen, ob nicht auch vor dem „Leben" bereits eine Entwicklung sich geltend macht.

Hier ist nun Folgendes zu sagen. Nach dem, was wir bisher ausführten, ist es klar, daß jedes Stück Materie, jedes Atom einer gewissen Art, in unserer Erklärung der Idee nach eine unendliche Stufenreihe von feineren Atomen unter sich hat, welche es zusammensetzen.

Eine Entwicklung aus den einfachst möglichen Anfängen würde daher eine unendliche Zahl von Schritten voraussetzen, d. h. sie würde niemals konstatiert, nachkonstruiert, überhaupt niemals festgestellt werden können.

Man kann sich nun den Kopf darüber zerbrechen, ob etwa das Weltall als Ganzes eine Entwicklung aufzuweisen habe. Wir können jetzt sagen, daß das eine völlig müßige Frage ist, denn wir werden vom Weltall immer nur einen endlichen Teil kennen gegenüber seiner unendlichen Ausdehnung — vom übrigen Teil aber gar nichts wissen, auch gar nichts darüber aussagen können. Über ihn versagen alle Versuche, Aussagen zu machen (außer den obigen), weil mit dem Unendlichwerden unsere endlichen Aussagen sinnlos werden.

Es ist dagegen sehr möglich, daß innerhalb des einzelnen Bereiches gleicher Art im Weltall eine „Entwicklung", d. h. eine systematische Veränderung stattfindet, auch hinsichtlich der „Materie".

Man kann etwa denken, daß nach und nach immer mehr Atome höherer Art gebildet werden oder derartiges.[1] Ja, es könnte abgegrenzte Bezirke geben, die irgendwie auf dem Wege zu einer lange dauernden Erstarrung sich befinden.

Aber die so beliebten Schlagworte vom Kältetod usw. der Welt auf Grund des sog. zweiten Hauptsatzes sind völlig grundlose, fehlerhafte Vorstellungen. Die Welt ist unendlich, und wir werden stets nur ein endliches Bereich kennen. Sogar die berühmte Vorstellung von der Konstanz der Energie im Weltall ist ein völliger Nonsens. Diese Energie ist sicherlich unendlich groß, wie soll sie da konstant sein. Die Sätze von der Konstanz der Energie und der Masse sind Prinzipien, die wir an die Dinge bei deren Erklärung nach der reinen Synthese heranbringen und durch Exhaustion aufrecht erhalten. Da wir nun immer einen endlichen Bereich nur erforscht haben werden, so werden von Energie und Masse auch immer nur endliche Mengen für uns realiter in Frage kommen.

Aber das kann uns auch gar nichts ausmachen, daß diese ebenso schönen und populären als falschen und sinnlosen Sätze fallen müssen. Wir werden niemals Gelegenheit haben, mit der Energie oder der Masse des Weltalls als ganzer zu arbeiten.

Es zeigt sich also, daß die Frage nach einer Entwicklung des „Weltalls im Ganzen" eine solche ist, welche unendlich viel Zeit und Tätigkeiten zu ihrer Beantwortung bedürfen würde, wodurch sie sich als sinnlos erweist. Es kann sein, daß jeder irgendwie einmal unserer Forschung zugängliche Raumteil eine Geschichte annehmen läßt, welche man in irgendeinem Sinne als eine Vorwärtsentwicklung verstehen könnte, aber mit jedem räumlichen Wachsen dieses Raumteiles kommen wir doch nur um einen endlichen Schritt weiter, und mit jedem Fortschritt unserer Rekonstruktion in Richtung der Vergangenheit kommen wir ebenfalls nur um einen endlichen Schritt weiter in dieser Richtung.

---

[1] Integration (uud Desintregration) nennt dies Herbert Spencer.

Das uns bekannte endliche Stück erweitert sich also stetig in räumlicher, zeitlicher und intensiver Richtung. Oder, wie man auch sagen könnte, wir erweitern unsern Raum stetig um endliche Schritte in diesen Richtungen.

Wir sind bei diesen Überlegungen mehrfach Stellen begegnet, wo diese sozusagen ins Unendliche divergieren. Wir wollen solche Stellen „Divergenzstellen“ nennen. Dieses Divergieren deutet an, daß aus der Natur der Sache heraus an dieser Stelle die Aussagen unbestimmt werden. So zeigt sich z. B. aus unserer obigen Überlegung, daß die Frage nach einem „Anfang“ und ebenso die nach einem „Ende“ der Weltentwicklung sinnlos ist, weil sie mit nicht endlichen oder infinitären, d. h. mit unbestimmten Begriffen operiert.

Unsere geistige Behandlung und Erklärung des uns gegebenen Rohmaterials des seienden Seins ist so beschaffen, daß eben an gewissen Stellen wir niemals zu einer völligen Ausschöpfung gelangen; es ist das ein anderer Ausdruck dafür, daß das gegebene Sein inkommensurabel zu unseren rationalen Bearbeitungsformen, d. h. unausschöpfbar durch sie ist, weil eben dieses Sein selbst nicht endlich viele Details aufweist, so daß diese also durch endlich viele Denkformen nicht dargestellt werden können.

Viele von diesen Divergenzstellen fallen gerade mit den entsprechenden sog. Antinomieen von Kant zusammen, welche dieser in der gedanklichen Bearbeitung des Seins zu entdecken glaubte. Die hier behandelten laufen sämtlich auf die sog. Antinomieen des Unendlichkeitsbegriffes hinaus, und diese sind ja bekanntlich für uns keine Antinomieen mehr, sondern lediglich der Ausdruck dafür, daß die Beziehungen des Endlichen für das Unendliche versagen und unbestimmt werden, wodurch ja eben das Unendliche sich vom Endlichen unterscheidet.

Alle diese Dinge führen nur dann zu unlösbaren Problemen, wenn wir das, was einfach unsere Darstellungs- und Auffassungsformen der Realität sind, als etwas unabhängig von uns Seiendes in die Realität hinausprojizieren. Wenn wir aber einsehen, daß die Energie z. B. nicht eine Realität an sich, sondern das Produkt unserer Darstellungstätigkeit der Realität ist, die für jedes neu erreichbare Stück Welt neu ausgeführt werden muß, dann erkennen wir, daß die Frage nach der Gesamtenergie des

Weltalls für uns inhaltslos sein muß, und daß sie niemals zu irgendeiner konkreten Bedeutung gelangen kann.

§ 8. **Mechanik und Synthese.**

Betrachten wir nun einen mehr oder weniger festen „Körper" in der Wirklichkeit. Dieser wird mittels der Synthese, wie man theoretisch sofort nach unseren Prinzipien sagen kann, in allen seinen Eigenschaften als ein Konglomerat von Massenteilchen erklärt werden, darauf diese selbst wieder ebenso und so fort, beliebig weit. In dieser Weise müssen theoretisch im allgemeinen Fall sämtliche seiner Eigenschaften, welche oberhalb der momentanen Genauigkeitsgrenze liegen, auch durch die Korpuskeln bis zu einem bestimmten Grade der Feinheit hinunter erklärt werden können, wenn dies auch praktisch oft erst nach langen Schwierigkeiten erreichbar ist.

Von dem Körper als Ganzem wissen wir nun auf Grund der Synthese bereits einiges. Wir wissen, daß der Körper alle anderen Körper anzieht und ebenso von ihnen angezogen wird. Er hat ein gewisses Maß der Masse.

Die Masse eines Körpers wird gemessen durch die Stärke der Anziehung, die er auf einen Versuchskörper ausübt. Dies ist der theoretische Vorgang. Auf praktische Verfahren dazu wird an anderer Stelle eingegangen.

Die Vorgänge, die nach dem Newtonschen Gesetze verlaufen, sind in der Synthese völlig behandelbar, — natürlich wie alles innerhalb der momentanen Genauigkeitsgrenzen, welche den Grad der Übereinstimmung zwischen Theorie und Wirklichkeit angibt.

Eine überaus wichtige Rolle spielen aber ebenfalls eine andere Art von Vorgängen, welche nicht völlig synthetisch beherrschbar sind. Es sind Vorgänge, welche sich aus einer so großen Menge synthetischer Einzelvorgänge zusammensetzen,[1] daß es unmöglich ist, diese sämtlich gleichzeitig und überhaupt zu behandeln, sondern daß diese nur durch eine Art von Durchschnittsbildung behandelbar sind. Wie wollen sie daher statistische Vorgänge nennen.

Wir müssen aber innerhalb der statistischen Vorgänge noch eine weitere Unterscheidung treffen. Das eine Mal nämlich

[1] bzw. als solche aufgefaßt werden müssen.

können uns die feineren Vorgänge, über die wir den Durchschnitt bilden, ihrer Art nach bekannt sein (siehe etwa Gastheorie), dann nennen wir den Vorgang einen aktual statistischen. Das andere Mal sind uns die feineren Vorgänge, über welche wir den Durchschnitt bilden, nicht bekannt ihrer Art nach (wie etwa beim Zusammenstoß zweier Körper[1]), sondern es ist uns nur bekannt, daß der Vorgang sich bei genauer Kenntnis der Details in der Synthese aus vielen feineren synthetischen Vorgängen aufbauen ließe, dann nennen wir den Vorgang einen virtuell statistischen. Natürlich können bei weiterem Fortschreiten der Wissenschaft aus einer Gruppe von virtuell statistischen Vorgängen aktual statistische Vorgänge werden, dann nämlich, wenn es gelingt, einen genauen Überblick über die Art der dabei auftretenden feineren (Einzel)-Vorgänge an den Atomen verschiedener Stufe sich zu verschaffen, derart, daß es sämtlich „synthetische Vorgänge" sind (unter diesem Ausdrucke verstehen wir natürlich solche, die bereits völlig aus Raum, Zeit und Gravitation heraus erklärt sind).

§ 9. Verhältnis der statistischen Vorgänge zum Ganzen.

Es ist noch einiges über die Bedeutung der „statistischen" Vorgänge und ihre Stellung in und zum ganzen Aufbau der Wissenschaft zu bemerken. Diese Vorgänge könnten zwar in ihren Einzelheiten theoretisch völlig synthetisch behandelt werden, praktisch jedoch geht das nicht, weil es sehr hohe Zahlen von synthetischen Einzelvorgängen sind, die hier gleichzeitig sich abspielen und in ihrer Gesamtheit den groben Vorgang ergeben.

In der Gesamtheit der wissenschaftlich synthetischen Bestrebungen haben diese Vorgänge vielfach noch eine sehr wichtige Rolle zu spielen. Es ist nämlich in den meisten Fällen so, daß, bevor wir einen Vorgang gänzlich synthetisch erklären können, wir demselben in vorläufiger Weise beikommen müssen. Dies geschieht, wie wir schon sahen und noch sehen werden, genau nach den Prinzipien der Synthese, nur daß wir dabei den Vorgang noch nicht nach dem Newtonschen Gesetz entwickeln können. Es wird also genau, wie wir das oben skiz-

---

[1] Oder auch vorläufig beim elektrischen Strom.

zierten, mittels des Ökonomieprinzipes ein Elementarvorgang konstruiert, dessen Gesetz aufgestellt und dieses in der Wirklichkeit mittels Exhaustion aufrecht erhalten.[1] Es werden also die Vorgänge des betr. Gebietes ebenfalls in eine Reihe entwickelt (deren erstes Glied eben der Elementarvorgang ist) nach den Regeln des Ökonomieprinzips. Der einzige Unterschied gegen die rein synthetische Behandlung ist der, daß eben der Vorgang noch nicht nach dem Newtonschen Gesetze entwickelt wird und meist werden kann.

Diesen Zustand der wissenschaftlichen Behandlung, der naturgemäß, außer in der Gravitation selbst, in allen Teilen der Wissenschaft eine überaus große Rolle spielt — befinden sich doch alle jeweils neueren Teile der Wissenschaft naturgemäß in diesem Stadium — wollen wir als das Gebiet der „vorläufigen Synthese" bezeichnen.

Betrachten wir z. B. die Vorgänge der geometrischen Optik. Zunächst werden mit den Brechungsgesetzen die Vorgänge behandelt. Das Brechungsgesetz ist natürlich ein Vorgang der vorläufigen Synthese. Später nämlich wird durch die Undulationstheorie eine feinere Struktur des Lichtes supponiert. Dies gibt eine Verfeinerung der Analyse des Vorganges. Eine weitere Verfeinerung entsteht durch die Berücksichtigung des Aufbaues des Kristalls aus Molekülen und Atomen erster Art. Aber dies alles ist noch keine reine Synthese, sondern nur vorläufige Synthese, die nach den genannten Prinzipien arbeitet. Eine reine Synthese wird erst erreicht sein, wenn einmal der Vorgang des Lichts, als auch — was näher zu kommen scheint — die dabei in Betracht kommende Struktur des Kristalls oder der Körper auf das Newtonsche-Gravitationsgesetz und die Stoßgesetze[2] zurückgeführt sein wird.

[1] Ich habe hiefür (denn diese „vorläufige Synthese" war die Art der Exhaustion, wie sie mir zuerst entgegentrat, und von ihr allein handeln daher meist meine ersten Schriften) in „Grenzen und Ziele der Wissenschaft" (Leipzig 1910), „Die Grundlagen der angewandten Geometrie" (Leipzig 1911) genau durchgearbeitete Einzelbeispiele gegeben (z. B. das Gesetz der Lichtausbreitung in homogenen Medien usw.).

[2] Da die einzelnen Corpuskeln für die Untersuchung nicht zugänglich sind, so wird hier stets zunächst der vollkommen elastische Stoß vorausgesetzt und zur Unterbauung benutzt.

3. Kapitel. Die praktische Physik.

§ 1. Vorbemerkungen.

Schon im ganzen vorstehenden Teil unseres Werkes wird man immer wieder eine Orientierung bemerkt haben, die etwas ungewohnt erscheinen wird: die stete Berücksichtigung der praktischen Physik.

Diese „praktische Physik", die bisher als etwas uns fest und eindeutig Gegebenes betrachtet wurde und jenseits allen Fragens zu liegen schien, möge einmal unter kritische Betrachtung genommen werden. Es soll gefragt werden, ob denn nicht vielleicht in den Handlungen, die wir ausüben, um ein Experiment, das irgendeinen physikalischen Satz finden oder beweisen soll, vorzubereiten und aufzustellen, alles so, daß es gelingt, herzurichten, ob nicht schon, sage ich, in den vielen, sorgfältigen und überlegten Willens-Handlungen, die wir — wie jeder Experimentator weiß — dabei notwendig ausführen, Elemente liegen, die auf das Resultat des Experimentes einen bestimmenden Einfluß haben.[1]

---

[1] Wenn man z. B., wie so oft, in der Geschichte der Physik einen Satz liest: „Mehrere oder viele hatten es schon vorher versucht, aber erst dem Forscher N. N. ist es gelungen, den gesuchten Effekt aufzufinden". Daraus geht doch hervor, daß man nicht einfach die „Natur zu befragen", „das Ohr an sie zu legen" braucht, sondern daß eine vielfach lange und intensive Tätigkeit das Experiment erst zum „Gelingen" bringt. Worin diese Tätigkeit beruht, welchen wissenschaftstheoretischen Sinn sie hat, dies ist die Frage, die wir uns in den Darlegungen über praktische Physik stellen. Die Schwierigkeit des Verständnisses liegt aber hier oft darin, daß diese Tätigkeiten verschiedener wissenschaftstheoretischer Art sein können. Experimentieren wir über Sätze, die am Fuße des Gebäudes der synthetischen Physik stehen, dann treiben wir dabei reine Exhaustion, indem wir bestimmte „Formen" durch Auswahl geeigneter Objekte zur Verwirklichung, Realisierung bringen. Experimentieren wir jedoch allgemein irgendwie um zu sehen, „was dabei herauskommt", dann erhalten wir zunächst einfach „hic et nunc"-Ergebnisse, die an sich zunächst keinen Zugang zu einer Allgemeinaussage liefern würden. Sie erhalten aber meist trotzdem die Möglichkeit zu Allgemeinaussagen verwendet zu werden auf folgendem Wege: a) Die auf Grund des Gegebenheitszufalles vorhandene Konstanz unserer Umgebung bewirkt es, daß beim Zusammenfügen der gleichen Umstände, wie beim Experiment, sich auch weiterhin wieder das gleiche Resultat jedesmal ergibt. Insofern ermöglicht uns dieses Experiment eine Allgemeinaussage auf empirischer Grundlage (was man sonst durch den sagenhaften Begriff der Induktion erklärte). b) Sind die bei dem Experimente

Um nun diese praktische Physik zu untersuchen, scheint es zunächst wieder, als ob man zwei Wege dazu einschlagen könne: den historisch-kritischen und den „theoretischen". Der historisch-kritische Weg wäre der, daß wir aus den historischen Quellen zu entnehmen versuchten, wie die ersten Erfinder und Entdecker auf dem Gebiete der Physik zu ihren Experimenten und allen den Dingen, die eben zur praktischen Physik gehören (starrer Körper, Maßstäbe, Normalkörper, Apparate usw.) gekommen sind. Aber dieser Weg bietet große Schwierigkeiten. Denn gerade diese Dinge wurden schon damals, und in jenen naiveren Zeiten sogar besonders, zum Teil als selbstverständlich betrachtet, zum Teil aber einfach nicht genügend in ihrer Wichtigkeit beachtet — wie dies ja auch heute meist noch der Fall ist. Ernst Mach hat diesen Weg (allerdings auch nicht gerade im Hinblick auf die praktische Physik) mit größter Virtuosität beschritten und das Mögliche dabei herausgeholt. Nähere Betrachtung seiner Forschungen zeigt aber, daß er seine historischen Untersuchungen stets zugleich mit theoretischen Überlegungen verband, und daß die meisten seiner Resultate den letzteren zuzuschreiben sind. Es ist uns leider unmöglich, gerade über die Fragen der praktischen Physik aus den historischen Quellen viel zu entnehmen, besonders auch, weil viele der hierher gehörigen Entwicklungen schon in eine Zeit fallen, bevor mit der Niederschrift wissenschaftlicher Überlegungen begonnen wurde und diese als solche überhaupt erkannt wurden. So bleibt uns also, um zu wirklichen Resultaten zu kommen, nur der theoretische Weg übrig.

Dieser besteht nun notwendig in folgendem: Man verzichtet einmal auf sämtliche bisherigen Resultate der experimentellen Physik bis in die letzten Anfänge hinein, läßt also alle sog. Erfahrungen, die bisher hier gemacht wurden, einmal völlig beiseite. Dann aber fragt man sich, wie man dann von diesem Standpunkte aus, den wir den „prin-

benutzten Gegenstände solche, die mit Genauigkeit G bekannten Begriffen und Forderungen der reinen Synthese entsprechen, dann wird (nach dem Prinzip der übergreifenden Begriffsbildung) das Resultat des Experiments mit der Genauigkeit G einen gewissen Satz der reinen Synthese darstellen und realisieren, womit dann sogar eine theoretische Allgemeinaussage scheinbar aus dem Experiment allein gewonnen wäre, falls eben die in a) genannte Konstanz der Umstände den gleichen Ausfall des Experimentes garantiert.

zipiellen Ausgangspunkt der experimentellen Physik" nennen wollen, die experimentelle Physik wiederum, und zwar auf gesichertste und praktischste Weise zu beginnen und aufzubauen vermag. Dieses Verfahren nenne ich den theoretischen Weg in der praktischen Physik, nicht als ob dadurch die Maßnahmen der praktischen Physik zu theoretischen würden, sondern weil eine theoretische Überlegung uns zu diesen praktischen Maßnahmen hier veranlaßt. Nur auf diesem Wege können wir über die Natur und die Rechtfertigung der ersten Maßnahmen der praktischen Physik Klarheit gewinnen. Und diese Klarheit ist deshalb von so grundlegender und einzigartiger Bedeutung, weil auf diesen praktischen Maßnahmen (Wahl oder „Feststellung" des starren Körpers z. B. u. a.). die ganze spätere Physik sowohl die praktische als die theoretische beruht und in allen ihren Teilen davon grundlegend beeinflußt wird und abhängt. Man muß also auch in der „praktischen Physik" sorgfältig unterscheiden zwischen der historischen Auffassung und einer sozusagen „theoretischen Auffassung". Die „theoretische Fragestellung innerhalb der praktischen Physik" hat zur historischen genau das gleiche Verhältnis wie etwa die historische und theoretische Fragestellung in der Mathematik und der theoretischen Physik. Man kann hier einmal fragen: Wie wurde historisch zuerst die Länge des Kreisumfanges gefunden und, wie findet man sie theoretisch am besten. Oder: Wie wurde historisch zuerst das Hebelgesetz begründet und wie geschieht dies theoretisch am besten. Der Unterschied ist klar: Der erste Entdecker ist abhängig von einer großen Reihe zufälliger Umstände, persönlicher Entwicklung, Stand der gleichzeitigen Wissenschaft, zufälliges Vorhandensein von Erfahrungen und Anregungen auf Grund seiner Umgebung u. a. m. Die spätere Theorie kennt verschiedene Wege, ja, kennt vielleicht die letzten Prinzipien, nach denen der betr. Satz überhaupt zu betrachten ist, und ist daher in der Lage, unter allen Ableitungen diejenige zu geben, welche am sichersten fundiert ist und am einfachsten zu dem betr. Resultate gelangt, und welche diesem vor allem den richtigen Platz innerhalb des ganzen Systems der wissenschaftlichen Erkenntnis anweist und von daher die beste Art der Ableitung liefert.

Ganz analog verhält es sich nun auch mit der theoretischen Fragestellung in der praktischen Physik. Sie fragt, wie unter dem Gesichtspunkte des Systems diese praktischen Maßnahmen am besten und mit dem sichersten Erfolge vorzunehmen seien, welches ihr eigentlicher Sinn sei!

§ 2. Nähere Betrachtungen.

Wir wollen uns nun näher überlegen, wie sich das Verhalten des „praktischen Forschers", der innerhalb der praktischen Physik neues finden will, unter unseren Gesichtspunkten darstellt, und was sich dazu sagen läßt. Da wir „unter unseren Gesichtspunkten" diese Frage behandeln wollen, so werden wir voraussetzen, daß der Forscher die Grundlagen der reinen Synthese (euklidischer Raum und Zeit, Atomtheorie auf Grund des Newtonschen und der Stoßgesetze) für sich angenommen hat und seinen Überlegungen zugrunde legt. Diese Annahme, die für uns ja die gegebene ist, stellt auch an sich keine große Beschränkung dar. Denn wir sahen, daß gerade diese Grundlagen jenseits aller experimentellen Bestätigung liegen. Dann aber ist es das praktischste, die einfachsten solchen zu wählen. Außerdem aber fällt diese Annahme mit der bisher meist zugrunde gelegten physikalischen Anschauung zusammen.

Wir nehmen nun an, ein Physiker wolle irgendeine noch nicht geklärte Erscheinung, ein neues Gebiet erforschen. Er wird dann daran gehen, wie das schon Baco von Verulam und John Stuart Mill wußten, die Bedingungen, die Umstände der Erscheinung zu variieren. Dadurch findet er, von welchen Umständen die Erscheinung abhängt, von welchen nicht. Das Kriterium ist folgendes: ändert sich die Erscheinung, falls ich den Umstand u_1 verändere, dann ist u_1 ein wesentlicher Umstand der Erscheinung im vorliegenden Falle. Es kann nämlich auch so sein, daß u_1 kein eigentlich wesentlicher Umstand der Erscheinung E ist, sondern nur ein wesentlicher Umstand eines solchen u_2 von E. Dann heißen u_1 und u_2 gekoppelt. Man kann dann wohl den Versuch durch Änderung anderer Umstände so variieren, daß u_1 sich sehr ändert oder ganz wegfällt, während u_2 bleibt. Es ist oft sehr schwer, durch den Schleier der gekoppelten Usmtände eines Versuches auf die wesentlichen Umstände durchzudringen.

Beim Brennen des Ofens z. B. ist die O_2-Zufuhr ein wesentlicher Umstand. Daß ich dazu die Luftschraube öffnen muß, ist nur ein gekoppelter wesentlicher Umstand, sind andere Wege da, auf denen der O_2-Zutritt erfolgt, dann wird das Aufschrauben unwesentlich.

Wie schwer es ist, bis zu den eigentlich wesentlichen Umständen durchzudringen, zeigt z. B. das sog. Gesetz von den spezifischen Sinnesenergieen. Bekanntlich wird z. B. beim Augennerv jede Reizung als Lichteindruck und nicht als Druck-, Temperatur-, Schmerz-Reizung wahrgenommen. Also ist z. B. ein Druck auf das Auge kein eigentlich wesentlicher Umstand an einer Reizung des Augennervs. Was der eigentlich wesentliche Umstand ist, der durch diese verschiedenen Reizungen ausgelöst wird, wissen wir noch nicht.

Das Experiment.

Man kann nun einen Vorgang der Realität entweder zufällig erleben oder künstlich herbeiführen.

Im letzteren Falle können wieder die Ziele meiner dazu nötigen Willenshandlung ganz verschieden sein. Habe ich ein Interesse daran, setze ich meinen Willen dahin, daß in der Realität eine bestimmte Änderung, ein bestimmter Vorgang eintritt, und stelle mit Willen die mir als dazu nötig bekannten Umstände her, so nenne ich dies eine „beabsichtigte Zielherstellung" (kurz „Zielhandlung"). Kommt infolge meiner gewollten Handlungen ein nicht gewolltes Ziel oder Resultat zustande, so nenne ich dies eine „unbeabsichtigte Zielherstellung" (wobei ich eben zu wissen glaube, was das Resultat meiner Handlungen ist, aber mich darin täusche.)

Stelle ich mit Willen einige Bedingungen her, um zu sehen, was dabei herauskommt, dann nenne ich das ein Experiment, einen Versuch.

Es ist also klar, daß diese Handlungen in ihrer theoretischen Auffassung wesentlich von meiner eigenen Einstellung zu ihnen abhängen. So unterscheiden sich äußerlich eine beabsichtigte Zielherstellung und ein Experiment überhaupt nicht, während sie in meiner Auffassung sehr wesentlich differieren.

Wenn man einen bestimmten „Versuch" im Laboratorium macht, z. B. die elektrolytische Zerlegung des Wassers oder eine Prüfung des Boile-Mariotteschen Gesetzes, dann sind uns, wenn wir an das erste Beispiel anknüpfen, die Mittel scheinbar eindeutig gegeben. Wir brauchen den Apparat mit den geaichten Glasröhren, brauchen etwas angesäuertes Wasser und den elektrischen Strom. Wenn ich ferner das Experiment mache, dann setze ich bei allen diesen Dingen voraus, daß sie in der mir von ihnen bekannten Weise jedes für sich wirken. Daß das Glas kein Gas durchläßt und kein Wasser, daß es sich nicht ausdehnt und zusammenzieht, daß das Wasser seine Eigenschaften beibehält und ebenso der elektrische Strom und die Apparate, welche ihn erzeugen und leiten. Alles dies kann ich nicht fortwährend nachprüfen, wenn ich es also zwischen den Nachprüfungen voraussetze, so ist das eine deutliche Adstruktion, die natürlich auch einmal falsch sein kann. Aber insbesondere kann ich es dann nicht nachprüfen zugleich, wenn ich das Experiment selbst mache. Wenn ich also bei meiner späteren gedanklichen Analyse des Experimentes voraussetze, daß diese Dinge so wirkten wie zuerst, dann ist das wiederum eine reine Adstruktion.

Wenn nun ein solches „gleiches" Experiment, d. h. ein solches, wo dieselben „Mittel" oder „Umstände" gegeben waren, bei Wiederholung stets das gleiche Resultat ergibt, so werde ich hieraus schließen können, daß diese Mittel sich auch während des Experimentes gleich verhalten haben. Ob sie sich dabei auch gleich verhalten haben, wie vor dem Experiment, das ist damit noch nicht absolut gesagt.

Fällt dann das Experiment nicht in der gewohnten Weise aus, so wende ich das Prinzip vom Grunde an und habe die Aufgabe, diese Änderung des Resultates irgendeiner Änderung der Bedingungen, der Umstände eindeutig zuzuordnen.

Um aber zu verstehen, warum einer Änderung des Resultates immer auch eine Änderung der Bedingungen (mindestens einer) entsprechen muß (an sich muß auch das umgekehrte gelten, nur ist es da von weniger häufiger Anwendung), dazu müssen wir uns zu einer Zwischenbetrachtung wenden.

Zuvor aber sei noch folgendes bemerkt: Wenn ich hier sage, daß jeder Änderung einer Bedingung eine Änderung des Resultates entspreche und umgekehrt, so ist dies offenbar eine Allgemeinaussage, sie spricht mit apodiktischer Gewißheit etwas aus. Daraus folgt aber sofort, daß dieser Satz zuletzt auf Definitionen zurückgehen muß, wie das aus unseren Überlegungen des 1. Teils folgt.

Der Identitätssatz und die wesentlichen Umstände.

Den Satz „Unter gleichen Umständen geschieht gleiches“ bezeichne ich kurz als den „Identitätssatz“. Dieser Satz sagt ebenfalls etwas mit apodiktischer Gewißheit aus, kann also kein empirischer Satz sein; wir wissen, daß er dann als Allgemeinaussage auf Festsetzungen zurückgehen muß. Davon wollen wir uns überzeugen.

Früher habe ich („Grenzen und Ziele der Wissenschaft“ 1910 usw.) einen anderen Satz als „Identitätssatz“ bezeichnet, nämlich den, daß jeder Vorgang identisch mit der Gesamtheit seiner wesentlichen Umstände oder Bedingungen sei. Gilt dieser letztere Satz, dann ist es klar, daß dann unter gleichen Umständen notwendig stets das Gleiche eintreten muß. An diesem früheren Identitätssatze habe ich nun eine wesentliche Einschränkung vorzunehmen. Es gilt hier folgendes:

Es sind hier nach vollständiger Disjunktion zwei Fälle zu unterscheiden. a) Ist die Folge aus den Bedingungen logisch ableitbar, dann gelingt dies, wie wir früher sahen, auf Grund der „übergreifenden Begriffsbildung“, welche sozusagen die tautologische Basis der logischen Ableitung liefert. Dann fällt hier das „Unabhängiggegebene“ dieser logischen Ableitung (an dem eben die übergreifende Begriffsbildung ausgeübt wird) zusammen mit den „wesentlichen Umständen“ des Vorganges. Und es ist klar, wie man dann sagen kann, der Vorgang sei identisch mit der Gesamtheit seiner wesentlichen Umstände. Dies ist derjenige Fall, wo der von mir früher so genannte „Identitätssatz“ gilt. Aber, und dies habe ich damals übersehen, es gibt auch noch andere Fälle. b) Diese anderen Fälle treten ein, wenn die Folge sich nicht aus den Bedingungen logisch ableiten läßt, und dies ist der Fall, wenn die Vorgänge unmittelbar aus den Prinzipien der reinen Synthese fließen. Der Vorgang der Attraktion z. B. ist nicht identisch mit seinen Bedingungen, denn das betr. Gesetz wurde ja logisch-synthetisch durch Festsetzung gewonnen, kann also aus seinen Bedingungen nicht logisch abgeleitet werden! Unter diese Rubrik gehören alle Sätze und Vorgänge, die durch Exhaustion in der Realität durchgesetzt werden.

Nun haben alle Sätze der reinen Synthese, auch solche, welche aus gewissen Voraussetzungen durch logische Schlüsse abgeleitet werden, notwendig unter ihren Voraussetzungen solche, die durch Exhaustion eingeführt werden müssen. Es gilt daher der Identitätssatz auch bei diesen Sätzen oder Vorgängen nur insoweit und insoferne sie logisch ableitbar sind aus anderen Vorgängen. Im Falle b) aber kann der Satz, daß unter gleichen Umständen gleiches geschieht, nur selbst durch Exhaustion aufrecht erhalten werden; er ist in diesem Falle schon implizit vollständig im Prinzip der Eindeutigkeit enthalten, welches ja zu den Grundprinzipien der reinen Synthese gehört, deren ausnahmslose Geltung durch Exhaustion gewährleistet wird.

Zunächst wollen wir den Satz exakter fassen, denn offenbar brauchen nicht alle Umstände gleich zu sein, sondern nur die wesentlichen.

Jetzt aber ist sofort ein formal logischer Beweis für den Satz angebbar. Wenn ich nämlich definiere: Diejenigen Umstände nenne ich wesentlich, die nicht verändert werden dürfen, wenn Gleiches geschehen soll; dann ist der obige Satz eine einfache Tautologie und damit seine Apodiktizität auch in dem Falle gewährleistet, wo wir die wesentlichen Umstände nicht einzeln kennen.

Welches dann im einzelnen konkreten Falle die wesentlichen Umstände sind, wie dies festgestellt werde, dies wollen wir uns nun überlegen.

Haben wir einen ganz unbekannten Vorgang vor uns, dann geschieht dies auf rein experimentellem Wege, indem wir alle uns zugänglichen Umstände in jeder möglichen Art variieren.

Haben wir dagegen (als anderes Extrem) einen Vorgang der reinen Synthese, dann ist dieser auf letzte Ursachen zurückgeführt und wir kennen alle seine wesentlichen Umstände. Im Verhältnis zur Wirklichkeit handelt es sich also nicht mehr darum, seine wesentlichen Umstände festzustellen, sondern darum, ihn in der Wirklichkeit zu realisieren (in momentaner Genauigkeit). Ist dann diese Realisierung gelungen, dann zeichnet sie sich dadurch aus, daß auch gerade diejenigen ihre wesentlichen Umstände sind, die sich aus der reinen Synthese als solche ergaben, und keine anderen. Wäre dies nämlich nicht der Fall, so wäre es keine Realisierung.

Dabei zeigt sich, daß Umstände als wesentlich zu einem Experiment dazugehören, die meist nicht explizit dabei ausgesprochen werden. Nehmen wir unser obiges Beispiel des gleicharmigen Hebels wieder her. Dann ist Last und Lastarm natürlich als wesentlicher Umstand zu buchen. Dazu aber gehört noch der Zusatz, daß das Gesetz gilt, wenn keine störenden Umstände vorhanden sind. Dies ist eben das Kennzeichen eines exhaurierten Gesetzes. Die reine Synthese spricht ihre Gesetze im Logischen apodiktisch ohne diesen Zusatz aus. Sollen sie aber in der Realität verwirklicht, realisiert werden, so muß ich die Exhaustion verwenden, und dieser Zusatz kennzeichnet eben die Durchführung eines solchen synthetischen Gesetzes in der Realität.

§ 3. Weiteres zum Experiment.

Wende ich den Gesichtspunkt der Realisierung an, dann frage ich: Welche Maßnahmen muß ich treffen, damit Last und Lastarm sich so verhalten, wie es das Hebelgesetz ausdrückt? Dann habe ich also in der Realität noch nicht einen Vorgang, dessen Umstände ich erforsche, sondern ich suche ihn.

Dieser Fall ist in der Praxis des Physikers überaus häufig. Er liegt immer dann vor, wenn er ein bestimmtes Experiment der „gesicherten Physik" (Mechanik usw., d. h. das der reinen Synthese angehört) etwa vorführen will. Dann ist die Einstellung des Experimentators eine prinzipiell andere, als wenn er das Experiment anstellt, um das Resultat zu erforschen. Man kann sich diesen Unterschied gar nicht groß genug vorstellen. Im einen Fall, bei dem erforschenden Experiment, gibt der Experimentator der Natur einige Bedingungen vor und sieht zu, was dann herauskommt, er steht nach Aufstellung des Experiments der Realität passiv gegenüber. Im Falle einer Exhaustion, einer Realisierung, steht er dagegen der Realität aktiv gegenüber. Er variiert so lange, bis ein gewünschtes Resultat zu Stande kommt.

Immer muß man sich vergegenwärtigen, daß gewisse Bedingungen, die uns so gewohnt sind, daß wir sie kaum noch bemerken und stillschweigend für selbstverständlich ansehen, dies keineswegs sind, sondern lediglich einen zufälligen Tatbestand darstellen, der an sich ein ganz anderer sein könnte. Zu solchen gehören z. B. die meisten ständigen Eigenschaften unserer Umgebung, Temperatur, Feuchtigkeit, Zusammensetzung und Beschaffenheit der Luft, der Erde usw. Alle diese Faktoren könnten an sich beliebig anders sein, und viele Realisierungen, die uns für unsere momentane Genauigkeit fast ohne weiteres gelingen, würden dann mit Schwierigkeiten verbunden sein, weil die störenden Umstände, die weggeräumt werden müßten, sehr viel bedeutendere wären. Aber für eine sehr hohe Genauigkeit, wie wir sie an manchen Stellen schon erreicht haben, sind auch unsere gewöhnlichen Umstände schon sehr störend, und es müssen komplizierte Vorkehrungen getroffen werden, um diese störenden Umstände fernzuhalten.

Was hier in der praktischen Physik sich ergibt, ist zunächst nichts als eine etwas andere Interpretation des experimentellen Vorgehens, ein Bewußtwerden in dieser Hinsicht.

Betrachten wir den Fall eines Experimentes, dessen Einordnung in die reine Synthese der Experimentator noch nicht kennt. Dieser ist dann noch nicht in der Lage, das Experiment allein aus den Prinzipien der reinen Synthese heraus zu erklären. Dies ist der Fall der meisten experimentellen Physik. Dann ist bei den in der Praxis verwendeten Apparaten das Resultat der Experimente empirisch eindeutig gegeben. Diese Apparate setzen, wie wir sahen, die euklidische Geometrie und in vielen Fällen die synthetische Mechanik in gewissen Teilen voraus insofern, als sie unter Voraussetzung dieser z. B. geeicht sind. Das erhaltene Resultat gilt es nunmehr zu erklären. Das Verfahren, das hierbei einzuschlagen ist, zeigt sich nicht so sehr an einem einzelnen Experiment als vielmehr an der experimentellen Bearbeitung eines ganzen Problemkomplexes. Schon hier wird nämlich ein ganz analoges Verfahren gewählt für vorläufige Zwecke, wie es endgültig dann in der reinen Synthese zur Durchführung kommt. Auch hier wird ein einfachstes logisches Gerüste gesucht, mit dem ich die Tatsachen zum Zwecke der Erklärung unterbaue. Dies geschieht, indem ich für das betreffende Gebiet von Erscheinungen gleicher oder verwandter Art einen „Elementarvorgang“ suche, der geeignet ist, alle diese Erscheinungen aufzubauen, zu erklären. Dieser selbst wird von der einfachsten Art gewählt, wobei folgendes zu beachten ist: Das experimentelle Durchforschen eines Gebietes ist, solange ein Elementarvorgang in diesem Sinne noch nicht gefunden ist, unwillkürlich auf die Auffindung eines solchen gerichtet, neben der Erweiterung der Kenntnisse überhaupt. In dieser Weise werden schließlich auch immer einfachere Vorgänge experimentell gefunden, bei jedem wird versucht, ob er nicht als Elementarvorgang zum Aufbau der übrigen geeignet ist, bis der Zufall in Verbindung mit dem unbewußten Vereinfachungswillen endlich auf einen einfachsten Vorgang führt. Bei diesem werden die Anregungen durch das Experiment geboten, oft sogar direkt das Gesetz, dem er gehorcht; ist dann aber seine Eigenschaft als Elementarvorgang erkannt, dann wird er weiterhin nun als vorläufiger synthetischer Vorgang benutzt und durch Exhaustion aufrechterhalten. Dies ist im Praktischen bisher der Vorgang wohl meist gewesen. Ich erinnere an das Ohmsche Gesetz, die Faradayschen Gesetze der Elektrolyse, das Boyle-Mariottesche Gesetz, das Gesetz der multiplen Proportionen, das Reflexionsgesetz, das Brechungsgesetz und viele andere.

Ich habe diese Verhältnisse eingehend behandelt in meinen „Grundlagen der angewandten Geometrie" (Leipzig 1911), worauf ich hier verweise. Ich kannte damals noch nicht die reine Synthese und beschränkte schon aus diesem Grunde meine Darlegungen auf dieses Verfahren der „vorläufigen Synthese", wie ich es heute nenne. Ich kann hierfür nur auf die genannte Schrift verweisen.

§ 4. Zur Atomistik.

Es sei gestattet, an dieser Stelle noch einige allgemeine Bemerkungen zur Atomistik anzuknüpfen. Ernst Mach hat sich bekanntlich an verschiedenen Stellen gegen die Atomistik erklärt. Noch in dem Vorwort zu seinem posthumen Werk über „Die Prinzipien der physikalischen Optik" (Leipzig 1921, Vorwort von 1913) schreibt er: Ich „muß es aber nun mit derselben Entschiedenheit ablehnen, den Relativisten vorangestellt zu werden, mit welcher ich die atomistische Glaubenslehre der heutigen Schule oder Kirche für meine Person abgelehnt habe." Es führt vielleicht einen Schritt zur Klärung, wenn wir diese Machsche Stellungnahme zu verstehen suchen. Was Mach hier ablehnt, ist das, was ich die „dogmatische oder metaphysische Atomistik" nennen möchte. Bei Machs hauptsächlicher Einstellung auf die Erkenntnisgründe der physikalischen Theorien war er sich klar, daß wir von einer „wirklichen

Existenz“ von Atomen, die wir niemals gesehen hatten und niemals unmittelbar wahrnehmen würden, niemals reden könnten. Es mußte also die dogmatische Hinstellung der Atome als unmittelbarer Gegebenheiten ihm als falsch erscheinen. Und in der Tat wurden von den auf diese Fragen damals weniger eingestellten Physikern die Atome, wenn sie an sie glaubten, wie unmittelbar gegebene Realitäten genommen, was natürlich vom praktischen physikalischen Standpunkte aus, solange keine erkenntnistheoretischen Folgerungen daraus gezogen werden, an sich kein großes Unglück ist.[1] Aber leider wurden vielfach auch erkenntnistheoretische Folgerungen aus dieser unrichtigen Auffassung gezogen, und diese sind es wohl gewesen, welche Machs ablehnende Stellung hervorriefen. Innerhalb der hier gegebenen Anschauung wird alles ganz klar.

Wir wissen, auch die Atomtheorie liefert nicht die Kenntnis von einer metaphysisch fundierten Beschaffenheit der Realität, sondern ist nichts als eine besonders praktische Darstellungsweise derselben. Die Atome besitzen also keine metaphysische Realität, sondern nur „praktische Realität“. Man könnte, wenn man wollte, die Realität auch ganz anders darstellen. Die Fälle von Experimenten, wo wir die Atome direkt in ihrer Wirkung zu sehen glauben (Brownsche Bewegung, Szintillieren usw.), sind Fälle, wie sie bei jeder beliebigen Theorie mehr oder weniger leicht vorkommen. Hätten wir statt der Atomtheorie eine andere Theorie zur Darstellung der Wirklichkeit gewählt, dann würden sich auch da Fälle ergeben haben, wo wir geglaubt hätten, die in der Theorie angenommenen Vorgänge fast unmittelbar am Werke zu sehen. Es wären das dann eben andere Fälle gewesen als die bei der Atomtheorie, und die letzteren hätten eben dann auf andere Weise erklärt werden müssen. Wir haben uns ja im I. Teil hinreichend überzeugt, daß die Formen, die ein Vorgang für seine Auffassung uns nahe legt, die Formen, die er uns sozusagen aufdrängt, seine „natürliche Form“, nicht immer auch diejenigen sein müssen, welche wir dann wirklich zur Darstellung des Vorgangs innerhalb unseres Erklärungssystemes wählen. Aus diesem Grunde gibt es bei der Theorie sog. „schwierige oder täuschende Fälle“,

---

[1] Wir sehen aus dem Folgenden und an anderer Stelle des Buches in welchem Sinne von einer „Realität“ der Atome gesprochen werden kann.

solche nämlich, deren „natürliche Form" nicht mit derjenigen übereinstimmt, welche die Theorie ihnen auferlegt und ihnen unterzuschieben verlangt. Historisch war dann meist der Hergang der, daß der Forscher die einfachste Form, die ihm bei seinen Experimenten unterkam und für das Gebiet durch sie nahegelegt wurde, unbewußt als die „eigentliche" ansah, diejenigen Experimente, welche zufällig gerade diese Form als ihre „natürliche Form" aufwiesen, als „Beweis" (nämlich „experimentellen Beweis") für die „Richtigkeit" dieser Form betrachtete und nun alle anderen Experimente des Gebietes auf Grundlage dieser Form zu erklären versuchte. Einen aus der Realität fließenden Grund, warum er gerade im einen Fall die „wahren Vorgänge" direkt zu sehen glaubte, im anderen nicht, konnte der Forscher dabei natürlich nicht angeben.

Wie stark bei allen diesen Überlegungen des Forschers bisher unbewußte Momente mitspielten, geht unmittelbar hervor, wenn man an irgendeinem konkreten Experiment sich überlegt, was daran wirklich phänomenologisch gegeben, was denkende Ergänzung und Zutat ist. Denken wir uns jenes Experiment, das wohl mit am meisten heute zur Befestigung der Atomlehre beigetragen hat: die Herstellung eines Laue-Diagramms oder eines solchen nach der Methode Debye-Scherrer. Phänomenologisch gegeben ist hier die Apparatur zur Erzeugung der Röntgenstrahlen, die Kristallplatte entweder geschliffen oder aus Gemenge gepreßt, und die photographische Platte. Auf letzterer entstehen einige Punkte, die vermessen werden und das Resultat des Versuches darstellen. Von einer Gitterstruktur des Kristalls und seinen kleinen Teilen, von einer Interferenz der Röntgenstrahlen ist nicht das Geringste phänomenologisch wahrzunehmen. Das wird alles von uns an das Gegebene hin und hinzugebracht, um es erklärend zu unterbauen. Will man über die Natur der Atomtheorien (und allgemeiner physikalischer Theorien überhaupt) ins Klare kommen, dann muß man dann und wann einmal alle physikalischen Experimente in analoger Weise wie eben betrachten.

Es ist natürlich für den praktischen Forscher, der innerhalb eines gegebenen Bereiches der Physik neue experimentelle oder theoretische Resultate finden möchte, unnötig, sich fortwährend dieses Verhältnis von phänomenologisch Gegebenem und Substruktion gegenwärtig zu halten, obgleich es wohl kaum viel schaden und vor manchen Sackgassen bewahren wird. Unbedingt notwendig ist aber dieses Bewußtsein, wenn der Forscher neue Theorien aufstellen will, oder gar solche, welche die Grundlagen der Physik in Mitleidenschaft ziehen. Hat der Forscher z. B. die Atomtheorie angenommen und will die Erscheinungen der obigen Diagramme näher erklären und auf den molekularen Aufbau der Kristalle zurückführen, dann wird er seine Phantasie so sehr wie möglich anschaulich in dieser Theorie üben und die Vorgänge aus ihr zu verstehen suchen. Mit längerer solcher Beschäftigung wird dann die Übung in dieser Anschauung so groß, daß der Forscher, falls er den Dingen noch naiv gegenübersteht, das phänomenologisch Gegebene von der Substruktion gar nicht mehr trennt und seiner Sache so gewiß zu sein glaubt, daß er auch die Vorstellungen seiner Substruktion phänomenologisch unmittelbar gegeben zu haben vermeint. Dieser Zustand wird dann vor allem besonders stark eintreten, wenn etwa, wie bei den Szintillationen, sehr direkte Folgen der Substruktion unmittelbar wahrnehmbar sind. Aber auch hier wird durch diesen psychologisch wohlverständlichen Zustand des praktischen Forschers nichts über die Tatsachen ausgesagt. In der Tat bedarf es nur eines energischen Nachdenkens, eines äußeren Hinweises, um auch in diesem Falle den Forscher sofort sich bewußt werden zu lassen, was wirklich phänomenologisch gegeben ist.

§ 5. Die Wohlordnung der Begriffe in der experimentellen Physik.

Aus vielen bisherigen Darlegungen dieses Buches dürfte nun etwas schon eingeleuchtet haben, was ich hier nochmals explizit herauszustellen versuchen möchte. Meine Bemühungen, ein „widerspruchsfreies“ System der Physik aufzustellen, führen durch das systematische Verfahren der Exhaustion von durch Festsetzung gewonnenen Gesetzen der reinen Synthese mit Notwendigkeit dazu, daß auch im Experimentellen die Realisierungen der einzelnen Begriffe in ihrem Resultate voneinander abhängig werden, und daß sich somit eine Rangordnung dieser Realisierungen (der „empirischen physikalischen Begriffe“, wie wir kurz sagen wollen) ergibt. Da dieses Resultat nun der experimentellen Physik angehört, so muß es unabhängig von unserer Interpretation auch an sich gelten und muß lediglich bei Voraussetzung der logischen Gesetze und der Eindeutigkeit auch ganz unabhängig von allen meinen sonstigen Aufstellungen und Resultaten an der gewohnten, bestehenden experimentellen Physik sich durchaus nachweisen lassen. Gerade diesem Umstande kommt daher ein besonders großes Gewicht für den Beweis der Notwendigkeit meiner Anschauungen und Resultate zu.

Gewöhnlich ist man der meist nicht weiter geprüften Ansicht, daß die „Eigenschaften“ den verschiedenen „Körpern“ der Realität auf irgendeine nicht näher erklärbare, transzendente Weise inhärieren. Dieser Eindruck verschwindet aber, wenn man näher zusieht. Denn eine Eigenschaft wird ja in ihrer Größe stets festgestellt durch Anwendung anderer Gegenstände, setzt also die Herstellung von Beziehungen voraus, sowie, daß diese anderen Gegenstände gewissen Voraussetzungen genügen, bzw. unter gewisse Begriffe fallen. Dieser letztere Umstand nun bewirkt, daß man in den meisten Fällen eine solche Eigenschaft nicht unabhängig von sonstigen Voraussetzungen bestimmen kann.

Nehmen wir das Beispiel der Masse (das ich in „Das Problem des absoluten Raumes“, S. 31 ff., näher durchgeführt habe). Zunächst könnte man meinen, daß man jede physikalische Beziehung, in welche die Masse eines Körpers eingeht, zur gleichberechtigten Bestimmung derselben benutzen könne, wenn nur alle übrigen Größen dieser Beziehung bekannt sind. Dies wäre aber nur dann möglich, wenn diese übrigen Bestimmungen zu ihrer Festlegung nicht schon irgendwie eines Massenbegriffes bedürften. Betrachten wir speziell den Begriff der trägen Masse, wie er etwa beim Stoß in Frage kommt. Dann kann ich aus einem Stoßvorgang die träge Masse nur dann bestimmen (wie wir schon sahen), wenn ich die Elastizität der stoßenden Körper kenne; diese Kenntnis aber ist nur zu gewinnen durch die Verwendung eines Massenbegriffes. Als dieser letztere kann wegen seiner Unabhängigkeit von sonstigen Begriffen (nur die geometrischen spielen, wie wir sahen, herein) nur der Begriff der schweren Masse verwendet werden. Damit ist die Abhängigkeit der trägen von der schweren Masse und ihre Art dauernd festgestellt.

Diese Forderung der Wohlordnung der physikalischen Begriffe, wie sie aus dem Gesagten hervorgeht, wird man nun im rein logischen Teil der Physik als selbstverständlich sofort zugeben. Was aber neu an diesen Überlegungen zu sein scheint, ist der Hinweis darauf, daß die Wohlordnungsforderung sich ausdehnt auch auf den sogenannten experimentellen Teil der Physik. Dies sei kurz noch näher allgemein erläutert.

Das Resultat eines jeden physikalischen Experimentes kann nur dann als solches ausgesprochen, in einem Satze formuliert (und damit aus einem zufälligen empirischen Einzelfall zur Bedeutung eines stets gültigen Satzes, sog. Naturgesetzes, erhoben werden), wenn an ihm nur das Resultat unbekannt war. Da nun ein Experiment nie aus dem Resultate allein besteht, sondern zuvor dessen Bedingungen gegeben sein müssen, so ist klar, daß zur allgemeinen Formulierung des Resultates diese Bedingungen bekannt sein müssen, d. h. sie müssen mehr oder weniger genaue Erfüllungen (Realisierungen) gewisser Forderungen sein, die eben die notwendigen Umstände des Experimentes darstellen, wie wir sie uns beim Ausdenken des Experimentes in idealer Fassung vorstellten. Dann aber hat das empirische Resultat des Experimentes diese empirischen Bedingungen (i. e. Realisierungen) zur empirischen Voraussetzung. So hat z. B. jedes gemessene experimentelle Resultat den bei der Messung angewandten starren Körper zur empirischen Voraussetzung.

Dieses bisher zu wenig oder gar nicht beachtete Verhältnis bedarf genauer Berücksichtigung in der Physik, um „empirische Zirkeldefinitionen" zu vermeiden.[1] Ich habe mehrfach gezeigt, daß die Absicht z. B., die Geometrie des Raumes durch empirische Messungen festzustellen und so zu definieren eine solche enthält, ebenso z. B. die Ableitung eines Attraktionsgesetzes aus dem Verhalten der schweren Massen und viele andere Beispiele. Hat man sich das Wesen der empirischen Zirkeldefinition einmal klargemacht, so erkennt man, daß auch in der experimentellen Physik nur ein wohlgeordnetes System solche zu vermeiden erlaubt, d. h. nur die stete Berücksichtigung der Art,

[1] Auf die hier vorliegende und von mir stets hervorgehobene Gefahr „empirischer Zirkeldefinitionen" und Zirkelbestimmungen (wo ein Gesetz durch eine Messung gefunden werden soll, die selbst zu ihrer Interpretation dieses schon voraussetzt) wird neuerdings öfter hingewiesen. Siehe z. B. Gaston Moch, „Initiation aux théories d'Einstein", Paris 1922. Ferner: A. Phalén, „Die Relativität der Raum- und Zeitbestimmungen" (Skrifter K. Humanistiska Vetenskaps-Samfundet i Uppsala 21. 4., p. 110) u. a. m.

wie ein für ein Experiment zu benutzendes empirisches Ding, das eine Realisierung eines Umstandes des Experiments darstellen soll, selbst wieder empirisch definiert ist.

Wollte man z. B. das Newtonsche Gesetz aus dem empirischen Verhalten der Himmelskörper beweisen und zugleich feststellen, ob sie durch ein wiederstehendes Medium fliegen, so gilt, daß man nur eines der beiden Dinge berechnen kann, indem man eine feste Voraussetzung über das andere macht. Analog in anderen Fällen. Immer muß, um irgendeine empirische Gegebenheit physikalisch interpretieren zu können, mindestens irgendeine physikalische Beziehung schon als feststehend vorausgesetzt werden. Dieser Umstand führt notwendig zum Bestehen einer systematischen Ordnung der empirischen physikalischen Begriffe, da sonst niemand weiß, was vorausgesetzt, was abgeleitet ist. Dies aber ist nötig, weil die Sicherheit und Genauigkeit des Geltens des abgeleiteten Satzes oder Begriffes in der Realität empirisch durch die des Vorausgesetzten bestimmt wird. Einen solchen wohlgeordneten Aufbau der experimentellen Physik herzustellen ist der Sinn meiner reinen Synthese. Wenn ich einen Körper wäge, setze ich das Hebelgesetz voraus; wenn ich den Luftwiderstand bewegter Körper messe, setze ich Trägheits-, Massen-, damit aber wieder das Hebelprinzip usw. voraus, indem ich bei meinem rechnerischen Ansatz diese Beziehungen so einführe, als ob sie absolut und dauernd seien. Durch dieses unumgängliche Verfahren werden diese Prinzipien aber dauernd geltend gemacht, was ich als Exhaustion bezeichnet habe. Da also notwendigerweise durch die Art des mathematischen „Ansatzes“ schon gewisse physikalische Sätze, oder Beziehungen oder Begriffe als geltend eingeführt werden, so gilt das auf diese Weise erhaltene und errechnete Resultat des Experimentes nur unter Voraussetzung der Geltung dieser als geltend eingeführten Sätze, und diese letzteren dürfen also niemals etwa selbst wieder auf eine solche Weise experimentell „bewiesen“ werden, bei der der obige Resultatsatz nunmehr als Bedingung auftritt. Man kann nicht das eine Mal das Gesetz A unter Voraussetzung des Gesetzes B experimentell als geltend erweisen wollen und das andere Mal umgekehrt. Es muß über die „Reihenfolge“ der „Gesetze“ und Begriffe eine Entscheidung getroffen sein. Wie diese zu fällen ist, das zeigt der systematische Aufbau der reinen Synthese, ihre systematische schrittweise

Einführung in die Wirklichkeit durch die Exhaustion. In dieser schrittweisen Einführung, wie wir sie in ihren Anfängen in diesem Buche darzulegen versucht haben, ergibt sich die Rangordnung der empirischen physikalischen Begriffe von selbst. Diese stimmt dann, aus Gründen, die wir mehrfach dargelegt haben, meist genau mit der überein, die wir bei kritischer Betrachtung schon in der überkommenen experimentellen Physik bemerken können. Die unbewußten Tendenzen, welche der Mensch instinktiv seit je bei der Aufstellung der Wissenschaft anwendet, stimmen so sehr mit den bewußten Tendenzen der reinen Synthese überein, daß es den Anschein gewinnt, daß uns die Formulierungen der letzteren mit außerordentlicher Gewalt aufgedrängt seien (E. Mach).[1] Dennoch aber sind sie vom logischen Gesichtspunkte aus als freiwillige Festsetzungen zu betrachten.

Experimentelle Konstantenbestimmung.

Man hat also beim experimentellen Arbeiten in der Physik leicht eine Vorstellung wie die, daß irgendwelche Konstante eines realen Körpers (z. B. eines Stückes Eisen oder eines bestimmten Steines) sozusagen an dem betreffenden Gegenstand eine Art von selbständiger transzendentaler Existenz hätten. Diese Meinung zeigt sich nun durch die Exhaustionslehre als nicht haltbar. Das ist am leichtesten einzusehen bei solchen Begriffen, die in der Nähe der Basis der reinen Synthese liegen. Nehmen wir z. B. den Begriff der Masse. Dann ist dieser in der reinen Synthese direkt definiert durch das Newtonsche Gravitationsgesetz, und wir sahen, daß z. B. die „träge Masse" immer nur gemessen werden kann „relativ zur schweren Masse", weil bei der Messung der trägen Masse man z. B. die Elastizität der betr. Materie kennen muß, die man nur unter Benutzung eines schon vorhandenen Massenbegriffes messen kann. So erkennt man, daß auch ein solcher experimentell-physikalischer Begriff nur eine einzige wirkliche Definition haben kann, und

[1] Die Tatsache dieser Beschaffenheit der menschlichen Denkweise ist eine rein historische hic et nunc-Tatsache, die selbst wieder der kausalen Erklärung innerhalb des Systems der exakten Wissenschaft bedarf, also nicht zur Basis von deren Geltung benutzt werden kann. Auf die logische Begründung der reinen Synthese kann sie daher von keinerlei Einfluß sein.

daß alle anderen Definitionen desselben Begriffes nur scheinbar unabhängig von der ersten sind.

So zeigt sich, daß diese Begriffe nicht als selbständige und von uns unabhängige Wesenheiten in der Realität gelegen sind, sondern daß solche erst an einer Stelle durch synthetische Gesetze definiert werden, und daß dann alle übrigen scheinbaren Bestimmungsmöglichkeiten stets auf diese eigentliche Definition zurückgehen.

IV. Teil:

Philosophische Grundlagen, weitere Konsequenzen und Schluß.

1. Kapitel. **Philosophische Grundlagen.**

§ 1. **Die erkenntnistheoretischen Grundlagen.**

Der Philosoph wird nun nach einer gewissen Untersuchung der erkenntnistheoretischen Grundlagen unserer Überlegungen verlangen. Ich will solche in Kürze zu geben versuchen. Wir haben im 1. Teil uns überzeugt, daß alle exakte Wissenschaft in ihrem Ziel auf Allgemeinaussagen hinausläuft. Nun ist jede erkenntnistheoretische Aussage, etwa die Erkenntnis verhalte sich so und so usw., notwendig selbst eine Allgemeinaussage. Damit aber fällt sie unter diejenigen Gesichtspunkte, die wir im 1. Teil über das Geltungsproblem gefunden haben.

Diese Untersuchungen über das Geltungsproblem sind also notwendig das erste der Erkenntnistheorie. Ohne sie wären wir gar nicht in der Lage, mit Fug irgendwelche erkenntnistheoretischen Aussagen zu machen. Nachdem diese Geltungsfrage aber eine Lösung bei uns gefunden hat, ist es berechtigt, nunmehr die grundlegenden Fragen der Erkenntnistheorie unter unseren Gesichtspunkten zu behandeln.

Wenn ich die Gesamtheit meines Seins einmal betrachte, dann bemerke ich, daß sich die einzelnen Teile desselben in zwei Klassen zerteilen: in solche, die mir unmittelbar gegeben sind, und in solche, die das nicht sind. Besser kann ich es noch so ausdrücken: in solche, die nicht etwas bedeuten, und in solche, die etwas bedeuten. Wir wollen kurz sagen, wenn wir jeden Teil der Gesamtheit meines Seins ein Erlebnis nennen, daß die Erlebnisse in nichtrepräsentative oder direkte, und in repräsentative zerfallen.

Diese Unterscheidung ist nach dem Satze des Widerspruchs getroffen, soll also als vollständig festgehalten werden. Es ist ein unmittelbares Erlebnis, ob ein Erlebnis etwas repräsentiert, ein Unterschied gegenüber dem nichtrepräsentativen, der mir direkt gegeben ist. Bei jedem repräsentativen Erlebnis unterscheide ich seine Bedeutung und seine Erlebnissubstanz. Seine Erlebnissubstanz ist mir auch direkt gegeben. Das repräsentative Erlebnis hat also sozusagen zwei Seiten: Zunächst erleben wir es als ein bedeutungsvolles, dieses Erleben selbst aber ist selbst nicht bedeutungsvoll, sondern direkt.

Das repräsentative Erlebnis stellt ein Grundelement meines Seins dar. Eine Repräsentativmachung eines nicht repräsentativen Erlebens kann durch kein Mittel nachträglich erreicht oder konstruiert werden. Alle Versuche in dieser Richtung müssen notwendig scheitern. Denn ich habe ja gar keine Mittel dazu. Alles was zunächst an solchen da zu sein schiene, muß hier ausscheiden, wo wir uns auf den Standpunkt eines Nochgarnichtswissens stellen müssen, da ja alles erst begründet werden soll.

Nun können wir sofort definieren: Die Gesamtheit derjenigen Erlebnisse, die repräsentativ sein können, nennen wir auch die geistigen Erlebnisse.

Unter den direkten Erlebnissen (worunter wir weiter solche verstehen, die nicht repräsentativ sein können) unterscheiden wir die inneren und äußeren. Die Unterscheidung beruht auf gewissen experimentellen Kennzeichen, die uns in den meisten Fällen leicht zu unterscheiden gestatten, ob ein direktes Erlebnis ein außenkörperliches oder innenkörperliches ist. Diese Unterscheidung setzt bereits einen qualitativen Raum (bei exakter Untersuchung sogar schon den der reinen Synthese) voraus, ebenso wie den Kausalbegriff, d. h. schon weite Teile der reinen Synthese. Sollen die geistigen Erlebnisse auch in diese Unterscheidung eingeordnet werden, so werden sie alle ausnahmslos als innenkörperlich interpretiert. Doch ist zunächst zu dieser räumlichen Unterscheidung noch kein Grund vorhanden.

Die repräsentativen Erlebnisse werden zu einem Teil, der als solcher mir auch unmittelbar kenntlich ist, ausgesondert als „meinem Willen entspringend". Dies ist lediglich ein Name für eine bestimmte Art von Erlebnissen. Der Ablauf der repräsentativen Erlebnisse heißt „Denken".

Nun besteht noch die Beziehung, daß jedes Erlebnis die Bedeutung eines repräsentativen Erlebnisses werden kann. Diesen selben Tatbestand kann man in einer weniger absoluten Form auch so aussprechen: Es besteht das Erlebnis des Wiedererkennens von Erlebnissen. Es besteht der Fall, daß ich die Bedeutung eines repräsentativen Erlebnisses als ein früheres direktes Erlebnis wiedererkenne. Im Wiedererkennen liegt schon ein Zeitbegriff.

Ich weiß nun unmittelbar, ob mir ein Erlebnis direkt gegeben ist oder nicht. Ich weiß, daß die Rückseiten der Dinge, die ich sehe, mir nicht direkt gegeben sind. Denn in der Tat kann ich ja auch niemals wissen, ob und wie sie sich seit der letzten direkten Wahrnehmung verändert haben. Diese „Rückseiten" sind also Ergänzungen meiner direkten Erlebnisse, sie sind das erste Beispiel solcher Ergänzungen, mittels repräsentativer Erlebnisse. Diese Verbindung beider soll uns erst ein systematisches Weltbild, das wir mit Leichtigkeit gedanklich beherrschen, aufbauen.

Innerhalb des Stromes der direkten Erlebnisse nun lassen sich wiederum rein gegebenermaßen gewisse einzelne unterscheiden, die sich als gesondert aufdrängen. Solche bezeichne ich als „Gegenstände". Ob diese Erlebnisse sich in mehrere Teilerlebnisse zerlegen lassen, und welche von diesen dabei den außenkörperlichen, welche den innerkörperlichen angehören, wird später durch Experimente entschieden.

Zu solchen Gegenständen, die sich mir als etwas ziemlich Geschlossenes aufdrängen, gehören Bäume, Häuser, Tisch, Stühle usw., dazu auch „Menschen", Tiere usw. Alles, was nun an diesen Dingen nicht direkte Erlebnisse sind, sind Hinzufügungen unseres Geistes. Wir wollen diese allgemein als „Adstruktionen" bezeichnen. Damit aber gewinnen wir schon ein klares Verhältnis zu den Dingen, wie sich zeigen wird; denn wir werden finden, daß dieses Verfahren genau mit dem übereinstimmt, das die Physiologie später findet.

Auf dieser Unterscheidung beruht unsere ganze Erkenntnis. Nur das, was wirklich direktes Erlebnis ist, ist gewiß und unumstößlich unabhängig von mir gegeben. Alles übrige ist ein von mir bedingtes. Oder wie man auch sagen könnte, das übrige definiere ich, es zusammenfassend, eben als mein „geistiges Ich".

Dies muß letzten Endes auch in der Physik das Ausschlaggebende sein, daß nur das direkt Erlebte unabhängig von mir gegeben ist. Das ist auch der letzte Sinn von dem, was Ernst Mach zur Grundlage seiner Anschauungen machte, nur daß es sich ihm in einer nachher noch zu erläuternden Weise verschieben mußte, die man als Sensualismus bezeichnet.

Bisher ist nun von Sinnesempfindungen überhaupt nicht die Rede gewesen. Bei weiterer Untersuchung meiner Gegebenheiten bemerke ich, daß bestimmte Teile der Gesamtheit des direkt Gegebenen durch gewisse willensmäßige Einstellungen (Augenschließen, Ohrenschließen usw.) ausgeschaltet werden können. Dadurch teilt sich der Bereich des direkt Gegebenen in gewisse Gebiete, die später als Sinnesgebiete bezeichnet werden.

Überlegen wir, daß die Trennung der Erlebnisse in innere und äußere erst durch kausale Schlüsse möglich ist, also nicht etwa wie die Unterscheidung zwischen direkten und repräsentativen uns direkt gegeben ist, dann erkennt man, daß diese Trennung nicht etwa eine unmittelbar gegebene ist. Denn wenn wir wissen, daß alle Abhängigkeiten, die man als kausal bezeichnet, Resultate unserer Adstruktionen und Substruktionen (wie wir die Herstellung von Adstruktionen, die an sich jenseits unserer groben Wahrnehmung liegen würden, bezeichnen) und Konstruktionen (wie wir die Herstellung von Verknüpfungen zwischen direkten Erlebnissen bezeichnen), insbesondere der letzteren sind, dann ist es klar, daß diese Trennung keine unmittelbar gegebene sein kann. So sind uns also vor dieser Trennung alle Dinge der äußeren Wirklichkeit ganz ungetrennt von denen der inneren gegeben und v. v., alle diese Gegenstände, darunter auch die anderen Menscben und — mein eigener Körper, nur ohne alle Ad-, Sub- und Konstruktionen.

Alle Dinge sind also in vollster Realität zunächst einfach da. Alle kritischen Unterscheidungen und Trennungen haben erst auf dieser realen Basis einen Sinn.

Damit löst sich auch eine Frage, die in der Geschichte der Erkenntnistheorie eine überaus große Rolle spielt, nämlich die nach dem Verhältnisse unserer Sinneswahrnehmungen zur Erkenntnistheorie. Nimmt man nämlich den Menschen oder mich selbst naiv in der populären Weise, oder der Weise der Naturwissenschaft, dann weiß ich, daß alle meine Erfahrungen von der Außenwelt einzig und allein durch meine Sinne in mich gelangen durch die sog. Sinneswahrnehmungen. Es ist dann natürlich ein unlösbares Problem, wie ich zu diesen überhaupt gelange und welche Beziehung die mir durch diese Sinneswahrnehmungen vermittelte Außenwelt zu mir hat. Es ist vollkommen aussichtslos, diese Frage lösen zu wollen, wie dies in voller Strenge nachweisbar ist. Denn indem ich den Menschen am ersten Anfang meiner Erkenntnistheorie so einführe und damit diese Trennung logisch voraussetze, ist es durch kein logisches Mittel möglich, diese Trennung nachträglich wieder zu überbrücken.[1]

Diese Überlegung erklärt ausreichend die ungeheuren und fruchtlosen Anstrengungen, die in der Philosophie auf dieses „Vermittlungsproblem“ (um einen Ausdruck von Cornelius zu gebrauchen) verwendet worden sind, ohne zu einem Resultate zu führen. Wir dagegen erkennen, daß diese Trennung gar keine unmittelbar gegebene ist, dieses Problem also gar nicht wirklich besteht, ein Scheinproblem ist.

Wird nun begonnen von mir, durch hinzugefügte Ad-, Sub- und Konstruktionen die direkten Erlebnisse zu ergänzen, und geschieht dies nach dem Zweckprinzip in der einfachsten Weise, dann gelange ich zu der Anwendung kausaler Beziehungen und dann ergibt sich mir diese Trennung als einer der ersten Schritte meines synthetischen Aufbaues meiner Gesamtwelt. Dann aber erkenne ich auch einen gewissen Komplex von Erlebnissen als besonders vor den anderen hervorgehoben[2], den ich dann als „meinen Körper“ bezeichne, und dann ergeben sich alsbald die Trennungen der außerkörperlichen und innerkörperlichen Erlebnisse ebenfalls durch Experimente. (So zeigen sich Gesichtshalluzinationen geschieden von äußeren Wahrnehmungen durch parallaktische Erscheinungen und kausale Unregelmäßigkeiten, ebenso beim Gehör usw.)

Ebenso erfahre ich jetzt erst durch Experimente und Anwendung der Kausalität, daß meine äußeren Wahrnehmungen,

---

[1] Siehe die einschlägigen Ausführungen in meinen „Grundlagen der Naturphilosophie“. Leipzig 1913.

[2] Und zwar in einer durch Gegebenheitszufall bestehenden, sehr bedeutenden Konstanz, die die Hauptursache seines „Sichherausheben“ aus dem Flusse des Geschehens ist.

wie man die außerkörperlichen Erlebnisse auch nennt, „durch“ die verschiedenen Teile meines Körpers, die man als Sinnesorgane bezeichnet, vermittelt werden. Ich erfahre durch Schließen der Augen, daß dann die äußere Wahrnehmung verhindert wird, und definiere diese von der Gesichtsseite her direkt durch dieses Experiment, das eine räumliche Scheidung herstellt zwischen inner- und außerkörperlichen Erlebnissen (direkt im räumlichen Sinne). Ebenso wirkt Verschließen der Ohren usw. Dabei wird gesagt, daß dieses Schließen die „Ursache“ der Ausschließung sei, womit die Kausalität in Anwendung kommt.

Nunmehr bin ich in der Lage, eine Wissenschaft von meiner Außenwelt mit der Forderung aufzubauen, daß diese lediglich aus dauernd und absolut geltenden Allgemeinaussagen besteht; während das Bisherige nur durch Gegebenheitszufall vorhandene Gegebenheiten aussprach, Einzelaussagen darüber, was ich als gegeben vorfinde, keine Allgemeinaussagen. Dies geschieht durch das Verfahren der reinen Synthese, d. h. durch Befolgung der am Anfang von dieser aufgestellten Prinzipien. Diese reine Synthese, bzw. ihre einzelnen Sätze, haben dann auch in dem Sinne Allgemeingültigkeit, als sie von jedem anerkannt werden müssen, der die Prinzipien anerkennt und willensmäßig annimmt.

Im Verlaufe dieser reinen Synthese werden nun meine äußeren Wahrnehmungen in systematischer Weise durch Ad-, Sub- und Konstruktionen derart unterbaut, daß ein einheitliches Weltbild entsteht, das in einer Weise, die oben geschildert wurde, mir eine denkende Beherrschung der Realität gestattet, und damit Hand in Hand gehend auch die „manuelle“ Beherrschung.

Denn, und dies ist jetzt nachzuholen, die beiden Gebiete der direkten und repräsentativen Erlebnisse sind nicht völlig getrennt von einander. Es besteht vielmehr eine rein empirisch unmittelbar gegebene Beziehung zwischen beiden, indem gewisse repräsentative Erlebnisse, von denen wir ja definierten, daß sie „unseren Willen“ darstellen sollten, dauernd gewisse direkte Erlebnisse nach sich ziehen oder mit sich führen (nämlich besonders „Bewegungen“ meines Körpers). Diese sind zum großen Teil gerade diejenigen, die wir oben zur Definition des Begriffes „mein Körper“ verwandten. Auf dieser rein empirisch[1]

[1] Durch Gegebenheitszufall.

gegebenen Abhängigkeit beruht die Möglichkeit, daß ich sage, daß „mein Wille“ auch die direkten Erlebnisse in gewissem Maße beeinflußt. Es geschieht dies eben soweit und so lange, als „mein Körper“ von dem anderen Komplex von Erlebnissen, die ich „meinen Willen“ nenne, abhängig ist in dem genannten Sinne.

Damit nun haben wir auch den Unterbau der reinen Synthese vom ersten Anfange an aufgestellt. Es erhebt sich nun auf diesem Unterbau ein Gebäude, das in Gestalt von lauter dauernd und absolut gültigen Allgemeinaussagen (soweit es eben in idealer Gestalt vollendet ist) eine vollkommene „Erklärung“ meiner direkten Erlebnisse ermöglicht und diese an sich zunächst mir unverständlichen Gebilde durch seine Ad-, Sub- und Konstruktionen zu einem für mich sinnvollen Ganzen zusammenfaßt bzw. theoretisch die Möglichkeit dazu liefert.

Dieser Aufbau verfolgt genau den systematischen Weg, den wir im Vorstehenden durchlaufen haben. Er steigt von den einfachsten logisch definierten Gebilden zu immer komplizierteren solchen empor. Schließlich gelangt er, zum wenigsten in seinen vorläufigen Ausläufern (der vorläufigen Synthese), auch zu den sog. lebenden Gegenständen, und innerhalb dieser wieder von einfacheren ausgehend nach und nach zu den komplizierteren, darunter zuletzt besonders zum Menschen. Hier werden dann die Erscheinungen am Menschen im Sinne der reinen Synthese, d. h. im Sinne der allgemeinen Physik untersucht und erklärt. So erhalten wir dort physikalisch genauen Aufschluß über die Art, wie die Sinnesorgane arbeiten, was aus dem durch sie gesammelten Material in den Nerven und dem Zentralnervensystem wird usw.

Dort erfahren wir dann auch, was von „außen“ in das Sinnesorgan eintritt und was demgemäß erst von innen hinzutreten muß, um die Gesamtheit unseres Weltbildes zu erhalten. Wir wissen es genau, es ist z. B. beim Auge einfach das ganze von der Umgebung in dasselbe kommende Lichtbündel, so daß sich im einzelnen Auge eine farbenerfüllte Fläche abbildet, während beide Augen zusammen eine räumlich gegliederte, farbige Welt in drei Dimensionen gewinnen. Man muß wohl verstehen, daß dieses (an sich vielleicht scheinbar elementare) Resultat der Sinnesphysiologie einen Teil aus der auf Grund der reinen Synthese vorgenommenen Erklärung meiner Außenwelt darstellt.

Und daß es deshalb alle jene Prinzipien voraussetzt und ohne sie undenkbar ist, welche wir eben bei der Aufstellung der reinen Synthese benutzten. Niemals kann also dieses Resultat (wie es so oft geschehen ist) zur Grundlage der Erkenntnistheorie gemacht werden, denn die Prinzipien der Eindeutigkeit, der Kausalität, die Detailerkenntnisse über das Licht, das Auge usw., die alle in diesem Resultate stecken, sollen ja durch die Erkenntnistheorie alle erst begründet, in ihrer Geltung gerechtfertigt werden. Wie kann ich dann etwas, das dies alles schon voraussetzt, der Erkenntnistheorie selbst zugrunde legen?

Aber etwas anderes Wichtiges kann ich aussagen[1]. Soll der Gesamtaufbau meiner Weltdarstellung ein geschlossener sein, dann muß in der Hinsicht Übereinstimmung in ihm bestehen, daß in seinem ersten Fundament nicht etwas anderes als außerkörperliches Erlebnis hingestellt wird, als was dann später sich in der Sinnesphysiologie als „äußere Wahrnehmung" ergibt. Und umgekehrt.

Dies ist nun bei uns offenbar genau der Fall. In der Tat darf auch die spätere sinnesphysiologische Darstellung nur direkte Erlebnisse als äußere Wahrnehmung ergeben. Und sie tut dies ja bekanntlich. So sehen wir auch von dieser Seite her, daß sich alles aufs beste zusammenschließt.

In der Tat fragen wir uns, kann dieser sinnesphysiologische Apparat von der Rückseite der ihm zugewendeten Gegenstände etwas wahrnehmen? Kann er von einer „Notwendigkeit" in der Aufeinanderfolge von Tatsachen, also von Kausalität etwas wahrnehmen? Kann er aus den gewonnenen Farbflecken und Tasteindrücken von Atomen usw. etwas Unmittelbares wissen? Ja, kann er überhaupt von der Stetigkeit im Vorhandensein von „Körpern" von räumlichen Bewegungen der Dinge als solchen etwas Bestimmtes wissen?

Er wird Farbflecke sehen, aber daß sich diese „verändern", schon diese einfachste Konstatierung beruht auf einem Vergleichen, einer Erinnerung, muß vom Beobachter hinzugefügt werden. Wie viel mehr muß hinzugefügt werden, um zu sagen: Jener Farbfleck ist die „Ursache" der Veränderung dieses Farbflecks? Wie sollte das aus den Farbflecken „wahrgenommen" werden? Etwa wegen des gleichzeitigen Vorkommens nach

---

[1] Worauf schon einige Male hier hingewiesen wurde.

dem Schema: der Mist ist die Ursache der in ihm gefundenen Fliegenlarven?

So kann natürlich auch der erkenntnistheoretische Anfang unserer systematischen Darstellung keine anderen Verhältnisse bieten, als wir sie später in der Physiologie vorfinden. Und dieses kleine Kriterium bestätigt unsere Aufstellungen aufs beste.

Wir können aber noch einige Betrachtungen anschließen.

Da wir in der Physiologie wissen, daß jeder nicht zu kleine Teil der Netzhaut in weitem Maße unabhängig ist von den Nachbarteilen, und daß das Analoge auch bei den Tastempfindungen der Fall ist, so können wir sofort sagen: Ich kann jeder Netzhautstelle jede beliebige Lichtwahrnehmung in beliebiger Reihenfolge zuteil werden lassen und ebenso beiden Augen und in beliebiger Aufeinanderfolge. Die Gesamtheit der so entstehenden Wahrnehmungsbilder und Verläufe, Folgen von Wahrnehmungsbildern sind also alles „mögliche" Wahrnehmungen. Genau das Analoge gilt für die Tastwahrnehmung. Die Gesamtheit also der so möglichen Erlebensmomente und Erlebensfolgen sind die „möglichen" Erlebensfolgen. Daraus zeigt sich (natürlich noch in Kombination mit den sonstigen unabhängigen Wahrnehmungsmitteln des Organismus), daß also auch dies alles „möglich" ist, was so erlebt wird, denn im Beginn der Erkenntnistheorie fallen diese Dinge ja zusammen. Daraus können wir schließen, daß sozusagen „alles" möglich ist, soweit es eben keinen logischen Widerspruch enthält.

Andererseits zeigt sich auch an der physiologischen Konstruktion, die uns ja allen viel geläufiger ist als die Urbasis oder Erkenntnistheorie, und die ja, weil die Menschheit automatisch das Einfachste allmählich überall herausentwickelte, trotz der bisherigen Unkenntnis der reinen Synthese, doch im weitesten Umfange dieser schon entspricht, die vollkommene Unabhängigkeit der einzelnen Netzhaut- und Tast-Stellen. Dies aber bedeutet, daß an sich keinerlei Abhängigkeit zwischen den einzelnen Teilwahrnehmungen zu bestehen braucht, und daß Abhängigkeiten also nur durch die Art unserer Begriffsbildung zustande kommen, einerseits durch die sog. übergreifende Begriffsbildung und dann durch bewußte Konstruktionen.

Das, was uns direkt gegeben ist, ist das, was wir nicht mehr zu ändern vermögen. Wohl aber können wir für die Zukunft gewissen Einfluß erlangen. Das direkt Gegebene ist ein spezieller Fall aus den unabsehbaren Möglichkeiten, von denen wir eben sprachen. Dieser spezielle Fall hat natürlich seine Besonderheiten wie jeder solche, und denen müssen wir Rechnung tragen, uns ihnen anpassen, sie, soweit es möglich ist, durch unsere Beeinflussung zu ändern versuchen, wozu wir ja in der Lage sind durch die unmittelbare Beziehung, welche uns in der Verbindung unseres „Willens" mit unserem Körper gegeben ist.

Diesen speziellen Fall, der uns direkt gegeben ist, können wir uns sozusagen nicht heraussuchen. Er könnte an sich ganz beliebig anders sein. Aber wir können ihn zu beeinflussen versuchen.

Wenn wir aber z. B. fragen würden, wie dieser Strom des direkten Erlebens, der unseren speziellen Fall darstellt, in einen geistigen Zusammenhang einordnen, sich wissenschaftlich erklären lasse usw., so sind diese Fragen beantwortet in der reinen Synthese, d. h. in der systematischen, nach bestimmten Regeln gebildeten Darstellung dieser Gesamtheit, d. h. des einen Teils meiner Gesamtwelt durch die andere, die ich „Ich" nenne. Nur in diesem „relativistischen" Sinne haben solche Fragen überhaupt einen Sinn. Ich kann nur Aussagen machen über das Verhältnis eines Teils meiner Gesamtwelt zu einem anderen Teil. Niemals kann ich Aussagen machen über meine Gesamtwelt im ganzen[1], wenigstens müssen solche Aussagen immer des realen Untergrundes entbehren, der eben nur im Gegensatz zu etwas anderem manifest werden kann.

Die Grundtendenz.

Ich möchte die Grundtendenz meines ganzen Aufbaues nochmals recht deutlich herausstellen, damit sie in ihrer vollen Wirksamkeit überblickt werden könne.

Meine Tendenz ist, alle Allgemeinaussagen über irgendwelche dauernd oder absolut geltende Formulierungen als Schöpfungen unseres Willens auffaßbar nachzuweisen, bzw. zu zeigen, daß sie bei synthetischer Begründung sich als solche innerhalb des konsequenten Systems darstellen lassen. Alle Untersuchungen

---

[1] Siehe die einschlägigen Ausführungen in meinen „Grundlagen der Naturphilosophie", S. 130.

im Vorstehenden haben auch tatsächlich zu diesem Resultate geführt, und das Vorstehende enthält zugleich den Grundriß desjenigen systematischen Aufbaues, der auf dieser Basis nun errichtet werden kann, nun aber auch nichts mehr enthält, was irgendwie unerklärlich oder rätselhaft wäre.

Das einzige, was nun noch als unabhängig von uns, als gegeben überbleibt, sind also nicht etwa sog. „Naturgesetze", diese erweisen sich vielmehr bei uns als letzten Endes durch unsern eigenen Erklärungswillen bedingte logische Schemata. Es ist vielmehr die (wie wir oben sagten: durch Gegebenheitszufall) gegebene „Realität", d. h. die Gesamtheit meiner direkten Gegebenheiten, und mit diesen rein praktische Fertigkeiten, unreflektierte Handlungen, mit denen wir unmittelbar in der Realität stehen und untrennbar in ihr verknüpft und beschlossen sind. Etwa gehören hierher in erster Linie die Fähigkeit, die Wirklichkeit an gewissen Stellen („unserm Körper") direkt durch „meinen Willen" zu beeinflussen, und die verschiedenen Einzelformen, welche diese Fähigkeit im Denken, Vergleichen, Handeln annimmt.

Natürlich sind auch diese Fähigkeiten und diese Handlungen, die unreflektiert jeder Erkenntnistheorie und damit auch dem ersten Grunde unserer reinen Synthese als letztes Fundament zugrunde liegen müssen, selbst wieder, sobald sie der Inhalt repräsentativer Erlebnisse, d. h. sobald sie reflektiert werden, Vorgänge des Ablaufs meiner Gesamtwelt und als solche der kausalen und historischen Einordnung und Erklärung in meiner Gesamt-Welt-Erklärung bedürftig. Und damit schließt sich sozusagen der Ring unserer Gesamt-Welt-Darstellung, die Schlange beißt sich in den Schwanz. Aber man darf nie glauben, damit den ersten Grund unseres Aufbaues etwa auf psychologische oder physiologische Weise „erklärt" zu haben; denn man darf nicht vergessen, daß diese Erklärung ja selbst erst auf diesen direkten Erlebnissen, auf diesen ersten Handlungen als erstem Fundamente beruht, nicht von ihm losgelöst in der Luft schweben kann. Damit aber entzieht sich diese Basis dauernd jeder sinnvollen Erklärung, die ihrem innersten Wesen nach schon sinnlos wäre. Denn Erklärung ist das logische Zurückführen auf anderes. Worauf aber soll das erste Fundament der ganzen Gesamt-Welt-Darstellung zurückgeführt werden, da doch alles übrige auf ihr erst beruht?

§ 2. Geschichtliche Bemerkung.

Cartesius hatte versucht, in seinem gewaltigen System die „Mechanik als das einzige und hinreichende Mittel einer erschöpfenden Naturerklärung zu erweisen.“ „Die mechanische Naturauffassung ersteht aber erst, wenn der weitere Satz hinzutritt, daß sämtliche in der Sinneswelt wahrnehmbare Erscheinungen sich auf verborgene Bewegungen zurückführen lassen. Dann wird die Mechanik, die ihrerseits streng logisch begründet werden kann, den Anspruch einer universalen Naturerklärung erheben dürfen, wird die aus Grundbegriffen und Grundsätzen des reinen Denkens aufgebaute Konstruktion zu einer Theorie der Körperwelt, welche die Welt als eine Maschine denkt, in der nichts real ist als Ausdehnung, Zahl und Bewegung.“[1] Ging man diesen Weg, der durch die überwältigende Überzeugungskraft von Mathematik und Mechanik vorgeschrieben erschien, dann geriet man alsbald in große Schwierigkeiten bei der Frage nach der Einordnung des Geistes in dieses System, bei der Frage nach dem Zusammenhang zwischen der ausgedehnten und der denkenden Substanz, um im Sinne Descartes' zu sprechen. Es ist ja bekanntlich Descartes nicht gelungen, hier den Knoten zu lösen, und hier liegt die tiefste Schwierigkeit seines Systems verborgen. Aber auch bei allen weiteren Philosophen bis auf unsere Zeit liegt an dieser Stelle ein wunder Punkt, meist sogar der wunde Punkt. Von hier aus mußte einerseits der Materialismus und Mechanismus entspringen, andererseits der Idealismus und das Ding an sich. Einen Seitenweg in Gestalt einer anderen radikalen Möglichkeit stellt dann der reine Empirismus und Sensualismus dar, der mit Locke beginnend in unserer Zeit in den exakten Naturwissenschaften eine große Verbreitung in verschiedenen Formen erfahren hat.

Es ist gerade gegen einen solchen Hintergrund, daß unsere Aufstellungen ihre Vorzüge offenbaren.

Es ist ganz naturgemäß, daß das System der Mechanik völlig erhalten bleibt, auch seine Bedeutung und die Universalität seiner Geltung und Wirkung. Aber die Art seines Einbaues in die Gesamtanschauung ändert sich fundamental. Nicht

---

[1] Frischeisen-Köhler in Überwegs Grundriß. Bd. III. 11. Auflage. 1914. S. 81. Siehe auch den schönen Essay des gleichen Autors über Descartes in v. Aster „Große Denker“.

mehr wie bei Descartes und den späteren Mechanikern sind die kleinsten Teilchen, die den mechanischen Gesetzen gehorchen, die Welt; sondern diese ganze Mechanik ist bei uns bloß eine Erklärungs-, eine Darstellungsform der irrationalen Wirklichkeit. Es ergibt sich nicht, daß die Welt wie bei Descartes eine einzige große Maschine ist, sondern nur der Teil, der jeweils von uns bereits mit den Gesetzen der Mechanik bearbeitet ist, läßt sich in dieser Weise darstellen, dieser Teil ist aber stets ein endlicher und wird stets ein endlicher bleiben, neben dem noch ein unendlicher Teil als unendliche und nie erschöpfbare Aufgabe weiterer solcher Behandlung überbleibt. Auch werden bei uns die letzten Bausteine nicht wie bei Leibniz, Kraftpunkte mit all den seltsamen Konsequenzen, die diesem scharfsinnigen Denker sich für seine Monaden ergeben mußten. Auch bei uns ergibt sich, daß, falls man mit dem Prozeß der Zerlegung in immer kleinere Massenteilchen, ins Unendliche geht, man zu mathematischen Massenpunkten kommt, die genau den Leibnizschen entsprechen. Aber da wir wissen, daß unsere ganze Mechanik nur eine Darstellungsart der irrationalen Gesamtwelt ist, so ist damit an sich die Konsequenz schon gehoben, daß die Welt nun wirklich aus diesen Punkten „bestehe". Eine solche Behauptung wäre hier völlig sinnlos, ganz abgesehen davon, daß es hier nicht erlaubt ist, zur Grenze überzugehen, indem unsere Erklärung stets endlich viele Schritte nur umfassen kann, somit die (momentan) kleinsten Teilchen stets endlich sein müssen.

§ 3. Das Verhältnis zu Kant.

In philosophicis ist es vielleicht manchmal zweckmäßiger, um bei philosophischen Lesern verstanden zu werden, das Verhältnis einer Lehre zu einer schon bestehenden, bekannten darzulegen, als sich auf die einfache Darlegung ihrer selbst zu beschränken. In diesem Sinne empfiehlt es sich, daß ich noch etwas darauf eingehe, wie sich das Vorstehende zur Kantschen Philosophie verhält.

Kant ging bekanntlich aus von der Tatsache des Vorhandenseins von Sätzen in der Wissenschaft, die apodiktische Gewißheit für sich beanspruchen. Sein Problem (das er von Hume übernommen hatte) war die Frage, wie solche Sätze möglich seien.

Er glaubte also subjektiv an das Vorhandensein solcher apodiktischer Sätze. Das wäre aber an sich für seine Untersuchungen ganz nebensächlich gewesen, denn wenn es ihm gelang zu zeigen, wie solche Sätze möglich sind, so war ja deren Existenzbeweis damit zugleich gegeben.

Nun war seine Lösung in kurzen Worten diese: Alle Erkenntnis, die aus der Wahrnehmung kam, konnte niemals als solche apodiktische, allgemeine und absolute Geltung haben; Daher konnten apodiktische Sätze niemals aus der Wahrnehmung kommen, konnten niemals „a posteriori" sein, mußten stets „a priori" sein. Unter den apriorischen Urteilen wiederum konnten nur solche neue und wesentliche Erkenntnisse enthalten, die nicht selbst schon durch Zergliederung vorhandener Begriffe entstanden.[1] Wurden die letzteren analytische Urteile a priori genannt, so hießen die nicht auf analytischem Wege zu erreichenden: synthetische Urteile a priori.

Alle apriorischen Urteile waren nun selbstverständlich apodiktisch, denn sie waren ja unabhängig von jeder empirischen Nachprüfung. Es bestand also für Kant, um zu seinem Ziel zu gelangen, nur die Notwendigkeit, zu zeigen, daß alle diejenigen Sätze der Mathematik und der exakten Wissenschaften, denen er apodiktische Geltung zuschreiben wollte, solche synthetische Urteile a priori seien.

Dieser wichtige Schritt schien ihm auf folgende Weise zu gelingen: Diejenigen wissenschaftlichen Sätze, welche am allgemeinsten als von apodiktischer Gewißheit betrachtet wurden, waren die mathematischen. Sie mußten also in erster Linie als apriorische nachgewiesen werden. Die geometrischen Sätze handelten vom Raume, die phoronomischen vom Raume und der Zeit, die arithmetischen schienen wesentlich auf zeitliche Verhältnisse gegründet. Sollten diese Sätze apriorisch sein, so mußten sie ihr Geltungsrecht aus dem Subjekte selbst beziehen. Dies aber war sofort verständlich, wenn Raum und Zeit nicht etwas waren, was den Dingen an sich selbst anhaftete, sondern wenn sie „Formen" waren, unter denen ich die Dinge betrachtete, bzw. betrachten mußte. Diese Formen konnte ich „a priori" haben, aus ihnen konnte ich auf Grund „reiner

[1] Wobei der von Kant benutzte psychologisch-empiristische Begriff des Begriffes hier in seinem Sinne vorausgesetzt sei.

Anschauung" Sätze entnehmen, die dann natürlich apodiktische Geltung mit sich führten. Wenn man also mit dieser „Tatsache" daß wir eben diese Formen in uns vorfinden, sich zufriedengestellt fühlte und nicht etwa weiter frug, woher denn diese Formen selbst wieder kämen oder woher der Satz, daß diese Formen da seien, selbst wieder sein Geltungsrecht bezöge, dann war die Theorie ganz befriedigend. Sicherlich war mit ihr der eine große Fortschritt erreicht, daß zum ersten Male eine plausible Möglichkeit erschien, sich das Vorhandensein apodiktischer Urteile zu erklären.

Nun führte diese Theorie Kants aber in ihren Konsequenzen von selbst weiter. Auch in den Naturwissenschaften, zunächst also in der Physik, gab es Sätze, die apodiktische Geltung beanspruchten und daher von Kant als synthetische Urteile a priori angesprochen werden mußten. So z. B. gleich der Satz von der allgemeinen Kausalität, das Gesetz von der Erhaltung der Masse u. a. Auch diese mußten sich aus der Betrachtung der Bedingungen a priori der Erfahrung ableiten lassen, wie es im Schlußabschnitt von § 17 der Prolegomena heißt: er meine hier „also nicht, wie wir (durch Erfahrung) der Natur die Gesetze ablernen können, denn diese wären alsdann nicht Gesetze a priori und gäben keine reine Naturwissenschaft, sondern, wie die Bedingungen a priori von der Möglichkeit der Erfahrung zugleich die Quellen sind, aus denen alle allgemeinen Naturgesetze hergeleitet werden müssen" (von mir gesperrt).

Wie sich dies nun im einzelnen auswirkt, sehen wir vielleicht noch besser aus den verschiedenen Arten von Urteilen, die er in Hinsicht ihrer Geltung für die Realität unterscheidet: Es sind 1. Wahrnehmungsurteile, diese sind subjektiv, 2. Erfahrungsurteile, diese sind objektiv, 3. synthetische Urteile a priori, diese sind von allgemeiner Geltung. Auf Grund des Gesagten können wir vielleicht die sich an dieser Stelle erhebende Schwierigkeit am besten so charakterisieren: In der Zeit der Abfassung der Kritik der reinen Vernunft und der Prolegomena meint Kant, daß sich aus den Bedingungen a priori der Erfahrung alle allgemeinen Naturgesetze, d. h. alle Gesetze der reinen Naturwissenschaft eindeutig ergeben müßten, ebenso wie das bei Raum und Zeit ihm so erschienen war, weil ihm die Kenntnis der nichteuklidischen Geometrieen noch gefehlt hat.

Dies geht aus allen seinen Darlegungen hervor, die insbesondere zeigen, daß er keiner weiteren Kriterien zu bedürfen glaubt außer der reinen Anschauung, um eindeutig „die“ reine Naturwissenschaft zu erhalten. Es entstand aber bei der wirklichen Ausführung einer auf seine Prinzipien gegründeten reinen Naturwissenschaft die Frage nach der Ausdehnung der synthetischen Urteile a priori. Nun leitet Kant die Grundsätze der reinen Naturwissenschaft in der transzendentalen Logik als eindeutige ab. Aber als er dann bei der Aufstellung seiner Naturphilosophie in seinem opus postumum sich gezwungen fand, über die zwischen den Körpern wirkenden Kräfte, speziell die Molekularkräfte etwas auszusagen, da kam er zu einem eigenartigen Novum in seiner Philosophie. Hier gelang es ihm nicht, diese eindeutig zu bestimmen (in der Tat war ja auch im Gegensatz zur Geometrie die Wissenschaft hier noch nicht zu eindeutigen Resultaten gelangt). Er konnte vielmehr nur so viel a priori erreichen, daß er gewisse Möglichkeiten, Schemata aufstellte, und nun dem Experimente überließ, die Entscheidung darüber zu treffen, welche dieser Möglichkeiten wirklich in der Realität statt habe. Solche Möglichkeiten waren z. B. daß die Kraft a) anziehend, b) abstoßend in irgend einer näher bestimmten Art sein solle. Damit war Kant an dieser Stelle auf den gleichen Standpunkt gekommen, der jetzt vielfach als letzte Errungenschaft der neueren Entwicklung betrachtet wird.

Unsere eigenen Resultate sind ja ganz andere. Der Umstand, daß Kant keine prinzipielle Lösung des Geltungsproblems liefert, bewirkt natürlich, daß alle seine Aufstellungen in ihrem letzten Grunde des festen Fundamentes entbehren. Man bedarf, um die Kantsche Erkenntnistheorie wirklich zu fundieren, immer noch einer Geltungsvoraussetzung, die je nach der Vorliebe des Betrachters aus Evidenzlehre, Psychologie etc. entnehmbar wäre, daher auch die verschiedenen Auffassungen.

Dies alles ist anders, sobald hier Klarheit geschaffen, wie wir das im 1. Teil versucht haben. Dann aber haben wir nicht mehr nötig, auf die „reine Anschauung“, die Kant supponiert, zurückzugreifen, sondern wir wissen jetzt bis ins einzelne hinein genau Bescheid über den ganzen Vorgang der Erzeugung einer apodiktischen Wissenschaft, ohne daß dabei noch irgendeine Stelle in ihrem Geltungsgrunde dunkel wäre. Dabei ist allerdings folgendes Prinzipielle zu beachten. Noch bei Kant spielt ein historisches Moment herein. Er will u. a. auch erklären, wie die historisch vorhandene Geometrie in ihrer Geltung entsteht. Sie ist ihm somit ein empirisch Gegebenes und ebenso muß ihm darnach diese Entstehung im Empirischen fundiert sein. Bei uns hat die „synthetische“ Geometrie mit der historischen nur noch einen mehr äußerlichen Zusammenhang. Wie die historisch vorhandene Geometrie entstanden ist, dies ist eine historische Frage nach etwas Einmaligem, und wenn aus der Art dieser Entstehung zugleich ihr Geltungsgrund einleuchten soll, so muß die Antwort auf diese Geltungsfrage stets auch mit dem Erdenrest dieses Empirischen behaftet sein und kann daher, wie im 1. Teil nachgewiesen wurde, niemals diese Geltung völlig begründen. Gänzlich frei von diesem Erdenrest ist die „synthetische“ Geometrie, die auf reinen Festsetzungen beruht und sonach mit den historisch ohne letzte Geltungsbegründung entstandenen Geometrieen ihrem letzten Fundamente nach gar nichts zu tun haben kann.

Einen der Kerne der Kantschen Erkenntnistheorie der exakten Wissenschaften bildet seine Kategorieenlehre. Auch diese nun ist in der Kantschen Form eine Art deus ex machina, was ihre letzte Begründung betrifft. Denn in dieser wird auch sie auf einfach bestehende, selbst nicht weiter abgeleitete Dinge zurückgeführt. Dies ist nun an sich deshalb nicht besonders bemerkenswert, weil ein anderes Verfahren überhaupt nicht möglich ist. Aber der ausschlaggebende Unterschied liegt in der näheren Beschaffenheit der Dinge, auf welche letzten Endes die Zurückführung erfolgt. Sind dies, wie bei Kant gewisse logische Gliederungen usw., dann bleiben diese selbst völlig unerklärt, und wir haben geformte Dinge, Formen, über deren Geltung wir nur rein empirische Aussagen machen können. Bei uns nun, in der reinen Synthese, sind alle Formen ohne Ausnahme zuletzt reine Festsetzungen und die reine Synthese selbst stellt die Gesamtheit aller Kategorien dar, soweit sie eben zur systematischen, synthetischen wissenschaftlichen Erkenntnis nötig sind. Was bei der alltäglichen Erkenntnis vor sich geht, das ist dann entweder eine Frage der Psychologie und Physiologie oder aber der Historie, soweit sie natürlich nicht eine genau im Rahmen und nach den Regeln der reinen Synthese erfolgende war.

Somit zeigt sich eben doch ein starker Unterschied zwischen den Kantschen Resultaten und den unsrigen, trotzdem die Kantschen ganz offenbar in genau der gleichen Richtung tendieren. Ich glaube nicht, daß es mißverständlich ist, wenn ich etwa so sage: Es ist das große Humesche Problem der Geltung, das Kant, wie er immer wieder (besonders in den Prolegomena) betont, aus dem dogmatischen Schlummer geweckt hat. Er war also in dieser Hinsicht geweckt und damit auf dem einzigen Wege, der zum Ziele führt, und er ging ihn, soweit er ihn zu gehen vermochte. Sicher aber ging er ihn nicht zu Ende. Später ist man (an anderer Stelle) wieder in dogmatischen Schlummer verfallen. Wir haben hier versucht, aus diesem auch an diesen Stellen herauszukommen und zu prinzipiellen Klärungen zu gelangen.

§ 4. Über den Humeschen Empirismus.

Wie der große englische Denker David Hume einerseits nach Kants eigener Aussage der Hauptanstoß für Kant war, seine kritische Philosophie zu entwickeln, so bietet er mit seinen Formulierungen doch andererseits auch heute noch bei manchen die letzte Basis einer stark empiristischen Denkrichtung. Es wird daher nicht unangebracht sein, in einem Werke, das sich so scharf und prinzipiell gegen den epistemologischen Empirismus wendet, wie das vorliegende, gerade zu den Überlegungen dieses Forschers kurz noch besonders Stellung zu nehmen.

Der treibende Gedanke der ganzen Humeschen Denkweise war ein hiervon ganz unabhängiger. Es war das Problem der Geltung, das Hume als erster in so prinzipieller und umfassender Weise angriff. (Siehe den 1. Teil des 4. Abschnittes von Humes „Enquiry concerning human understanding".)

„Es muß daher ein der Wißbegierde würdiges Unternehmen sein, zu erforschen, welches die Natur jener Evidenz sei, die uns über das gegenwärtige Zeugnis unserer Sinne oder über die Erinnerungen unseres Gedächtnisses hinaus, einer wirklichen Existenz und Tatsache sicher macht."

Diese ganz fundamentale Einstellung ist der eigentliche Grund für Humes zentralen Einfluß auf die Philosophie der folgenden Jahrhunderte. Ihm war das Bedürfnis nach letzten Begründungen, das auch bei ihm wie in vielen solchen Fällen letzten Endes aus religiösen Problemen entsprang, so stark geworden, daß diese Frage das Kernproblem seiner erkenntnistheoretischen Überlegungen wurde. Dieses Humesche Problem war es, das Kant aus seinem dogmatischen Schlummer weckte und so der erste Anstoß zur ganzen kritischen Philosophie wurde, diese Fragestellung hat auch bei Ernst Mach seine ganze philosophische Entwicklung als ausschlaggebend beherrscht.

Was Kant und Mach an philosophischen Ausführungen gaben, waren eben ihre Lösungsversuche dieser Humeschen Frage und die Überlegungen, die dazu führten oder sich daran anschlossen. Darum versteht man auch die Entwicklung Machs nur von diesem Problem aus; wenn man es als Leitstern über seine ganze Philosophie stellt, dann versteht man, daß sein Sensualismus für ihn völlig sekundär war[1] und durchaus bei besserer Einsicht modifiziert werden konnte, ohne daß dadurch Mach seiner Lebensbahn untreu wurde.

Ebenso haben wir selbst uns in diesem Buche der von Hume herführenden Linie angeschlossen und das Geltungsproblem explizit in den Mittelpunkt unserer Überlegungen gestellt.

Für unsere Überlegungen von ähnlicher Wichtigkeit ist aber eine zweite grundlegende Entdeckung, die Hume macht. Er bemerkt und bespricht es ausführlich, daß wir Verknüpfungen in der Realität nicht unmittelbar als notwendig wahrzunehmen vermögen, so daß, wenn wir irgend zwei Ereignisse zum ersten Male einander folgen sehen, wir aus der Wahrnehmung heraus keinerlei Gewißheit haben können, daß dies immer so sein müsse, daß also hier eine „kausale Verknüpfung" vorliege. Diese Entdeckung ist selbst ermöglicht durch Humes Frage nach letzten Begründungen und führt nun zur weiteren Entwicklung seiner Gedanken. Die Folge dieser ist nun, da sehr starke Kausalitätsempfindungen objektiv vorliegen und die Begründung derselben nicht in der Wahrnehmung unmittelbar gelegen sein kann, daß sie (mindestens zu einem Teil) in uns, im Subjekt liegt. Damit haben wir schon bei Hume den Wegweiser, der nach der Richtung der kritischen Philosophie weist. Hume erklärt demgemäß das Kausalitäts-

[1] Siehe meine Ausführung darüber in „Physik und Hypothese", S. 124 f.

gefühl als Folge von Assoziationen (7. Abschnitt, 2. Teil der Enquiry).

Vielleicht darf ich noch einige Worte der Kritik einschieben. Natürlich ist das keine absolute Lösung, sondern es ist eben die beste, die Hume zu finden vermochte. Offenbar ist diese Bewirkung von Assoziationen durch öfteres Wahrnehmen und die Bewirkung des Kausalitätsgefühls durch diese Assoziation doch selbst schon eine solche Verknüpfung, wie er sie erklären will, und zwar eine solche, die nicht selbst wieder durch Assoziation zustande kommen kann. Auch wird doch für die Realität die Eigenschaft vorausgesetzt, solche konstante Folge-Verhältnisse zu enthalten, ohne daß dies irgendwie erklärt wird. So gelangt, wie wir sehen, Hume zu seinem Empirismus, der aber schon eine starke Komponente nach dem Subjekt hin (und damit nach der Kantschen Weiterentwicklung) aufweist.

Bei der kristallenen Klarheit unseres Denkers ist er besonders geeignet, das Wesen des Empirismus demjenigen klar zu machen, der bei der Lektüre stets die versteckten, unbewußten und unbewiesenen Voraussetzungen aufzufinden trachtet — eine Einstellung, die überhaupt die einzige ist, welche philosophischen Darlegungen auf den Grund zu sehen erlaubt. So schreibt Hume z. B. gegen Ende des 7. Abschnittes seines „Enquiry“: „Der erste Fall, bei dem wir eine durch den Stoß zweier Billardkugeln mitgeteilte Bewegung wahrnehmen, ... , ist genau gleichartig jedwedem Falle, der uns jetzt begegnen mag; ausgenommen allein, daß wir zum ersten Male den einen Vorgang aus dem anderen nicht zu folgern in der Lage waren, wozu wir jetzt, nach einer so langen Reihe gleichförmiger Erfahrungen fähig sind.“ Dies Beispiel ist nach Humes eigener Angabe ihm immer ein besonders „einleuchtendes“ gewesen, und wir gehen wohl nicht fehl, wenn wir annehmen, daß gerade dieses sehr bedeutenden Einfluß auf die Vorstellungen geübt hat, die sich Hume über die Kausalität bildete. Betrachten wir Humes Ausspruch etwas näher. Da ist sofort auffällig, daß schon rein formal der angeführte Satz — der ja nicht den, wie Hume meint, von der Gewohnheit gezogenen Schluß, sondern die diesem zugrunde liegenden vermeintlichen „Tatsachen“ aussprechen soll — etwas enthält über Tatsachen der Zukunft, über die wir also rein empirisch noch gar nichts wissen können, daß er eine „Allgemeinaussage" enthält. Gibt man diesen Humeschen Satz zu, wie er dasteht, dann ist die abzuleitende Kausalbeziehung eine Selbstverständlichkeit, eine Tautologie. Da nun aber mehr oder weniger unbewußt der Inhalt des angeführten Ausspruches bei Hume und sicher bei vielen anderen als beobachtbare Tatsache gilt, so ist es gar kein Wunder, daß die daran anschließende Kausalverknüpfung als eine so absolut zwingende erscheint.

Es wird sich daher empfehlen, die Geltung des Humeschen Ausspruches einmal genauer zu untersuchen, in Kürze, denn ganz analoge Fälle habe ich im Abschnitt über Kausalität ausführlich behandelt. In der Tat ist es nicht richtig, daß der Zusammenstoß zweier Billardkugeln, den wir zum ersten Mal sehen, durchaus jedem möglichen Falle gleicht, der uns heute begegnen könnte. Dieser Zusammenstoß hängt von vielen Umständen ab, von der Beschaffenheit der Kugeln, der Unterlage und der Umgebung. Die Behauptung, daß alle Fälle gleich seien, setzt voraus, daß alle wesentlichen Bedingungen gleich seien. Konzentrieren wir uns auf das Reale.

Ganz ohne Zweifel liegt die Tatsache vor, daß wir in sehr vielen, den meisten Fällen den genau gleichen Vorgang vorfinden bei zwei Billardkugeln. Und diese Tatsache ist es, welche den Empiristen stets vorschwebt. Es würde jede Erkenntnistheorie sofort sich als nicht ernst zu nehmend erweisen, wenn sie versuchen wollte, diese Tatsache wegzuschieben oder auch nur abzuschwächen. Der reinen Synthese liegt daher auch nichts ferner als das. Aber dennoch gelingt es ihr, die Allgemeinaussage, welche diese Kausalverknüpfung als allgemeines Gesetz ausspricht, auf reine Festsetzungen zurückzuführen. Dies ist vielleicht der Kernpunkt unserer Lehre wenigstens für das Verständnis. Diese Kombination gelingt, indem eben die Fälle, in denen dieser Vorgang so eintritt, wie ihn die Kausalverknüpfung will, als Resultate der Auslese, der Wahl erkannt werden. Man hat eben, grob gesprochen, alles so hergerichtet (in gewissem Sinne unbewußt), daß der Vorgang so eintritt. Gerade der Begriff „Billard" schließt ja schon von selbst die Eigenschaft einer außerordentlichen Konstanz der Verhältnisse und Genauigkeit in sich. Die störenden Umstände sind stets nach größter Möglichkeit ausgeschaltet. Dabei kann das erste Mal die Kausalverknüpfung, die dann später gesucht wird, tatsächlich durch Assoziation sich hergestellt haben; später wird sie dann aber durch Auslese garantiert. In der reinen Synthese in letzter Vollendung würde man sich (außer in der Forschungspraxis) auch nicht mehr so anregen zu lassen brauchen, sondern da könnte man überhaupt Fälle rein logisch konstruieren, und dann die Realisierungen derselben in der Wirklichkeit aufsuchen (Exhaustion). Es ist klar, wie sehr diese Theorie jeder Art des Empirismus überlegen ist. Bei letzterem gibt es stets notwendigerweise immer noch Stellen, wo er seine Voraussetzungen nicht beweisen kann, irgend welche solche ungefragt annehmen muß, um überhaupt weiter zu kommen, irgendwo auf letzte Geltungsbegründung seiner Sätze verzichten muß. Solche Stellen gibt es bei unserer reinen Synthese nicht, und dennoch stellt diese Theorie ausnahmslos alle Umstände, die hier in Frage kommen, auf das natürlichste und durchsichtigste dar.

---

2. Kapitel. **Die Metaphysik.**

§ 1. Die Synthese als unendliche Aufgabe.

Man wird erstaunt sein, in diesem Buche diese Überschrift zu finden, man wird aber bald einsehen, wie dieselbe gemeint ist, und die Notwendigkeit dieser Untersuchung verstehen.

Eben deshalb, weil es uns mit unseren Methoden gelingt, die „Physik“ in so vollständiger Klarheit in ihrem innersten Wesen darzustellen, sind wir nun auch in der Lage, dem, was nun nicht Physik ist, seine Stellung einzuräumen und es begrifflich festzulegen, soweit es möglich ist.

Es ist wohl am besten, wenn wir, das Resultat der vorhergehenden Überlegungen und Formulierungen zusammenfassend, kurz versuchen, das, was Physik ist, zu umreißen.

Unter Physik verstehen wir die Wissenschaft von allem, was der reinen Synthese unterworfen ist, oder unterworfen werden kann.

Den Aufbau der reinen Synthese selbst als logisches Gebäude, wie wir ihn im Gegensatz zu dem Gebiete der Anwendung derselben, das wir soeben als Physik bezeichneten, nennen wollen, wollen wir auch kurz als Mathesis bezeichnen. Es umfaßt also die Mathesis die synthetischen Grundprinzipien, die synthetische Logik, die darauf aufgebaute sog. reine Mathematik (d. h. z. B. ohne Geometrie usw., kurz ohne Anwendungen, welch letztere natürlich zur Physik gehören), sowie diejenigen Festsetzungen, welche die Grundlagen der reinen Synthese, d. h. der Zeit, des Raumes und der Gravitation usw. festlegen.

Damit gehört in unserer Bezeichnung die Mathesis als Instrument (d. h. wo sie aktiv ist) bereits zur Metaphysik.

Man kann natürlich darüber streiten, ob man für diese Begriffsbestimmungen nicht den oder jenen anderen Ausdruck gebrauchen will. Wir ersuchen daher rein formal logisch jede andere Bedeutung der von uns gebrauchten Worte hier beiseite zu lassen und machen von dem unveräußerlichen Rechte des Logikers Gebrauch, irgendwelchen klar umschriebenen Begriff mit irgendeinem beliebigen Wortzeichen zu nennen.

Die eben gegebenen Begriffsbildungen erleichtern uns nun unsere weiteren Darlegungen.

Zunächst eine wichtige Bemerkung über mein jetziges Verhältnis zu einer früheren Stellungnahme zu diesen Dingen. Wir sahen, daß die Bewältigung meiner Wirklichkeit mittels der reinen Synthese eine unendliche Aufgabe ist. Es heißt das, daß diese Aufgabe niemals zu Ende geführt werden oder sein kann, und daß in jedem beliebig späten Augenblick stets noch eine unendliche Aufgabe übrig bleibt. Ich habe früher geglaubt, man könne in einem nicht eigentlichen Sinne von einer in unendlicher Ferne liegenden Vollendung der Aufgabe sprechen. Dies ist jedoch zunächst einmal eine rein formal sehr widerspruchsvoll klingende, dann aber überaus leicht und fast mit Notwendigkeit irreführende Aussage und Formulierung. Zunächst formal: eben weil die Aufgabe ihrer Art nach stets unvollendet bleiben muß, darf ich nicht von ihrer Vollendung reden, und wenn ich auch von ihrer Vollendung in „unendlicher" Zeit rede, so ist dies zunächst dennoch eine contradictio in adjecto, dann aber verführt das Wort Vollendung stets zu der Vorstellung, daß man sich irgendwie an das Ende der Aufgabe tatsächlich denken könne. Dies aber ist notwendig vollkommen unrichtig und muß zum mindesten starke Schiefheiten in der Auffassung im Gefolge haben.

So führt diese unglückliche Ausdrucksweise letzten Endes z. B. fast sicher zu einem, wenn auch gemilderten, ziemlich öden Rationalismus. Es erscheint dann erlaubt, sich das Weltganze „am Ende der Zeiten" irgendwie bis in seine feinsten Einzelheiten hinein bekannt und berechenbar vorzustellen. Und man erkennt aufs deutlichste den gefährlichen Abweg, auf den man durch diese Ausdrucksweise gelangt ist: man denkt sich zuletzt doch den Prozeß der Erforschung „bis zum Ende" durchgeführt, und daß dieses „Ende" erst in unendlicher Zeit, d. h. nie eintritt, und daß man daher den Prozeß sich niemals bis zum Ende durchgeführt denken kann und darf, dies wird vergessen.

In diesen Fehler bin ich leider an einigen Stellen früherer Schriften (Grenzen und Ziele der Wissenschaft, Grundlagen der Naturphilosophie) verfallen, und ich möchte ihn hier ausdrücklich durch meine jetzige bessere Erkenntnis korrigieren.

Ich möchte also nochmals ausdrücklich formulieren: Es ist widerspruchsvoll und daher falsch und unmöglich, irgendwie von einer Vollendung des unbegrenzten Prozesses der Forschung, speziell auch der reinen Synthese zu sprechen und Gedankengänge bis zu dieser (nicht vorhandenen!) „Grenze" weiter zu verfolgen.

Man muß sich immer wieder vor Augen halten: wie weit auch immer ich in der Aufgabe der Forschung fortgeschritten sein werde, stets liegt eine unendliche Aufgabe noch vor mir. Aus dieser Erkenntnis heraus ist uns ja auch erst in den vorstehenden Kapiteln die Lösung und Vermeidung all der zahllosen Widersprüche und Ungereimtheiten gelungen, die mit diesen Dingen bisher vielfach zusammenhingen.

§ 2. Verhältnis zur Historie.

Es sei noch eine kurze Bemerkung über das Verhältnis der reinen Synthese zur Historie angefügt. Der methodische Vorgang bei dieser ist insofern besonders einfach, als ja lediglich bestehende Realitäten „erklärt" werden sollen, und nicht etwa eine Veränderung in der Realität vorgenommen werden soll, wie in den Fällen des Experimentes und der praktischen Anwendung der reinen Synthese in der Realität.

Der Vorgang ist der, daß aus gewissen bestehenden „Umständen" Rückschlüsse gezogen werden sollen auf die Art der Entstehung derselben. Es wird also die Aufstellung einer (in diesem Sinne hypothetischen, besser gesagt „substruktiven") Kausalkette verlangt, worin die bestehenden Umstände als Folgen gewisser früherer zu substruierender Verhältnisse erscheinen. Um diese Kausalkette aufstellen zu können, muß ich mich natürlich der Kenntnis kausaler Zusammenhänge bedienen, die ich anderweitig gewonnen habe. Diese liegen uns in der reinen Synthese in endgültiger Form vor, in der Praxis werden natürlich vielfach auch Sätze der vorläufigen Synthese herangezogen werden. Sehen wir z. B. die Mondkrater als durch Aufsturz schwerer Massen erzeugt an, so sind diese durch Anwendung der Gesetze der synthetischen Mechanik und von etwaigen Sätzen der vorläufigen Synthese zu erklären. Der Zeitpunkt, wo diese Ereignisse eintraten, wird durch Zurückrechnen mittels in ihrer Zeitdauer bekannter Vorgänge der reinen oder vorläufigen Synthese festzustellen versucht. Die Wissenschaften der Geologie, Paläontologie und die meisten Teile der praktischen Astronomie erfüllen systematisch auf dem geschilderten Wege ihre Aufgaben.

Diese Art der Wissenschaft nennen wir Historie, und es wäre vom methodologischen Gesichtspunkt nichts weiteres eigentlich dazu zu sagen (denn das Verfahren fällt vollständig mit jedem „Erklären" realer Dinge überhaupt zusammen), wenn nicht ein weiterer Umstand hinzukäme.

In allen Fällen nämlich, wo die Kausalkette durch Menschengehirne hindurchführt, versagt natürlich die ganz detaillierte Kausation, da ein Menschengehirn eine Stelle darstellt, wo auf relativ kleinem Raume unerhört viele verschiedene bedingende Umstände auf uns noch meist undurchsichtige Weise beieinander liegen und zusammenwirken. Dies bedeutet jedoch, und das ist das Prinzipielle, was uns hier interessieren muß, keinen prinzipiellen Unterschied von dem allgemeinen Fall des „Erklärens" überhaupt, sondern nur einen Fall besonderer Komplikation und besonders vorläufiger Kausalverknüpfungen.

Natürlich würde an sich hier die philosophische Stellungnahme in Frage kommen, die man überhaupt dem „andersseelischen" gegenüber hat. Aber für uns fällt auch diese Stellungnahme völlig hinweg, da ja die reine Synthese dem „Sein" überhaupt keine Möglichkeit mehr läßt, einen entscheidenden Einfluß auf die prinzipiellen Methoden auszuüben, mit denen wir an seine wissenschaftliche Erklärung herantreten, vielmehr gerade deren prinzipiellste und erste Teile völlig meinem eigenen zielstrebigen „Willen“ anheimstellt. Ferner zeigen ja unsere vorstehenden Untersuchungen, daß jede wirklich streng kritisch verfahrende Analyse einer anderen philosophischen Einstellung in dieser Hinsicht notwendig dazu führen muß, gewisse Lücken in der Begründung zu entdecken, während die reine Synthese wohl das eine in Anspruch nehmen darf, daß die Begründung derselben so gelegen ist, daß von solchen Begründungslücken nicht mehr gesprochen werden kann.

Was nun die Frage angeht, ob die Historie Gesetze finden könne, so ist dies ohne weiteres zu bejahen. Wenn ich aus einem Gestein entnehme, wie die darin enthaltenen radioaktiven Substanzen im Laufe der Jahrtausende gewirkt haben, so ist dies eine neue Erfahrung und damit im Sinne dieser Frage ein neues Gesetz, in unserem Sinne etwa ein Satz der vorläufigen Synthese. Ganz ebenso, wenn ich aus der Geschichte etwas über die Wirkungen des Systems der Unterpächter entnehme, oder über das Wachstum neuer Religionen usw. In diesem Sinne hat wohl E. Becher[1] das von H. Rickert in so dankenswerter Weise in den Vordergrund gestellte Problem gelöst. Ganz sicher sind die historischen Wissenschaften nicht nur ideographisch, sondern auch als nomothetisch anzusprechen, nur daß eben die Art der Gesetzgebung auf solche der vorläufigen Synthese beschränkt bleiben muß, und hierin liegt wohl der eigentliche Kern des Problems, der zeigt, daß die beiden vorgenannten Anschauungen in gewissem Sinne recht haben. Es sind zwar beide Wissenschaften, die Natur- und Geschichtswissenschaften nicht nur ideographisch, sondern auch nomothetisch, aber es besteht doch ein prinzipieller Unterschied insofern, als die Geschichtswissenschaften niemals synthetische Gesetze im Sinne der reinen Synthese endgültig zu liefern vermögen. Dies vermag nur die reine Synthese. Diese Unterscheidung ergibt sich jedoch erst, wenn die Begriffe der reinen und vorläufigen Synthese aufgestellt sind. Von unserem Standpunkte aus können die Gesetze der historischen Wissenschaften ihrem Wesen nach ausschließlich der vorläufigen

[1] Naturwissenschaft und Geisteswissenschaft. München 1920.

Synthese angehören, da ja die der reinen Synthese nur innerhalb des Gebäudes derselben auf logischem Wege gewonnen werden können.

§ 3. Anwendung der Synthese auf die Wirklichkeit.

Ich möchte hier noch einige Bemerkungen anfügen, die besonders angeregt sind durch die ausführliche Darstellung und Kritik, die Jos. Geyser in seinem vielbesprochenen Werke: „Grundlegung der Logik und Erkenntnistheorie" (Münster i. W. 1919) meinen früheren Schriften hat angedeihen lassen.

Vernimmt jemand von unsrer Exhaustionstheorie, dann gibt er wohl die große überzeugende Kraft, die in vielen ihrer Darlegungen liegt, zu, aber häufig macht ihm die Tatsache scheinbar unüberwindliche Schwierigkeit, wie man diese Theorie, welche doch lehrt, daß wir es sind, welche die Naturgesetze schaffen, mit dem eindeutigen Verhalten der uns umgebenden Objekte in Einklang bringen könne. Es ist das „Problem des Objektes", welches hier sich aufdrängt. In der Tat scheint es schwer, einzusehen, wieso ich der Natur Gesetze vorschreiben kann, wenn ich beachte, mit welcher Sicherheit im Laboratorium experimentell Gesetze erforscht werden.

Dieser Zweifel läßt sich nun folgendermaßen lösen. Die reine Synthese schreibt zwar ein allgemeines logisches Schema vor, nach dem wir die Naturvorgänge ordnen, „in Reihen entwickeln" wollen, aber sie schreibt niemals einzelnen oder bestimmten Objekten irgendwie ihr Verhalten vor. Im Gegenteil, sie stellt sich ja gerade die Aufgabe, diese Objekte je nach ihrer Eigenart in ihr Schema einzuordnen, läßt ihnen also für diese Eigenart jede nur denkbare Freiheit. Sie will nur ein Schema schaffen, in das jedes Ding und jeder Vorgang der Realität, sie mögen aussehen wie sie wollen, eingeordnet werden kann. Der Unterschied gegen die frühere Auffassung ist also nur der, daß nach der letzteren wir uns das Schema durch die zufällig vorhandenen Objekte angeblich aufzwingen lassen, während wir hier umgekehrt ein allgemeinstes Schema selbst entwerfen und in dieses die natürlichen Dinge einordnen.

Die einzige scheinbare Ausnahme von dem Gesagten, die einzige Möglichkeit, wo die synthetische Wissenschaft auch von einzelnen oder bestimmten Objekten etwas ohne direkte Verifizierung an ihnen aussagen kann, liegt dann vor, wenn aus einigen Aussagen, welche an dem Objekte selbst verifiziert oder festgestellt wurden, auf rein logischem Wege (d. h. unter alleiniger Anwendung der formalen Gesetze der synthetischen Logik und Mathematik) eine weitere Aussage abgeleitet oder erschlossen wird. In diesen Fällen ist notwendig auf Grund der tautologischen Natur der synthetischen Logik und Mathematik (siehe z. B. das von mir aufgestellte „Prinzip der übergreifenden Begriffsbildung", Ztschr. f. positivist. Philosophie, Jahrg. 1, 1913 und a. a. O.) auch die abgeleitete Aussage an dem Objekt verifizierbar, kann also „a priori" von ihm ausgesagt werden, denn sie ist implizite in dem Vorausgesetzten schon enthalten. Dies hat aber mit eigentlicher Exhaustion nicht viel zu tun, weil hier Identität vorliegt.

Es gibt zwei Arten, in denen Synthese und Wirklichkeit in ein Verhältnis zueinander treten, je nachdem nämlich, ob ich vom einen oder vom anderen ausgehe. Gehe ich von der Synthese aus, so denke ich mir etwa einen Satz der reinen Synthese gegeben und suche nun in der Wirklichkeit einen Fall oder ein Objekt, an dem der Satz innerhalb der momentan geltenden Genauigkeit erfüllt ist. Einen derartigen Fall oder ein derartiges Objekt habe ich eine „Realisierung" des betr. Satzes der reinen Synthese genannt. Natürlich kann eine solche Realisierung höchstens in der jeweils möglichen Genauigkeit erfolgen. Statt einen Satz der reinen Synthese zu realisieren, kann ich ebenso natürlich einen widerspruchslosen Begriff aus dem Gebiet der reinen Synthese, kurz einen reinsynthetischen Begriff realisieren. Auch wird der Vorgang oder das Objekt meist noch nicht unmittelbar in der Wirklichkeit (z. B. Natur) vorgefunden, ich werde vielmehr meist erst vorgefundene Fälle der Objekte manuell, experimentell bearbeiten und ändern müssen, damit sie eine möglichst gute Realisierung der verlangten Art darstellen. Solche Realisierungen sind natürlich gemäß dem Prinzip der Genauigkeitsschichten mit fortschreitender Genauigkeit immer genauer möglich.

Gehe ich nun andererseits von der Wirklichkeit aus, dann sei mir etwa ein bestimmter wirklicher Vorgang, ein bestimmtes Objekt vorgelegt. Dieses Objekt ist mir dann gegeben, es ist mir natürlich ganz unmöglich, diesem Objekt über sein Verhalten irgendwelche Vorschriften zu machen. Aber auch hier kann und muß ich meine reine Synthese zur Anwendung bringen, um die „Eigenschaften" des Objektes festzustellen.

Um nämlich eine „Eigenschaft" des Objektes festzustellen, nehme ich eine Vorrichtung, welche irgendein Gesetz der reinen Synthese realisiert, führe dort mein Objekt ein und beobachte, in welcher Art das synthetische Gesetz dadurch modifiziert wird. Z. B. messe ich das Gewicht eines Objektes auf Grund des synthetischen Gesetzes vom gleicharmigen Hebel. Ich messe die Absorption des Lichtes bei einem (etwa durchsichtigen) Objekt auf Grund des synthetischen Gesetzes von der Lichtausbreitung in homogenen nichtabsorbierenden Medien (Beleuchtungsstärke umgekehrt proportional dem Quadrat der Entfernung), ich messe die elektrische Leitfähigkeit auf Grund des der vorläufigen Synthese angehörigen Ohmschen Gesetzes usw. usw., setze dabei also alle diese Gesetze schon voraus und „exhauriere" sie dadurch, indem ich sie zur Definition, Bestimmung und Messung der betr. Größen benutze. Es sind also diese Verfahren nichts anderes als Definitionen der betr. Eigenschaften und müssen als solche festgelegt sein, wenn man an das Objekt herantritt.

Insofern also beruhen diese ganz objektiven Verhalten eines bestimmten Objektes trotz allem auf der reinen Synthese und damit zuletzt auf freiwilligen Festsetzungen und Definitionen, es ist dies auch, wenn man einmal auf diese Gedankengänge geführt ist, eigentlich ganz selbstverständlich und ganz leicht einzusehen. Denn es ist wohl das vorgelegte Objekt ein von mir gänzlich unabhängiges Ganzes, dem ich an sich gar nichts vorschreiben könnte, aber wenn ich seine einzelnen Eigenschaften untersuche, dann liegt meine Willkür eben darin, wie ich diese untereinander abtrenne und abteile, d. h. wie ich sie definiere. Und meine Gesetze der reinen Synthese, bzw. das logische Schema der reinen Synthese, liefern mir eben die genaue Anweisung, welche Wirkungen meines Objektes ich als seine Masse, seine Absorptionsstärke, seine elektrische Leitfähigkeit usw. betrachten muß, bzw. definiere. Ich glaube, daß von dieser Seite her wohl kaum mehr etwas gegen die zunächst so unmöglich scheinende Kombination von gegebenem Objekt und auf Festsetzung beruhenden Gesetzen eingewendet werden kann. (Siehe die Darlegungen unseres I. Teils).

Die Tatsache, daß an sich ganz verschiedene logische

Schemata zur Erklärung eines Gebietes der Wirklichkeit verwendet werden könnten, welche wir im Vorstehenden ausführlich begründet haben, und daß wir schließlich zu dem logischen Schema der reinen Synthese nur aus dem Grunde greifen, weil es das einfachste ist, zeigt, daß in der Wirklichkeit als Ganzes kein derartiges logisches Schema festgelegt ist, wie das ja auch schon aus dem Umstande selbstverständlich ist, daß ja wir für unsere Zwecke mit einem logischen Schema an die Wirklichkeit herantreten. Zunächst erscheint vielleicht dieser Satz in unlösbarem Widerspruch zu stehen mit der sogen. „Gesetzmäßigkeit der Natur", die derjenige vielleicht einzusehen glaubt, der sich den Vorgang eines Gewitters mit Blitz und Donner, die Himmelsvorgänge usw. vorstellt. Dieser ganze scheinbare Widerspruch beruht darauf, daß in beiden Fällen etwas völlig Verschiedenes mit dem Terminus „Gesetz" bezeichnet wird.

Während die Gesetze der reinen Synthese in genugsam besprochener Weise logische Schemata darstellen, mit denen wir an die Natur herantreten, um diese begrifflich fassen und ordnen zu können, versteht der landläufige Ausdruck der „Gesetzmäßigkeit in der Natur" im obigen Sinne hauptsächlich die Tatsache der Unabhängigkeit gewisser Naturerscheinungen von unserer Beeinflussung und deren Beständigkeit.

Unter „Gesetz" verstehen wir hier stets eine mit Anspruch auf dauernde Geltung auftretende Allgemeinaussage. Einen Naturvorgang, und mag er noch so groß sein, nenne ich nicht ein Gesetz, sondern ein Einzelerlebnis. Er kann den Wunsch erregen, ihn „gesetzmäßig zu verstehen", d. h. ihn in die allgemeine Physik an seinem Platze einzuordnen, ihn in Gedanken auf- und nachzubauen auf Grund allgemeiner physikalischer Gesetze, d. h. von Allgemeinaussagen, ihn also in unserem Sinne in der „reinen Synthese" darzustellen.

In bezug auf die Unabhängigkeit der Wirklichkeit von unserer Beeinflussung gibt es zwei Gesichtspunkte. Wir wissen einerseits, daß wir doch sehr viele Naturerscheinungen beeinflussen können, andererseits bestehen natürlich Fälle, wo uns diese Beeinflussung versagt ist, falls die Naturerscheinung zu übermächtig oder unerreichbar ist, wie etwa bei meteorologischen oder Himmelsvorgängen. Der andere Fall, wo die Wirklichkeit eine von uns unabhängige Zwangläufigkeit zeigt, ist der, daß, wenn die Bedingungen eines Vorganges wirklich vorhanden sind, dann der Vorgang eintritt. Dies ist aber eine versteckte Identität oder Tautologie (wie es sein muß, wenn dieser Satz, der ja eine Allgemeinaussage darstellt, gelten soll). Denn wenn der Vorgang eintritt, waren alle Bedingungen wirklich vorhanden, wenn nicht, nicht. Für Näheres sei auf unsere obigen Darlegungen über Kausalität verwiesen. Aus letzterer Bemerkung aber erhellt, daß auch das, was als Bedingungen eines Vorganges betrachtet werden soll, in der endgültigen Entscheidung nicht etwa von der Beobachtung, sondern von der reinen Synthese und damit von unserer Festsetzung abhängt, weil ja der Zusammenhang der Erscheinungen offenbar von der Art abhängen muß, in der das logische Schema beschaffen ist, nach dem wir die Wirklichkeit zerlegen. Empirisch kann man aus dem Eintreten des Vorgangs nur sagen, daß die Bedingungen des Vorgangs alle vorhanden waren. Eine volle erklärende Theorie desselben liefert erst die Synthese, die Empirie kann einzelne Bedingungen des Vorganges liefern, ob es die eigentlichen sind, lehrt erst die Synthese, weil diese erst den Gesamtzustand, der die Vorbedingung des Vorganges ist, in streng definierte Einzelvorgänge zerlegt. Daß auch ohne genaue Kenntnis der letzten Bedingungen empirisch mit großer Sicherheit ein Vorgang meist aus Bedingungen erhalten werden kann, die man empirisch festgestellt hat, ist eine Folge der Konstanz unserer Umgebung, die selbst als Gegebenheitszufall zu betrachten ist. (siehe oben a. a. O.). Auf diesem Umstande beruht auch die realtiv große Beständigkeit vieler Naturerscheinungen unserer Umgebung.

Ich kann durchaus empirisch wissen: ich muß die und die Vorrichtungen treffen, damit der Vorgang mit Sicherheit eintritt. Tritt er dann auch wirklich ein, so weiß ich, in diesen empirischen Bedingungen waren die wirklichen enthalten. Welche aber diese wirklichen Bedingungen sind, erfahre ich erst durch eine vollständige Theorie, und diese wiederum liefert endgültig erst die reine Synthese. Worin dabei zuletzt die Willkürlichkeit verborgen liegt, dies ergibt sich aus der Überlegung, daß ja bei Aufstellung dieser Theorie alles auf die synthetische Elementarkausalität zurückgeführt wird, nämlich die Gravitation. Diese aber gehört der reinen Synthese an und ist, ihrer Form nach, wie wir gesehen haben, freiwillige Festsetzung.

Nur in dieser ganz minimalen Ausdehnung kommt also das „Willkürliche“ hier herein, nämlich wenn ich mich mathematisch ausdrücke, in der Wahl der Funktion, nach der wir den Vorgang entwickeln wollen. Immerhin aber, es ist an fundamentaler Stelle vorhanden. Soweit die Vorgänge noch nicht auf Gravitation zurückgeführt sind, liegt das Freiwillige, wie wir in Teil I sahen, besonders auch schon in der „Form“ unter der wir sie betrachten.

Wir können also etwa sagen: Die Wirklichkeit als solche ist eine mächtig lebende Einheit, die uns in vielem direkt beeinflußbar, in vielem direkt noch unbeeinflußbar ist. Alles Begriffliche aber ist Menschenwerk, mündet zuletzt in die reine Synthese und wird als Festsetzung erkannt. Deswegen webt und lebt die Wirklichkeit nicht weniger auf ihren Wegen. Nur verstehen und erfassen wir sie nur durch begriffliche Bearbeitung, an dieser aber ist alles Festsetzung.

Beginnen wir dann die reine Synthese aufzubauen, so beginnen wir damit die systematische begriffliche Ordnung des Seins, wir gelangen mit ihr niemals an ein Ende. Alle begrifflich gefaßten Fragen finden aber nur in ihr ihre endgültige letzte Erledigung. Eine andere Stelle hierfür gibt es nicht.

In der reinen Synthese werden theoretisch, wenn sie weit genug vorgeschritten ist, alle begrifflich streng gefaßten Fragen endgültig gelöst.

Was kann nun am realen Objekt dann konstatiert werden, wenn alles Begriffliche der Synthese und damit schließlich der freiwilligen Festsetzung unterliegt? Diese Frage ist durch die bisherigen Kapitel dieses Buches in unserem Sinne wohl hinreichend behandelt. Auch über den hier einschlägigen Wahrheitsbegriff sind wir schon im 1. Teil zu bestimmten Resultaten gelangt.

Nur auf einige spezielle Punkte sei hier noch hingewiesen.

Man hat einen prinzipiellen Unterschied zwischen Mathematik und Naturwissenschaft hervorgehoben, insbesondere der Mathematik das freie Konstruieren durch das Denken zugewiesen, den Naturwissenschaften dieses abgesprochen. Nun ist ganz sicher: Vor der Erkenntnis der reinen Synthese ist diese Unterscheidung voll berechtigt. In dem empiristischen

Zeitalter glaubte die Naturwissenschaft rein vom Objekt bestimmt zu werden. Die Synthese zeigt, daß dies in dem oben näher bezeichneten Sinne nicht der Fall ist, daß es auch in der Naturwissenschaft freies Konstruieren durch das Denken gibt. Allerdings unterscheidet sich in der reinen Synthese die Mathematik von der Naturwissenschaft dadurch, daß in letzterer die Gravitation ihre Rolle spielt, welche in der Mathematik noch nicht vorkommt. Doch bietet, wie leicht zu sehen, dies keinen prinzipiellen Unterschied, es besteht letztlich kein Unterschied in der Methode.

Sehr viel wäre zur Logik zu sagen. Daß es keine dem Denken immanenten Denk-Gesetze gibt, zeigt sich schon darin, daß man auch nach anderen Gesetzen als den bekannten denken kann. Natürlich sind dem Naiven diese Gesetze scheinbar angeboren, aber für unsere theoretische methodische Untersuchung ist ja dies ohne Belang. Oder sollen die Denkgesetze gar daran bewiesen werden, daß sie in der Anwendung in der Wirklichkeit auf das „Richtige" führen? Was aber ist das „Richtige"? Es läßt sich leicht an Beispielen zeigen, daß auch andere Denkgesetze auf ein „Richtiges" führen, d. h. mit der — geeignet interpretierten — Wirklichkeit in Übereinstimmung gefunden werden.

Daß die Logik auf dem vorsynthetischen Standpunkt nicht formal ist, ist selbstverständlich. Dies hindert aber nicht, daß sie in der reinen Synthese gänzlich formal ist und sein muß.

Sicherlich muß in gewissem Sinne feststehen, was das Erkennen sei, um praktische Regeln dafür festzusetzen. Nun, Erkennen ist uns denkendes und manuelles Ordnen und Beherrschen der Wirklichkeit, d. h. Aufstellung der reinen Synthese. Und auf Grund dieser Definition beginnen wir in der reinen Synthese Regeln anzugeben, welche zu diesem Ziele führen sollen. Den Beweis, daß sie es wirklich tun, gewinnen diese Regeln durch den Umstand, daß sie eben zur Erreichung dieses Zieles aufgestellt wurden, in ihrer Gesamtheit mit der Definition dieses Zieles identisch sind.

Daß wir uns auf dem vorsynthetischen Standpunkt mit der Evidenz mancher Grundsätze begnügen müssen, zu ihrer Begründung, ist sicher. Bei der dubitosen Natur der Evidenz (hat es nicht sich widersprechende Sätze gegeben, die vielen evident zu sein schienen?) wäre aber die Zurückführung einer solchen

Evidenz auf eine freiwillige Festsetzung, wie sie in der reinen Synthese geschieht, ein Fortschritt zur Sicherstellung. Im übrigen siehe unsere Ausführungen im 1. Teil des Buches.

Daß der optische Apparat unseres Auges z. B. mit Konstruktionsfehlern behaftet ist (nach Helmholtz) spricht nicht gegen das Ökonomieprinzip. Der optische Apparat unseres Auges ist ein wirkliches Objekt, und um dieses zu erklären, trete ich mit dem einfachsten logischen Schema an es heran. Dabei kann es selbst gebaut sein, wie es will. Es wird ja nicht von der Natur behauptet, daß sie an sich ökonomisch sei (gewisse biologische Objekte können natürlich — ebenso wie manche von uns gebaute Vorrichtungen — in unserer Interpretation als ökonomisch hinsichtlich ihres Wirkungsgrades oder ihrer Anordnung sich präsentieren, dies aber hat mit dem Ökonomieprinzip nur insofern zu tun, als dieses bereits benutzt wird, um diese Interpretation selbst schon zu erhalten), sondern von unserem Schema.

In der Natur geht es an sich weder logisch noch unlogisch zu, sondern „es geht nur überhaupt zu", d. h. es geschieht etwas. Das Logische tragen erst wir in sie hinein.

Spricht man davon, daß die Wirklichkeit irgendwie erkannt werde, so muß man stets zwei Fälle unterscheiden. Nämlich: 1. wenn ich die Wirklichkeit im Ganzen, d. h. allgemein in irgendeiner Hinsicht erkennen will, so geschieht dies mittels der reinen Synthese, will ich 2. ein bestimmtes Objekt wissenschaftlich erkennen, dann geschieht dies mittels der reinen Synthese und der Wahrnehmung. Inwiefern beide zusammenwirken, wurde oben gezeigt.

Das Gegebene paßt sich tatsächlich jeder vom Denken gesetzten, konsequent durchgeführten Ordnung an. Dies ist eine Erkenntnis der modernen Mathematik und Physik, die wir oben näher begründet haben.

Nennt man sich beliebige wissenschaftliche Begriffe, so muß man stets unterscheiden, ob sie synthetische Begriffe oder „Objektbegriffe" sind. Beide sind ganz verschiedener Natur. So sind z. B. die Geradlinigkeit der keinen Kräften unterworfenen Bewegung und das Gesetz der Konstanz der Energie Begriffe aus der reinen Synthese, während z. B. Lichtgeschwindigkeit, Schallgeschwindigkeit, die Entwicklungsphasen der Insekten, Fortpflanzungsvorgänge bei verschiedenen Tieren Objektbegriffe sind. Erstere sind, wie gezeigt, a priorische Festsetzungen unseres Denkens, letztere induktiv bewährte Tatsächlichkeiten, welche in ihrer Konstanz durch Gegebenheitszufall bestehende Gegebenheiten aussprechen, soweit sie nicht, wie die ersten beiden, selbst stark von Definitionen abhängen.

Wenn Ed. v. Hartmann einmal schreibt: „Es ist nicht angängig, die Abhängigkeiten in der Natur für funktionelle zu halten, denn mathematische Funktionen lassen sich umkehren. der Weltlauf nicht,“ so ist zu erwidern, daß eine Kausalverknüpfung in der Natur noch kein Weltlauf ist. Und alle rein synthetischen, d. h. nicht statistischen Vorgänge lassen sich theoretisch umkehren. Statistische synthetische Vorgänge, die ja auch mathematische Funktionen liefern, lassen sich praktisch nicht umkehren.

§ 4. „Innen“- und „Außenwelt“.

Nun war die Grundlage der Synthese mein Wille. Dieser „Wille“ ist, wie oben mehrfach ausgeführt wurde, vom logischen Gesichtspunkt nichts anderes als das allem anderen vorausgehende und daher von allem anderen logisch Unabhängige meines synthetischen Aufbaues. Da nun der Begriff des „Gesetzes“ das Moment des zwangläufigen, nach Regeln ablaufenden als Charakteristikum enthält, so ist klar, daß mein Wille in diesem Zusammenhang keine Gesetze haben kann. Daß es daher sinnlos ist, solche zu suchen.

Nun besteht aber nicht meine ganze Innenwelt aus „Willen“, sondern auch sie enthält weite Bereiche, die „gegeben“ sind. Diese mit meinem Willen nicht zusammenfallenden Bereiche meiner Innenwelt also sind es, für welche ich mit Sinn auch von der reinen Synthese eine „erklärende oder denkende Behandlung“ verlangen kann.

Auch hier wird die reine Synthese die Gesetze geben müssen. Es sind dies die allgemeinen Gesetze des Denkens, kurz die Logik. Auch hier werden diese Gesetze durch den Willen als allgemein gültige Regeln synthetisch aufgestellt, und wir haben den Satz:

Auch der Behandlung der Innenwelt legen wir die synthetische Logik zugrunde.

Wollten wir nämlich auf eine willensmäßige Festlegung der Regeln und Prinzipien der Behandlung der Innenwelt verzichten, so würden wir völlig in der Luft schweben, und ein unentwirrbares Durcheinander, wo alles sich auf alles stützen möchte und daher alles in der Luft hängen würde, wäre die Folge.

Zum mindesten aber kann niemand uns ein solches Vorgehen verbieten und niemand die überragenden Vorteile desselben übersehen.

Wir werden sonach auch für die Behandlung meiner Innenwelt die allgemeinen synthetischen Prinzipien der Logik, z. B. das der Eindeutigkeit usw., anzuwenden haben.

Zunächst sei noch einiges über den Begriff meiner „Innenwelt" gesagt.

Ich bemerke, daß eine Vorstellung bleibt, während ich die Augen schließe, während meine Umgebung wechselt. Ich unterscheide sie als „in mir" befindlich. Daraus aber geht schon absolut klar hervor, daß diese meine Vorstellung ebenfalls im Raume ist. Zum mindesten kann ich einen, sogar kleinen, abgeschlossenen Raum angeben (meinen Körper), in dem sich diese Vorstellung befindet, denn alles Äußere kann sich ändern, während diese Vorstellung bleibt. Damit aber ist sie ein Ding des Raumes geworden, und das Schließen der Augen bedeutet lediglich ein Teilen meines Gesamtraumes in zwei Teile, einen inneren und äußeren. Ein prinzipieller Unterschied meiner Vorstellung von meiner Hand etwa besteht also in dieser Hinsicht gar nicht, beide sind in Zeit und Raum.

Überlege ich mir nämlich die Trennung von „innen" und „außen", so bemerke ich folgendes: Zunächst ist schon einmal die Ausdrucksweise rein räumlich. Nehme ich dann etwa meinen Rücken, so sehe ich den auch nicht, oder meine Bauchspeicheldrüse, die sehe ich auch nicht, und konstruiere sie mir beide doch, und zwar in meinen Raum hinein. Angenommen einmal, das Denken meines Gehirnes wäre nicht als molekularer Vorgang eingerichtet, sondern geschähe durch makroskopische Bewegungen der Ganglien, durch eine Art Peristaltik derselben, die fühlbar wäre, wie die der Därme, dann wäre niemals jemand auf den Gedanken gekommen, daß zwischen beiden Vorgängen ein prinzipieller Unterschied bestehe.

Würde ich mir einmal argumenti causa mit Cartesius vorstellen, der Sitz meines Bewußtseins sei in der Zirbeldrüse, dann wären alle Gehirnvorgänge an sich schon „außen". Aber dies ist gar nicht nötig. Es genügt, daß sie räumlich eingeordnet sind. Daß sie nicht ins Einzelne räumlich orientiert sind, das bildet nur einen graduellen Unterschied gegen andere Vorgänge meines Körpers. Auch meine Eingeweide sind nicht völlig räumlich orientiert. Und andererseits sind sehr wohl räumliche Orientierungen vorhanden.

So können wir denn die Sachlage jetzt so etwa formulieren: Meine Gesamtwelt bildet eine völlige Einheit. Eine theoretische Trennungslinie besteht nicht zwischen „Innen“ und „Außen“, sondern lediglich zwischen einem Vorausgesetztsein und Ableitbarsein. Das Vorausgesetzte ist in der reinen Synthese das, was wir als meinen Willen bezeichneten, das Ableitbare alles übrige.

Dafür, daß alles eine Einheit bildet, war ja schon das von Ernst Mach hervorgehobene Resultat bezeichnend, daß eine scharfe Trennung zwischen Innen- und Außenwelt nicht besteht. Ich bedarf erst (bei Halluzinationen, Störungen des Augennervs usw.) des Experimentes (Schließen der Augen, Bewegen des Kopfes), um zu entscheiden, ob sich die betr. Wahrnehmung innen oder außen befindet. Ich habe das in meinen „Grundlagen der Naturphilosophie“ näher ausgeführt. Methodisch betrachtet ist ein solches Experiment eine Anwendung meiner apriorischen Prinzipien auf die Wirklichkeit, indem ich definiere: bei dem und dem Verhalten (nach parallaktischen Regeln) befindet sich ein Ding in bezug auf mich vor oder hinter einem anderen Ding (hier meine Augendeckel). Diese Überlegung gehört bereits der vorläufigen Synthese an.

Überlegen wir uns dann, wie die als „innere Wahrnehmungen“ bezeichneten Wahrnehmungen, von denen wir soeben erkannten, daß auch sie im Raume sind, zu behandeln, bzw. in die reine Synthese einzuordnen sind.

Hier ist denn sofort zu sagen, daß ein absoluter Grund, warum diese Dinge nicht sollten von der reinen Synthese erfaßt werden, nicht vorliegt. In der Tat geschieht ja eine teilweise Behandlung mit vorläufiger Synthese bereits in der Physiologie und experimentellen Psychologie. Diese Fragen jedoch, insbesondere das Verhältnis „meiner“ Psychologie zu der von meinen Nebenmenschen, können wir hier nicht mehr behandeln. Ich verweise hierfür auf meine „Grundlagen der Naturphilosophie“, wo ich sie vom methodologischen Standpunkt aus eingehend durchgearbeitet habe. Wenn ich auch jetzt manches etwas anders formulieren möchte, so behalten doch die dort gegebenen, hier einschlägigen Überlegungen ihre Geltung. Im übrigen ergibt sich alles Einschlägige durch systematische Anwendung unserer Prinzipien. Wie ja nach dem im ganzen IV. Teile Ausgeführten das Reale bei uns eine sehr viel wirklichere und unmittelbarere Existenz hat, als dies in anderen systematischen Auffassungen, den erkenntnistheoretischen Realismus nicht ausgeschlossen, der Fall ist, so gilt auch das Analoge von der Existenz meiner Nebenmenschen. Was wir dann an dem gegebenen Material für begriffliche Unterscheidungen einführen, wie wir diese in systematische und dauernde Gesetze fassen wollen, dies kann uns auch hier wiederum nur die reine Synthese sagen. —

Das, was wir mittels unserer synthetischen Prinzipien beherrschen, ist nur eine unendlich dünne Schicht im Vergleich zum Ganzen und muß es immer bleiben. So sind die eigentlichen ungezählten praktischen Probleme des Seins, des Alltags hiermit völlig unberührt, müssen aus dem Leben heraus gelöst werden, denn niemals können diese Probleme warten, bis vorläufige oder reine Synthese an sie herankommt. Man werfe mir also nicht Einseitigkeit vor, daß die Probleme des Lebens im vorstehenden Sinne hier nicht zur Sprache kommen.

Wir sahen, daß das Charakteristikum des Rationalismus in dem Umstand bestand, daß er glaubte, sich irgendwie den Prozeß der Rationalisierung als vollendbar vorstellen zu dürfen. Dies führt zu jener trostlosen Öde des Weltbildes, die wir weiter oben geschildert haben. Wir aber, wir sind Fahrer auf einem unendlichen Meere, wir haben unsere Methoden, uns in der Umgebung zu orientieren, und wissen, daß diese nie versagen werden und die Orientierung Schritt für Schritt weitergeht. Immer aber werden wir damit lediglich in unserer Umgebung uns bescheiden müssen, die wir zwar beliebig zu erweitern, niemals aber auf die Gesamtheit des Seins auszudehnen vermögen werden.[1]

[1] Wie sich das alles in ethisch-religiöser, d. h. wertender Richtung auswertet, das habe ich in mehr praktischer Richtung zu skizzieren versucht in meiner in Leipzig, Der Neue Geist-Verlag 1918 erschienenen Schrift.

3. Kapitel. Anwendungen der Exhaustionstheorie.

§ 1. Die Mendelschen Gesetze.

Ich möchte nun noch an zwei vielleicht besonders wichtigen und interessanten Fällen die Bedeutung der Exhaustionstheorie in Hinsicht einer sofortigen Klärung der erkenntnistheoretischen Fragen, die sonst in fast unlösbarer Gestalt an diesen Fällen auftreten, noch einmal deutlich hervortreten lassen. Diese beiden Fälle sind die sog. Mendelschen Gesetze in der Vererbungslehre und die Grundlagen der Wahrscheinlichkeitslehre.

Wenden wir uns zunächst zu dem ersten Problem. Es handelt sich um die Frage, inwieweit und wie die Merkmale eines Lebewesens durch die Merkmale seiner Eltern und allgemein seiner Vorfahren bestimmt sind. Betrachten wir nun Merkmale an den beiden Eltern, welche „sich entsprechen", d. h. solche, die im Kinde notwendig nur einmal vorhanden sein können. Dann kann der Effekt der Vererbung von sehr großer Mannigfaltigkeit sein. Je nach der Art des Merkmals kann das Kind das des Vaters allein oder das der Mutter allein haben, es kann beide gemischt haben in irgendeiner Weise, entweder qualitativ gemischt oder quantitativ gemischt, es kann sie „gesprengelt haben", d. h. teils väterlich, teils mütterlich in räumlich getrennter Weise, es kann etwas von beiden Eltern gänzlich Verschiedenes an Stelle dieses Merkmals haben. Man sieht, die Möglichkeiten sind Legion.

Nun kommt von irgendeiner Seite her die Idee, von diesem Gebiet eine theoretische Wissenschaft aufstellen zu wollen oder, wie wir hier gesagt haben, eine Wissenschaft, welche der vorläufigen Synthese angehört. Dabei werden wir uns naturgemäß unserer allgemeinen synthetischen Prinzipien zu bedienen haben.

Zunächst ergibt sich als einfachster Fall, daß wir zwei Eltern annehmen, die in allen Merkmalen gleich seien bis auf eines. Wir werden dann nicht zwei verschiedene Merkmale gleicher Art überhaupt betrachten, sondern ein Merkmal und die Abwesenheit dieses Merkmals bei je einem der beiden Eltern. Es ist das diejenige Betrachtungsweise, welche die Biologen als „presence and absence theory" bezeichnen, die von Bateson,

Correns u. a. ausgearbeitet wurde. Sie ergibt sich hier von selbst als die Theorie des logisch einfachsten Falles.

Nun handelt es sich um das einfachste Verhalten der beiden Erbfaktoren: Merkmal und Abwesenheit des Merkmales. Dann ergibt sich als der einfachste Fall, daß beide in allen möglichen Kombinationen mit gleicher Wahrscheinlichkeit vorkommen. Sei m das Merkmal, m' dessen Abwesenheit, so ergeben sich die Kombinationen: $m\,m$, $m\,m'$, $m'\,m$, $m'\,m'$, und jede von ihnen soll bei 25 % der Kinder auftreten.

Damit aber haben wir schon den einfachsten Fall der „Mendelschen Gesetze".

Bezeichnen wir also ein Merkmalpaar zweier Eltern, welches sich in dieser Weise verhält, als „unabhängig", so haben wir den Satz: Unabhängige Merkmalpaare der Eltern verhalten sich nach dem obigen Mendelschen Gesetz. Dieser Satz ist natürlich eine Tautologie, aber nur solche können, wie wir sahen, apodiktische Gewißheit haben.

Automatisch treten nun die erkenntnistheoretischen Folgen auf, welche stets mit der Anwendung der Exhaustionstheorie verknüpft sind. Wir suchen nun in der Natur nicht mehr das Mendelsche Gesetz „experimentell zu beweisen", sondern wir untersuchen den einzelnen Fall, und je nachdem er sich gemäß dem Gesetze verhält, bezeichnen wir das betr. Merkmalpaar als unabhängig oder nicht. Das Mendelsche Gesetz ist also nicht mehr ein Naturgesetz im ehemaligen Sinne, sondern ein Kennzeichen geworden, welches dazu dient, einen natürlichen Vorgang in unser logisches System einzuordnen. Damit sind alle Fragen über „Geltung des Mendelschem Gesetzes in der Natur" voll beantwortet und gegenstandslos geworden.

Wir haben hier keine Veranlassung, die Lehre von der Vererbung von Merkmalen weiter an dieser Stelle auszubauen. Es wäre aber eine auch für Mathematiker reizvolle Aufgabe, nunmehr völlig a priori die theoretische Wissenschaft, welche auf den angeführten Grundlagen ruht, etwa sogar in axiomatischer Form weiterzuführen. Ich will noch kurz skizzieren, auf was es dabei ankommt.

Man muß beim apriorischen Aufbau natürlich möglichst alle Möglichkeiten berücksichtigen und die logischen Konsequenzen ziehen. Man wird also eine weitere Verfeinerung erreichen, wenn man nun die Wirkung der beiden in dem Kinde zusammentreffenden Merkmale aufeinander berücksichtigt. Es gibt da eine ganze Reihe von Fällen. Bei unserem obigen Beispiele wird man etwa die Voraussetzungen einführen: $m\,m = m$, $m\,m' = m'\,m = m$, $m'\,m' = m'$. Soll die Tatsache, daß $m\,m$ sich verstärken, ausgedrückt werden, so setze man etwa voraus: $m\,m = 2m$. (Wenn etwa m rötliche Blütenfarbe bedeutet, dann kann $2\,m$ rot sein.) Berücksichtigt man in dieser Weise sämtliche sich bietenden logischen Möglichkeiten, dann kann man eine ausgedehnte theoretische Wissenschaft aufstellen, eine „apriorische Merkmalsmathematik". Diese würde sich zur Praxis genau wie die theoretische Geometrie zu ihren Anwendungen verhalten. Und wer weiß, daß bei letzterer zwar die Praxis öfter sehr anregend wirkt, die meisten Fortschritte jedoch durch Weiterbau der theoretischen Wissenschaft und nachherige Aufsuchung ihrer Resultate in der Wirklichkeit erreicht wurden, der wird sich von der (bis dato in reiner oder ausgedehnter Form noch nicht existierenden)[1] Merkmalsmathematik einige Fortschritte versprechen. Bei der Art des behandelten Gebietes ist natürlich stets mit der Möglichkeit zu rechnen, daß gewisse theoretische Fälle in der Natur nicht wirklich vorkommen, aber das macht nichts Wesentliches aus. Jedenfalls könnten sie vorkommen oder werden wirklich später gefunden.

Vielleicht ist hier der Ort, um eine kurze methodische Bemerkung einzuschieben. Der moderne Vitalismus sucht nachzuweisen, daß das Lebende von allem anderen etwas prinzipiell Verschiedenes sei. Wer noch daran gezweifelt haben sollte, dem können die vorstehenden Bemerkungen über die Mendelschen Gesetze zeigen, daß auch das Lebende nach unseren synthetischen Prinzipien behandelbar ist und behandelt werden muß. Da wäre denn die Frage, ob sich bei dieser Behandlung die vom Vitalismus behauptete Verschiedenheit des Lebenden von allem anderen herausstellen wird. Was liegen hier für Möglichkeiten vor? Entweder, das Lebende kann durch eine endliche Zahl von Schritten (möge diese auch ungeheuer groß sein) auf die gewöhnlichen Gesetze der exakten Naturwissenschaft restlos zurückgeführt werden oder nicht. Im ersteren Falle ist der

[1] Inzwischen hat H. Tietze in einem Vortrag auf der Leipziger Naturforscherversammlung (1922) von solchen mathematischen Studien berichtet.

Vitalismus widerlegt, im letzteren Falle besteht er zu Recht. Ich möchte hier nur folgendes sagen: Ich behaupte, jede einzelne konkret angegebene Erscheinung an einem Organismus oder sonst wo kann durch eine endliche Zahl von Schritten auf die Gesetze der exakten Wissenschaften zurückgeführt werden, ist „endlich erklärbar". Dieser Satz ließe sich in einer ausgearbeiteten Wissenschaftslehre, wie wir sie in diesem Buche gezeichnet haben, exakt beweisen.

Will man jedoch auf diese verwickelten Dinge nicht eingehen, so ist die Frage offen und sozusagen experimentell zu lösen, indem eben die vollständige Lösung des Problems abgewartet wird. Es würde dann die Frage ebenso experimentell gelöst werden, wie durch die Synthese der Harnsäure durch Woehler die analoge Frage nach der Herstellbarkeit organischer Verbindungen gelöst wurde. Ein Unterschied in der Methode kann jedoch, wie unmittelbar aus der Gesamtheit unserer Darlegungen in diesem Buche hervorgeht, niemals bestehen. Denn unsere Darstellungsmethoden der Realität werden in der reinen Synthese nicht durch die Dinge, sondern nur durch uns selbst bestimmt, und so haben die lebenden Gegenstände gar keine Gelegenheit, uns zu anderen Darstellungsformen zu zwingen, als wir bei den nichtlebenden in Anwendung bringen.

§ 2. Die Wahrscheinlichkeitsrechnung.

Das zweite wichtige Beispiel, auf das wir unsere Exhaustionstheorie hier noch anwenden wollen, ist die Wahrscheinlichkeitsrechnung und das sog. Gesetz der großen Zahlen. Es ist eine immer von neuem behandelte Frage, wie es kommen kann, daß gewisse rein theoretische Überlegungen und Resultate über den mathematischen Wahrscheinlichkeitsbegriff sich in der Wirklichkeit vollauf bestätigt finden. Den empiristischen Anschauungen unseres Zeitalters entsprechend, und da eine andere Möglichkeit der Erklärung (wie sie eben unsere Exhaustionstheorie leistet) nicht bekannt war, hat man sich sogar vielfach damit beschäftigt, die Gesetze der Wahrscheinlichkeitsrechnung experimentell an wirklichen Fällen zu „prüfen". Man hat sie dabei stets bestätigt gefunden.

Um der Sache auf den Grund zu gehen, wenden wir auch hier unsere bewährten Methoden an.

Es handelt sich bei der Wahrscheinlichkeitsrechnung darum, daß unter gleichen, von uns hergestellten Bedingungen mehrere unter sich verschiedene Möglichkeiten des Resultates zustande kommen können. Da unter gleichen Umständen das gleiche geschieht, so muß es sich hier im allgemeinen um solche Fälle handeln, wo das Endresultat durch „kleine Bedingungen", d. h. solche, die zu klein sind, um von uns beherrscht werden zu können oder zu wollen, ausschlaggebend beeinflußt wird. Werfen wir z. B. ein Geldstück unter stets gleichen „groben Bedingungen", so wird es Fälle geben, wo es mit Schrift, Fälle, wo es mit Bild nach oben zu liegen kommt. Derartige Möglichkeit verschiedener Fälle unter gleichen groben Bedingungen bilden zunächst den Gegenstand der Wahrscheinlichkeitsrechnung.

Naturgemäß haben wir also eine Theorie und ihre Anwendung auf die Wirklichkeit vor uns, also einen typischen Fall zur Verwendung unserer synthetischen Prinzipien bei Begründung und Aufbau der Theorie und unserer Exhaustionstheorie bei der Betrachtung des Zusammenhangs der Theorie mit der Wirklichkeit.

Wir werden also gemäß unseren Prinzipien zuerst den einfachsten Fall behandeln. Das ist bei zwei Möglichkeiten der, wenn beide Fälle gleich oft eintreten. Das Eintreten dieses Falles sagt dann, daß sämtliche feinen Umstände gleichmäßig nach beiden Seiten wirken, d. h. bei den variierenden feineren Umständen keine Bevorzugung der einen Seite stattfindet.

Werden wir aber nun bei einem Experiment, d. h. bei der Herstellung einer Versuchsreihe, wie oben geschildert, eine größere Anzahl von Fällen der einen Möglichkeit finden, so ist damit nicht unsere Wahrscheinlichkeitsbetrachtung als falsch erwiesen, sondern es zeigt sich, daß bei unserer Versuchsanordnung gewisse Umstände für die Bevorzugung der einen Möglichkeit wirken. Es ist unmittelbar klar, und darauf kommt es uns hier an, daß auf diese Weise die Gesetze, auf welche unsere Wahrscheinlichkeitsüberlegung aufgebaut wurde, niemals umgestoßen werden können. Auch sie entpuppen sich nicht etwa als immanente „Naturgesetze", sondern als logische Schemata, welche wir auf die Wirklichkeit anwenden, um Ordnung in dieselbe zu bringen.

Irgendwelche „experimentelle Prüfung“ oder Bestätigung der Gesetze der Wahrscheinlichkeit erweist sich damit von selbst als vollkommen ohne Sinn und unmöglich. Denn wir prüfen ja bei einem Experiment[1] nicht das betreffende Gesetz, sondern den im Experimente empirisch behandelten Fall, ob dieser nämlich ein solcher ist, wie ihn das Gesetz annimmt oder nicht. Ist er es nicht, so wird er weiter untersucht und auf diese Weise genau wie in früheren Beispielen „in eine Reihe entwickelt“.

Wir haben der Einfachheit halber nur ein allereinfachstes Beispiel gewählt, um unseren Gedankengang daran klar zu legen. In genau der gleichen Weise verhält es sich natürlich bei verwickelten Gesetzmäßigkeiten. Es wäre nunmehr auf Grund des Gesagten ein Leichtes, eine erkenntnistheoretisch völlig geklärte synthetische axiomatische Wahrscheinlichkeitslehre aufzubauen und Anwendungen der darin gegebenen Gesetze auf die Wirklichkeit bis in die Details durchzuführen.

Natürlich kann bei einem Experiment, wo endliche Anzahlen diskreter Einzelfälle gezählt werden (wie beim obigen Beispiel mit der Münze), nicht stets die Anzahl beider Möglichkeiten gleich groß sein. Selbst im günstigsten Falle (wo abwechselnd Schrift und Bild geworfen würde) ist das unmöglich. Aber die Abweichungen verschwinden im Vergleich zu der wachsenden Zahl der Fälle immer mehr. Dies ist das sog. Gesetz der großen Zahlen. Auch für die Geltung dieses Gesetzes in der Wirklichkeit gelten unsere allgemeinen Prinzipien. Finden wir das Gesetz in einem konkreten Falle bestätigt, so ist damit gezeigt, daß der konkrete Fall tatsächlich eine reine Darstellung der zu seiner Behandlung verwendeten theoretischen Gesetze ist. Findet das Gesetz sich im einem konkreten Falle nicht bestätigt, so ergibt sich, daß wir noch nicht die richtige theoretische Behandlung desselben gefunden haben. Eine experimentelle Prüfung des Gesetzes der großen Zahlen selbst ist jedoch völlig ausgeschlossen, ja widersinnig.[1]

---

[1] Das der Synthese angehört.

[2] Eine kurze Auseinandersetzung mit den interessanten Studien von Hans Reichenbach zur Wahrscheinlichkeitsrechnung siehe in „Physik und Hypothese“, S. 180f. Vom mathematisch-axiomatischen Standpunkte werden die Grundlagen der Wahrscheinlichkeitsrechnung behandelt in den Arbeiten von v. Mises.

4. Kapitel. **Geschichtliches.**

In früheren Schriften habe ich schon mehrmals darauf hingewiesen, daß die babylonische Weltanschauung, wie sie sich uns unter den Händen tief einfühlender Forscher wie H. Winkler u. a. enthüllt hat, ein unmittelbarer Vorläufer der griechischen Wissenschaft ist, deren Kennzeichen die bewußte Anwendung logischen Schließens wurde. Der Erste, von dem wir Kenntnis haben, daß er sich des logischen Beweises bedient habe, ist Thales (zwischen 624 und 545) charakteristischerweise in der an der Küste des kleinasiatischen Festlandes gelegenen jonischen Stadt Milet lebend. Damit ist auch äußerlich der wurzelhafte Zusammenhang der neuen griechischen Entwicklung mit der alten Kultur des Zweistromlandes gegeben. Thales hat schon sehr einfache geometrische Sätze eines Beweises für würdig erachtet, und damit ist sicher, daß er nicht nur praktische, sondern schon theoretische Forderungen an seine Forschungen stellte. Es ist dies ein gar nicht genug zu bestaunender gewaltiger Schritt in der geistigen Entwicklung der Menschheit, daß hier Menschen zum ersten Male sich einer geistigen Methode bewußt wurden und nun mit dem theoretischen Ziele, alles möglichst zu beweisen, sich ihrer bedienten. Es ist der erste Schritt dazu, daß der Mensch sich seiner selbst als geistiger Apparat bewußt wurde und sich damit selbst zum Problem wurde. Von hier ab datiert eigentlich das erste wirkliche Erwachen des Menschen zum theoretischen Bewußtsein seiner selbst, das ihn erst von allen übrigen Geschöpfen grundlegend unterscheidet, wenigstens unterscheiden sollte, wenn auch immer nur eine dünne Schicht über diese Möglichkeit sich klar wird.

Bei den Griechen nun ging dieser Prozeß seinen grandiosen Weg weiter: Immer mehr löste sich die logische Methode vom Material und schließlich entwickelte sich eine einzige, geschlossene Methode der wissenschaftlichen Darstellung, wie sie uns in höchster damaliger Vollendung in den *στοιχεῖα* des Euklid (etwa 300 v. Chr.) entgegentritt, und die insbesondere unter den Händen des Archimedes (287—212) die glänzendsten Triumphe auch in der Mechanik und Infinitesimalrechnung feiert.

Diese wissenschaftliche Methode, welche sich auf der logischen Kritik der Begriffe aufbaut, hat sich wohl direkt an

Hand der wissenschaftlichen Forschungen in der Geometrie (die damals auch die Arithmetik umfaßte) entwickelt. So wurde in ständiger gegenseitiger Befruchtung einerseits von der fortschreitenden theoretischen Geometrie (in der einzelne Teilgebiete sich nach und nach in axiomatischer Form herauszuheben begannen), andererseits von der logisch-kritisch vorgehenden Philosophie das logische Instrument stets mehr geschärft und für größere Leistungen vorbereitet. Die logische Kritik, welche naturgemäß automatisch zu immer größerer Schärfe der logischen Methoden führen mußte, setzte ein mit den Eleaten (Parmenides um 500, Zeno von Elea 490—430 etwa). Eine wichtige Rolle muß man wohl in dieser Entwicklung dem Sokrates (470—399) zuschreiben, der sich als ein ganz wesentlicher Vorvater der Mathematik erweist. Seine Bedeutung lag in der „Begriffskritik", die er in der „sokratischen Methode" systematisch ausgearbeitet hatte. Und es ist kein Wunder, daß wir in dem Manne, dem wir den ersten vollen Einblick in das Wesen der logischen Methode zuschreiben dürfen, in Plato (429—348) den wichtigsten Schüler des Sokrates vor uns haben. In Plato entwickelte sich diese Geistesströmung, deren Geschichte wir verfolgen, zum ersten Male zu einer ganzen Weltansicht und Erkenntnistheorie, welche von da ab (in vielen Schwankungen) als die idealistische bezeichnet wird. Er erkennt, daß man in den logischen Wissenschaften mit scharfen, idealen logischen Begriffen an die Dinge herantritt, denen die Dinge der Wirklichkeit nie ganz gehorchen können, hält diese logischen Begriffe für eigene Wesenheiten, die er Ideen nennt, und bildet sich von hier aus ein ganzes philosophisches System.

Inzwischen greift die logische Methode immer mehr um sich, indem sie ihre unglaubliche Fruchtbarkeit und Sicherheit immer von neuem beweist. Man hat gefunden, daß man auf Grund einer ganz beschränkten Reihe einfachster Sätze die kompliziertesten Tatsachen der Geometrie ableiten kann, daß man ebenso auf Grund einiger ganz einfacher Sätze die Regeln der Harmonie an zwei Monochorden erhält. Schon von östlichen Beeinflussungen her, welche dann durch die Pythagoreer aufgenommen und wissenschaftlich zu unterbauen versucht wurden, waren Zahlenbeziehungen in den Verhältnissen der Wirklichkeit gesucht und gefunden worden. Und wie die babylonische Weltanschauung die zahlenmäßigen und topologischen Verhältnisse am Idealgegenstand, dem Himmel, auf der Erde wiederzufinden und nachzubilden versucht hatte, so kam man dazu, die Verhältnisse an den neugefundenen Idealgegenständen, den geometrischen Figuren und den Zahlen, ebenfalls in der Wirklichkeit wiederzufinden und sie dort hineinzutragen. Dies war wohl der Gang, auf dem man dazu gelangte, überhaupt die Vorgänge der Wirklichkeit sich aus idealen Gegenständen nachzubilden und so zu „erklären“.

Das Problem der Kosmogonie, das offenbar um und vor 600 die denkenden Geister aller Kulturvölker damals intensiv beschäftigte, brachte die spekulativen Griechen, mit dem hohen logischen Sinn für Einheitlichkeit und dennoch nüchterne und unmystische Denkbarkeit der Vorstellungen ausgerüstet, dazu, sich über den Grund aller Dinge Gedanken zu machen. Diese führten im Verlaufe der Zeit zu bereits sehr vernünftigen Vorstellungen der Atomistik. Auch bei dieser Überlegung hatte der griechische Geist wieder Erfahrungen gewonnen darüber, daß man mit rein geistiger Überlegung in der Lage sei, gewisse Anschauungen als unmöglich, als widerspruchsvoll zu verwerfen, andere aber auf Grund plausibelster, selbstverständlichster Grundsätze als unbedingt gültig anzuerkennen. Dies zeigte eine ganz gleiche geistige Tätigkeit, wie sie in der theoretischen Geometrie mit solchem Erfolg geübt wurde. So war es denn klar, daß man diese Methode in immer weiterem Umfange anzuwenden versuchte.

So erkennen wir den Boden, auf dem die große wissenschaftliche Tätigkeit eines Aristoteles (384—322) erwachsen mußte, des bedeutendsten Schülers des Plato. Er hat diese logische und, wie wir jetzt hinzufügen dürfen, apriorische Methode zu ganz besonderer Vollendung gebracht und uns in seinen Büchern über die Physik, über den Himmel, und in seiner Metaphysik, Werke hinterlassen, die einen später lange nicht wieder erreichten Höhepunkt darstellen.

Leider ist Aristoteles seit dem Wiederaufleben der exakten Wissenschaften, wo seine Werke das unverdiente Schicksal hatten, in den Händen enghorizontiger Schriftgelehrter zu einer schweren Hemmung des wissenschaftlichen Fortschrittes zu werden, in Acht und Bann getan von der exaktwissenschaftlichen Welt. Durchaus mit Unrecht. Wer sich etwas näher mit diesem großen synthetischen Denker beschäftigt, der wird finden, daß er bereits in hohem Maße diejenigen Prinzipien des synthetischen Weltbildes ahnt, die wir im vorliegenden Buche gezeichnet haben. Er leitet seine Aussagen über die Wirklichkeit aus allgemeinen Prinzipien ab, welche auch für uns noch in weitem Kreise maßgebend sind. So hat er das Prinzip der Ökonomie, das Ernst Mach erst wieder neu gefunden und zu Ehren gebracht hat, bereits in bemerkenswert klarer Andeutung. Wir können hier auf diese Dinge nicht nach Gebühr eingehen, wollen aber doch einige Beispiele geben: Als Prinzipien, die Aristoteles teils gewohnheitsmäßig als Beweisprinzipien bei der Ableitung seiner Sätze benutzt (man vergleiche, wie wir unsere synthetischen Sätze benutzen), seien z. B. angeführt: *ὁ δὲ θεὸς καὶ ἡ φύσις οὐδὲν μάτην ποιοῦσιν* (*περὶ οὐρανοῦ* I. 4). Die Gottheit und die Natur tun nichts vergeblich (Ökonomieprinzip, Prinzip des kleinsten Zwanges in allgemeinerer Bedeutung). Wenn von zwei Gegensätzen der eine bestimmt ist, ist es auch der andere (ibid. I. 6). Es gibt keine kleinste Zeit (ib. I. 6). Diese Beispiele könnte man in großer Zahl geben. Es ist klar, daß dies alles noch ein ungeordnetes Tasten, ein Versuchen ist, aber es geschieht mit einer bereits sehr bemerkenswerten Annäherung an das Richtige. Allerdings ist vieles natürlich nicht haltbar, so beweist er aus seinen Prinzipien, daß die Kreislinie die vollkommene Linie sei, die Gerade aber nicht vollkommen, und daß sich daher ein Körper von selbst in einem Kreise bewege (*περὶ οὐρανοῦ* I. 2). Aber dies ist belanglos gegenüber der Tatsache, daß er diese Dinge ganz im richtigen Sinne und nach der richtigen Methode ableitet, wenn er auch über die Herkunft und den Zusammenhang seiner vielen Prinzipien sich nicht klar ist. An sich hätte er ja nach den Anforderungen, wie sie zu Archimedis Zeit bestanden, auch diese Dinge in axiomatischer Fassung bringen sollen. Aber offenbar war zu seiner Zeit die Forderung noch nicht so streng (er lebte vor Euklid!), und später hat sich niemand mehr an diese ungeheuere Arbeit gewagt.[1]

Die weitere Geschichte nach Aristoteles ist nun eigentlich eine Geschichte der Aufnahme und weiteren Verbreitung der

---

[1] Ich darf für nähere Ausführungen über das Verhältnis der Wissenschaftslehre und Logik des Aristoteles zu den hier vorgetragenen Überlegungen auf das Schlußkapitel von „Physik und Hypothese" verweisen.

griechischen Geistesfrüchte bei anderen Völkern und Zeiten. Aristoteles hatte mit seiner Methode gerade auch den ganzen Problemkreis behandelt, den wir hier behandelt haben, und so wurden seine genannten Schriften die Grundlage aller weiteren exakten Naturforschung. Aus Zusammenhängen heraus, die hier nicht hergehören, hat das Christentum den Aristoteles zu seinem Hauptphilosophen gemacht, und es ist eine seltsame Fügung, daß wir heute erkennen müssen: es hat damit für die damalige Zeit recht gehabt.

Nach der klassischen Zeit, der Aristoteles angehörte, trat die griechische Wissenschaft, was exakte Wissenschaft anlangt, einen allmählichen Abstieg an und niemand hat mehr die Schriften des Aristoteles auch nur erreicht. Die geistige Führung kam dann im Verlauf des nächsten Jahrtausends an die neukultivierten Völker des Nordens, und wir erleben im Mittelalter in der sog. Scholastik ein Wiederaufleben aristotelischer Wissenschaft, das bald sehr wesentliche eigene Fortschritte hinzufügen konnte, und das in seiner grundlegenden Bedeutung für die Entwicklung der exakten Wissenschaft noch kaum geahnt wird. Auch hier müssen wir leider auf nähere Ausführungen verzichten und bemerken nur ganz allgemein folgendes: Wiederum drängt sich den Denkenden die Auffassung auf, daß aus allgemeinen Prinzipien logisch-apriorisch Wesentliches zu erhalten sei, und wiederum wird mit größter logischer Inbrunst nach den letzten allgemeinen Prinzipien des Seins gesucht. Dabei geht es natürlich nur in ganz wenigen Köpfen ganz klar und kritisch zu, die meisten kommen früher oder später auf Seitenwege oder verfolgen allein andere Interessen. Eine spätere Geschichtsschreibung der synthetischen Wissenschaft, d. h. der exakten Wissenschaften, wird hier eine große Fülle interessantester geschichtlicher Tatsachen finden.

Unterdessen kommt das Wiederaufleben der exakten Wissenschaften im Abendlande. Auch hier zunächst völliges Anknüpfen an die Griechen, in Mathematik hauptsächlich an Archimedes. In der Physik herrscht noch in erster Linie Aristoteles. Aber die rein ideal-spiritualistische Epoche der logisch-mystischen Vertiefung in den Geist ist abgeebbt, und die auf breiten Beinen im Leben stehende Renaissance wagt es, die Dinge sachlich-real zu nehmen und ihnen mit den eigenen Händen selbst auf den Leib zu rücken — auch um Wissenschaft zu erhalten. Da zeigt sich manches anders, als es im Aristoteles steht. Und nun hebt der Kampf an gegen den dogmatisierten griechischen Denker, der nötig war, um der neuen Wissenschaft die Arme frei zu machen. Aber immer noch bleibt die Logik und die apriorische Schlußweise ein ausschlaggebender Bestandteil jeder Wissenschaft, umsomehr, als er in Verbindung mit dem vorurteilslosen Experiment und der Messung zu ganz neuen großartigen Resultaten führt.

So geht die Linie über Copernikus, Keppler, Gilbert, Huyghens zu einem neuen Höhepunkt: Newton.

In seinen „Prinzipien" feiert wiederum die logisch-apriorisch-synthetische Darstellungs- und Anschauungsweise die schönsten Triumphe. Mit einer Darstellungskraft und -kunst, wie sie seit Euklid und Archimedes unerhört war, werden hier vom kühnen Gedanken in axiomatischer Fassung neue Gebäude errichtet.

Wiederum ist vom synthetischen Geiste ein neuer Sieg erfochten, ohne daß die Methode als solche und daher auch ihr Wesen und ihre Kraft und Reichweite erkannt wäre. Immanuel Kant versucht fast 100 Jahre später aus der Newtonschen Methode eine Philosophie zu machen, indem er das Gebäude der kritischen Philosophie errichtet, das wir öfter behandelt haben.

Kants versuchte Darstellung der Prinzipien, nach denen unbewußt Aristoteles, Archimedes und Newton ihre großen Leistungen vollbracht hatten, zeitigten in einigen Nachfolgern eine durchaus mißverständliche und ohne jeden eigentlichen Boden in der Luft schwebende Überspannung der apriorisch-synthetischen Prinzipien. Die inzwischen immer mehr erstarkte Naturwissenschaft fühlte instinktiv die Gefahren solcher basisloser und undisziplinierter Geisteseffloreszenzen und begann sich allmählich von jeglicher apriorischen Philosophie überhaupt abzuwenden. Sie hob das Prinzip des Experimentes allein auf den Thron und begann diesen sicherlich überaus einfachen Gedanken als ihre Philosophie zu bezeichnen. So kam es zu dem heutigen Empirismus. Aber es dauerte auch diese Überspannung nicht lange. Es ist ein seltsamer Fall, daß gerade der Mann, der von den meisten für den hauptsächlichsten Vertreter der empiristischen Anschauung gehalten wurde, und der sich noch seltsamererweise lange selbst dafür hielt, Ernst Mach, daß dieser es war, der den alten apriorischen Denk- und Ableitungsmethoden zuerst wieder einen immer breiteren Raum in seinen von einem wunderbar tiefen Gefühl für das Eigentliche und Richtige in der Wissenschaft erfüllten Wirken einräumte. Lesen wir nur seine „Mechanik", so finden wir auf jeder Seite die alten synthetisch-apriorischen Ableitungen und Gedankengänge, die seit Aristoteles bei jedem großen Förderer der exakten Wissenschaften, wie auch z. B. bei Leibniz den Kern der Darstellung bilden. Wie genial wird da mit den Prinzipien vom zureichenden Grunde, dem Ökonomieprinzip, dem Symmetrieprinzip gearbeitet, und es ist eine eigene Befriedigung, wenn man erfährt, daß dieser reine Wahrheitssucher und tiefe, freie Denker am Schlusse seines Lebens das Verhältnis der Dinge doch wohl noch klar gesehen hat.

Die neuere Entwicklung hat im Verlaufe unserer Darlegungen bereits eine detaillierte Behandlung erfahren so daß wir unseren historischen Überblick hier beschließen können.

Namenverzeichnis.

FSC
www.fsc.org
MIX
Papier | Fördert gute Waldnutzung
FSC® C083411

Kolibri 360 GmbH
Ferdinand-Jühlke-Straße 7
99095 Erfurt, Deutschland
produktsicherheit@kolibri360.de